키워드를 중심으로 한

조경학의 이해

집필책임 이 명 우

기 문 당

머 리 말

이 "키워드를 중심으로 한 조경학의 이해"는 지난 2005년에서 2007년까지 학술 전문용어 정비 및 표준화 제2차 사업을 추진하면서 구성된 위원을 중심으로 추진되었다.

이 사업은 한국학술단체연합회(학단연)가 학술진흥재단으로부터 연구비를 받아 1차사업과 2차사업이 수행되었다. 1차사업에서는 언어 등 인문사회과학분야, 수학 등 물성과학분야, 생물 등 생명과학분야, 미술 등 예체능분야에서 18개 분야에서 연구되었다. 그리고 2차사업에서는 조경학은 생명과학분야에 포함되었고 총 11개 분야에서 추진되었다. 조경학회에서는 당시 학술부회장이었던 이명우 교수가 연구책임을 맡았다.

전문 세분야로는 조경사/문화, 경관론, 조경계획, 조경설계/미학, 조경구조공학, 조경시공/관리, 조경재료, 환경생태/복원, 조경전산기법, 관광지조경, 국토 및 광역조경, 실내조경 기타의 13개 분야로 구분하여 진행하였다. 조경학회에서는 초기부터 중점용어라는 개념을 도입하여 각 담당분야별로 용어의 중요도에 대한 검토를 진행하였고, 이를 바탕으로 조경학의 이해를 추진하는 기반을 삼았다. 이 사업을 진행하면서 조경학회에서는 제1기 도서편찬특별위원회를 구성하는 계기를 갖게 되었다. 이에 따라 학회에서 도서의 출판을 장려하고, 그 내용을 협의할 수 있는 체제를 갖추고 이에 따라 조경계획, 조경미학, 생태조경계획 및 설계 등의 책자를 발간하는 기틀을 마련하였다.

이 조경학의 이해는 국내 조경학 분야의 대학 교양 교재로서 집필되었다.

이 책은 1부 총론, 2부 조경공간의 이해 3부 조경설계과정의 이해로 구분하였다. 총론에서는 조경, 조경학, 조경공간, 경관 등의 핵심키워드를 중심으로 기술하였다. 조경공간으로는 조경의 가장 대표적인 공원녹지, 주거단지공간, 비오톱공간, 국토공간, 농촌공간 등에 대해서 기술하였고, 레크리에이션 활동 특성과 조경사에 대한 부분을 추가하여 여가공간 및 전통공간에 대한 이해를 돕고자 하였다. 조경설계과정에서는 조경계획, 지형 및 부지조성계획, 녹지 및 식재계획, 설계도면의 이해, 조경설계, 조경시공에 대해서 기술하여 조경학의 전반적인 과정을 이해할 수 있도록 하였다.

이 교재의 집필이 시급히 진행되면서 나타난 부족하거나 미비한 내용들은 판을 거듭하면서 보정할 것을 기약하는 바이다.

끝으로 용어집 사업과 집필작업에 마지막까지 노력해 주신 집필위원님들과 진행총괄을 맡은 대학원생 우창수, 초기부터 전체 원고의 구상과 책 디자인을 해주신 중부대학교 홍형순 교수님, 전북대학교 조경학과 대학원생인 김시내, 반미주, 이신국과 학부생 신승혁, 김미나, 신국희에게 충심으로 고마운 마음을 전합니다.

2020년을 맞이하며, 그간 변경된 주요법규를 중심으로 부분수정작업을 진행하였다. 조경학회를 중심으로 주요교재 출간과 주기적 보완을 통해 시대적 변화에 대처할 수 있길 바란다.

2020년 2월

집필책임 이명우

차 례

CONTENTS UNDERSTANDINGS OF LANDSCAPE ARCHITECTURE

I PART 총론

II PART 조경공간의 이해

III PART 조경설계과정의 이해

I PART 총 론

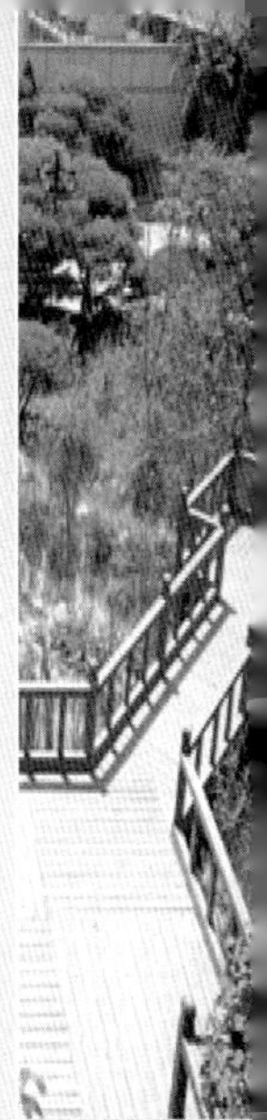

제 1 강

조경과 조경학

이명우

제1절 서론

제2절 핵심개념

1. 조경과 조경학

Keyword 1 조경의 어원

Keyword 2 조경의 정의

Keyword 3 조경의 법률적 정의

Keyword 4 조경학과와 조경학회

Keyword 5 조경학의 학문적 분류

2. 조경업과 조경직

Keyword 6 건설산업과 조경공사업

Keyword 7 엔지니어링 기술과 조경용역업

Keyword 8 임업과 조경식재공사업

Keyword 9 문화재수리업과 조경업

Keyword 10 공무원 조경직

제3절 더 알아야 할 개념

3. 조경기술자

Keyword 11 조경기술자

제1강

조경과 조경학

이명우

제1절 서 론

현대적 의미의 조경학은 미국에서 19세기 말 Yellowstone park 국립공원의 지정, 뉴욕의 Central park 공원설계 등에서 촉발되어 하버드대학 조경학과가 신설되면서 시작되었다고 본다. 조경은 landscape architecture를 번역한 용어이다. 이때 landscape라는 개념은 경관, 풍경, 환경이라는 말로 해석될 수 있다. 현대의 조경학은 단지계획, 도시설계 및 경관예술분야로 발전되었고, 특히 근래에는 환경위기와 관련하여 생태환경 복원분야의 핵심적인 이론과 기법을 제공하고 있는 학문분야이다. 현재 우리나라에서는 조경이라는 용어와 함께 환경조경, 생태조경, 녹지조경이라는 개념이 함께 사용되고 있다. 조경학분야는 조경계획과 관련법제, 조경설계와 조경미학과 경관론, 조경사와 전통조경, 조경시공과 조경재료, 환경생태와 생태복원, 가로조경과 도시설계와 단지계획, 관광지조경과 국토조경과 농촌조경 등의 광역조경, 실내조경, CAD와 GIS분야 등으로 분류될 수 있다.

이 조경은 옥외공간을 대상으로 하는 계획, 설계, 관리, 보전하기 위한 과정으로 정의가 되며, 가장 대표적인 대상공간이 공원, 녹지, 정원 등의 옥외공간이 된다. 우리나라의 건축법 등에서는 조경을 협의로 정의하고 있는바, 조경시설물 설치와 식재하는 것으로 정의하고 있다. 그러나 학문적 차원에서 보면 지형 및 환경을 조사, 분석하여 종합적 경관을 설계시공하며 복원하는 분야로서 인식할 필요가 있다.

[그림 1-1-1] 미국의 Yellowstone 국립공원

[그림 1-1-2] 미국의 Central Park

조경업은 크게 조경용역업과 조경공사업으로 구분된다. 조경용역업은 조사, 계획, 설계 등을 수행하는 업종이다. 조경공사업은 종합조경공사업과 전문조경공사업으로 구분되며 조경식재공사업과 조경시설물설치공사업으로 구분된다. 이 조경공사업은 문화재수리업이나 임업의 한 업종으로도 분류가 된다.

2006년에는 국가공무원 시설조경직, 산림조경직과 지방공무원 조경직이 신설되었다. 조경기술자에는 조경산업기사, 조경기사, 조경기술사, 문화재수리기사(조경), 자연생태복원산업기사, 자연생태복원기사, 자연환경관리기술사 등이 관련된다.

제 2 절 핵심개념

1. 조경과 조경학

Keyword 1 **조경의 어원**(造景 landscape architecture)

현대적 의미의 조경은 19세기 말 미국 뉴욕 시 센트럴파크를 설계한 Frederick Law Olmsted가 스스로를 조경가(landscape architect)라고 지칭하면서 조경(landscape architecture)이라는 용어가 전 세계적으로 보편화되었다. 1900년 미국 하버드 대학교에 조경학과가 신설되고 1909년 미국조경가협회가 창설되면서 현대적 조경의 발전 계기가 되었다.

순수한 의미의 건축(architecture)은 건축물에 대한 관심이 주가 되지만 조경에서는 공공 공개 공간(public open space)으로서의 옥외공간에 주된 관심을 가져 왔다. 미국에서는 이 조경분야가 발전하면서 단지계획, 도시설계, 생태적 조경과 지리정보체계 등의 분야 등을 포괄하는 개념으로 발전되었다. 이 조경이라는 용어는 landscape architecture라는 용어 이외에도 landscape planning, landscape design, landscape engineering, landscape art 등의 용어로도 사용된다.

현대적 조경의 발상이 된 영국 자연풍경식 정원(English landscape garden)에 연원을 두는 landscape라는 개념은 우리말로 경관(景觀)보다는 풍경(風景)이라는 용어가 어원에 가깝다고 해석되기도 한다. 우리나라에서는 근래에는 환경(環境), 생태(生態), 녹지(綠地)라는 개념과 조합하여 환경조경, 녹지조경, 생태조경이라는 용어를 사용하고 있다. 일본에서는 조경이라는 용어보다는 조원(造園)이나 작정(作庭)을, 중국에서는 원림(園林)이라는 용어를 상용하고 있다.

Keyword 2 조경의 정의

미국조경가협회(ASLA: American Society of Landscape Architects)에서는 1970년대에는 "조경은 토지를 계획, 설계, 관리하는 기술로서 자원보전과 관리를 고려하면서 문화적, 과학적 지식을 활용하여 자연요소와 인공요소를 구성함으로써 유용하고 쾌적한 환경을 조성하는 것을 목적으로 한다."라고 정의하였다.

2000년대에 들어서면서는 "조경은 자연 및 도시환경을 분석, 계획, 설계, 관리 및 스튜어드 십을 수행하는 분야를 포괄하고 있다. 조경에서 수행하고 있는 프로젝트의 유형은 다음과 같다. 주거공간, 공원과 휴양공간, 상징조형물 공간, 가로경관 및 공공공간, 도로공간 및 가로시설, 정원 및 수목원, 안전을 고려한 공간설계, 휴양시설공간, 연구시설공간, 교육공간, 치료정원, 역사공간의 보전과 복원, 복구, 보전, 복합공간 및 상업공간, 경관예술 및 토지조각, 실내조경 등."

〈http://www.asla.org/nonmembers/publicrelations/factshtpr.htm〉

미국에서의 조경에 대한 사고가 초기에는 "토지"를 대상으로 한 분야에서 근래에는 "환경"을 대상으로 그 개념이 확대되었다. 그리고 계획, 설계, 관리라는 분야를 좀더 세분화하여 분석, 계획, 설계, 관리, 보전 및 복원이라는 개념으로 확대하고 있는 것을 알 수 있다.

임승빈, 주신하(2002)는 조경을 종합과학예술, 토지환경예술의 성격으로 정의하면서 예술적 개념을 강조하고 있다. 이는 조경가가 과학적, 기능적 토지이용 및 공간계획 등에 그치지 않고 예술작품으로 승화시키는 역할을 담당하기 때문이라고 설명하고 있다.

Richard T. T. Forman은 조경의 본질성을 자연(nature)과 문화(culture)라는 키워드로 설명한다. 이 자연에 대한 이론이 생태학(ecology)이며, 사회문화가 표출된 속성이 경제성(economics)과 심미성(aesthetics)이라고 설명하면서 이것들이 상호 조화를 이룰 수 있도록 하는 것을 앞으로 조경가가 해결해야 할 과제로 제안하고 있다.

Keyword 3 조경의 법률적 정의

우리나라에서 조경을 법률적으로 규정하고 있는 것은 제42조 [대지의 조경]이다.

건축법 제42조(대지안의 조경) ① 면적 200㎡ 이상인 대지에 건축을 하는 건축주는 용도지역 및 건축물의 규모에 따라 당해 지방자치단체의 조례가 정하는 바에 따라 대지 안에 조경 기타 필요한 조치를 하여야 한다. 다만 조경이 필요하지 아니한 건축물로서 대통령령이 정하는 건축물에 대해서는 조경 등의 조치를 아니할 수 있으며, 옥상조경 등 대통령령으로 따로 기준을 정하는 경우에는 그 기준에 의한다.
② 국토해양부장관은 식재기준, 조경시설물의 종류 및 설치방법, 옥상조경의 방법 등 조경에 필요한 사항을 정하여 고시할 수 있다.

국토교통부 고시 : 조경기준

제3조(정의) 이 고시에서 사용하는 용어의 정의는 다음과 같다.

1. 조경이라 함은 생태적, 기능적, 미적으로 조경시설을 배치하고 수목을 식재하는 것을 말한다.
2. 조경면적이라 함은 이 고시에서 정하고 있는 조경의 조치를 한 부분의 면적을 말한다.
3. 조경시설이라 함은 조경과 관련된 퍼걸러, 벤치, 소삭불, 정원석, 분수대, 휴게, 여가, 수경관리 및 기타 이와 유사한 것으로 설치되는 시설, 생태연못 및 하천, 동물 이동통로 및 먹이공급시설 등 생물의 서식처 조성과 관련된 생태적 시설을 말한다.
4. 조경시설공간이라 함은 조경시설을 설치한 이 고시에서 정하고 있는 일정 면적 이상의 공간을 말한다.
5. 식재라 함은 재배수목, 이식수목 및 초화류 등의 지피식물을 이 고시에서 정하는 바에 따라 배치하는 것으로서 컨테이너 식재, 벽면녹화 및 자연상태의 수목을 포함한다.

건축법에서는 건축이라는 개념은 건축물을 신축, 증축, 개축, 재축 또는 이전하는 것으로 정의하고 있듯이 조경을 시설물이나 수목 등을 배치하는 개념으로 정의하고 있다. 조경에서 중요하게 다루고 있는 토지나 대지의 조성 등에 대해서는 제 40조(대지의 안전), 제 41조(토지굴착부분에 대한 조치)와 같이 옹벽, 성토 등 대지의 안전 등과 관련된 조항으로 별도로 설정하여 조경의 행위와 분리시키고 있다. 현재 건축법에서 조경에 대한 정의는 협의적인 바, 조경이란 기존 지형과 수목의 보전 및 창조적 조성, 경관적 특성을 고려한 건축물과 시설물의 조화 등과 관련된 광의적 개념으로 이해할 필요가 있다.

Keyword 4 조경학과와 조경학회

우리나라에서 60년대에는 임학과, 원예학과, 건축과 등에 조원학이라는 과목이 개설되어 정원을 대상으로 하여 연구되었다. 1970년대 우리나라에서는 국토종합개발계획의 시작과 더불어 고속도로 조경을 비롯한 다양한 형태의 단지개발에서 조경의 필요성을 인식하여 1972년 한국조경학회가 창립되고, 1973년 서울대학교 전문대학원인 환경대학원에 환경계획학과와 환경조경학과, 서울대학교 농과대학 조경학과, 영남대학교 농축산대학 조경학과가 설립되고 1974년 한국종합조경공사가 설립되면서 명실상부한 조경학의 학문적 기반이 마련되었다.

2000년대에 들어오면서 통합학문에 대한 인식이 높아지면서 산림자원학과, 원예학과, 건축학과, 도시계획학과, 환경학과 등과 통합된 학부를 만들고 그 안에 조경전공이란 영역으로 된 대학들이 나타나고 있다. 학과의 명칭은 생태조경학과, 녹지조경학과, 환경조경학과 등의 이름도 사용되고 있다. 조경학과의 학문적 특성은 도시계획, 건축설계, 미학, 생태학, 원예학 등의 성격을 가지고 있어 자연과학, 공학, 인문학, 사회학적 특성이 복합된 다제간 학문 양상(multi disciplinary aspect)을 가지고 있다.

Keyword 5 조경학의 학문적 분류

1) 과학기술

2008년에는 과학기술기본법이 제정되면서, 인문사회과학과 자연과학으로 분리되어 있던 학문체계가 국가과학기술 표준분류체계를 통해서 일원화되었다. (과학기술기본법 27조와 동법 시행령 41조)

여기서는 현대의 학문적 기조인 협동·융합학문과 기초학문의 육성 등의 내용이 강조되고 있다. 이 분류체계에서는 연구 분야를 자연(nature), 생물(life), 인공물

(artificial), 인간(human), 사회(society), 인간과학과 기술(human science and technology)의 6가지로 구분하였다. 앞의 3분야는 자연과학과 공학(자연, 생명, 인공물), 그 뒤의 2분야가 인문사회학 분야(인간, 사회)이고, 마지막으로 융합학문 분야(인간과학과 기술)가 도입되었다.

[표 1-2-1] 국가과학기술표준분류체계 : 과학기술통신부 고시

자연 N				생명 L			인공물 E									인간 H					사회 S									인간과학과 기술 O		
A 수학	B 물리학	C 화학	D 지구과학(지구대기해양천문)	E 생명과학	F 농림수산식품	G 보건의료	H 기계	I 재료	J 화공	K 전기/전자	L 정보/통신	M 에너지/자원	N 원자력	O 환경	P 건설/교통	HA 역사/고고학	HB 철학/종교	HC 언어	HD 문학	HE 문화/예술/체육	SA 법	SB 정치/행정	SC 경제/경영	SD 사회/인류/복지/여성	SE 생활	SF 지리/지역/관광	SG 심리	SH 교육	SI 미디어/커뮤니케이션/문헌정보	OA 뇌과학	OB 인지/감성과학	OC 과학기술과 인문사회

2) 조경학

조경학은 산림자원학 등과 함께 생명L－농림수산식품 대분류군에 속해 있다. 조경학(F11)은 조경계획, 조경설계, 조경 식물/생태/복원, 조경 시공/재료, 조경관리학, 조경정보학, 기타의 7개 분야로 구분되어 있다.

산림자원학(F10)은 임목 유전/육종/수목분류, 조림/육림, 종자/육묘/생리, 산림환경/생태/복원, 산림보호, 야생동물 생태/보전관리, 산림공학/수문학, 산림측정/경영/수확, 산림휴양/경제/정책, 기타의 10개 분야로 구분되어 있다.

국토와 도시계획학은 인공물E－건설/교통 대분류군과 사회S－지리/지역/관광 대분류군의 2가지에 해당된다. 국토정책/국토계획학(P01)은 국토정책, 국토계획, 교통계획, 도시계획, 기타의 5개로 분류된다. 국토공간개발기술(P02)은 국토지능화/공간정보, 지능형 생태도시, 대공간 지상건축물, 지하대공간, 해저공간, 인공섬/준설 매립기술, 경관관리, 기타로 구분된다. 도시/지역개발학(SF01)은 국토/지역개발/계획, 도시개발/계획(테크노폴리스), 농촌/낙후지역개발, 지역경제, 교통/물류, 토지이용, 공원녹지/경관관리, 환경계획/평가, 지역에너지, 지역사회, 기타로 구분된다.

생태계복원/관리기술과 환경예측/감시/평가기술은 대분류인 인공물E－환경 대분류군에 속해 있다.

2. 조경업과 조경직

Keyword 6 건설산업과 조경공사업

일반적으로 조경업은 건설산업기본법에 의거하여 조경공사업으로 지칭되며, 이는 종합조경공사업과 전문조경공사업으로 구분된다.

우리나라의 건설산업기본법에서는 건설산업을 건설업과 건설용역업으로 구분한다. 건설업이란 건설공사를 수행하는 업으로 정의되고 건설용역업은 건설공사에 관한 조사, 설계, 감리, 사업관리, 유지관리 등에 관련된 용역을 수행하는 업으로 정의하고 있다. 이 중 건설업은 종합건설업과 전문건설업으로 세분된다.

종합건설업에는 다섯 가지의 유형이 있는데 여기에는 토목공사업, 건축공사업, 토목건축공사업, 산업설비공사업, 조경공사업이 있다. 종합조경공사업은 "종합적인 계획, 관리, 조정 하에 수목원이나 공원, 녹지의 조성 등 경관 및 환경을 조성하는 공사업"으로서 정의하고 있다. 그리고 전문건설업 영역에는 실내건축공사업, 토공사업, 포장공사업, 조경식재 공사업과 조경시설물설치공사업 등으로 구분하고 있다. 조경식재공사업은 조경수목, 잔디, 초화류 등을 식재하거나 유지관리하는 공사로 업무내용이 정의되고 있다. 조경시설물설치공사업은 조경을 위하여 조경석, 인조목, 인조암 등을 설치하거나 야외의자, 퍼걸러 등의 조경시설물을 설치하는 공사로 업무내용이 정의되고 있다. 이 법에 근거하여 현재 우리나라에는 종합조경공사업체가 900여 개, 전문조경공사업체가 3,000여 개가 설립되어 있다.

[표 1-2-2] 조경공사업의 분류

조경공사업	종합조경공사업		종합적인 계획, 관리, 조정 하에 수목원이나 공원, 녹지의 조성 등 경관 및 환경을 조성하는 공사업
	전문 건설업	조경식재공사업	조경수목, 잔디, 초화류 등을 식재하거나 유지관리하는 공사
		조경시설물설치공사업	조경을 위하여 조경석, 인조목, 인조암 등을 설치하거나 야외의자, 퍼걸러 등의 조경시설물을 설치하는 공사

Keyword 7 엔지니어링 기술과 조경용역업

조경계획설계를 수행하는 업역은 엔지니어링기술사업으로서 분류되며 조경은 건설기술로서 분류되어 있다.

엔지니어링 산업진흥법에서는 엔지니어링 활동을 과학기술의 지식을 응용하여 사업 및 시설물에 관한 연구, 기획, 타당성조사, 설계, 분석, 감리, 평가, 자문, 지도 등에 관한 활동과 그 활동에 대한 사업관리로서 정의하고 있다. 엔지니어링 기술부문은 15개로 구분된다(기계, 선박, 항공우주, 금속, 전기전자, 통신정보, 화학, 섬유, 광업자원, 건설, 환경, 농림, 해양수산, 산업관리, 응용이학 부문). 조경은 도시계획, 건축, 토목, 교통 등과 함께 건설부문에 속해 있다. 산림전문분야는 농림기술부문에 속해 있다. 엔지니어링 활동주체가 등록되기 위해서는 기술사, 기사, 박사 등의 자격을 갖춘 인력을 확보해야 한다. 이러한 엔지니어링 기술의 전문기술자에 대해서는 기술사법에서 그 자격을 규정하며 조경기술사사무소를 개설할 수 있도록 규정하고 있다.

현재 우리나라에는 엔지니어링 산업진흥법에 의해 조경설계를 수행할 수 있는 용역업체가 약 400여 개, 조경기술사 사무소가 40여 개가 있다.

Keyword 8 임업과 조경식재공사업

조경업과 관련해서는 산림관련법에서도 규정하고 있다. 이 산림관련법인 임업 및 산촌진흥촉진에 관한 법률 및 산림조합법에서는 조경업을 조경식재공사업으로 정의하면서 산림분야사업인 경우에는 설계 및 감리 등도 가능하도록 규정되어 있다.

임업 및 산촌진흥촉진에 관한 법률에서는 임업을 영림업(산림법 및 수목원 조성 및 진흥에 관한 법률에서 규정하고 있는 자연휴양림 및 수목원의 조성 또는 관리운영 포함), 임산물생산업, 임산물유통가공업, 야생조수사육업, 분재생산업, 조경업, 수목조사업 및 임업관련서비스업 등으로 정의하고 있다.

산림조합법에서 규정하고 있는 사업의 종류에는 교육사업, 경제 및 산림경영사업 등이 있다. 이때 경제사업의 종류에는 가로수 식재 및 조경사업이 포함되며 이 조경사업은 건설산업기본법 상의 조경식재공사업으로 정의하고 있다. 아울러 산림조합중앙회와 지역협회에서는 산촌종합개발 · 휴양림 · 산림욕장 · 임간수련장 · 산림박물관 · 수목원 · 생태숲 · 도시숲 · 학교숲 · 등산로 · 수렵장의 조성과 그 시설의 설치 · 관리 및 설계 · 감리 등을 시행할 수 있도록 규정하고 있다.

Keyword 9 문화재수리업과 조경업

조경업은 문화재수리업과도 관련이 있다.

문화재보호법에서는 문화재수리업을 12종류로 분류하며 그 중에는 조경업이 포함된다(보수단청업, 실측설계업, 조경업, 조각업, 표구업, 칠공업, 도금업, 모사업, 보존과학업, 식물보호업, 실측감리업, 박제표본업).

이에 따라 문화재수리기술자로서 조경기술자는 전통조경의 계획과 시공, 이에 따른 원형고증조사 및 보고서 작성 등의 업무를 담당하게 된다. 문화재수리기술 자격 및 업체의 등록도 문화재보호법에서 규정하고 있다. 이 문화재수리업과 관련된 조경 공사업체는 약 40여 개가 있다.

Keyword 10 공무원 조경직

공무원 조경직은 2006년에 신설되었다. 조경직은 국가공무원으로는 시설조경직과 산림조경직이 신설되었으며 지방공무원으로는 조경직이 신설되었다.

공무원은 크게 일반직 공무원과 특정직 공무원으로 구분된다. 이 공무원의 유형은 그 위계에 따라 대분류군이 직군, 중분류군이 직렬, 세분류군이 직류가 된다. 일반직 공무원의 직군은 행정직군과 기술직군으로 구분된다.

중앙공무원직 기술직군은 공업, 농업, 임업, 수의, 해양수산, 기상, 보건, 의료기술, 식품위생, 의무, 약무, 간호, 환경, 항공, 시설, 전산, 통신의 17개의 직렬로 구분된다. 이 중 시설직렬은 도시계획, 토목, 농업토목, 건축, 지적, 측지, 교통시설, 도시교통설계, 시설조경의 9분야의 직류로 구분되었다. 그리고 임업직렬은 산림조경, 산림자원, 산림보호, 산림이용직류의 4분야로 직류로 구분되었다. 즉 중앙공무원직제상에는 조경직은 시설조경직과 산림조경직으로 구분되어 신설되었다. 이렇게 소수직렬인 조경직이 이원화된 것은 현재 우리나라에서 조경수목을 중심으로 하여 산림청을 중심으로 진행해 오던 조경수 중심의 영역과 조경계획설계 및 조경시설물공사 등의 국토계획기술분야 영역이 모두 반영된 결과로 판단된다.(공무원 임용령)

한편 지방공무원 기술직군에서는 임업직렬이 녹지직렬로 명칭이 변경되었고, 여기에 조경, 산림자원, 산림보로, 산림이용직류의 4개 분야로 구분되었다.(지방공무원 임용령)

앞으로의 국가 및 지방공무원 조직에서 직군이나 직렬보다는 세부 전문단위인 직류가 중요하다고 판단된다. 이는 국가적 사업의 성격이 통합적 성격을 지향하지 않으면 안 된다는 시대적인 요청이기도 하다. 아울러 조경직이 현재는 시설조경 또는 산림조경과 같이 구분되어 있는 상황이기는 하지만 복합직능적 성격으로서의 직제 개편이 요구된다.

[표 1-2-3] 공무원 조경직의 분류

분 류	직 렬	직 류
중앙공무원직 기술직군	임업직렬	산림조경, 산림자원, 산림보호, 산림이용
	시설직렬	도시계획, 토목, 농업토목, 건축, 지적, 측지, 교통시설, 도시교통설계, 시설조경
지방공무원 기술직군	녹지직렬	조경, 산림자원, 산림보호, 산림이용

[표 1-2-4] 공무원 조경직 시험과목

직렬	시설직렬	임업직렬	녹지직렬
직류	시설조경	산림조경	조경직
공통과목	국어, 영어, 한국사		
필수과목	조경학	조림	조경학
	조경계획 및 설계	조경학	조경계획 및 생태계관리

제 3 절

더 알아야 할 개념

3. 조경기술자

Keyword 11 **조경기술자**(造景技術者 landscaping engineer)

조경학을 공부하면서 일정한 기술자격을 부여하게 되면 조경기술자 자격증을 취득하게 된다. 이러한 기술자격을 규정하고 있는 것은 건설기술진흥법, 국가기술자격법, 기술사법 등이 있나.

건설기술진흥법에서 건설기술이라 함은 건설공사에 관한 계획, 조사, 설계감리, 시공, 사업관리를 포함하는 것으로 정의하고 있다. 이 법에서 조경은 국토개발 직무분야 내 국토계획, 지적 등과 함께 정의되면서 기술사, 기사, 산업기사를 배출할 수 있게 되어 있다.

이러한 기술자격에 대해서는 국가기술자격법에서 규정하고 있으며 조경은 국토개발분야에 속하여 기술사, 기사, 산업기사, 기능사에 대해 규정하고 있다. 그리고 근래에 환경분야에는 자연환경관리기술사, 자연생태복원기사, 자연생태복원산업기사가 신설되어 조경학과 출신이 응시할 수 있다.

문화재보호법에 의해 문화재수리기술자로서의 조경기술자의 자격을 취득할 수 있다.

[표 1-3-1] 문화재 조경수리기술자 시험과목

시험과목	출제형식	출제범위
문화재보호법	객관식	문화재보호법, 시행령, 시행규칙, 문화재전문위원회 규정
한국사	객관식	선사시대부터 근세에 이르기까지 정치, 경제, 사회, 문화사 전반에 걸쳐 출제 되며, 시사성 있는 사항 정리(유물, 유적 발굴사항)
조경사	객관식	한국조경사는 원시시대부터 근세까지 자세하게 정리 서양조경사와 동양조경사의 대강
전통조경	논술식	궁궐조경(경복궁, 창덕궁, 창경궁, 안압지), 별서, 서원, 사찰, 능원, 민가조경을 사례별로 특성을 정리
조경설계 및 시공	논술식	일반 및 문화재 공간의 설계 및 시공 전반

[표 1-3-2] 조경기사와 자연생태복원기사 시험과목

조경기사		자연생태복원기사	
시험과목	주요항목	시험과목	주요항목
조경사	· 서양의 조경 · 동양의 조경	환경생태학 개론	· 생태계 공통 · 육상생태계 · 육수생태계
조경계획	· 조경계획 개념 · 조경계획 과정 · 부분별 조경계획 · 조경계획 관련법규	환경계획학	· 환경계획의 개념 및 기초이론 · 환경계획의 방법론 · 공간환경계획의 체계와 내용 · 분야별 환경계획
조경설계	· 설계의 기초 · 설계과정 · 경관분석 · 조경미학 · 조경시설물의 설계	생태복원 공학	· 생태복원일반 · 생태복원과 환경요인 · 생물복원재료 · 생태복원 시행공정 및 시행공법 · 생태통로의 조성
조경식재	· 식재일반 · 식재계획 및 설계 · 조경식물재료 · 조경식물의 생태와 식재	경관생태학	· 경관생태학의 기초 · 지리정보시스템(GIS)/원격탐사(RS)와 경관생태학 · 지역환경시스템과 경관생태학적 지역 구분 · 자연경관생태/인공경관생태 · 복원 및 개발계획에서의 경관생태 · 환경영향평가와 경관생태
조경시공 구조학	· 시공계획 및 관리 · 조경시설재료 · 식재공사 · 부문별공사 · 조경적산 · 기본구조역학	자연환경 관계법규	· 자연보전에 관한 법령 · 토지이용 등에 관한 법령

[표 1-3-2] (계속)

조경기사		자연생태복원기사	
시험과목	주요항목	시험과목	주요항목
조경관리론	· 운영 및 유지관리계획 · 조경수목 및 시설재료의 유지관리 · 시설물의 유지관리 · 이용관리계획 · 시공관리		

제 2 강

조경공간과 경관

이명우

제1절 서론

제2절 핵심개념

1. 조경공간

2. 경관

제3절 더 알아야 할 개념

3. 경관계획

제 2 강

조경공간과 경관

이명우

제 1 절 서 론

조경은 open space(공개공간, 公開空間)를 대상으로 하여 계획, 설계, 유지관리, 보전하기 위한 분야로서 정의할 수 있다. 이에 따라 조경공간을 유형화하면 공원녹지공간, 정원 및 소규모 공공공지, 단지공간, 가로 및 주차공간, 관광레크리에이션 및 운동공간, 하천 및 습지 등 생태복원공간, 문화재 등 역사문화공간, 농촌 및 자연생태공간 등이 된다. 우리나라에서의 법적인 공개공간의 개념은 소규모의 공공 휴게공간의 의미로 사용되고 있다.

오픈 스페이스에 대한 공간계획을 수립하면서 먼저 고려해야 하는 것이 오픈 스페이스 체계(open space system)이다. 이 오픈 스페이스체계는 광역적으로 공원 · 녹도(綠道) 연결체계라고도 할 수 있는데 중심거점공원과 이들을 연결하는 park way로 구성된다. 우리나라에서는 도시공원은 소공원, 근린공원, 도시자연공원 및 주제공원으로 특성화되어 있다. 녹도는 연결녹지라는 개념으로 도입되어 사용되고 있다. 자연공원은 국립공원, 도립공원, 군립공원으로 구분되어 관리된다.

녹지공간은 공원과 함께 오픈 스페이스를 구성하는 가장 중요한 개념이다. 도시공간에서는 시설녹지로서 완충녹지, 경관녹지, 연결녹지로 구성된다. 국토공간의 중요한 녹지로서의 산림으로서 수원함양림, 자연환경보전림, 생활환경보전림, 목재생산림, 산림휴양림, 자연재해방지림 등으로 지정되어 관리하고 있다. 백두대간보호지역,

생태경관보전지역, 야생동·식물특별보호구역 등이 지정되어 관리된다. 소생물 서식공간은 비오톱이라고 하며 생태복원의 기본이 되며 주로 생물적 특성에 따라 곤충비오톱, 어류비오톱, 조류비오톱 등으로 분류하기도 하고, 토지이용특성에 따라 분류되어 계획되기도 한다.

공간계획에서는 중심공간이 갖는 공공성의 특성 등에 따라 그 규모와 성격이 결정된다. 공간설계를 위해서 공간 축의 설정과 함께 지형적 특성 등에 따라 공간의 대칭성을 결정하게 된다. 보행공간과 차량공간과의 분리와 보행공간의 특화는 조경설계의 중요한 과제이다. 기타 조경공간의 경우에는 시설공간과 식재공간으로 구분하여 설계를 진행하게 된다.

조경의 궁극적 대상이 되는 경관은 조망권 등이 부각되면서 경관자원으로서의 개념이 강화되고 있다. 경관계획에서는 주로 시각경관을 대상으로 하며 조망점 선정, 조망축 설정, 경관주제성분석 등을 수행하게 된다. 이 경관을 생태경관으로 해석하여 경관생태적 의미로 사용되기도 한다. 우리나라에서는 경관법을 통해서 경관지구 등에 대한 경관계획의 수립, 경관사업의 시행, 경관협정의 체결 등을 수행하고 있다.

제 2 절 핵심개념

1. 조경공간

Keyword 1 오픈 스페이스(open space 공개공간 公開空間)

시간(時間), 공간(空間), 인간(人間)에서 표현되는 공간이라 함은 인간의 활동을 담아내는 장소나 토지를 표현한 용어이다. 계획분야에서의 공간이라는 개념은 대단히 보편적이고 광의적으로 사용되고 있다. 크게는 국토공간이나 도시공간이라는 개념으로 접근을 하게 되고, 단지계획 차원에서는 주거공간, 상업공간이라는 개념으로 사용을 한다. 건축분야에서는 건축물 중심의 건축공간, 조경분야에서는 오픈 스페이스 및 녹지 중심의 옥외공간(exterior space, outdoor space)이라는 개념을 사용하고 있다.

조경은 open space(공개공간:公開空間)를 대상으로 하여 계획, 설계, 유지관리, 보전하기 위한 분야로서 정의할 수 있다. 오픈 스페이스란 현대 도시민들의 차량통행과 보행활동 등을 기반으로 나타나는 야외활동 공간 및 녹지공간을 말한다. 따라서 조경공간을 유형화하면 공원녹지공간, 정원 및 소규모 공공공지, 단지공간, 가로 및 주차공간, 관광레크리에이션 및 운동공간, 하천 및 습지 등 생태복원공간, 문화재 등 역사문화공간, 농촌 및 자연생태공간 등이 된다.

August Heckscher(1977)는 현대적 open space의 유형으로 도시광장, 도시공원, park system, 도심 내 오픈 스페이스, 주거공간 오픈 스페이스의 중요성과 그 도입방안에 대해서 논하고 있다. 이러한 논점은 도로교통의 발달과 보행자 유입을 통한 상업공간의 활성화라는 도시구조의 변화에 따른 것이다. 따라서 이전에는 목적교통수단으로서의 도로이었던 것이 또 다른 형태의 공간성을 갖게 되었다는 관점이다. 미국에서는 이러한 오픈 스페이스의 개념적 성격으로 인해서 조경분야가 도시설계 및 도시계획의 중요한 한 축의 역할을 담당하고 있다.

우리나라에서 도시계획관련법 및 건축법에서는 오픈 스페이스의 번역어인 공개공지(公開空地)공간, 또는 공공공지(公共空地)의 성격을 소규모의 휴식공간 등으로 정의하여 협의의 개념으로 사용하고 있다. 즉 도시계획시설의 한 유형인 공간시설에는 공원 · 녹지, 광장, 유원지, 공공공지(公共空地, public space) 등이 있다. 공공공지는 주요 시설물 또는 환경의 보호, 경관의 유지, 재해대책, 보행자의 통행과 주민의 일시적 휴식공간의 확보를 위해 최소한의 규모로 설치하는 시설이다.(도시계획 및 이용에 관한 법률 제43조, 도시계획시설의 결정, 구조 및 설치기준에 관한 규칙 제59조) 건축법에서 공개공지(公開空地, open space)는 일정규모 이상의 건축물을 설치하면서 일반인에게 공개하는 소규모 쌈지공원으로서 정의한다.(건축법 제 67조)

건축법 제67조 (공개공지 등의 확보) ① 다음 지역의 환경을 쾌적하게 조성하기 위하여 대통령령이 정하는 용도 및 규모의 건축물은 일반이 사용할 수 있도록 대통령령이 정하는 기준에 의하여 소규모 휴식시설 등의 공개공지 또는 공개공간을 설치하여야 한다.

1. 일반주거지역, 준주거지역
2. 상업지역
3. 준공업지역
4. 기타 시장, 군수, 구청장이 인정하는 지역

서울시 건축조례 제22조(공개공지등의 확보) ① 공개공지 등을 확보해야 하는 대상 건축물 및 면적은 다음과 같다.

1. 대상건축물 : 문화 및 집회시설 등 연면적 합계가 5천 제곱미터 이상인 건축물

2. 면적 : 다음의 기준으로 면적을 확보하되 건축선 후퇴부분의 면적은 공개공지 등의 면적에 포함시키지 않는다.
 가. 연면적 5천 제곱미터 이상 1만 제곱미터 미만 : 대지면적의 5%
 나. 연면적 1만 제곱미터 이상 3만 제곱미터 미만 : 대지면적의 7%
 다. 연면적 3만 제곱미터 이상 : 10%

② 이 공개공지 등은 다음 기준에 적합해야 한다.

1. 도로접근이 편리한 장소에 소공원(쌈지공원)의 형태로 설치
2. 2개소 이내로 설치하되, 1개소 면적이 최소 45㎡ 이상
3. 최소폭은 5m 이상
4. 필로티 구조로 할 경우에는 유효높이가 6m 이상
5. 조경, 벤치, 퍼걸러, 시계탑, 분수, 소규모 공중화장실 등 다중의 이용에 편리한 시설을 설치

실질적인 조경공간계획의 대상이 되는 오픈 스페이스에서는 공원녹지공간이 가장 핵심적인 개념이라는 것을 이해할 필요가 있다.

Keyword 2 **오픈 스페이스체계**(open space system 공개공간체계 公開空間體系)

오픈 스페이스에 대한 공간계획을 수립하면서 먼저 고려해야 하는 것이 오픈 스페이스체계(open space system)이다. 이 오픈 스페이스체계는 광역적으로 공원 · 녹도(綠道) 연결체계라고도 할 수 있는데 중심거점공원과 이들을 연결하는 park way로 구성된다. 즉 녹지공간 및 경관적 특화도로를 주제로 조성되는 파크웨이는 도심공원이나 주거단지 내 오픈 스페이스부터 도시외곽의 농촌이나 자연공원으로 연결되도록 한다. 이러한 공원체계의 효시가 boston park system이다. 이 설계는 20세기 초 미국 뉴욕의 센트럴 파크설계자인 Olmsted가 설계하였다. 중심거점공간에는 보스턴 도심에 위치한 도시공원인 Boston Common, 홍수범람 방지를 위한 유수지를 생태적 공간으로 복원한 The Fens 등을 시작으로 Olmsted공원, Jamaica공원, Arnold수목원, Franklin공원이 있다. 이러한 공원들은 보행자를 위한 넓은 녹도인 프로메네이드와 드라이브웨이 등을 연결되도록 하여 레크리에이션, 자전거 통행 및 산책 등이 가능하도록 하였다. 이 파크시스템의 개념이 확대되어 Charles 강 유역하구인 보스턴 항구에서 상류의 Water town에 이르기까지 12km 이상으로까지 green way가 설치되었다. 근래까지도 미국의 경우는 이 park way와 park system이라는 개념은 조경에서의

중요한 주제가 하나로서 연구되고 설계되고 있다. 이 파크웨이는 green way 또는 green corridor라고도 한다.

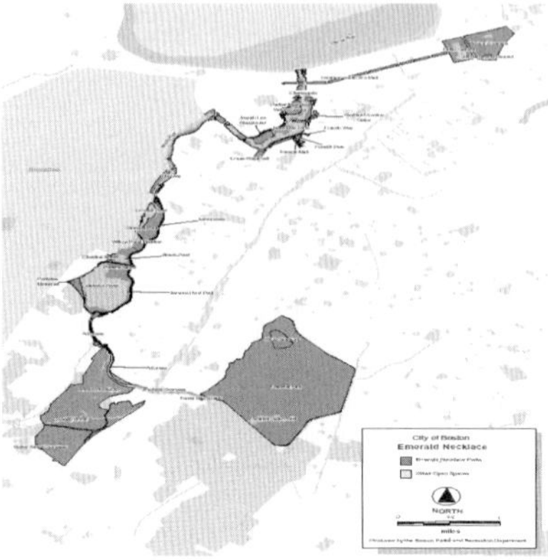

[그림 2-2-1] 보스턴 공원체계

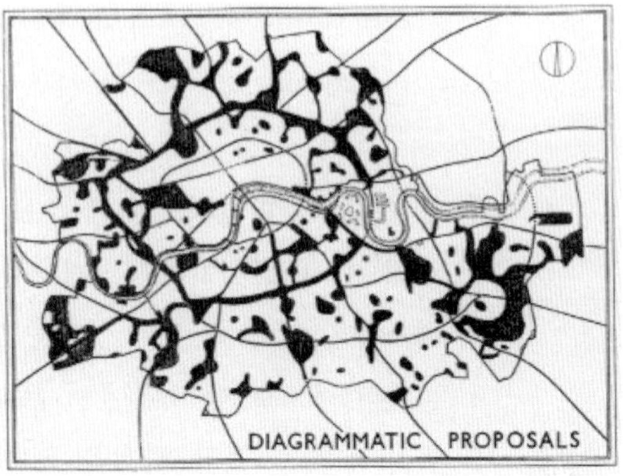

[그림 2-2-2] 런던 오픈 스페이스계획(1943년)

(출처: 박문호(2007) 도시공원녹지계획, 이명우 외, 조경계획, p.344)

우리나라의 도시공원관련법에서는 소공원, 근린생활권 공원, 도보권 공원, 도시계획구역권 공원, 광역권 공원, 도시자연공원을 기본체계로 하여 다양한 형태의 주제공원의 공간유형을 설정하고 있다. 그리고 이들을 연결하는 것은 연결녹지로서 개념으로 정의하고 있다. 이 연결녹지는 보행로나 생태통로연결 녹지의 개념은 가지고 있지만 자동차에 의한 도로연결 개념이나 광장, 유원지 등의 개념을 포괄하지 못하고 있다. 국토공간에서는 자연공원체계가 도입되어 국립공원을 거점으로 하여 도립공원과 군립공원이 지정되고 있다. 이들을 연결할 수 있는 하천, 도로 및 보행로에 대한 종합적인 법제도적 개념은 우리나라에는 없다. 근래에 에코네트워크, 그린네트워크라는 정책적 과제를 통해 자연형 하천계획, 경관도로계획 등에 대한 연구를 수립하여 통합적 오픈 스페이스체계에 대한 접근이 수행되고 있다.

Keyword 3 **녹지공간**(綠地空間 green space)

녹지는 공원과 함께 오픈 스페이스를 구성하는 가장 중요한 개념이다. 녹지란 일반적으로 녹화된 공간으로서 식생이 자라는 지역을 말한다. 우리나라 도시계획에서의 녹지라 함은 기본적으로 경관녹지, 완충녹지, 연결녹지 등의 시설녹지(도시계획시설로 지정되는 녹지)를 말한다. 완충녹지는 대기오염 등의 공해나 사고 등의 재해 방지를 위한 녹지를 말한다. 경관녹지는 도시의 자연환경을 보전하거나 개선, 복원하기 위한 녹지를 말한다. 연결녹지는 도시 안의 공원, 하천, 산지를 연결하는 산책

공간 등의 역할을 부여하기 위한 선형의 녹지를 말한다.

우리나라 도시기본계획의 내용에는 공원, 녹지, 경관 등이 포함되어야 하며, 녹지축, 생태계, 산림, 경관 등 양호한 자연환경과 우량농지, 보전적 용도지역을 충분히 고려하여 토지의 용도를 지정하도록 규정하고 있다. 공원녹지기본계획에서는 공원녹지의 보전, 관리, 이용을 위하여 녹지기본계획 및 도시녹화계획에 관한 사항이 포함되도록 규정하고 있다. 이때 녹지기본계획에는 시설녹지에 대한 정비계획뿐만 아니라 생태적 측면에서 보전해야 할 지구(생태계보전지구)에 대한 보전계획, 민간부문 등의 단계별 녹지확충계획, 단절되거나 훼손된 녹지에 대한 복원계획, 가로수계획, 녹도 및 보행자전용도로계획, 생태통로계획, 자전거도로계획, 경관도로계획이 포함된다. 녹지의 보전 및 확충이 특별히 필요한 지역은 중점녹화지구로 설정하고 이에 대한 도시녹화계획을 수립한다(도시공원 및 녹지 등에 관한 법률).

국토공간의 녹지 중 가장 큰 비중을 차지하는 것이 산림이다. 이 산림은 기능에 따라 수원함양림, 산지재해방지림, 자연환경보전림, 목재생산림, 산림휴양림, 생활환경보전림(도시림)으로 구분된다. 이 산림기능 등을 기반으로 하여 보전산지와 준보전산지로 산림토지이용을 구분하여 산지를 관리한다. 보전산지에는 목재생산 등을 목적으로 한 임업용 산지와 자연휴양림 등을 목적으로 한 공익용산지로 구분된다(산지관리법 및 산림자원 보전 및 이용에 관한 법률).

산림지역을 중심으로 하여 보전되는 녹지에는 백두대간 보호지역이 있다. 이 백두대간은 금강산 · 설악산 · 태백산 · 소백산을 거쳐 지리산으로 이어지는 큰 산줄기를 말하며 백두대간 중 특별히 보호할 필요가 있다고 인정되는 지역인 경우 산림청장이 백두대간 보호지역으로 지정하여 관리한다(백두대간 보호에 관한 법률). 녹지를 포함한 자연환경 중 특별히 보전할 필요가 있다고 인정되는 지역은 생태 · 경관보전지역으로 지정된다. 이때 핵심보전구역, 완충보전구역, 전이보전구역 등으로 구분하여 세분 지정하여 관리하게 된다. 그리고 멸종위기종 등이 발견되었을 때는 야생동식물특별보호구역을 지정할 수 있다(자연환경보전법, 야생동식물보호법). 설악산 등과 같이 유네스코에 의해 생물권보전지역으로 지정되어 보전하기도 한다. 문화재보호법상 천연기념물이나 천연보호구역에서 동식물 등의 자생지나 도래지 등을 보호하기도 한다.

Keyword 4 소생물서식공간(小生物棲息空間 biotope)

생물서식공간 조성이나 복원에 관련해서는 비오톱(소생태계)이라는 개념이 사용되고 있다. 이 비오톱(biotope)이라는 어원은 독일 생물학자 Dahl에 의해서 1908년 독일에서 처음 사용되었다. 여기서 bio는 생물체인 동물과 식물을 의미하며 tope는 지형, 공간 등을 의미한다. 즉 동식물들의 관점에서 생태계를 파악하는 개념이라고 생각할 수 있다. 이 비오톱이라는 개념은 도시적 공간의 작은 물웅덩이와 가로수 식재공간, 작은 연못 등도 그 영역에 포함시킬 수 있는 폭넓은 적용성을 가지게 된다. 이 조성되는 비오톱 공간의 유형에는 생태연못 및 계류, 생태숲, 생태하천, 생태공원, 생태단지, 생태도시라는 개념에 도입된다. 작게는 수공간을 설치한 옥상 비오톱, 연못비오톱 등의 개념으로도 사용된다. 우리나라의 법에서는 비오톱을 생물다양성을 높이고 야생동식물의 서식지간의 이동가능성을 높이거나 특정한 생물종의 서식조건을 개선하기 위하여 조성하는 생물서식공간라고 정의한다(자연환경보전법). 이렇게 조성되거나 복원되는 공간을 대체자연이라고 한다.

[그림 2-2-3] 비오톱 목재더미

[그림 2-2-4] 일산 롯데백화점 옥상생태공원

생물서식공간계획으로서의 비오톱공간계획에서는 녹지복원을 포함한 환경적 복원을 기본방향으로 하게 된다. 이러한 계획을 위해서는 주변 환경특성 및 생물들의 라이프 사이클과 먹이사슬관계에 대해서 먼저 이해할 필요가 있다. 즉 생물들의 산란, 이동, 은신, 먹이 등의 환경적 요인을 검토하며 자연적 변동특성을 고려하여야 한다. 통상 이 비오톱계획에서는 목표 생물종의 특성에 따라 곤충비오톱공간, 양서파충류비오톱, 어류비오톱공간, 조류비오톱공간 등으로 구분하기도 하고, 환경특성에 따라 습지비오톱, 하천비오톱, 숲비오톱 등으로 구분하기도 한다.

토지이용 및 복원특성을 기준으로 주거지 비오톱, 상업업무비오톱, 공업지비오톱, 도시기반시설지비오톱, 교통시설비오톱, 하천 및 습지비오톱, 조경녹지비오톱, 경작지비오톱, 산림비오톱, 유휴지비오톱 등으로 구분하기도 한다(서울시).

자연형 하천계획에서는 비오톱공간 복원이 가장 중요한 목표가 된다. 비오톱 복원을 위한 자연형 하천은 상중하류의 유속 및 하도특성을 고려하여 여울과 소가 자연적으로 조성될 수 있는 여건을 만들고, 홍수 시에 홍수터를 확보하여 자연적인 홍수를 수용할 수 있는 여지를 도입해야 한다. 이러한 생물서식공간에서는 하천의 치수 안정성, 생태적 민감성 등을 반영하여 이용 및 보존공간을 배치한다. 이용공간에는 하천생태환경에 부합하는 친수활동에 필요한 최소한의 시설을 위한 자연관찰 및 학습, 경관감상과 산책, 휴식 위주의 정적 친수공간을 도입하게 된다.

이 비오톱 복원은 단지계획에서는 경관생태계획이나 친환경계획이라는 성격으로 수립되기도 한다. 즉 이 친환경계획에서는 주변 환경여건을 고려하여 주변녹지 유입을 통한 네트워크 형성, 물 순환체계 구축, 생태적으로 조화되는 경관조성을 목표로, 지구 내 양호한 수림대 및 자연수계를 보존하고 기존의 대지에 순응하는 부지조성 등 환경보전계획을 수립하게 된다. 또한, 주변 녹지와 지구 내 중심녹지를 연결하는 그린네트워크(green network) 및 지구를 관통하는 하천을 보존하고 빗물 저류 및 침투, 유수지 조성 등 수 환경 네트워크(blue network) 구축을 통하여 지구 전체가 기능적으로 통합되어 생태적으로 조화되는 환경조성계획을 수립할 수 있다. 그리고 지구 내 기존의 습지를 생태공원으로 조성하고 인근의 근린공원을 생태통로로 연결하여 녹지축과 연계하여 바람축을 설정하고 이를 고려하여 주거동 배치 등을 할 수 있게 된다.

[그림 2-2-5] 비오톱 유형평가도
(출처: 김성용(2007) 단지계획, 이명우 외, 조경계획, p.517)

Keyword 5 공공공간(公共空間 public space)

조경공간계획에서는 먼저 보전공간과 개발 가용지 공간을 구분한다. 보전공간은 생태적, 경관적, 문화적 보전가치를 판단하여 기존의 지형, 수목, 문화자원 등을 보전 또는 복원하게 된다. 개발 가용지는 건축물, 도로 및 다양한 형태의 옥외공간을 조성하기 위한 목적으로 설정된다. 이 보전공간과 개발공간은 상호 배타적으로 분리되기도 하지만, 보전공간 안에 패시브한 활동공간을 설치하기도 하고, 개발공간 안에 지형보전 및 복원공간이 설정되기도 한다. 쟁점이 되고 있는 것이 과도한 개발밀도로 인해 개발과 보전의 균형을 형성하지 못하거나, 생태자원보전가치를 과소평가하여 이를 파괴하는 행위 등이 있다.

개발 가용지 공간에 대해서는 활동공간의 공공성과 영역성이라는 차원에서 공간의 성격을 구분하게 된다. 주거단지계획에서의 예를 들면, 먼저 생활권 또는 정주권이라는 개념을 통해서 커뮤니티 대생활권을 구분하고 각각의 대생활권마다의 근린주구생활권을 설정한다. 이 근린주구생활권은 다시 건물군별 생활권으로 건축물 및 활동공간체계가 수립된다. 이러한 정주권 공간계획에서 주거밀도와 건축물의 유형과 클러스터 방식이 결정된다. 이러한 건축물 클러스터에 의해서 형성되는 오픈 스페이스의 중심에는 공원녹지나 주차장이 배치된다. 이때 공원녹지의 성격은 건물군별 생활권에는 어린이놀이터와 소공원을 중심으로 한 소규모 오픈 스페이스, 근린주구생활권에는 중규모의 근린공원 중심의 오픈 스페이스, 커뮤니티 생활권에는 단지중심공원 중심의 오픈 스페이스가 계획된다. 우리나라에서 이 공원의 배치와 관련해서는 유치권역이라는 개념을 사용한다.

공원 등의 오픈 스페이스를 계획하면서는 공적 공간(public space)과 사적 공간(private space) 또는 동적 공간(active space)이나 정적 공간(static space)으로 구분하고, 이에 따라 공간의 규모와 성격을 결정하게 된다. 이러한 공간의 영역성은 입구부분과 같이 공공성이 높을수록 전면공간에 상대적으로 큰 면적으로 배치가 되고, 공공성이 낮을수록 배면이나 측면공간에 상대적으로 작은 면적으로 배치된다. 조경계획에서 흔히 사용되는 진입공간, 운동공간, 놀이공간, 주차공간 등은 공적공간에 포함되고 휴게공간, 산책공간, 녹지공간 등은 사적공간의 성격을 갖는다.

이 공공영역성에 대한 공간체계는 건축물의 배치방식, 시설물배치계획은 물론 식재수종과 패턴등도 결정하는 근거가 되며 이를 통해 위요감의 정도를 결정하게 된다. 즉 공공성이 높을수록 수목이나 시설물의 높이를 낮게 하여 시각적으로 개방성을 높이게 되고, 반대의 경우에는 위요된 정도를 높게 하여 개방성을 낮추게 되는 것이다. 이 공공영역공간에는 전이공간이나 완충공간이라는 개념이 공공공간과 사적공간의 사이에 배치되기도 한다. 그리고 공간의 다중적 활용공간(다목적 공간) 또는 공간의 3차원적 성격에 따라 다층적 공간구성을 하기도 한다.

Keyword 6 **공간 축**(空間軸 space axis)

공간설계를 하면서는 공간의 중심축(axis, spine)을 어떻게 구성하고 골격선을 어떻게 구성하느냐가 중요한 공간구조를 결정하는 중요한 요소가 된다. 공간축의 성격에 따라 대칭형 공간(symmetrically balanced space)이나 균제형 대칭공간(asymmetrically balanced space)을 형성하게 된다. 기하학적 좌우대칭이나 방사형 대칭을 형성하는 경우가 대칭형 공간이다. 그러나 시각적으로는 대칭이 아니지만 좌우 또는 상하의 무게의 균형이 이루어지거나, 보행동선을 통해서 체험적으로 느껴지는 균형성을 균제형 대칭이라고 말할 수 있다. 자연성이 구현되기 위해서는 까다롭기는 하지만 균제형 대칭축의 개념을 활용할 필요가 있다.

지형적으로 평탄지 공간은 격자형 공간구조를 갖게 되며 대칭형 공간을 형성하는 도시적 공간을 형성하는 데 매우 유리하다. 여기서는 다방향성이 형성되므로 중심축과 결절공간 등의 조성을 통해서 인위적인 경관적 지향성을 부여할 수 있게 된다. 그리고 부분적으로 인공적인 조산 등을 통해서 미세 지형의 변화를 도모하는 공간계획을 수립하게 된다.

경사지공간은 주변에 산이 있는 공간으로서 배후나 전면의 자연경관적 요소를 충분히 활용한 균제형 대칭계획이 수립될 필요가 있다. 그리고 미기후나 국지토향 특성이 다양하기 때문에 개발의 정도나 강도를 결정할 때 정밀한 환경분석 및 경관분석을 바탕으로 계획이 수립되어야 한다. 전통적으로 한국의 배산임수나 풍수경관의 형성은 이러한 경사공간에서 형성된 공간계획이다. 경사적응적 계획, 조망경관적 계획, 유역특성을 고려한 계획 등의 기법을 도입된다.

공간축을 따라 동선을 조성하는 경우가 많다. 이때 공간성과 함께 시간성이라는 개념이 도입된다. 일정한 공간과 구간을 지남에 따라, 공간체험을 함에 따라 연속적 체험공간이라는 개념이 도입된다. 이 공간축상에는 시작부분, 중간부분, 끝나는 부분 등에 결절공간(node: 광장, 휴식공간, 마당 등)을 배치하게 된다. 이 공간축의 특성에 따라 vista, view 등의 경관적 개념이 형성되고 공간의 주제성이 결정된다.

Keyword 7 보행공간(步行空間 pedestrian space)

보행공간이란 보행자가 움직이는 이동공간을 표현하는 용어로서 물리적인 형태로는 도로, 가로, 길 등의 형태를 말한다. 보행공간과 차량공간을 함께 동선(動線 circulation)이라고 표현한다.

이 동선 및 보행공간은 오픈 스페이스 및 경관구성 요소로서 중요한 역할을 수행하고 있다. 도로 폭원의 축소와 보행자공간의 확보 등을 통해 차량 중심에서 보행자 우선의 계획으로 전환됨에 따라 단지 내 차량동선은 중심부를 관통하지 않도록 하여, 단지중심공간이 보행과 커뮤니티 활동이 이루어지는 공공공간으로 조성되고 있다. 보차분리를 위해 차량들의 진·출입을 쿨데삭(cul-de-sac)이나 루프형으로 도입하여 보행공간을 확보하게 된다. 보행자공간에는 특화된 공간으로서 좁은 폭의 산책로, 도시공간의 보행자전용도로, 광장, 몰, 녹도(연결녹지)가 있으며 일반적으로는 도로 옆에 설치된 측도(side walks)및 횡단보도(육교 및 지하도) 등이 있다.

탐방로와 산책로는 공원이나 단지 내에서 결정될 수 있는 보행로의 유형으로서 순환동선 등의 개념을 통해서 보행공간을 특화시킬 수 있는 중요한 길의 유형으로 분류된다. 이 자연탐방로 등은 자연형 하천계획 등에서 중요한 요소로서 계획된다. 이러한 자연탐방로 등이 도시에서 특화된 형태가 녹도(綠道), 연결녹지이다. 녹도는 미국에서는 그린웨이(green way)라고 하며 오픈 스페이스 시스템의 한 축을 이루는 광역의 개념으로 사용된다. 일본에서는 지진, 화재 시의 피난로 확보 등 시가지에 있어서 도시민의 안전성이나 쾌적성을 확보하기 위한 것으로 근린주구 내부 및 근

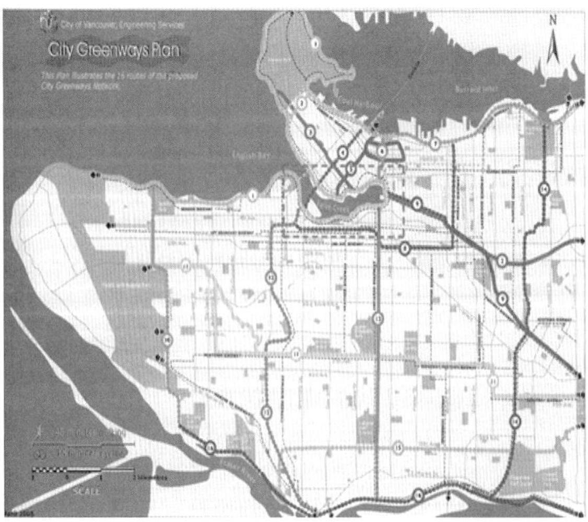

[그림 2-2-6] 밴쿠버 그린웨이 시스템(출처: 문국현(2006) 도시의 생명력 그린웨이, p.119)

린주구 상호간, 공원, 문화시설 등을 연결하는 폭 10~20m의 녹지, 또는 안전하고 쾌적한 보행환경의 조성을 위하여 지역 내에 통과교통의 출입을 방지 또는 억제하고 식재대를 특별히 추가 설치한 일종의 도로로 사용되고 있다. 우리나라에서는 이 녹도는 연결녹지라는 개념으로 도입되어 도시공원과 녹지, 일상생활의 동선이 연결되도록 하여 생태통로 및 보행공간의 역할을 할 수 있도록 하였다.

보행자전용도로와 자전거전용도로는 도시계획시설로서 지정되며 보행자 및 자전거 교통을 위하여 설치되는 도로를 말한다. 차량통행에 대한 보행자의 안전 및 쾌적성 제고, 도심지역, 부도심지역, 학교 또는 하천주변지역 등에서 일반도로의 기능을 보완유지하기 위하여 버스 및 택시정류장, 지하철역, 철도역, 유치원, 초등학교, 쇼핑센터 등과 체계적으로 연결되는 도로로 정의하고 있다. 그러나 실제 우리나라의 도시계획이나 단지계획에서 이러한 기능을 충족시키는 특화된 전용보행로는 거의 찾아보기 힘들다. 걷고 싶은 거리 등은 기존의 도로에 차량통행을 시간적·공간적으로 제한을 통해서 조성하며, 이러한 보행공간의 형태를 몰(mall)이라고 한다. 이 몰에는 자동차 통행을 완전히 차단하여 포장, 수목, 벤치, 조각, 분수대 등을 설치하는 풀 몰(full mall), 공공교통수단을 통과시키고 기타 차량의 통행을 금지시키는 트랜싯 몰(transit mall)로 구분된다. 보행광장은 주로 도심지역에서 보행밀도가 높고 사람들이 많이 모이는 장소인 철도역 앞, 공공건물 주변, 역사적 유적지 주변, 도심상업지 등에 설치하게 된다.

현대 조경공간 등에서는 무엇보다도 차량과 보행의 상충성을 완화시킬 수 있는 보차분리체계의 도입과 주제가 있는 보행공간을 도입하는 것이 중요한 쟁점이 된다. 이러한 적절한 보행공간을 확보하기 위해서 적절한 차량 진·출입 및 주차공간의 배치 등에 대한 신중한 검토가 요구된다.

Keyword 8 시설공간 및 식재공간(施設空間 植栽空間 facility space & planting space)

시설공간계획을 수립함에 있어 가장 먼저 이해해야 하는 것이 부지의 면적에 대한 이해이다. 어린이공원의 최소 부지면적은 1천5백 제곱미터(약 5백 평), 근린생활권 근린공원의 최소면적은 1만 제곱미터(약 3천 평), 도시계획구역권 근린공원은 십만 제곱미터(약 3만 평)로 규정하고 있다. 어린공원의 면적이 조경공간의 최소 적정 단위공간의 면적으로, 근린생활권 공원을 중규모의 조경공간면적, 도시계획구역권의 근린공원을 대규모의 조경공간 면적으로 가름할 수 있다. 이를 폭과 길이로 환산해 보면 최소 조경공간의 폭이나 길이는 30m×50m, 근린공원은 100m×100m, 도시계획구역 근린공원은 300m×300m의 규모로 산정할 수 있다.

조경시설은 협의로 보면 퍼걸러, 벤치, 조각물, 정원석, 분수대, 휴게, 여가, 수경관리 및 기타 이와 유사한 것으로 설치되는 시설, 생태연못 및 하천, 동물 이동통로 및 먹이공급시설 등 생물의 서식처 조성과 관련된 생태적 시설을 말하는 것으로 정의되고 있다.(건설교통부 고시 : 조경기준) 조경시설을 광의로 정의하면 도시공원법에 따른 공원시설로서 정의한다. 즉 도로 및 광장, 조경시설(화단, 분수, 조각 등), 휴양시설(휴게소, 긴 의자 등), 유희시설(그네, 미끄럼틀 등), 운동시설(테니스장 등), 교양시설(식물원, 동물원 등), 편익시설(주차장, 매점 등), 공원관리시설(관리사무소, 출입문, 울타리 등) 등으로 유형화하고 있다.

조경공사 등을 위해서 포장시설물, 계단 및 경사로 등의 도로구조물, 벽과 담장 등의 차폐구조물, 옹벽과 석축 등의 비탈면구조물, 수공간시설, 안내시설과 편익시설과 조명시설과 환경조형물 등의 옥외시설물, 놀이시설과 운동시설과 장애우시설물 등의 특수시설물 등으로 구분할 수 있다.

조경에서 사용되는 식재(植栽, planting)라는 개념은 식목(植木)이라는 개념과는 달리 수목과 초본류를 모두 포함하면서 경관적, 생태적 개념을 포함하는 포괄적 개념으로 사용되고 있다. 식재대상 공간은 가로공간, 건물주변, 보행특화공간, 다목적 공간, 휴식공간 등으로 구분하게 된다. 식재공간은 기능성, 경관성, 생태성이라는 성격을 갖게 된다.

식재공간의 기능성에는 첫 번째로 3차원 공간의 벽면을 형성하는 식재, 보행을 차단하는 차폐식재, 차단식재, 울타리식재 또는 배경식재 등의 차폐적 기능이다. 두 번째의 기능성에는 녹음식재와 방풍식재 등이 있다. 세 번째 기능성 식재로는 잔디와 같이 지표면을 가리기 위한 지피식재나 천장 면이나 건축물의 벽면으로 올리는 덩굴성 식물에 의한 식재가 있다.

식재공간의 경관성에는 첫 번째 화목류 및 유실수이다. 두 번째 경관성 식재는 겨울에도 잎을 볼 수 있는 상록침엽수, 상록활엽수, 대나무류, 야자나무류와 가을에 단풍색을 볼 수 있는 단풍류가 있다. 경관성의 세 번째는 화단을 조성할 때 사용하는 원예용 화훼식물 등의 초화류이다. 경관성의 네 번째는 풍수에 따른 식재, 사찰 등에 심어지는 상징식재이다.

식재공간의 생태적 특성을 강화하기 위해서는 향토식물을 도입하고, 그 지역과 입지에 맞는 생태식물을 도입하여 생태적 공간을 조성하여 생물서식공간을 조성하기 위해서 시도되는 식재의 유형이다. 이러한 생태식재식물은 습지식물, 고산식물, 임간식물, 들꽃식물, 특산식물종 등으로 구분된다.

2. 경관

Keyword 9 **경관자원**(景觀資源 landscape resource)

조경(造景)이라는 용어에서 나타나는 경관(景觀, landscape)이라는 개념은 일조권이나 조망권 등이 주민의 중요한 환경권으로 인식되면서부터 그 중요성이 인정받기 시작하였다.

우리나라에서는 헌법 제35조를 근거로 조망권이 주장된다.

헌법 제 35조 ① 모든 국민은 건강하고 쾌적한 환경에서 생활할 권리를 가지며, 국가와 국민은 환경보전을 위하여 노력하여야 한다.

② 환경권의 내용과 행사에 관하여는 법률로 정한다.

조망권이란 특정한 위치에서 밖을 바라볼 때 보이는 자연경관 · 역사유적 · 문화유산 등 특별한 경관을 볼 수 있는 권리를 말한다. 그러나 대부분 건물과 관련되어 있어 좁은 의미에서는 건물 창문이나 베란다 등에서 밖의 경관을 볼 수 있는 권리로 한정된다. 밖의 경관은 자신의 소유물이 아니라는 점에서 조망권 침해는 소극적 침해이자, 외부의 공간을 이용해 얻는 생활상의 이익 침해로 받아들여지고 있다. 조망권 침해가 인정받는 경우는 침해로 인해 영업상의 손해를 볼 경우, 문화적 가치와 관련해 생활상의 이익이 침해받는 경우 등이다. 그 밖의 경우는 법적 규정이 명확하지 않아 판례에 따르는 경우가 많다. 조망권의 범위는 건물의 창에서 밖을 내다보았을 때 보이는 경관 가운데 녹지 · 건물 · 대지 · 하늘이 차지하는 비율을 분석해 백분율로 표시한다. 수평 · 수직 시야의 범위 안에서 외부공간을 얼마나 조망할 수 있는가에 따라 주거환경, 건물 가격 등이 달라질 수 있기 때문에 분쟁도 자주 일어난다.

일조권을 포함한 조망권이라는 배경에는 자산가치가 포함된 경관자원(landscape resource)이라는 개념이 포함되어 있다. 경관자원은 자연경관자원, 산림경관자원, 농산어촌경관자원, 시가지경관자원, 역사경관자원 등으로 구분된다.

① 자연경관자원 : 주요 지형, 산림, 하천, 호수, 해변 등

② 산림경관자원 : 주요 식생현황, 보안림, 마을숲 및 보전대상 산림 등

③ 농산어촌경관자원 : 주요 경작지, 농업시설, 염전, 갯벌, 포구, 취락지, 마을공동시설 등

④ 시가지 및 도시기반시설 경관자원 : 주요 건물, 교량, 상징가로, 광장, 기념물, 주요 주거경관, 상업업무경관, 공업경관 자원 및 도시기반시설 등의 분포 등

⑤ 역사문화경관자원 : 지역 고유의 경관을 나타내는 성곽, 서원, 근대건축물 등의

문화재와 기타 역사적, 문화적 가치가 있는 경관자원 등

경관자원에는 상징적 지역이미지, 지명유래, 역사문화자원, 행사나 이벤트, 풍수지리 등 비물적 경관자원도 포함된다.

Keyword 10 시각경관(視覺景觀 visual landscape)

조경에서의 경관의 의미는 예술적 차원에서는 풍경, 시각경관(scenic view)으로 접근을 하며, 생태적 차원에서 보면 생태경관(ecological landscape)이라고 해석하여 사용하기도 한다.

시각경관계획에서는 도로를 따라 형성되는 특정경관자원에 대해 특정지점에서의 시각경관에 대해서 다루게 된다. 이 시각경관계획에서는 경관적 접근성(visual accessibility)과 경관적 주제성(landscape thematic character)을 주된 내용으로 한다.

[표 2-2-1] 시각경관계획의 내용

	주요내용	핵심용어
시각경관계획	경관적 접근성 (visual accessibility)	· 조망점(view point) · 조망축(view axis) · 통경축(vista)
	경관적 주제성 (landscape thematic character)	· 자연경관(natural landscape) · 도시경관(urban landscape)

경관적 접근성은 접근동선 및 조망점의 특성에 따라 결정된다. 즉 통행자가 많고 조망의 기회가 높은 경우에 접근성이 높아지며 조망점의 중요성은 높아지게 된다. 경관계획에서 이 조망점의 선정이 중요한 쟁점이 된다. 이 조망점에서는 먼저 가시권역(visual shed)이 설정되고 가시거리에 따라 전경, 중경, 원경으로 구분된다. 전경의 경우는 상대적으로 원경에 비해서 시각적 민감성이 높아지게 된다. 그리고 조망축(view axis)을 형성하게 된다. 이 조망축이란 산림, 하천, 특이지형, 역사 건조물, 랜드마크, 조형적 건축 구조물 등 조망가치가 있는 특정 경관에 대한 가시권을 보호하기 위해 설정한 직선형태의 개방공간을 말한다. 도시공간과 같이 인공시설이 밀집되어 일정 거리의 개방 가시권 확보가 어려운 지역에서 개방감을 높이기 위해 설정한 선형의 개방공간, 가로공간 등을 통경축(vista)이라고 한다.

경관적 주제성은 자연경관이나 도시경관이 갖는 다양성이나 대표성 등을 기준으로 판정된다. 즉 자연경관의 경우는 지형 및 지질구조적 특이성, 산림이나 식생구조

의 천이적 완숙성, 호소나 하천의 면적과 환경요건의 특이성이 분석된다. 이러한 자연경관의 경우에는 조류 등의 야생동물의 출현여부 등도 중요한 경관적 중요성이 되며 계절에 따른 특성도 분석이 된다. 도시경관의 경우는 건축물, 가로시설물, 보행공간의 특성, 도시공원이나 녹지의 주제성 등이 분석된다. 건축물이나 가로시설물의 재료, 색채, 형태 등이 분석되며, 이때 가로경관 및 야간조명경관 등도 분석될 수 있다.

우리나라에서 자연경관심의나 산림경관영향평가 등에서는 모두 이 시각경관이라는 차원에서 접근하고 있다. 자연경관심의는 사전환경성 검토 협의 또는 환경영향평가 대상사업에 대하여 자연경관심의위원회에서의 심의를 위한 · 기준 · 절차 등에 대해 규정하고 있다. 여기서는 자연경관을 "자연환경적 측면에서 시각적 · 심미적인 가치를 가지는 지역 · 지형 및 이에 부속된 자연요소 또는 사물이 복합적으로 어우러진 자연의 경치"로 정의하고 있다. 조망점, 가시권, 경관축, 스카이라인, 경관시뮬레이션, 경관시설 등에 대해서 심의지침 등에 대해서 기준을 제시하고 있다. 산지전용 등에 따른 경관영향검토 및 운영지침에서 산지경관이라 함은 "산지의 시각적, 심미적 가치와 이에 부속된 자연요소 또는 사물을 포함하는 어우러진 대상"으로 정의하여 시각영향을 평가하는 방법론을 수립하였다.

우리나라에서는 근래에 생태보전지역을 생태 · 경관 보전지역으로 그 명칭을 변경하였다. 이때의 경관이라는 의미는 생태적 경관이며 생태학의 한 분야인 경관생태학(landscape ecology)의 주요대상이 된다. 이 경관생태학에서는 자연경관의 이질성 및 동질성에 대한 해석을 통해서 생태계의 다양성과 건강성을 판단하는 기반을 마련한다. 생태경관이 갖는 형상적 특성을 모자이크, 패취, 코리도, 매트릭스, 에쥐 등의 패러다임을 통해서 분석, 계획한다. 이를 경관생태계획(ecological landscape planning)이라고 하는데 우리나라에서는 환경생태계획이라고 한다.

제 3 절 더 알아야 할 개념

3. 경관계획

Keyword 11 경관계획(景觀計劃 landscape planning)

경관계획은 경관법에 의해서 수행되는 법정계획이다. 이 경관법은 자연경관 및 역사 · 문화환경을 보전하고 도시 농산어촌의 지역특성을 고려한 국토환경 및 지역환경을 조성할 수 있도록 경관계획의 수립, 경관사업의 시행, 토지소유자에 의한 경관협정의 체결 및 이에 대한 지원 등 경관자원의 보전 · 관리 및 형성에 관한 제도적 근거를 마련하려는 것을 목적으로 한다.

이 법에서는 경관을 "자연, 인공요소 및 주민의 생활상 등으로 이루어진 일단의 지역환경적 특징을 나타내는 것"을 말하는 것으로 정의한다.

경관계획의 내용에는 1. 경관계획의 기본방향 및 목표에 관한 사항, 2. 경관자원의 조사 및 평가에 관한 사항, 3. 경관형성의 전망 및 대책 수립에 관한 사항, 4. 경관지구와 미관지구의 관리 및 운용에 관한 사항 5. 경관관리 행정체계 및 실천방안에 관한 사항 6. 경관계획의 시행을 위한 재원조달 및 단계적 추진에 관한 사항 7. 중점적으로 경관을 보존 · 관리 및 형성하여야 할 구역 등에 관한 사항 8. 경관사업과 경관협정의 관리 · 운영에 관한 사항 등이 있다.

경관계획을 수립해야 하는 경관지구는 자연경관지구, 수변경관지구, 시가지경관지구 등으로 구분된다. 미관지구는 중심미관지구, 역사문화미관지구, 일반미관지구로 구분된다.

경관계획이 수립된 지역 안에서의 경관사업의 대상에는 1. 가로환경의 정비 및 개선을 위한 사업, 2. 지역의 녹화와 관련된 사업, 3. 야간경관의 형성 및 정비를 위한 사업, 4. 지역의 역사 · 문화적 특성의 경관을 살리는 사업 5. 농산어촌의 자연경관 및 생활환경을 개선하는 사업 등이 있다.

주민의 참여를 유도하는 경관협정에는 다음 사항이 포함된다. 1. 건축물의 의장 · 색채 및 옥외광고물에 관한 사항 2. 공작물 및 건축설비의 위치에 관한 사항 3. 건축물 및 공작물 등의 외부공간에 관한 사항 4. 토지의 보전 및 이용에 관한 사항 5. 역사 · 문화경관의 관리 및 조성에 관한 사항 6. 녹지, 가로, 수변공간 및 야간조명 등의 관리 및 조성에 관한 사항 7. 경관적으로 가치가 있는 수목이나 구조물 등의 관리 및 조성에 관한 사항 등이 있다.

경관이란 본질적으로 지역 · 지구별로 고유한 특성을 갖는 것이므로 지역 · 지구경관관리는 지역별로 그 구체적 목표와 내용이 달라질 수밖에 없다. 지역경관계획은 도시계획적 스케일을 바탕으로 지역적 차원에서 경관의 골격을 형성하는 것으로 자연적 조건과 역사 문화적 조건, 사회적 조건을 바탕으로 지역의 경관자원을 유효하게 관리하는데 초점이 맞추어진다. 따라서 인공 환경의 조성에 의한 경관형성보다는 자연경관과 역사적인 경관의 보존과 관리가 주된 계획의 대상이 되고 있다. 택지개발지구 등 지구단위의 경관계획은 자연환경의 보전과 관리보다는 이들과 조화되는 새로운 인공환경의 창조에 초점이 맞추어진다. 지구단위경관계획에서는 복수건축의 종합적인 조정에 의한 가로경관의 형성이 주된 업무가 된다. 따라서 지구단위의 경관계획에서는 가로공간을 구성하는 건물형태, 재료, 색채 등의 조정, 공개공지의 확보, 인접한 공공공간과 건축물의 일체적인 설계 등이 주된 계획의 내용이 된다.

II PART 조경공간의 이해

제 3 강

공원녹지

이명우

제1절 서론

제2절 핵심개념

1. 도시공원 및 녹지

Keyword 1 도시계획시설

Keyword 2 공원녹지계획

Keyword 3 생활권공원

Keyword 4 주제공원

Keyword 5 도시자연공원구역

Keyword 6 시설녹지

Keyword 7 도시녹화계획

2. 자연공원

Keyword 8 자연공원의 개념

Keyword 9 자연공원의 유형

Keyword 10 자연공원계획

3. 정원과 대지 안의 조경

Keyword 11 건축법

Keyword 12 대지 안의 조경

Keyword 13 현대정원

제3절 더 알아야 할 개념

4. 자연휴양림과 가로수조성관리

Keyword 14 자연휴양림

Keyword 15 가로수 조성 및 관리

제3강
공원녹지

이명우

제1절 서 론

도시공원 및 녹지는 도시관리계획에 의한 도시계획시설로서 지정되어 조성된다. 도시공원 및 녹지에 대한 종합적인 계획을 공원녹지 기본계획이라고 하며 10년 단위의 중장기 계획이다. 그 하위계획으로는 공원녹지조성계획과 도시녹화계획 등이 수립된다.

도시공원은 생활권공원과 주제공원으로 구분된다. 생활권공원은 소공원, 어린이공원, 근린공원, 도시자연공원으로 구분된다. 도시자연공원은 구역으로 지정되어 개발제한구역과 마찬가지로 건축물 용도 및 규모가 제한을 받게 된다. 한편 녹지에는 도로 등 교통시설변이나 공업지역 등의 용도지역 주변에 선형으로 설치하는 완충녹지, 도시경관보전을 위한 경관녹지, 생물이동통로 및 녹도를 위한 연결녹지로 구분된다.

자연공원은 자연경승지를 대상으로 지정되며 우리나라에서는 국립공원, 도립공원, 군립공원으로 구분된다. 국립공원은 국립공원관리공단에서 종합적으로 관리한다. 자연공원구역은 공원보존지구, 공원환경지구, 공원마을취락지구, 공원집단취락지구 및 집단시설지구로 구분하여 관리한다. 이 자연공원에서는 자연경관관리를 위해 건축물 신축행위 및 입산행위 등을 규제하며 탐방시설 및 산림보호시설을 설치하고, 휴양시설로서 야영장 등을 설치할 수 있다.

정원은 조경공간의 기본단위로서 그 특성에 따라 주택정원, 비주거정원 등으로 구분하게 되며 대개의 경우 전정, 중정, 후정, 측정 등으로 구분하게 된다. 이 정원은 대지 안의 조경기준을 통하여 대지면적에 대한 일정면적 이상의 조경면적을 확보하고, 여기에는 식재와 조경시설물을 설치하도록 하고 있다. 이 조경기준에는 옥상조경과 벽면녹화에 대한 기준이 제시되고 있다.

산림지역에 설치되는 자연휴양림에는 산림욕장, 피크닉장 등이 설치될 수 있다. 도시의 가로수는 열식을 기본으로 하되 가로특성에 따라 2열 식재 등을 할 수 있다.

제 2 절 핵심개념

1. 도시공원 및 녹지

Keyword 1 도시계획시설(都市計劃施設 urban planning facility)

우리나라의 도시계획은 도시기본계획과 도시관리계획으로 구분된다. 도시기본계획에서는 생활권의 설정 및 인구의 배분 등과 녹지축, 생태계 등의 공원녹지 등에 관한 정책방향이 포함되며 이 계획은 5년마다 관할구역의 도시기본계획에 대한 타당성 여부를 정비하도록 하고 있다. 도시관리계획에서는 용도지역·지구·구역에 관한 계획과 기반시설계획, 도시개발 및 재개발사업에 관한 계획 및 지구단위계획을 대상으로 하며 도시기본계획과 마찬가지로 5년마다 타당성 검토를 하여야 한다.

도시계획시설은 도시기반시설 중에서 도시관리계획으로 결정된 시설(10년마다 수립, 5년마다 재검토)로 적용된다. 도시계획시설은 교통시설, 공간시설, 유통공급시설, 공공문화체육시설, 방재시설, 보건위생시설, 환경기초시설의 7가지로 구분된다. 그리고 교통시설로는 도로, 주차장, 정류장, 터미널 등이 포함된다. 공간시설에는 공원녹지, 광장, 유원지 등이 포함된다. 유통공급시설에는 시장, 상수도, 전기 등이 포함된다. 공공문화체육시설에는 학교, 운동장, 도서관 등이 포함된다. 방재시설에는 하천, 저수지 등이 포함된다. 보건위생시설에는 병원, 장례식장, 화장장 등이 포함된다. 환경기초시설에는 하수도, 종말처리장 등이 포함된다.

이러한 도시계획시설은 도시계획시설의 결정 · 구조 및 설치기준에 관한 규칙에서 그 기준을 제시하고 있으나 도시공원의 경우와 같이 도시공원 및 녹지 등에 관한 법률과 같은 별도의 법이 있는 경우에는 그 법을 따르도록 규정하고 있다.

도시공원 및 녹지는 도시계획시설이며, 도시계획 절차에 따라 지정되고 조성된다는 것을 이해할 필요가 있다.

Keyword 2 **공원녹지계획**(公園綠地計劃 park and green area planning)

우리나라에서 공원녹지는 광장이나 보행자전용도로, 저수지 및 하천공간 등을 포함하여 정의된다.

도시공원 및 녹지에 관한 법률 제2조(정의) 1. 공원녹지라 함은 쾌적한 도시환경을 조성하고 시민의 휴식과 정서 함양에 기여하는 다음의 공간 또는 시설을 말한다.

가. 도시공원, 녹지, 유원지, 공공공지 및 저수지

나. 도시자연공원구역

다. 나무, 잔디, 꽃, 지피식물 등의 식생이 자라는 공간

라. 광장, 보행자전용도로, 하천 등 녹지가 조성된 공간 또는 시설

마. 옥상녹화, 벽면녹화 등 특수한 공간에 식생을 조성하는 등이 이루어진 공간 또는 시설

바. 기타 지방자치단체의 장이 인정하는 녹지가 조성된 공간 또는 시설

공원녹지계획은 상위계획인 공원녹지기본계획과 집행계획인 공원녹지조성계획의 2단계로 구분이 된다.

공원녹지기본계획은 도시의 자연 · 인문 · 역사 · 문화 · 환경 등의 지역특성과 여건을 충분히 감안하여, 공원녹지의 확충 · 관리 · 이용 · 보전에 관한 20년 단위의 중장기적인 계획을 수립함으로써 지속가능하게 도시를 발전시키는 정책방향을 제시하고 공원녹지의 구조적인 틀을 제시하는 계획이다. 공원녹지기본계획은 도시기본계획에 부합되고 부문별 계획인 토지이용계획, 교통계획 등과 조화되어야 한다. 공원녹지기본계획은 5년마다 타당성을 재검토해야 하며, 기초조사, 장래의 목표 및 지표 설정, 공원녹지계획, 도시녹화계획, 도시자연공원구역계획 등의 부문별 계획, 관리 및 이용 주민참여계획 등을 수립하여야 한다.

공원녹지조성계획은 도시공원의 설치에 관한 도시관리계획이 결정되고 나서 수립된다. 공원녹지조성계획은 기본계획의 내용이 반영되어야 하고 녹지공간의 배치 등과 연계성이 있어야 한다. 공원조성계획에는 개발목표, 환경조사분석, 공원토지이용, 동선, 공원시설의 배치 등 부문별 계획, 공원조성에 따른 영향 및 효과, 투자계획 등이 포함되어야 한다.

우리나라의 도시공원은 크게 생활권공원과 주제공원으로 구분된다. 생활권공원은 소공원, 어린이공원, 근린공원으로 구분된다. 주제공권은 역사공원, 문화공원, 수변고원, 묘지공원, 체육공원 및 지자체에서 정하는 공원으로 구분된다. 도시자연공원구역은 개발제한 구역과 마찬가지로 지역지구의 성격으로 지정되어 건축물의 개발을 규제하게 된다.

도시공원과 관련된 녹지시설은 완충녹지, 경관녹지와 연결녹지로 구분된다.

[표 3-2-1] 도시공원의 유형별 특성

<table>
<tr><th colspan="3">유 형</th><th>목 적</th><th>설치기준</th><th>유치거리</th><th>규 모</th><th>건폐율
시설면적</th></tr>
<tr><td rowspan="6">생활권공원</td><td colspan="2">소공원</td><td>도시민의 휴식 및 정서함양</td><td>제한 없음</td><td>제한 없음</td><td>제한 없음</td><td>5/100,
20/100 이하</td></tr>
<tr><td colspan="2">어린이공원</td><td>어린이 보건 및 정서생활 향상</td><td>제한 없음</td><td>250m 이하</td><td>1,500m² 이상</td><td>5/100,
60/100 이하</td></tr>
<tr><td rowspan="4">근린공원</td><td>근린생활권
근린공원</td><td rowspan="4">근린 거주자의 보건·휴양 및 정서생활 향상</td><td>제한 없음</td><td>500m 이하</td><td>1만m² 이상</td><td>20/100,
40/100 이하</td></tr>
<tr><td>도보권
근린공원</td><td>제한 없음</td><td>1,000m 이하</td><td>3만m² 이상</td><td>15/100,
40/100 이하</td></tr>
<tr><td>도시계획구역권
근린공원</td><td>공원기능
발휘장소</td><td>제한 없음</td><td>10만m² 이상</td><td>10/100,
40/100 이하</td></tr>
<tr><td>광역권
근린공원</td><td>공원기능
발휘장소</td><td>제한 없음</td><td>100만m² 이상</td><td>10/100,
40/100 이하</td></tr>
<tr><td rowspan="8">주제공원</td><td colspan="2">역사공원</td><td>역사 활용 도시민의 휴식, 교육</td><td>제한 없음</td><td>제한 없음</td><td>제한 없음</td><td>20/100
제한 없음</td></tr>
<tr><td colspan="2">문화공원</td><td>문화특징 활용, 도시민의 휴식, 교육</td><td>제한 없음</td><td>제한 없음</td><td>제한 없음</td><td>20/100
제한 없음</td></tr>
<tr><td colspan="2">수변공원</td><td>하천, 호수변 활용 여가, 휴식</td><td>하천호수 등
수변 인접지</td><td>제한 없음</td><td>제한 없음</td><td>20/100,
40/100 이하</td></tr>
<tr><td colspan="2">묘지공원</td><td>묘지공원 이용자의 휴식</td><td>정숙한 장소,
자연녹지지역</td><td>제한 없음</td><td>10만m² 이상</td><td>2/100,
20/100 이하</td></tr>
<tr><td colspan="2" rowspan="3">체육공원</td><td rowspan="3">체육활동을 통한 건전한 신체와 정신의 배양</td><td rowspan="3">공원기능
발휘장소</td><td rowspan="3">제한 없음</td><td>1만m² 이상
3만m² 미만</td><td>20/100,
50/100 이하</td></tr>
<tr><td>3만m² 이상
10만m² 미만</td><td>15/100,
50/100 이하</td></tr>
<tr><td>10만m² 이상</td><td>10/100,
50/100 이하</td></tr>
<tr><td colspan="2">조례로 정하는 공원</td><td>조례로 정하는 목적</td><td>제한 없음</td><td>제한 없음</td><td>제한 없음</td><td>20/100
제한 없음</td></tr>
</table>

자료 : 도시공원 및 녹지 등에 관한 법률 및 시행규칙 별표 3 및 별표 4를 기초로 재작성

[표 3-2-2] 도시자연공원구역의 지정기준

항 목	기 준
양호한 자연환경의 보전	① 동식물의 서식처 또는 생육지로서 생태적으로 보전가치가 높은 지역 ② 자연의 보호상태가 양호하여 훼손 또는 오염이 적으며, 일정규모 이상으로 양호한 소생태계(비오톱)가 형성되어 있는 지역 ③ ① 또는 ②의 조건을 가진 지역의 주변지역으로 양호한 생태계 또는 식생을 보호하기 위한 완충지역
양호한 경관의 보호	① 지형의 경관미가 수려한(지형 등이 뛰어난 풍치 또는 경관을 형성하고 있는)지역 ② 해당 도시 또는 지역에서 주요한 조망대상 또는 상징적 경관이 되는 지역 ③ 지역의 역사 등과 깊은 관계를 갖고 있는 문화재 또는 유적 및 유물이 입지한 지역으로, 주변의 자연경관과 조화되어 보전할 만한 가치가 있는 경관적 특성을 형성하고 있는 지역
도시민의 여가·휴식공간의 확보	도시민의 여가공간으로 효율성을 높이기 위하여 필요한 지역 ① 주민이 일상적으로 접촉하는 빈도가 높은 산 또는 도시민이 자연과의 접촉의 장이 되는 녹지 ② 지역주민의 건전한 심신의 유지 및 증진에 관계되는 녹지로서 지역주민의 건전한 생활환경 확보를 위하여 적정하게 보전할 필요가 있는 지역 ③ 도시기본계획, 공원녹지기본계획에서 도시민의 여가·휴식공간, 보전할 만한 녹지축이나 거점 등으로 계획된 지역

Keyword 6 **시설녹지(施設綠地 facility green area)**

1) 완충녹지 및 경관녹지

대기오염, 소음, 진동, 악취 등의 공해와 각종 사고나 자연재해 등을 방지하기 위한 완충녹지는 당해 지역의 지형, 지물의 여건을 감안하여 녹지의 기능을 충분히 발휘할 수 있는 규모로 계획하여야 한다. 완충녹지의 설치로 인하여 이미 설치되어 있는 도로의 통행이 제한되지 않도록 하고, 기존 도로의 개소수, 배치간격 등을 감안하여 가로망체계를 조정함으로써 완충녹지의 기능발휘에 지장이 없도록 계획한다. 완충녹지는 우수 등에 포함된 비점오염 물질이 저류·침투할 수 있는 기능을 보유할 수 있도록 계획하여야 한다. 완충녹지를 설치하는 경우에 그 폭은 원인시설에 접한 부분부터 최소 10m 이상이 되도록 하여야 한다.

도시관리계획수립 시 상업지역, 주거지역, 공업지역 간의 경계에는 가능한 한 완충공간을 설정하여 용도지역의 지정목적이 보호되도록 한다. 전용주거지역 및 제1종일반주거지역이 상업지역과 접하는 부분은 폭 15m 이상의 도로에 의하여 용도지역을 구분하고, 연접부분에 폭 10m 이상의 녹지 또는 공공공지를 설치하여 수림대를 조성한다. 제2종일반주거지역이 중심상업지역, 일반상업지역, 유통상업지역 등과 접하는 부분은 연접부분에 폭 10m 이상의 녹지 또는 공공공지를 설치하여 수림대를 조성하고 도로구분이나 준주거지역 설정 등을 통해 완충방안을 채택한다. 주거지역과 일반공업지역 및 준공업지역의 연접부분은 공업지역 안에 폭 15m 이상의 완충녹지를 설치하고 도로구분이나 준공업지역 설정을 통해 완충방안 중 1가지 이상을 추가로 채택한다. 주거지역과 전용공업지역의 연접부분은 폭 30m 이상의 도로에 의하여 용도지역을 구분하고 도로 양편에 각각 폭 15m 이상의 완충녹지 또는 공원을 설치한다.

경관녹지는 도시의 자연적 환경을 보전·복원·개선하여 경관을 향상시키기 위하여 설치하며 그 기능이 공원과 상충되지 않도록 계획하여야 한다.

[표 3-2-3] 완충녹지와 경관녹지의 설치

유형	설치목적	설치장소
완충녹지	공해방지/완화	공업단지 및 공업지역 주변
	재해방지/완화	토지이용상 상충지역 및 재해발생지역
	사고방지/완화	교통공해 발생지역
경관녹지	자연환경보전	도시의 자연환경을 보전·복원·개선하여 경관을 향상시킬 필요가 있는 지역
	쾌적성/안전성 확보	

2) 연결녹지

연결녹지는 도시 안의 공원, 녹지와 일상생활의 동선이 연결되도록 하여 녹지네트워크를 형성하거나 주요 공공시설을 연결하는 녹도로서의 기능 등을 하는 선형의 녹지로써 크게 생태통로의 기능을 하는 연결녹지와 녹지의 연결 및 쾌적한 보행을 동시에 추구하는 녹도로 구분할 수 있다.

생태통로 기능의 연결녹지 조성의 세부기준은 다음과 같다.

① 폭은 최소 10m 이상으로 하고, 녹지율은 70% 이상으로 한다.

② 연결녹지지역을 주로 이용하게 되는 목표 종의 이동특성 및 서식특성 등을 충분히 고려하여야 하며, 필요한 요소들을 배치할 수 있는 충분한 폭을 설정하여야 한다.

③ 폭원을 확보하기 위하여 실개천 등과 같은 자연적인 요소를 함께 이용한다. 특히, 생태이동통로로써의 연결녹지는 하천 등의 수계를 고려하여야 한다.

④ 동물의 이동에 지장이 없도록 경사 등의 지형적인 조건을 고려하여야 한다.

⑤ 공원, 주변산림, 완충녹지대 등과 같이 면적인 녹지공간과의 연결을 통하여 연결녹지가 유기적으로 연결이 되도록 한다.

⑥ 교목, 아교목, 관목, 초본류 등을 다층식으로 식재하여 녹지대의 질을 향상시키

도록 하며, 수종은 주변지역 산림에 식재되어 있는 수종으로 선정하여야 한다.

⑦ 다층식 식재 설계 시 생태학적 지위, 천이 등과 같은 생태학적인 고려가 된 식재계획이 되도록 한다.

녹도기능의 연결녹지 조성의 세부기준은 다음과 같다.

① 폭은 최소 10m 이상으로 하고 녹지율은 70% 이상으로 한다.

② 녹지의 연결 및 쾌적한 보행공간을 위한 연결녹지의 폭은 녹지의 확보, 사람의 통행, 자전거의 통행 등을 고려하여 폭을 결정하여야 한다.

③ 아파트단지 등 방음, 차폐 등을 목적으로 한 완충녹지대와 연계하여 연결녹지의 폭을 확보하도록 한다.

④ 공원, 주변 산림, 완충녹지대 등과 같이 면적인 녹지공간과의 연결을 통하여 연결녹지가 유기적으로 연결이 되도록 한다.

⑤ 사람의 통행이 가능한 연결녹지의 경우 포장재는 자연순환기능을 높일 수 있도록 투수성 포장재 또는 친환경 소재 등을 이용하도록 하며, 통행이 잦은 지역에는 답압에 강한 식물소재를 사용하도록 한다.

⑥ 보행 및 자전거도로의 이용에 있어 불편함이 없도록 경사 등의 지형적인 조건을 고려하여야 한다.

⑦ 보행 및 자전거 통행을 위한 안전시거 확보를 위하여 간판, 현수막 등 광고물에 대한 제한을 두는 것이 필요하며, 가로수와 같이 연결녹지대 안에 식재되어 있는 가지 등이 보행 및 자전거 통행을 위한 시야를 가려서는 안 된다. 부득이한 경우, 전정 등과 관련한 관리계획을 수립하여야 한다. 또한, 염화칼슘, 모래 보관함 등 보도 내에 적치되어 있는 시설이 통행에 방해되어서는 안 된다.

⑧ 교목, 아교목, 관목, 초본류 등을 이용한 다층적 식재를 통하여 녹지공간의 효과를 극대화하고 녹지대의 질을 향상시키도록 한다. 이 경우 수종은 주변지역의 수종 등을 고려하여 선정하도록 한다.

Keyword 7 **도시녹화계획**(都市綠化計劃 urban greening planning)

도시녹화계획은 공원녹지기본계획의 하위계획으로 도시 전체가 아닌 일부지역을 대상으로 구체적인 녹화장소, 방법 등 녹화에 관한 계획을 수립하는 것이다. 즉 도시지역에서 녹지의 보전 및 확충이 특별히 필요한 지역(중점녹화지역)과 도시녹화가 가능한 장소를 추출하고, 이에 대한 구체적인 녹화계획을 수립한다. 도시녹화계획은 공원녹지배치계획 및 체계(network) 형성에 관한 계획(공원녹지기본계획)과 상호연계성을 갖도록 해야 하며, 도시녹화의 목표량, 목표기간 등 기본방향을 설정 · 제시한다.

도시녹화계획의 수립절차는 계획의 방향을 설정하고 대상지의 녹지현황을 파악한 후 이를 기초로 중점적으로 녹화가 필요한 장소, 녹화가능 장소를 유형별로 분류하고 녹화추진 과제를 도출한다. 다음으로 구체적인 녹화목표(목표량, 목표기간 등)를 설정하고, 각 구역별로 구체화하는 도면(투시도나 조감도, 스케치 등)을 작성하여 녹화방침 및 배치방침을 수립한다. 녹화계획의 효율성을 높이기 위하여 민간과 기업, 행정이 참여하는 녹화프로그램의 도입과 더불어 녹화계약의 체결을 유도한다.

녹화대상으로는 관공서, 교육 및 의료시설, 역사(지하철)주변, 철도변, 주차장, 도시구조물 녹화, 가로변녹지대 등의 공공시설과 공업지, 상업업무지, 주택지 등의 사유지로 나눌 수 있다. 공공시설녹지의 녹화지침은 우선 양적 · 질적인 녹화목표를 설정하고 이를 실현하기 위한 사업주체, 목표량, 사업방법, 시업시기 등을 구체적으로 작성하고 주요 공공시설별로 녹화지침을 작성한다. 사유지 녹화는 주민들의 협력이 필요하므로 목표를 명료하게 설정하고 녹화사업의 기법과 조성방침, 주민참여지침 등을 작성한다.

우리나라의 도시공원법에는 토지소유자나 거주자와 수림대 등의 보호, 면적 대비 식생비율의 증가, 대표하는 식생의 증대 등에 대해서 녹화계약을 수립할 수 있도록 되어 있다.

2. 자연공원

Keyword 8 자연공원의 개념(自然公園의 槪念 concepts of nature park)

자연공원은 1872년 미국의 옐로스톤 국립공원(Yellowstone national park)으로부터 시작된다. 로키산맥의 대자연을 배경으로 하여 웅대한 자연을 영구적으로 보호하면서, 한편은 국민의 복지에 이용한다고 하는 발상으로써 국립공원이 설정되었다. 미국의 국립공원체계(national park system)로는, ① 자연적 지역, ② 역사 · 문화재지역, ③ 야외 레크리에이션 지역의 3카테고리에 분류되는 제반 지역을 포함하고 있다. 미국의 국립공원은 모두 국유지이다.

국제자연보전연맹(IUCN)에서는 1969년에 국제적으로 통용되는 national park를 정의했는데, ① 일정면적 이상이 인간의 영향을 받지 않은 뛰어난 자연지역, ② 그 지역에서의 개발과 거주를 방지하며 가능한 한 빨리 배제할 수 있도록 국가의 책임으로 관리하고, ③ 사람들에게 미적, 교육적, 문화적 이용을 제공할 수 있어야 할 것을 골자로 하고 있다.

현재 세계적으로 보면 140여 개 나라에서 국립공원제도를 도입하고 있으며, 각각 그 나라의 국정(國情)에 의해 제도의 내용에는 다소의 차는 있지만 기본적으로는 국토의 뛰어난 자연과 환경보전에 큰 역할을 하고 있다.

아시아에서는 일본에서 1931년 국립공원법을 기초하여 1934년 국립공원제도를 도입하였다. 일본의 경우 국립공원의 토지소유가 사유지와 국유지로 구성되어 있어 지역제 국립공원을 채택하였다.

우리나라 국립공원 1967년 공원법을 공포하고 우리나라에서 최초로 지리산이 국립공원으로 지정되었다. 1968년에는 경주, 계룡산, 한려해상의 3개 국립공원이 추가 지정되었으며, 그해 지리산은 공원면적 438.85㎢에 대하여 공원계획으로서 용도지구계획, 시설계획, 관리계획을 공포하였다. 1987년 7월 건설부 산하에 국립공원관리공단을 창설하였으며, 각 국립공원마다 관리공단 현지사무소를 설치하였다. 이때부터 사전 환경영향평가제와 정기적 모니터링을 명문화하였다. 그러나 초기의 자연공원은 내무부나 건설부에서 주관을 하면서 관광개발을 위한 수단으로 전락되어 주로 집단시설지구를 개발하고 공원도로를 신설하는 데 치중하여 난개발이 심하게 발생하였다. 따라서 1995년 자연공원법의 목적에 자연보전과 생태계 보호를 삽입하고 10년마다 공원구역을 재조정하도록 부분 개정되었고 1998년 국립공원관리공단이 환경부로 이관되면서 명실상부한 자연공원으로서의 역할이 부여되었다. 그리고 2019년 현재 밀집취락지구와 집단시설지구 개념이 삭제되었다. 2012년에는 지질공원제도가 도입되었고, 2018년 이후 자연환경해설사 제도가 도입되었다.

[그림 3-2-5] 지리산 국립공원

Keyword 9 자연공원의 유형(自然公園의 類型 types of nature park)

자연공원은 자연경관, 문화경관, 지형보존상태, 위치 및 이용편의와 토지소유 특성에 따라 지정되며 국립공원, 도립공원, 시립공원, 구립공원, 지질공원으로 분류하게 된다.

지질공원은 2012년 울릉도, 독도와 제주도를 시작으로 지정되어 부산, 청송, 강원 평화지역과 강원고생대지역, 무등산권역, 한탄강, 경북동해안, 전북서해안 등 2019년 현재 10개소가 지정 · 관리되고 있다.

[표 3-2-4] 자연공원의 지정기준(자연공원법 제3조 관련)

구 분	기 준
자연생태계	자연생태계의 보전상태가 양호하거나 멸종위기 야생동식물 · 천연기념물 · 보호야생동식물 등이 서식할 것.
자연경관	자연경관의 보전상태가 양호하여 훼손 또는 오염이 적으며 경관이 수려할 것.
문화경관	문화재 또는 역사적 유물이 있으며, 자연경관과 조화되어 보전의 가치가 있을 것.
지형보존	각종 산업개발로 경관이 파괴될 우려가 없을 것.
위치 및 이용편의	국토의 보전 · 이용 · 관리측면에서 균형적인 자연공원의 배치가 될 수 있을 것.

1) 국립공원

1967년 공원법이 제정된 이후 1960년대 4개 국립공원, 1970년대 9개 국립공원, 1980년대 이후 9개국 국립공원이 지정되어 2019년 현재 우리나라 국립공원은 총 22개소, 전체면적 약 6,700㎢로 국토면적의 약 6.7%, 자연공원 면적의 약 85.0%를 차지하고 있다. 국립공원 중 육지면적 3,898.948㎢, 해면면적 2,680.902㎢로서 한려해상국립공원 등 4개 국립공원을 제외한 16개 국립공원이 모두 육지로 구성되어 있다. 시 · 도별 국립공원 면적은 전라남도가 5개소(면적 2,535.903㎢)로 가장 넓으며, 경상남도는 771.561㎢로 주로 해상형국립공원이 포함된 넓은 공원면적을 소유하고 있다. 우리나라 국립공원은 산악형 국립공원 17개소, 해안 · 산악혼합형 국립공원 1개소, 해안형 국립공원 1개소, 해상형 국립공원 2개소, 사적형 국립공원 1개소로 구분된다. 이 중 한라산 국립공원과 경주 국립공원은 지방자치단체가 직접 관할하고 있다.

[그림 3-2-6] 내장산 국립공원

[그림 3-2-7] 설악산 국립공원

2) 도립공원

도내의 풍경을 대표할 만한 수려한 자연풍경지로서 도립공원은 서울특별시, 광역시 및 도(이하 "도"라 한다)의 풍경을 대표할 만한 국립공원 이외의 수려한 자연풍경지로서 시 · 도지사가 지정한다고 되어 있다. 금오산도립공원이 1970년 6월에 최초로 도립공원으로 지정된 이후 2019년 현재까지 총 29개소가 지정되었다. 도립공원 전체면적은 779.618k㎡이며, 이 중 팔공산도립공원의 면적이 122.080k㎡로 가장 넓으며, 문경새재도립공원이 면적 5.300k㎡로 가장 면적이 작다.

시 · 도별 지정현황은 경상북도 · 전라북도에 각 4개, 충청남도 · 전라남도 · 강원도 각 3개, 경상남도 · 경기도 2개, 대구광역시를 비롯해 서울특별시 · 광주광역시 각 1개씩으로 도립공원의 수는 국립공원보다 많으나 면적이 협소하고, 아울러 관리주체가 일원화되지 않아 전문적인 관리가 이루어지고 있지 않은 상태이다. 이와 더불어 행정기관이 중복된 애매한 경우도 있는데 예를 들면 팔공산도립공원은 경상북도와 대구광역시로 분할 · 관리되고 있어 공원 전체계획을 세울 수가 없는 상태로서 공원의 체계적 관리가 현실적으로 어려운 상태이다.

3) 군립공원

군내의 풍경을 대표할 만한 대상으로서 군립공원은 시 및 군(이하 "군"이라 한다) 내의 수려한 자연풍경지를 시장 · 군수가 지정하는 것이다.

우리나라 군립공원은 1981년 1월 전라북도 순창군에 위치한 강천산 군립공원이 처음으로 지정된 이후 1980년대에 22개소, 1990년대에 7개소, 2000년대에 제주도 추자 및 우도해양군립공원, 경남 월성계곡 3개소가 지정되어 총 33개소(면적 441.293k㎡)가 지정 · 관리되고 있다.

군립공원 중에 해변지역이 포함된 곳은 경남 고성군의 상족암, 제주도 마라해양,

성산일출해양군립공원 등 총 6개이었다. 그러나 2019년 현재 제주도의 추자 등이 도립공원으로 승격되어 총 27개소가 군립공원으로 지정되어 있다.

군립공원의 시·도별 지정현황은 경상남도가 13개로 가장 많으며, 경상북도 5개, 제주도 6개, 경기도·전라북도·강원도 각 2개씩, 대구광역시·울산광역시·충청남도 1개소이며 전라남도는 현재 군립공원이 지정되어 있지 않다.

Keyword 10 자연공원계획(自然公園計劃 nature park planning)

1) 자연공원 용도지구계획

우리나라의 자연공원제도는 국토의 계획 및 이용에 관한 법률에 근거한 지역제형 국립공원으로서 자연환경보전지역에 지정되게 된다.

용도지구계획은 공원자연보존지구, 공원자연환경지구, 공원자연마을지구, 공원밀집마을지구, 집단시설지구로 구분되어 관리된다. 「공원자연보존지구」의 지정요건에 대해서는, 생물 다양성이 풍부한 곳, 자연생태가 원시성을 지니고 있는 곳, 특별히 보호가치가 있는 지역, 경관이 아름다운 곳 등 자연생태계와 경관이 우수한 지역을 대상으로 하며, 「공원자연환경지구」는 완충공간으로서 보전가치가 있는 지역을 대상으로 하고 있고 현재 국립공원용도지구의 대부분을 점유하고 있다. 자연공원 내 생활지역으로서 공원자연마을지구는 취락의 밀집도가 낮은 지역을 말하며, 공원밀집마을지구는 취락의 밀집도가 높은 지역으로 구분하여 평가하고 있으므로 지역내 자연성은 무시되고 있다고 볼 수 있다. 「공원집단시설지구」는 이용편의제공 및 자연공원의 보전관리를 위한 공원시설이 모여 있는 곳이다. 공원집단시설지구는 공공시설지, 상업시설지, 숙박시설지, 녹지, 기타, 유보지로 구분하여 계획한다. 건축물계획 시에는 대부분의 지역은 건폐율 20% 이하에 3층 이하로 짓게 되어 있다. 그러나 집단시설지구 내에서 공공시설지는 건폐율 50% 이하, 상업시설지와 숙박시설지에서는 건폐율 60% 이하로 규제하고 있다. 그리고 상업시설지, 숙박시설지 등에서는 최소 대지면적이 제시되고 있다.

2) 자연공원 시설계획

자연공원시설은 공공시설, 보호 및 안전시설, 휴양 및 편의시설, 문화시설, 교통운수시설, 상업시설, 숙박시설 등으로 구분된다.

[표 3-2-5] 한국 자연공원시설 종류(자연공원법 시행령 제2조)

시 설 종 류	시 설 명
1. 공공시설	공원관리사무소, 탐방안내소, 매표소, 우체국, 경찰관파출소, 마을회관, 도서관, 환경기초시설 등
2. 보호 및 안전시설	사방, 호안, 방화, 방책, 조경시설 등
3. 휴양 및 편익시설	체육시설(골프장, 골프연습장 및 스키장을 제외한다)과 유선장, 어린이놀이터, 광장, 야영장, 청소년수련시설, 휴게소, 전망대, 대피소, 공중화장실 등
4. 문화시설	식물원, 동물원, 수족관, 박물관, 전시장, 공연장, 자연학습장 등
5. 교통·운수시설	도로(탐방로를 포함한다), 주차장, 교량, 궤도, 삭도 등
6. 상업시설	기념품판매점, 약국, 식품접객업소(유흥주점을 제외한다), 미용업소, 목욕장, 유기장 등
7. 숙박시설	호텔, 여관 등
8. 기타	위 시설 종류 1~7의 시설의 부대시설

자연공원에서의 시설물 설치는 주변의 경관유지를 위하여 위치를 신중하게 결정하고 경관을 파괴할 우려가 있는 장소는 피하도록 해야 한다. 시설의 설계에 있어서는 주변경관과 조화를 이룰 수 있는 형태나 색채를 선정하도록 해야 한다.

비지터 센터는 자연공원 탐방객에게 공원이용에 대한 정보를 제공하거나 공원의 자연이나 인문의 특징을 해설하는 시설이다. 비지터 센터는 전시실, 강연실, 휴게실, 화장실, 사무실 등으로 구성한다. 전시실에서는 화판·모형·사진 등을 사용해서 공원의 특징을 알아보기 쉽게 해설하고 강연회관에서는 시청각 기구 등을 사용하여 설명한다. 전시실의 구성이나 해설, 강연실에서의 설명 및 주변안내 등은 관리원이나 비지터 센터의 직원, 박물학 전문가가 맡는다. 원지는 자연공원에 있어 기본적인 시설로 이용자의 산책, 야유회, 경관감상과 시설 주변의 수경 때문에 설치된다. 휴게소는 원지의 중심적 시설로써 첨경 또는 비나 햇빛을 피하는 장소의 차양역할과 전망을 겸한 장소로써 설치한다. 설비시설은 음수대, 벤치, 방향지시대, 화장실 등을 설치한다. 야영장은 이용자가 자연을 주변 가까이 느끼고 활동하는 시설이다. 자연의 분위기를 유지하도록 시설을 정비하는 것이 중요하다.

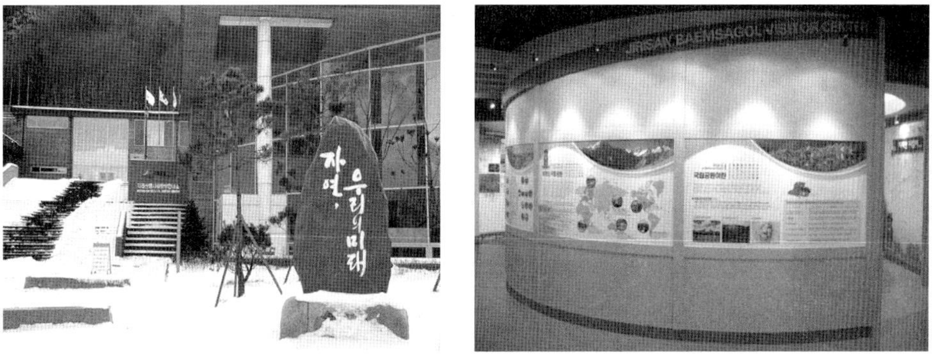

[그림 3-2-8] 지리산 뱀사골 탐방안내소

3) 자연공원 유지관리계획

자연공원의 관리란 지정목적이 달성되도록 공원계획의 방침에 따라 각종 시책을 실제로 시행함으로써 이상적인 공원을 만들어가는 것이라고 할 수 있다. 자연공원의 자연환경을 양호한 상태로 유지하기 위해서는 공원 내의 개발행위 등의 규제 외에 다음과 같은 사항을 적정하게 실시할 필요가 있다.

다양한 경관을 구성하고 있는 자연은 미생물로 시작하여 동물은 물론이고 지형이나 식생에서도 끊임없이 변화하고 있다. 이 때문에 비록 인위적인 간섭을 적극적으로 배제(排除)했다고 하여도 자연공원의 경관은 서서히 변화하여 가는 것이다. 예를 들면 천이도중에 있는 특정식물 경관의 보호, 병충해 등으로부터 동·식물 경관의 보호, 토사유출 등으로부터 식물경관의 보호 등이 있다. 이 외에 산사태에 의한 붕괴, 하상(河床)상승에 따른 경관변화의 대책, 동물의 생식밀도 컨트롤 등 사회적으로 관심을 보이고 있는 제 문제 역시 자연공원의 경관관리문제에 포함된다.

습원이나 고산식물 군락과 같이 인위적인 영향을 받기 쉬운 자연지역에 무질서하고 많은 이용자가 대거 이용하게 되면 습원식물이나 고산식물은 답압(踏壓) 등에 소멸하고 나지로 나타난다. 이 때문에 식생의 복원에 있어서는 복원해야 할 원식생의 구성종(構成種)을 직접 파종하거나 식재하는 수법만이 아니고 우선 원식생(原植生)의 천이에 대한 전 단계 또는 전전단계(前前段階)의 식생회복을 목표로 한다. 그 후 시간을 들여서 원 식생으로 이행시킬 수법을 채용하는 등 식생의 천이에 착안한 식생회복도 필요하다. 이러한 식생복원은 지리산국립공원의 노고단지구 등에서 실시되고 있다. 이외에도 외래곤충, 동·식물 등의 제거에도 노력해야 한다.

우리나라의 국립공원에서 가장 문제가 되고 있는 것 중의 하나가 이용자에 의한 쓰레기 발생이다. 이러한 쓰레기 처리도 자연경관을 유지하는 데 있어서 매우 중요하다.

탐방시설의 정비 · 운영, 탐방 안내 및 지도 등이 요구된다. 탐방안내에는 공원탐방에 필요한 정보의 제공, 레크리에이션 지도, 자연해설, 안전대책 등이 있다. 이러한 활동은 공원의 관리청, 자연공원지도원, 봉사활동원, 각종 협력단체 등에 의해 실시된다. 공원집단시설지구 등 공원의 탐방거점 장소에 정비된 비지터 센터는 자연공원에서 탐방객에게 공공적인 서비스의 중심적인 존재가 된다.

자연공원의 생태계 유지와 쾌적한 탐방환경을 유지하기 위해서 자연을 손상시키는 탐방객에 대해서는 엄격한 규제를 가하지 않으면 안 된다. 자연공원의 이용에 대한 룰을 탐방객에게 이해시키기 위해서 안내판을 설치한다든지, 팸플릿 등을 배부할 필요가 있다. 또 각 공원마다 실시하고 있는 '쓰레기 되갖고 가기' 운동과 같은 활동을 전개할 필요가 있다. 공원탐방객의 이용매너에 관계하는 이용규제 외에 자연환경의 유지, 쾌적한 이용환경의 유지를 위한 과잉이용에 대한 규제의 필요성도 있다. 이에 따라 자연휴식년제, 또는 봄 · 가을에 산불예방을 목적으로 한 입산통제를 실시하고 있다.

3. 정원과 대지 안의 조경

Keyword 11 **건축법**(建築法 architectural act)

대지 안의 조경은 건축법에 규정되어 있다. 건축법은 건축물의 대지, 구조 및 설비의 기준과 건축물의 용도 등을 정하여 건축물의 안전, 기능 및 미관을 향상시킴으로써 공공복리의 증진에 이바지함을 목적으로 한다.

건축법에서 건축이라 함은 건축물의 신축, 증축, 개축, 재축, 이전을 뜻한다. 그리고 건축물의 종류는 21가지로서 주택(단독주택, 공동주택), 근린생활시설(1종, 2종), 문화집회시설, 판매영업시설, 의료시설, 교육연구복지시설, 운동시설, 업무시설, 숙박시설, 위락시설, 공장, 창고시설, 위험물저장처리시설, 자동차관련시설, 동물 · 식물관련시설, 분뇨쓰레기처리시설, 공공용시설, 묘지시설, 관광휴게시설로 구분이 된다. 건축행위에서는 허가와 신고, 계약, 설계, 시공, 공사감리 등의 절차에 대해서 규정하고 있다.

용도지역에 따른 규제의 주요개념에는 건폐율(건축면적/대지면적)과 용적률(연면적(바닥면적의 합계)/대지면적)이 있다.

Keyword 12 대지 안의 조경(landscaping in building lot)

대지라 함은 지적법에 따라 각 필지로 구획된 토지를 말한다(건축법 제2조). 대지에 건축물을 조성하려면 건축법에 따라 대지조성 및 대지 안의 조경에 관한 규정을 따라야 한다. 대지의 안전과 조성을 위해서 배수처리, 옹벽설치, 비탈면 녹화 등에 관한 규정이 제시되고 있다.

대지 안의 조경은 건축법 제42조에서 면적 200㎡ 이상의 대지를 대상으로 하여 용도지역 및 건축물의 규모에 따라 지방자치단체의 조례가 정하는 바에 따른다. 즉 대부분의 지방자치단체의 건축조례에서는 건축물 연면적 합계 1,000㎡ 이하인 경우에는 대지면적의 5% 이상이고, 2,000㎡까지 10%, 그 이상인 경우는 15%로서 규정하고 자연녹지지역의 건축물인 경우는 20% 이상의 조경의무면적을 설치하도록 되어 있다. 그리고 이 조경의무면적 1㎡마다 교목과 관목의 수량과 규격산정기준을 규정하고 있고, 식재수종의 상록수 비율과 조경시설, 보행포장, 주차장 및 보행로에서의 식재 등에 관한 기준을 제시하고 있다.

[표 3-2-6] 대지 안의 조경

건축연면적 (건축바닥면적 × 층수(지하층 제외)	조경면적
1,000㎡	대지면적의 5%
1,000㎡ – 2,000㎡	대지면적의 10%
2,000㎡ 이상	대지면적의 15%
자연녹지지역, 보전녹지지역 안의 건축물	대지면적의 20%

조경기준에서 조경시설은 휴게, 여가, 수경관리 등과 관련된 시설로서 퍼걸러, 벤치, 조각물, 정원석, 분수대 등을 정의하고 있고 생태공간시설로서 생태연못, 하천, 동물이동통로, 먹이공급시설 등을 정의하고 있다. 조경면적은 식재면적과 시설면적을 통합하여 산정하지만 식재면적은 50% 이상이 되어야 하며, 전체면적의 최소 10%는 자연지반으로 하도록 규정하고 있다. 포장은 투수성 포장구조로 시공해야 하며 인근 공원, 녹지와 연계되도록 배치해야 한다고 규정되어 있다.

녹음식재 또는 그늘식재에 대한 규정은 주차장과 보행로에 해당된다. 주차대수 5대마다 교목 1주 이상을 식재해야 하며, 보행로의 경우에는 6m마다 교목 1주 이상을 식재하도록 규정되어 있다. 이 경우에 식재되는 수종은 수고 3m 이상, 흉고직경 10cm, 근원직경 12cm, 지하고 2m 이상으로 규정하고 있다.

조경의무 면적에 대한 식재수량은 조경면적 10㎡마다 상업지역은 교목 1주, 관목 10주, 공업지역은 교목 3주, 관목 10주, 주거지역은 교목 2주, 관목 10주, 녹지지역은 교목 2주, 관목 10주 이상을 식재하도록 규정하고 있으며 상록수 식재비율은 20% 이상, 특성수종은 교목의 10% 이상을 도입하도록 규정하고 있다.

옥상조경은 지표면에서 2m 이상의 건축물이나 구조물의 옥상에서 적용된다. 이 옥상조경의 경우 초화류와 지피식물로 되어 있는 경우와 벽면녹화의 경우는 전체면적의 1/2만 조경면적으로 인정한다. 그리고 교목이 식재된 경우에는 1.5배를 인정하도록 규정되어 있다. 식재 토심은 소관목은 30cm 이상, 교목은 70cm 이상을 확보하도록 규정되어 있다.

Keyword 13 **현대정원**(現代庭園 modern garden)

정원(庭園, garden)은 개인주택의 뜰을 의미한다. 이 정원의 개념이 확대되어 도시의 공원과 녹지가 되었다고 하기도 한다. 정원의 유형에는 근래에 우리 주변에서 쉽게 볼 수 있는 모던 정원, 미니멀 정원, 포스트모던 정원, 조각정원, 야생화 정원, 실내정원, 옥상정원. 체험농원, 치료정원, 생태학습원 등 다양한 유형의 정원이 있다. 이 정원은 사람들의 미적 감각을 자극하고 즐거움을 주며, 삶에 지친 사람들이 쉴 수 있고 그들의 정신을 치유하는 기능을 갖는다.

정원은 형태, 사용목적, 설치위치, 주제 등에 따라 여러 가지로 분류할 수 있다. 형태에 따라 정형식 정원이나 비정형식 정원, 사용목적에 따라 주택정원이나 호텔정원, 설치위치에 따라 옥상정원이나 실내정원, 주제에 따라 치료정원, 조각정원, 수경정원, 식물주제정원 등이 된다.

단독주택 정원의 규모는 대략 건물면적의 3배 이상의 넓이를 갖는 것이 적정하다고 본다. 이러한 주택은 주택 내부의 각종 생활공간이 다양한 기능을 가지고 있는 것처럼 주택정원도 다양한 공간으로 세분될 수 있다. 현관부분을 전정, 앞뜰을 주정, 뒤뜰을 후정, 옆뜰을 측정, 이와 별도로 작업을 위한 작업정으로 구분할 수 있다.

순천만 정원박람회 계기로 2015년부터 수목원 · 정원법이 제정되어 국가정원, 지방정원, 민간정원, 공동체 정원을 조성 · 운영하였는데 중앙정부의 재정적 지원을 받을 수 있는 근거가 마련되었다.

제 3 절

더 알아야 할 개념

4. 자연휴양림과 가로수조성관리

Keyword 14 **자연휴양림**(自然休養林 nature recreation forest)

자연휴양림은 산림의 공익적 기능인 국민의 보건휴양 및 산림생태교육을 위해 지정되는 산림으로서 기능 분류상 생활환경림에 속한다. 이 자연휴양림에는 휴양시설과 탐방로를 설치하게 되는데 휴양시설에는 편익시설, 위생시설, 교육시설, 체육시설 및 기타시설이 있으며 휴양시설 설치면적은 휴양림 지정면적의 5% 이내에서 설치하도록 되어 있다. 아울러 휴양림 내의 건축물 점유면적은 전체 휴양림면적의 0.5% 이내에서 높이 2층 이하, 연면적은 900㎡ 이하로 설치하도록 규정되어 있다.

휴양림으로 지정할 수 있는 산림은 1. 임상이 울창한 산림, 2. 국민이 쉽게 이용할 수 있는 지역에 위치한 산림 등이다. 산림휴양시설은 다음과 같다. 1. 산림욕장 · 야영장 · 숲속의 집 등 편익시설, 2. 취사장 · 오물처리장 · 화장실 등 위생시설, 3. 자연탐방로 · 자연관찰원 · 숲속수련장 · 산림박물관 · 교육자료관 등 교육시설, 4. 숲가꾸기, 임산물 채취 등 임업체험을 위한 시설 5. 기타 휴양림 조성목적에 부합한 시설로서 산림청장이 정하는 시설. 중요한 산림 휴양시설의 설치기준은 다음과 같다.

1. 산림욕장은 침엽수가 많고 경사가 완만한 산림을 대상으로 산책로, 벤치, 간이쉼터 등 산림욕에 필요한 시설을 설치할 것.
2. 야영장은 자연배수가 잘 되는 지역으로서 산사태 등의 위험이 없는 안전한 곳에 설치하되, 하천으로부터 10m 이상의 거리를 둘 것.
3. 숲속의 집은 자연재해의 위험이 없고 일조량이 많은 지역에 남향으로 배치하되, 바깥의 조망이 가능하도록 창문을 낮고 넓게 할 것.
4. 취사장, 오물처리장, 급수대 및 화장실 등은 쾌적성과 편리성을 갖추도록 시설하되 자연환경오염이 발생되지 아니하도록 하여야 하며, 식수는 보건위생상 무해한 음용수일 것.
5. 자연관찰원은 자연탐구 및 학습에 적합한 산림을 선정하여 다양한 수종을 관찰할 수 있도록 하고, 산책로와 자연탐방로는 노폭을 1.5m 내외로 하되 접근성, 안전성, 산림환경에의 영향 등을 고려하여 산림형질 변경을 최소화할 것.

6. 숲속수련장은 강의실, 숙박시설, 광장 등을 갖추어야 하며, 30명 이상을 동시에 수용할 수 있는 규모로 할 것.
7. 임업체험시설은 경사가 완만한 지역에 설치하여야 하며, 체험활동에 필요한 기본장비 및 체험자의 안전을 위한 안전모 등을 갖출 것.

[그림 3-3-1] 안면도 자연휴양림

Keyword 15 가로수 조성 및 관리

가로수는 산림기본법상 도시녹지의 하나로서 정의되고 있다. 이 가로수와 관련된 법규에는 산림기본법 18조 및 산림청예규(가로수 조성 및 관리규정)가 있다.

가로수 기본계획에는 1. 계획의 목적 및 기본방향 2. 가로수 현황 분석 3. 지역별·노선별 가로수 기본식재수종 4. 가로수 양 및 질의 증진방안 5. 연차별 가로수 조성 및 관리계획 등이 포함되어야 한다. 가로수 기본계획은 10년마다 수립된다.

가로수종은 기후, 토양에 적합하고 향토성을 지닌 수종, 주변경관과 어울리며 환경오염 및 기후조절 등에 적합한 수종을 선정하여야 한다. 식재 가로수의 크기는 일반적인 지역인 경우는 식재할 교목(키큰나무)은 흉고직경 6cm(또는 근원직경 8cm 이상)이며 교통량과 보행자가 많은 지역에 식재할 교목은 흉고직경 8cm(또는 근원직경 10cm 이상)으로 한다. 식재할 가로수의 수고와 지하고는 운전자와 보행자의 통행에 지장이 없도록 한다는 범위 내에서 가로수관리청이 따로 정할 수 있다.

교목(키큰나무)의 식재간격은 8m를 기준으로 한다. 다만, 도로의 위치와 주위여건, 식재수종의 수관폭과 생장속도, 가로수로 인한 피해 등을 고려하여 식재간격을 조정할 수 있다. 식재유형은 도로선형과 평행한 열식을 원칙으로 하되 도로의 여건, 방음 녹음제공 경관개선 등 특정목적에 따라 군식·혼식할 수 있다. 보도의 한쪽을 기준으로 1열 심기를 하고 보도의 폭이 넓을 경우 2열 이상 식재할 수 있다. 도로의 동일 노선과 도로 양측에는 동일한 수종으로 식재한다. 다만, 도로의 방향이 바뀌거나 도로가 신설 확장되는 경우에는 동일 노선일지라도 다른 수종으로 식재할 수 있다.

관목(키작은나무)의 식재간격은 식재수종의 특성에 따라 경관조성과 교통장애가 없는 범위 내에서 식재할 수 있다. 식재유형은 동일 수종의 군식으로 하고, 동일 식재군에는 동일 수종으로 식재한다. 다만, 경관적으로 중요한 지역에는 다른 수종으로 혼식할 수 있다. 식재공간의 여유가 있는 경우 운전자와 보행자의 안전과 도로구조의 안전에 지장이 없는 범위 내에서 교목과 관목, 초본류를 다층구조로 식재할 수 있다.

제 4 강

주거단지

김성용

제1절 서론

제2절 핵심개념

1. 주거공동체

Keyword 1 주거와 주택
Keyword 2 주거지역
Keyword 3 주거단지
Keyword 4 근린주구
Keyword 5 신도시

2. 주거단지계획

Keyword 6 토지이용계획
Keyword 7 지구단위계획
Keyword 8 건축물배치계획

3. 옥외공간계획

Keyword 9 옥외공간
Keyword 10 조경면적
Keyword 11 생태면적률
Keyword 12 놀이시설
Keyword 13 가로와 가로장치물
Keyword 14 유니버설 디자인

제3절 더 알아야 할 개념

4. 뉴어바니즘 등

Keyword 15 뉴어바니즘
Keyword 16 살고 싶은 도시 만들기

제4강

주거단지

김성용

제1절 서 론

[그림 4-1-1] 서울 마포아파트단지의 1965년 모습(출처: 대한민국정부 기록사진집)

[그림 4-1-2] 서울 잠실지구 전경

우리나라는 산과 내가 많고, 시가지 내부에도 구릉지가 많은 부분을 차지하고 있는 것이 전형적인 지형지세로, 변화가 많고 다양한 경관이 자연스럽게 보일 수 있다는 큰 장점을 가지고 있다. 그러나 20세기 들어 근대화 과정을 거치면서 급격한 도시화 현상을 보여 왔고, 1960년대 말 '아파트' (apartment)라 칭하는 다층집합주택이 수입되면서 아파트는 전통적 주거유형을 밀어내고 우리나라 주거양식에 일대 변화를 몰고 왔다. 1960년대 마포아파트를 시작으로 1970년대 잠실개발이 본격적으로 이루어지고, 이어 1980년대 강남지역을 중심으로 민간건설업체의 공동주택개발이 본격화되면서 전체주택 중 아파트의 비중이 1985년 13.5%에서 1995년에는 37.5%, 2005년에는 53%에 달하고, 새로 짓는 주택의 90%가 아파트이다. 문제는 고층·고밀로 인한 비인간적이고 주변과 조화되지 않은 위압적인 도시경관이 형성되고 있다는 것이다.

프랑스의 철학자 피에르 쌍소(Pierre Sansot)는「느리게 산다는 것의 의미」에서 '도시의 다채로운 풍경의 변화와 개성을 마음껏 누릴 수 있을 때 행복하다' 라고 적고 있다. 그러나 프랑스의 지리학자 발레리 줄레조(Valerie Gelezeau)는 서울을 둘러보고 「아파트 공화국」이란 책을 저술하면서, '땅이 좁고 사람이 많다고 해서 고층의 대규모 아파트단지가 반드시 불가피한 것은 아니다' 라고 주장하면서 서울은 아파트 때문에 오래 지속될 수 없는 '하루살이 도시' 라는 평가를 내리고 있다.

[그림 4-1-3] 파리의 블루바드 조성에 대한 바틀리에(Batrlier)의 삽화

주거환경을 사회적 측면에서 해석해 보면, 결국 모여 사는 장소(place)를 조성하는 것이며 또한 모임의 장소가 다양하게 생성될 수 있는 공간체계를 부여하는 것이 계획상의 목표가 된다. 주거환경의 수준 향상은 도시공간의 질적 향상과 직결된다. 동시에 주택의 문제는 도시의 문제로 직결된다. 도시는 단순히 건축과 시설물의 집합체가 아니다. 그것은 한편으로 몸과 같은 유기적 구조이면서, 다른 한편으로 삶을 유지하기 위해 기억하고 생각해야 하는 수많은 추상적 정신활동의 근간인 것이다. 그런데 우리 주거환경의 공급주체들은 이러한 사실을 간과하였다. 아니면 알면서도 애써 무시할 수밖에 없었다고 보는 것이 더욱 정확할 것이다.

[그림 4-1-4] 기존 정주환경을 계승한 일본 오카야마시 나카쇼단지

지금까지 주거환경을 계획하는데 있어서 주거(dwelling)가 도시 내에서 어떻게 자리하는 것이 좋은가, 그리고 주거를 통하여 도시조직을 어떻게 형성할 것인가에 대한 관심과 고려는 없었던 것이나 마찬가지였다. 우리나라 대도시의 경우 주거단지들이 대부분 남향 위주의 판상형의 배열을 가지다 보니 건물들은 도시조직과는 상관없이 자리하게 되고, 결국 도시와는 유리된 환경이 되는 것이 보통이었다.

우리의 주거환경이 전통성과 도시성을 회복하기 위해서는 도시 전체구조의 맥락

(context)에서 주거단지가 가지기 쉬운 외부와의 단절과 폐쇄성보다는 대단지를 소규모 블록(blcok)의 개념으로 나누어 기존의 블록과 연결시켜 공간구성과 형태, 거주행위 패턴 등의 연속성을 해결해야 한다. 주거단지는 건축물의 형태와 배치는 물론 공공공간(public space)을 어떻게 구성하느냐가 매우 중요하다. 따라서 조경과 건축, 도시의 상호 대립적이 아닌 상호 보완적이면서 통합적으로 문제를 해결할 때 우리의 도시는 더욱 완벽한 해답을 얻을 수 있을 것이다. 이러한 통합적 사고는 유토피아(utopia) 건설을 위하여 필수적인 사항이다. 사실 인접분야 간의 담 쌓기와 주도권 다툼은 복잡다기한 도시문제를 해결하는 데 장애요인이 되고 있다.

환경설계의 과제를 조경 · 건축 · 도시 등 어느 전문가가 주도하는 것이 바람직한가 하는 것은 중요치 않다. 환경설계를 가장 잘 수행할 수 있는 전문가가 하면 되는 것이다. 따라서 분야간 영역싸움보다는 인간환경의 다양한 문제를 종합적인 안목을 가지고 해결할 수 있는 능력을 기르는 것이 중요하다.

[그림 4-1-5] 전통과 문화의 복원을 기본이념으로 건설된 영국의 밀레니엄 빌리지

한편으로, 주택의 양적 확대로 주택부족문제는 상당수 해소되었지만 스스로 주거를 확보할 수 없는 시장 소외계층의 주거는 상대적으로 불안해졌다. 주택이 재산증식의 수단으로 전락하면서 사회적 약자에 대한 배려가 상대적으로 부족했기 때문이다. 여전히 비닐하우스나 지하쪽방, 혹은 금방 무너질 것 같은 오래되고 낡은 집에서 거처하는 빈곤층이 다수 존재한다. 사회안전망 구축 차원에서 다양한 지원방안이 마련되어야 한다. 또한 최근 소득분위별 소득격차가 더욱 커지면서 저소득층의 소외(疏外, alienation)로 인한 상대적 박탈감(deprivation)이 가중되는 가운데, 범죄의 증가 또는 집값의 하락 등을 이유로 취약계층과 어울려 살기를 기피하는 현상이 만연되면서 계층간 갈등(葛藤, conflict)은 더욱 깊어지고 주거지 분리현상은 더욱 심화되고 있다. 이에 따라 분양주택과 임대주택의 계층혼합(階層混合, social mix)을 통하여

[그림 4-1-6] 인천 만석동 쪽방

사회 내 집단이나 개인이 서로 적응하고 함께 살아가는 소위 사회적 통합(社會統合, social integration)이 주요 관심사가 되고 있다. 분양·임대주택의 혼합단지를 계획하는 경우, 분양주택과 임대주택이 공간적으로 쉽게 분리되지 않도록 배치형태를 다양화·분산화 함은 물론 진입도로와 주차장, 복지관 및 옥외공간도 함께 사용하게 함으로써 계층간 접촉을 자연스럽게 유도하여 갈등의 회피가 아닌 갈등의 해결을 유도할 수 있어야 한다.

제 2 절 핵심개념

1. 주거공동체

Keyword 1 주거와 주택(住居 住宅 dwelling & house)

주거(住居)의 사전적 정의는 '어떤 곳에 자리 잡고 사는 것' 을 말한다. 즉, 주거는 인간관계를 이어나가는 장소인 동시에 개인 혹은 집단의 사회적·경제적 환경 안에서의 상대적 입지이다. 주거의 물리적 수단이 곧 주택(住宅)이다. 주택의 사전적 정의는 '인간을 비·바람이나 추위·더위와 같은 자연적 피해와 도난·파괴와 같은 사회적 침해로부터 보호하기 위한 거처(居處, shelter)' 를 말한다. 주택이 물리적인 측면으로 한정되는 반면, 주거는 집 주변의 관계까지 포괄한다.

[그림 4-2-1] 성남판교지구 연립주택 개념도

인간으로서 존엄과 가치를 훼손하지 않는 최소한의 주거생활을 영위할 명시적 또는 묵시적 권리를 주거권(住居權)이라 한다. 우리나라의 현행 법령에서 주거권이라는 용어는 존재하지 않지만 암묵적으로 그 권리를 보장하고 있다. 「헌법」상 모든 국민은 주거 및 이전의 자유를 가지고(제14조), 주거의 자유를 침해받지 아니하며(제16조), 인간다운 생활을 할 권리를 가지고, 국가는 사회보장·사회복지의 증진에 노력할 의무를 진다(제34조). 또한 모든 국민은 건강하고 쾌적한 환경에서 생활할 권리를 가지고, 국가는 주택개발정책을 통하여 모든 국민이 쾌적한 주거생활을 할 수 있도록 노력하여야(제35조) 한다. 그 외에 「주택법」에서는 국가 및 지방자치단체가 주택정책을 수립·시행함에 있어 국민의 쾌적하고 살기 좋은 주거생활이 가능하도록 노력해야 할 의무를 규정하고 있으며, 국민이 쾌적하고 살기 좋은 생활을 영위하기 위하여 필요한 최저주거기준(最低住居基準, Minimum housing standard)을 정하고 있다. 최저주거기준은 가구의 주거 빈곤상태 여부를 구분하는 척도로, 가구구성별 최소 주거면적, 용도별 방의 개수, 전용부엌·화장실 등 필수적인 설비의 기준, 안전성·쾌적성 등을 고려한 주택의 구조·성능 및 환경기준을 포함하며, 국가 또는 지방자치단체는 최저주거기준에 미달되는 가구에 대하여 우선적으로 주택을 공급하거나 국민주택기금을 지원하는 등 혜택을 부여할 수 있도록 하고 있다.

우리나라 「주택법」에 의하면, 주택(住宅, housing unit)은 세대의 세대원이 장기간 독립된 주거생활을 영위할 수 있는 구조로 된 건축물의 전부 또는 일부 및 그 부속토지를 말하며, 이를 단독주택(單獨住宅, detached dwelling)과 공동주택(共同住宅, apartment house)으로 구분하며, 이 중 공동주택은 건축물의 벽·복도·계단 그 밖의 설비 등의 전부 또는 일부를 공동으로 사용하는 각 세대가 하나의 건축물 안에서 각각 독립된 주거생활을 영위할 수 있는 구조로 된 주택을 말한다. 이들 주택은 「건축법」 상 용도별 건축물 분류에 따라, 단독주택은 다시 단독주택과 3개 층 이하의 다중주택(多衆住宅) 및 다가구주택(多家具住宅, multiple dwelling)으로, 공동주택은 5개 층 이상의 아파트(apartment)와 4개 층 이하의 연립주택(聯立住宅, row houses) 및 다세대주택(多世帶住宅, apartment unit in a private house)으로 구분한다.

Keyword 2 **주거지역**(住居地域 residential area)

주거지역(住居地域)은 도시지역 중 거주의 안녕과 건전한 생활환경의 보호를 위하여 필요한 지역으로, 양호한 주거환경을 보호하기 위하여 필요한 전용주거지역(專用住居地域)과 편리한 주거환경을 조성하기 위한 일반주거지역(一般住居地域) 및 주거기능을 위주로 이를 지원하는 일부 상업 및 업무기능을 보완하기 위한 준주거지역(準住居地域)으로 세분(細分)하여 지정하고 관할구역의 면적 및 인구규모, 용도지역의 특성 등을 감안하여 건폐율은 70% 이하, 용적률은 500% 이하 범위 안에서 지방자치단체의 조례로 정하도록 하고 있다.

종전에는 일반주거지역을 구릉지, 주택가, 역세권의 구분 없이 동일한 규제를 적용함으로써 자연환경이 보호되어야 할 구릉지의 대규모 개발이나 주변여건이나 환경과 부조화된 돌출형 개발, 주택공급 위주의 재개발 · 재건축 및 다세대 · 다가구의 고밀개발로 많은 도시문제가 발생하였고, 교통혼잡과 주택가 내 심각한 주차난은 물론 일조권 · 조망권 · 프라이버시(privacy) 침해, 녹지의 감소, 도로 등 도시기반시설의 부족으로 주거환경이 매우 열악해졌다.

이에 따라 일반주거지역을 입지특성과 주택의 유형 및 개발밀도 등을 반영하여 저층주택 중심의 편리한 주거환경 조성이 필요한 지역을 제1종 일반주거지역으로, 중층주택 중심의 편리한 주거환경이 필요한 지역을 제2종 일반주거지역으로 도시기반시설이 정비되어 토지의 고도이용이 가능한 중 · 고층주택 중심의 편리한 주거환경이 필요한 지역을 제3종일반주거지역으로 각각 세분화함으로써 지역적 특성을 고려한 밀도 및 용도를 관리할 수 있게 되어 주변지역과 조화로운 개발을 유도함은 물론 쾌적한 주거환경을 조성하고 자연환경의 훼손을 방지하고 보호할 수 있게 되었다. 더 나아가 소중한 역사 및 문화환경을 보호하고 도시기반시설 용량을 고려한 적정개발을 유도함으로써 지속가능한 도시로의 발전을 기대할 수 있게 되었다. 「서울특별시 도시계획조례」에 의하면 제1종 일반주거지역의 경우 최고층수 4층, 용적률 150% 이하로 하고, 제2종 일반주거지역의 경우 최고층수 12층, 용적률 200% 이하로 하되, 5층 이하의 건축물이 밀집한 지역으로서 스카이라인(skyline)의 급격한 변화로 인한 도시경관의 훼손을 방지하기 위하여 지정한 구역 안에서는 7층 이하로 하며, 제3종일반주거지역의 경우 층수제한 없이 용적률 250% 이하를 적용하여 관리하고 있다.

한편, 우리나라의 토지이용규제는 「국토의 계획 및 이용에 관한 법률」에 근거하여, 토지를 기능과 적성에 따라 적합하게 구분하여 일정한 지역으로 지정하는 용도지역지구제(用途地域地區制, Zoning system)를 채택하고 있다.

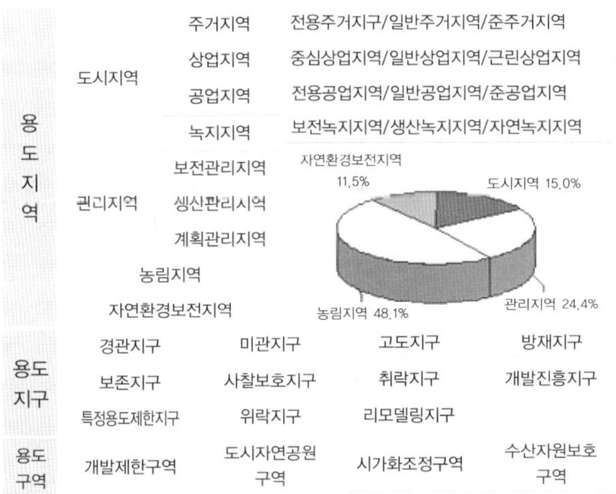

[그림 4-2-2] 용도지역지구제

용도지역(用途地域)이라 함은 토지의 이용 및 건축물의 용도 · 건폐율 · 용적률 · 높이 등을 제한함으로써 토지를 경제적 · 효율적으로 이용하고 공공복리의 증진을 도모하기 위하여 서로 중복되지 않게 도시관리계획으로 결정하는 지역으로 도시지역(都市地域), 관리지역(管理地域), 농림지역(農林地域), 자연환경보전지역(自然環境保全地域)으로 구분하며, 다시 도시지역은 주거지역(住居地域) · 상업지역(商業地域) · 공업지역(工業地域) · 녹지지역(綠地地域)으로, 관리지역은 보전관리지역(保全管理地域) · 생산관리지역(生産管理地域) · 계획관리지역(計劃管理地域)으로 구분한다.

용도지구(用途地區)라 함은 토지의 이용 및 건축물의 용도 · 건폐율 · 용적률 · 높이 등에 대한 용도지역의 제한을 강화 또는 완화하여 적용함으로써 용도지역의 기능을 증진시키고, 미관 · 경관 · 안전 등을 도모하기 위하여 도시관리계획으로 결정하는 지역으로 경관을 보호 · 형성하기 위하여 필요한 경관지구(景觀地區), 미관을 유지하기 위하여 필요한 미관지구(美觀地區), 쾌적한 환경조성 및 토지의 고도이용과 그 증진을 위하여 건축물 높이의 최저한도 또는 최고한도를 규제할 필요가 있는 고도지구(高度地區), 화재의 위험을 예방하기 위하여 필요한 방화지구(放火地區), 풍수해 · 산사태 · 지반붕괴 그 밖의 재해를 예방하기 위하여 필요한 방재지구(防災地區), 문화재 · 중요시설물 및 문화적 · 생태적으로 보존가치가 큰 지역의 보호와 보존을 위하여 필요한 보존지구(保存地區), 학교시설 · 공용시설 · 항만 · 공항의 보호, 업무기능의 효율화, 항공기의 안전운항 등을 위하여 필요한 시설보호지구(施設保護地區), 녹지지역 · 관리지역 · 농림지역 · 자연환경보전지역 · 개발제한구역 · 도시자연공원구역 안의 취락을 정비하기 위한 취락지구(聚落地區), 주거기능 · 상업기능 · 공업기능 · 유통물류기능 · 관광기능 · 휴양기능 등을 집중적으로 개발 · 정비할 필요가 있는 개발진흥지구(開發振興地區), 주거기능 보호 또는 청소년 보호 등의 목적으로 청소년 유해시설 등 특정시설의 입지를 제한할 필요가 있는 특정용도제한지구(特定用途制限地區) 외에 위락시설을 집단화하여 다른 지역의 환경을 보호하기 위하여 필요한 위락지구(慰樂地區), 노후된 공동주택 등 건축물이 밀집된 지역으로서 새로운 개발보다는 현재의 환경을 유지하면서 이를 정비할 필요가 있는 리모델링지구(remodeling 地區) 등이 있다.

그리고 용도구역(用途區域)이라 함은 토지의 이용 및 건축물의 용도 · 건폐율 · 용적률 · 높이 등에 대한 용도지역 및 용도지구의 제한을 강화 또는 완화하여 따로 정함으로써 시가지의 무질서한 확산 방지, 계획적이고 단계적인 토지이용의 도모, 토지이용의 종합적 조정 · 관리 등을 위하여 도시관리계획으로 결정하는 지역으로, 현재 도시의 무질서한 확산을 방지하고 도시 주변의 자연환경을 보전하여 도시민의 건전한 생활환경을 확보하기 위하여 도시의 개발을 제한할 필요가 있거나 국방부장관의 요청이 있어 보안상 도시의 개발을 제한할 필요가 있다고 인정되는 경우에 지정하는 개발제한구역(開發制限區域, green belt), 도시의 자연환경 및 경관을 보호하고 도시민에게 건전한 여가·휴식공간을 제공하기 위하여 도시지역 안의 식생이 양호한 산지(山地)의 개발을 제한할 필요가 있다고 인정하는 경우에 지정하는 도시자연공원구역(都市自然公園區域), 도시지역과 그 주변지역의 무질서한 시가화를 방지하고 계획적·단계적인 개발을 도모하기 위하여 일정기간 동안 시가화를 유보할 필요가 있다고 인정되는 경우에 지정하는 시가화조정구역(市街化調整區域), 수산자원의 보호·육성을 위하여 필요한 공유수면이나 그에 인접된 토지에 지정하는 수산자원보호구역(水産資源保護區域)으로 지정할 수 있다. 이 중 개발제한구역과 도시자연공원구역의 지정 또는 변경에 관하여 필요한 사항은 별도의 법률로 정하고 있다.

Keyword 3 주거단지(住居團地 housing complex)

주거단지(住居團地)란 좁은 의미에서 인위적인 경계를 가진 토지의 일부로서 독립된 생활권과 커뮤니티(community)를 가지고 계획적으로 건설된 주택단지라고 정의할 수 있으며, 넓은 의미에서 인간이 주거와 노동을 목적으로 건물을 짓고 사는 곳이며, 여기는 경제와 문화, 사회와 교통의 기능을 위한 건축적 행위를 포함한다.

[그림 4-2-3] 부산 망미 테라스하우스단지

협의의 주거단지 개념으로 우리나라 「주택법」에 의한 주택단지(住宅團地)는 주택건설사업계획 또는 대지조성사업계획의 승인을 얻어 주택과 그 부대시설 및 복리시설을 건설하거나 대지(垈地)를 조성하는데 사용되는 일단의 토지로, 철도·고속도로·자동차전용도로, 폭 20m 이상인 일반도로, 폭 8m 이상인 도시계획 예정도로로 분리된 토지는 이를 각각 별개의 주택단지로 본다. 여기서 부대시설(附帶施設)이라 함은 주차장·관리사무소·담장 및 주택단지 안의 도로, 「건축법」 규정에 의한 건축설비 등 주택에 부대되는 시설 또는 설비를 말하며, 복리시설(福利施設)이라 함은 어린이놀이터·근린생활시설·유치원·주민운동시설 및 경로당 등 주택단지 안의 입주자 등의 생활복리를 위한 공동시설을 말한다.

참고로, 주거단지를 구성하는 최소단위인 필지(筆地)는 「지적법」 상 하나의 지번이 붙는 토지의 등록단위로, 지번부여지역 안의 토지로서 소유자와 용도가 동일하고 지반이 연속된 토지는 이를 1필지로 할 수 있으며, 분할이나 합병이 가능하다. 획지

(劃地, lot)는 건축용지를 갈라서 나눌 때 한 단위가 되는 토지로, 한 개 또는 그 이상의 획지로 구성되고 가로에 의하여 둘러싸인 구획을 가구(街區, block)라 한다. 가구의 형상은 이를 구성하는 획지의 형상이나 배열, 가로망(街路網)의 구성 등에 따라 결정되며, 통상의 가구 크기는 50m×100m이나 이를 몇 개 합친 대형 가구를 슈퍼블록(大街區, superblock)이라 한다. 슈퍼블록은 자동차의 대중화로 소형가구의 경우 가구 내의 교통소통을 원활히 할 수 없으므로, 가구를 대형화하여 통과교통을 가구 외곽으로 우회시킴으로써 도로통행의 감소를 통한 가구 안의 편익시설 확보 및 주거지나 상업지에서의 활동에 안전을 도모하기 위하여 낭만주의적 계획기법의 일부로 도입되었다.

[그림 4-2-4] 미래의 주거단지 / 아파트 중간에는 마을공동체를 위한 마당이 조성된다. 탁아소 · 체육시설 · 근린상업시설이 설치된 부분의 옥상에는 숲이 조성될 수 있다. 이 옥상은 때로는 운동장으로 디자인될 수도 있다. 자동차 도로 위에 대중교통로가 존재한다. 그 위에 주차장 · 상업시설이 차례로 올라선다. 도로의 아랫면은 업무시설이다. 컴퓨터그래픽=SALT건축연구소(동아일보)

그리고 「지적법」에 의하여 각 필지로 구획된 토지를 대지(垈地)라 하는데, 하나의 건축물을 2필지 이상에 걸쳐 건축하는 경우 그 건축물이 건축되는 각 필지의 토지를 합한 토지나 「주택법」에 의거, 주택과 그 부대시설 및 복리시설을 건축하는 주택단지 등은 2이상의 필지는 하나의 대지로 할 수 있다. 또한 건물을 세우거나 도로를 만들기 위하여 마련한 대지를 부지(敷地, site)(공동주택부지 · 도시계획시설부지 등)라고 하며, 집단을 이루고 있는 일정 구역을 단지(團地, complex)(주거단지 · 주택단지 · 산업단지 등)라 한다.

Keyword 4 근린주구(近隣住區 neighborhood unit)

커뮤니티(共同體, community)의 어원은 communis에서 파생된 com(함께)와 munus(봉사하는 일)의 복합어로 다수의 인간이 한 장소에 모여 서로 도와가면서 살아간다는 의미를 내포한다. 커뮤니티는 본래 전근대사회의 촌락(村落) 공동체를 가리키는 개념으로 출발했다. 근대사회로의 이행과정에서 농촌사회의 자연발생적인 지역공동체가 와해되고 공동의 관심이나 이해, 목적을 추구하기 위해 인위적으로 모인 결사체(associations)가 사회적 관계의 주축이 되면서, 커뮤니티는 이에 대칭되는 전근대적 사회관계를 통칭하는 사회과학적 개념으로 자리 잡게 되었다. 그러나 근대사회에서도 커뮤니티 개념의 유용성이 논의되면서 커뮤니티는 지역성, 공동체성, 유기체성, 지역사회 등 다의적 측면을 포함하는 개념으로 새로이 정의되고 있다.

지역사회의 공간적 범위와 관련해서 커뮤니티는 흔히 사용되는 근린(neighborhood)과 비교할 수 있다. 근린은 물리적 거주지를 토대로 한 '공동거주의 공간'을 말하는 반면 커뮤니티는 지역적 정체성과 집단적 유대감을 형성하며 폭넓은 사회적 상호작용이 일어나는 일종의 '유기적 공동체'를 의미한다. 근린주구(近隣住區)는 1928년 미국의 페리(C. A. Perry)가 제안한 주거단지계획 개념으로서, 어린이들이 위험한 도로를 건너지 않고 걸어서 통학할 수 있는 단지규모에서 생활의 편리성과 쾌적성, 주민들 간의 사회적 교류 등을 도모할 수 있도록 조성된 물리적 환경을 말한다.

제1차 세계대전 이후 미국은 자동차 시대를 맞이하게 된다. 이에 따라 하워드(E. Howard) 경의 전원도시(田園都市, garden city) 사상을 추종한 미국의 스타인(C. Stein), 라이트(H. Wright), 멈포드(L. Mumford)와 같은 계획가들은 도시 내 자동차의 급속한 증가 속에 자동차를 어떻게 다룰 것인가 하는 문제를 제기하게 된다. 이에 대한 해결책으로 1923년 제안된 '슈퍼블록'(大街區, superblock) 개념은 기존의 격자형 도로를 제거하여 12~20ha 규모의 자동차 없는 주거환경을 건설하고자 한 것이다. 나아가 1928년 미국의 페리(C. A. Perry)는 근린주구를 지역성이 유지되면서 영국의 작은 마을처럼 민주적인 참여가 가능한 하나의 사회단위로 인식하였다.

페리는 근린주구 조성을 위한 6가지 계획원칙을 제시하였다. 첫째, 주거단위는 하나의 초등학교 운영에 필요한 인구규모를 가져야 하고 면적은 인구밀도에 따라 달라진다. 둘째, 주구 경계는 주구 내 통과교통을 배제하고 차량을 우회시킬 수 있는 충분한 폭원의 간선도로로 구획한다. 셋째, 주민의 욕구를 충족시킬 수 있도록 계획된 소공원과 레크리에이션(recreation) 체계를 갖춘다. 넷째, 학교와 공공시설은 주구 중심부에 적절히 통합 배치한다. 다섯째, 주구 내 인구를 서비스할 수 있는 적절한 상업시설을 1개소 이상 설치하되, 인근 근린주구와 면해 있는 주구 외곽의 교통 결절점에 배치한다. 여섯째, 순환교통을 촉진하고 통과교통을 배제하도록 일체적인 가로망(街路網)을 계획한다.

[그림 4-2-5] 페리의 근린주구 모형(1929)

이러한 원칙에 따라 페리가 제시한 근린주구 모델은 다음과 같다. 규모는 하나의 초등학교 학생 1,000~1,200명에 해당하는 거주인구 5,000~6,000명, 어린이들이 통학할 수 있도록 주구의 반경은 400m, 면적은 약 64ha로 한다. 소공원과 레크리에이션 용지는 약 10%를 확보하고, 커뮤니티시설과 학교 등은 중심부에, 상가는 1~2개소를 주구 외곽에 배치한다. 그리고 단지 내부의 교통체계는 쿨데삭(cul-de-sac)과 루프형 집분산도로, 주구 외곽은 간선도로로 계획한다. 이렇게 함으로써 물적 계획 측면에서 보행자의 안전과 환경의 보전을, 사회계획적 측면에서 커뮤니티에 의한 사회적 교류 도모를 추구하고 있다는 점이 근린주구계획의 특징이다.

페리의 근린주구이론은 1929년 스타인과 라이트의 레드번(radburn) 계획에서 구체화된다. 뉴욕에서 약 25km 떨어진 뉴저지 주의 농장지대에 세워진 레드번은 7,500~10,000명의 주민이 거주하는 3개의 근린주구를 결합시켜 주구 교차점에 보다 큰 규모의 커뮤니티시설을 배치하여 한 단계 높은 생활권 위계를 설정하였다.

그러나 근린생활권의 적정규모에 대한 논란, 자족생활권에 대한 비판, 학교라는 근린생활권 구심점에 대한 부정적 견해, 근린주구가 오히려 계층간 · 인종간 분리를 유발한다는 비판, 유기체적 도시성장의 관점에서의 신축성 결여, 도시적 특성이나 문화적 차이, 다양한 사회활동의 무시 등 페리의 근린주구론에 대한 문제점이 꾸준히 제기되고 있다. 그럼에도 불구하고 우리나라에서는 아직도 우리의 특수성에 맞게 변형된 '근린주구론'이 보편적으로 받아들여지고 있다. 이는 한편으로 아직도 인간의 권리로서 당연히 누려야 할 주거권을 사회가 제대로 보장하고 있지 않고 있으며, 또 한편으로 지방분권을 토대로 한 자치규범에 익숙하지 않아 근린주구론이 갖는 계획가와 주민간의 관계설정을 별 이의 없이 받아들이고 있기 때문이기도 한다.

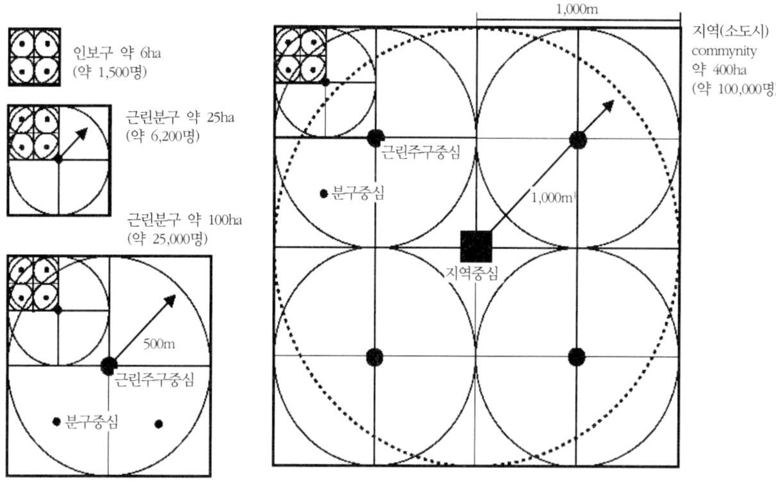

[그림 4-2-6] 생활권의 위계구성

한편, 이웃한 일본은 센리(千里) 뉴타운을 계획하면서 이러한 영국의 뉴타운 계획의 생활권계획을 철저히 분석하여 주구를 공동주구(共同住區), 근린주구(近隣住區), 분구(分區) 등 단계별로 구성하는 히가사 다다시(日笠 端)의 주구구성 모델을 만든 바 있다. 여기서 생활권(生活圈)이란 주거단지개발의 기본단위로서 일상생활을 영위하는데 필요한 생활편익 및 서비스시설을 중심으로 군집된 지역적 범위를 말한다. 생활권의 설정은 일반적으로 소생활권(小生活圈), 중생활권(中生活圈), 대생활권(大生活圈)으로 구분하며, 인구규모로 볼 때 소생활권은 2~3만 명, 중생활권은 10만 명, 대생활권은 50만 명 기준으로 하고 있다.

생활권 위계설정 시 고려사항은 소생활권의 경우 초·중하교 하군이 중심이 되고, 중생활권은 중·고등학교 학군 및 산세 등 자연환경을, 대생활권은 도로·철도 등 인위적 환경 내지 부도심권을 기준으로 할 수 있다. 생활권계획은 인구규모, 생활환경 수준, 공동서비스시설의 종류 등에 따라 정주단위를 위계화하고 정주단위별로 특성을 부여하여 사회·물리적 기능과 요소를 배분·설치하는 것을 말한다.

Keyword 5 신도시(新都市 new town)

1898년 하워드(E. Howard) 경의 전원도시(田園都市, garden city) 개념에서 출발한 신도시개발은 20세기에 들어서면서 수도권 집중 완화, 균형개발 도모, 공업단지 조성, 행정수도 이전, 전략적 위치 등 각국이 추구하는 정책목표에 따라 다양하게 추진되고 있다.

우리나라의 신도시 개념은 학문적·제도적으로 개념이 정립되지 않았으나 일반적으로 대도시가 갖는 과밀 · 혼잡문제의 해결, 낙후지역의 개발촉진 등을 위하여 계획적이고 단기간에 건설된 도시 정주체계를 의미하며, 구체적으로 보면 새롭게 건설되는 도시형 정주공간, 국가정책과제와 관련하여 설정된 분명한 개발목표를 달성하기 위해 수립된 종합계획으로 건설된 정주공간, 주민의 생업과 생활에 필요한 일자리와 시설이 두루 갖추어진 자족형 정주공간이며, 위성도시, 교외주택도시와 기성도시 내부에 건설되는 신시가지 등 다양한 형태의 비자족형 정주공간도 포함하고 있다.

우리나라는 1960년대 울산 · 영동 등 공업화를 통한 경제개발정책의 본격 가동으로 서울의 지속적인 인구증가로 인한 현대적 의미의 신도시 건설을 시작으로, 1970년대는 창원 · 대덕 · 과천 · 여천 · 구미 · 강남 · 반월 등 중화학공업 육성정책에 따라 산업기지 배후도시들이 임해지역에 지속적으로 건설되었으며, 1980년대 목동 · 상계 · 고덕 · 둔산 · 계룡 등 주택기능 중심의 도시 내 도시건설과 분당 · 일산 · 평촌 · 중동 · 산본 등 주택공급 위주의 수도권 5개 신도시가 건설되었으나, 1990년대 들어 수도권 5개 신도시의 부작용으로 신도시에 대한 비판이 제기됨에 따라 소규모 분산적 택지개발과 준농림지 개발이 이루어졌다.

[그림 4-2-7] 파주신도시와 신도시 내 Ubi-Park 조감도

2000년 들어 준농림지 난개발(難開發)에 따른 국토계획 체계개편과 더불어 판교 · 파주 · 동탄 · 광교 · 김포 · 송파 · 양주 · 검단 · 동탄2 등 수도권 2기 신도시 건설과 함께 오산 · 아산 · 대전 서남부 등 지방의 신도시개발과 함께 국토균형 발전을 위한 행정중심복합도시 · 혁신도시 · 기업도시 등이 대거 건설되는 한편으로 기존 도시의 광역 재정비를 통한 도시 내 신도시(new town in town) 개발이 활발하게 이루어지고 있다. 특히 2기 신도시의 경우 1기 신도시 건설에 따른 부작용을 방지하기 위하여 "지속가능한 신도시 계획기준"에 따라 공원녹지 확대, 커뮤니티 시설 확보, 계층혼합(social mix) 등을 통한 사회 · 문화적 지속성, 자족시설용지 확보 및 유보지 설정 등

경제적 지속성, 중저밀 · 자연순응형 개발과 신교통수단 도입 및 에너지 자원 효율화를 통한 환경적 지속성 확보는 물론 자연과 조화되는 스카이라인 형성과 랜드마크 부여, 야간경관 도입과 색채관리를 통한 경관형성 등에 중점을 두고, 계획 및 설계 조정자 역할을 하는 총괄계획가(Master Planner ; MP)제도를 도입하여 개발 초기단계부터 토지이용계획과 건축계획에 이르기까지 계획 및 설계의 체계적 관리와 일관성 유지를 통하여 집행력을 담보하고 있다.

최근에는 신도시를 주거 및 상업시설, 학교 등 일정 지역을 집약적으로 개발해 도시용지 이용의 효율성을 높이고 녹지로 보전해 환경훼손을 최소화하는 압축도시(compact city)로 개발하여 무분별한 도시 확산을 막고 녹지 · 자연공간을 최대한 확보하는 개념으로 전환하고 있다.

2. 주거단지계획

Keyword 6 **토지이용계획**(土地利用計劃 land use planning)

토지이용계획은 계획 대상지의 토지를 보다 효율적으로 이용하고 토지이용에 관한 원칙과 질서를 부여하는 작업이다. 즉 계획대상지에서 예상되는 다양한 활동(activity)을 고려하여 각각의 활동별로 토지수요와 적정 밀도를 예측하고, 이들 활동을 종합적이고 합리적으로 배분하는 일련의 과정을 의미한다. 단지계획에 있어서 토지이용계획이 필요한 이유는 다양한 활동과 시설에 대한 수요와 욕구는 높은 반면, 이들 충분히 수용하기 위한 토지는 제한되어 있기 때문이다.

이들 활동과 시설에 대한 욕구를 원활하게 수용하기 위해서는 토지의 입체적 활동을 통해 토지이용의 효율성을 높이고, 이를 합리적이고 체계적으로 배분하는 틀이 필요하다. 토지이용계획은 계획면적과 인구를 비롯한 주요계획 지표를 결정하고, 이를 기준으로 단지의 성격과 각종 시설의 종류 및 규모를 산출하여 배치하는 작업으로서 단지의 골격을 형성할 뿐만 아니라 단지의 입체적인 공간을 구성하는 데 있어 매우 중요한 계획의 하나이다.

토지이용계획 수립과정은 크게 ①문제의 인식을 통한 계획목표를 설정하고, ②계획대상지와 주변지역의 현황을 분석하고 장래계획 지표를 설정하며, ③ 기본구상 및 대안을 작성한 다음 ④ 대안평가 및 최적안을 결정하는 단계로 구성된다. 한편, 토지이용계획의 기준이 되는 동시에 그 타당성을 판단하는 지표가 개발밀도(開發密度, development density)이다. 밀도는 단지환경의 질적 수준이나 각종 시설의 공간적 배분에 영향을 주는 중요한 요소로서, 단지의 규모, 건물과 건물 또는 건물과 다른 단지 내 시설과의 관계나 외부공간의 성격 등 다른 계획요소와 상호 관련이 있다. 개발밀도에는 총 개발면적에 대한 수용인구수를 나타내는 인구밀도(人口密度, gross density), 순수 주택건설용지에 대한 인구수를 나타내는 순밀도(純密度, net density), 총개발면적에 대한 주택수를 나타내는 호수밀도(戶數密度), 계획대상지 총면적에 대한 주택의 총연면적을 나타내는 건축밀도(建築密度, building density)가 있다. 건축밀도를 특별히 용적률(容積率, floor area ratio)이라 한다.

Keyword 7 **지구단위계획**(地區單位計劃 district unit plan)

「국토의 계획 및 이용에 관한 법률」에 근거한 지구단위계획은 도시계획수립 대상지역 안의 일부에 대하여 토지이용을 합리화하고 그 기능을 증진시키며 미관을 개선하고 양호한 환경을 확보하며, 당해 지역을 체계적·계획적으로 관리하기 위하여 수립하는 도시관리계획이다. 지구단위계획은 평면적 공간계획으로서의 도시계획을 구체화할 뿐만 아니라, 상세한 입체적 건축규제까지를 포함한다.

지구단위계획구역 내 공동주택단지의 건축물 배치와 관련한 구체적인 내용으로는 건축물의 용도제한, 건축물의 건폐율 또는 용적률, 건축물 높이의 최고·최저한도, 건축물의 배치·형태·색상 또는 건축선(建築線)에 관한 계획 등이 있다. 지구단위계획은 도시계획 절차를 무시했던 과거 상세계획(詳細計劃)과는 달리 도시계획의 일종으로 도시계획절차에 의해 수립된다. 따라서 의지에 따라서는 대상지역의 구체적인 3차원적 형태를 결정지을 수 있는 힘 있는 도시관리장치이며, 그 의지의 주체는 계획전문가가 될 수도 있고 승인권자가 될 수도 있다. 문제는 지구단위계획이 도시관리장치인 동시에 주거단지개발과 관련한 관련 실시계획 승인 이후 곧바로 시작되는 공동주택단지의 계획규제수단이 된다는 점이다. 지구단위계획 자체가 부실한데다 지나치게 규제중심으로 이루어지는 경우 의도하는바 목적을 달성할 수 없을 뿐만 아니라 창의적인 계획을 저해하기도 한다.

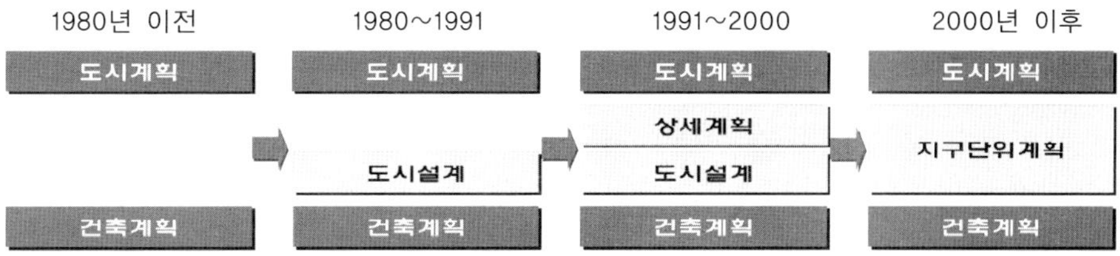

[그림 4-2-8] 지구단위계획의 도입

주거단지의 계획적 규제는 1980년 「건축법」 제8조의2(도심부내의 건축물에 관한 특례)를 신설하여 도입된 도시설계(都市設計, urban design)제도와 1991년 「도시계획법」 제20조의3(상세계획구역의 지정)을 신설하여 도입된 상세계획(詳細計劃, detailed plan)제도로 이원화되어 그 법적 근거만 달리한 채 혼란스럽게 운영되어 왔다. 2000. 1월 「도시계획법」을 전면개정하면서 당시까지 「건축법」에서 규제하고 있던 건축물의 용도나 건폐율 · 용적률 등 건축제한에 관한 사항을 「도시계획법」으로 규제하게 되면서 집단적 건축규제를 통한 도시개발 내지 도시관리수법은 지구단위계획(district unit plan)으로 통합되어 도시계획절차에 의해 수립되고 있다. 한편, 선계획-후개발체계의 확립을 위하여 2002. 2월 「국토이용관리법」과 「도시계획법」을 통합한 「국토의 계획 및 이용에 관한 법률」이 제정되면서 비도시지역의 계획적 관리를 위한 장치로 기존 지구단위계획 기법을 보완한 제2종 지구단위계획을 도입함에 따라 지구단위계획은 지정대상지의 성격에 따라 제1종과 제2종으로 구분하여 운영되고 있다.

[표 4-2-1] 지구단위계획의 지정목적

구분	지정목적
제1종 지구단위계획	토지이용을 합리화 · 구체화하고, 도시 또는 농 · 산 · 어촌의 기능의 증진, 미관의 개선 및 양호한 환경을 확보하기 위하여 수립하는 계획
제2종 지구단위계획	계획관리지역 또는 개발진흥지구를 체계적 · 계획적으로 개발 또는 관리하기 위하여 용도지역의 건축물, 그 밖의 시설의 용도 · 종류 및 규모 등에 대한 제한을 완화하거나 건폐율 또는 용적률을 완화하여 수립하는 계획

Keyword 8 건축물배치계획(建築物配置計劃)

건축물 배치 시 소음 등으로부터 일정 거리 이상 이격하여야 한다. 공동주택을 건설하고자 하는 지점의 소음도가 건축물 각 부분으로부터 65dB 이상인 경우 철도 · 고속도로 · 자동차전용도로와 폭 20m 이상인 일반도로, 기타 소음발생시설로부터 수평거리 50m 이상 떨어진 곳에 배치하거나 방음벽 · 수림대 등의 방음시설을 설치하여 당해 공동주택의 건설지점의 소음도가 65dB 미만이 되도록 하여야 한다. 또한, 공동주택 등은 유해물질 배출공장이나 위험물 저장 및 처리시설 등으로부터 수평거리 50m 이상 떨어진 곳에 배치하되, 위험물 저장 및 처리시설 중 주유소로부터 25m 이상, 시내버스 차고지에 설치된 천연가스 충전소로부터 30m 이상 떨어진 곳에 배치하여야 한다.

그리고 「민법」상 건축물을 축조함에 있어서 특별한 관습이 없으면 경계로부터 0.5m 이상의 거리를 두어야 하며, 「건축법」에 의거, 건축물을 건축하는 경우에는 「국토의 계획 및 이용에 관한 법률」에 의한 용도지역 · 지구, 건축물의 용도와 규모 등에 따라 건축선 및 인접대지경계선으로부터 공동주택의 경우 아파트는 6m, 연립주택은 각각 3m, 1.5m 이상 띄어야 하고, 기타 건축물의 경우 각각 1m, 0.5m 이상 띄어야 한다.

한편, 건축물 배치와 관련한 직접적인 규제는 일조(日照) · 채광(採光) · 통풍(通風) · 미관(美觀) 등 도시환경의 보존을 위한 건축물 높이제한이다. 주거환경의 질적 향성을 추구함과 동시에 정신적 만족감을 충족시키는 매우 중요한 요소 중 하나가 일조권으로, 헌법이 인정하는 환경권의 일종으로 이해할 수 있다. 「국토의 계획 및 이용에 관한 법률」에 의거, 용도지역 · 지구 안에서 건축물의 건축제한에 근거하여 제1종 일반주거지역의 경우 4층 이내, 제2종 일반주거지역의 경우 15층 이내에서 지방자치단체 조례로 정하는 층수 이내로 제한되며, 쾌적한 환경조성과 토지의 고도이용 및 증진을 위하여 지정하는 고도지구(高度地區)의 경우 건축물 높이의 최저한도 또는 최고한도를 정하는 경우 그 한도에 따라야 한다.

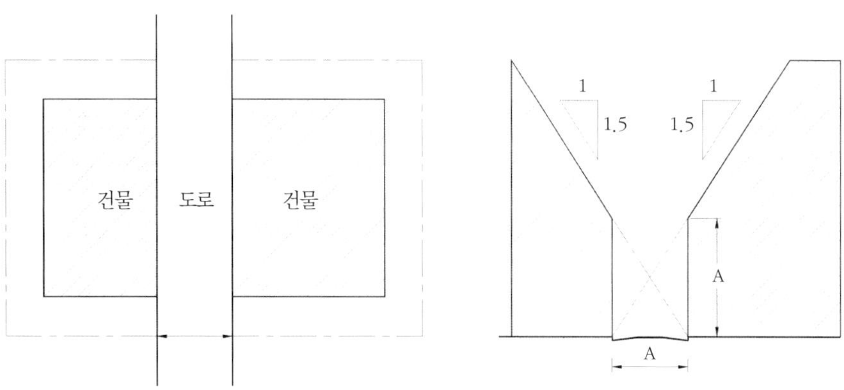

[그림 4-2-9] 건축물의 사선제한

또한 지방자치단체의 장이 도로로 둘러싸인 일단의 지역 즉 가로구역을 단위로 건축물의 최고높이를 지정하는 경우 가로구역별 최고높이에 따라야 하며, 최고높이가 정해지지 않은 가로구역의 경우 도로너비나 인접대지와의 이격거리에 따라, 건축물의 높이를 제한하는 소위 사선제한(斜線制限)에 따라 건축물 각 부분의 높이는 그 부분으로부터 전면도로 반대편 경계선까지의 수평거리 1.5배를 초과할 수 없다.

한편, 전용주거지역 또는 일반주거지역 안에서 건축하는 경우 일조 등의 확보를 위하여 인접대지 경계선에 의한 높이제한을 받게 되는데, 건축물 각 부분의 정북방향으로의 인접대지 경계선으로부터 높이 4m 이하 부분은 1m, 높이 8m 이하인 부분은 2m, 높이 8m를 초과하는 부분은 당해 건축물 각 부분 높이의 2분의 1 이상을 띄워야 하며, 채광을 위한 창문 등이 있는 벽면으로부터 직각방향으로 인접대지 경계선까지의 수평거리의 2배 이상 높이로 해야 한다.

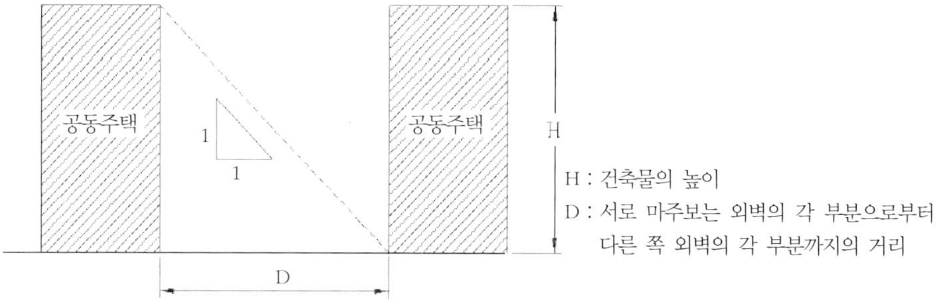

[그림 4-2-10] 공동주택의 인동거리(D)

또한 동일한 대지 안에 2이상의 공동주택이 건축되는 경우 공동주택 상호간의 거리제한을 두는 규정을 통상 인동거리(隣棟距離, distance between buildings)라 하며, 건축물이 서로 마주보는 경우 채광을 위한 창문 등이 있는 벽면으로부터 직각방향으로 건축물 각 부분의 높이의 1배 이상, 채광창이 없는 벽면과 측벽이 마주보는 경우 8m, 측벽과 측벽이 마주보는 경우 4m 이상 띄워야 하며, 당해 대지 안의 모든 세대가 동지일 기준으로 9시부터 15시 사이에 2시간 이상 계속하여 일조를 확보할 수 있는 거리 이상 띄워야 한다. 인동거리의 경우 1978년 1.25배에서 1982년 1.0배로, 주택 200만호 공급이 본격화된 1992년부터는 0.8배로 다시 줄어들면서 용적률 상향과 맞물려 고밀개발을 가능하게 하였다.

최근 일조권 보호와 환경개선을 위하여 「건축법」상 '일조 등의 확보를 위한 건축물 높이제한' 규정의 개정을 통하여 인동거리를 현행 0.8배에서 1.0배로 늘렸으나, 필요 일조량을 확보하기에는 충분하지 않다. 2007년 한국감정원이 수도권 20개 아파트

단지 1만 5천여 세대를 표본으로 삼아 컴퓨터 시뮬레이션으로 분석한 결과, 전체가구의 47.2%가 일조권을 침해받고 있는 것으로 조사된 바 있으며, 실제로 일조권 침해로 인한 분쟁이나 소송이 끊이지 않고 있다.

그 외에도 도시경관 및 스카이라인을 보호하기 위해 일정 높이 이상의 구릉지에서의 건축물의 높이 최고한도를 정하여 운영하기도 하며, 건축물의 높이제한 외에 공동주택 배치로 인한 위압감을 없애고 조망축(眺望軸)을 확보하기 위하여 입면적(立面積)과 입면차폐도(立面遮蔽度, visual blockage ratio)를 설정하여 규제하기도 한다. 입면적은 건축물 1개 동 입면의 가장 넓은 면적으로, 건축물 높이(H)에 건축물 벽면의 직선거리(D)를 곱한 값으로 표기하며, 입면차폐도는 대지 주위의 주요 조망축 방향에서 건축물 입면적이 차지하는 정도로, 조망축 방향에서 건축물 입면적의 합계를 그 주요 조망축 방향의 단지의 가장 긴 길이(L)로 나눈 값으로 표기한다.

3. 옥외공간계획

Keyword 9 **옥외공간**(屋外空間 outdoor space)

[그림 4-2-11] 동전면보행로(첨단대우)

옥외공간은 자연으로부터 틀(frame)에 의해 따낸 공간 또는 인간에 의해 창조된 목적이 있는 외부환경을 의미한다. 넓은 의미에서 건축물 밖의 비건폐지(open space)를, 좁은 의미에서 건축물 밖의 외부공간 중 단지 내 놀이공간, 휴식공간, 운동공간, 산책로, 녹지, 주차공간 등 주민의 일상생활에 쓰이는 공간(outdoor space)을 뜻한다. 외부환경으로서의 옥외공간은 시간의 흐름이나 계절감, 생태계의 순환 등 공간의 지속적인 변화가 이루어지며, 건축공간에 비해 그 대상이 구조적 제약을 적게 받기 때문에 그 형상이 자유롭다는 특징이 있다. 공동주택단지라는 틀 속에서의 옥외공간은 단지라는 하나의 생활형태를 확립하는데 필요한 반공공적(semi-public) 존재로 인식된다. 즉 단지 주민들의 프라이버시(privacy) 확보와 불특정 다수인의 다양한 옥외생활환경을 동시에 제공할 수 있어야 하므로 그 중요성이 매우 높다. 최근 들어 단지배치에 있어서 기존의 일자형 구조에서 탈피하여 향, 조망, 스카이라인을 고려한 다양한 주동배치와 입체적 동선을 구성하고 외부공간을 효율적으로 활용할 수 있는 방안을 모색하고 있다. 그동안 옥외공간은 건물이 배치되고 난 후 남은 자투리 공간을 적당히 화장하는 수준에서 벗어나 건물이 들어서기 전에 옥외공간의 개발방향 및 설계테마를 설정한 후 조성되고 있으며, 생활공간으로서의 삶을 표현하는 장식벽, 가벽, 열주 등 다양한 가로장식물이 도입되고 출입구나 담장의 조형화 등 옥외공간에 대한 통합디자인이 이루어지고 있다.

바람직한 공동주택의 모습은 환경에 순응하면서도 독자적인 공간체계가 있는 주택, 문화적인 고유성을 지닌 주택, 외양적인 형태미보다는 공간적인 풍요로움이 있는 주택이라는 3가지 전제를 바탕으로 하며, 바람직한 공동주택의 옥외공간을 위해서는 첫째, 동적 공간과 정적 공간을 기능적으로 분리하며, 어느 정도의 폐쇄성을 부여하여 구심적으로 공간질서를 확보한다. 이를 위해서는 벽이나 수목, 포장 등을 이용하여 영역성(territoriality)을 확보한다. 둘째, 공간적 질서를 위한 연속성(sequence)을 확보하고 시각적 연속성을 동시에 부여한다. 정적공간에서 중간적 공간을 거쳐 동적공간으로, 외부공간에서 반외부적 공간을 거쳐 내부적 공간으로, 공적 공간에서 반공적 공간을 거쳐 사적공간으로 공간적 질서를 위한 연속성이 주어져야 하며, 이동에 따른 변화감 조성이나 조망 또는 통경축(visual corridor) 형성, 차경수법을 도입하는 등 시각적으로 연속성을 부여토록 한다. 셋째, 지형을 최대한 활용하여 지형변화를 최소화하며, 공간 활용을 극대화한다. 경사로, 계단, 벽천, 침상원(sunken garden) 등 지형에 적합한 경사지 활용기법을 사용한다. 넷째, 단지 중심부는 차량통과를 배제하고 공공공지를 확보하여 마을마당 등 단지의 핵심공간으로 계획한다. 다섯째, 효율적이고 체계적인 동선계획을 수립한다. 신속성, 안전성, 쾌적성, 경제성 및 바람직한 가로경관의 창출을 목표로 통행(traffic), 접근(access), 공간(space)의 기능과 더불어 방재공간, 피난로, 공급처리시설의 매설공간으로서의 역할을 수행하도록 한다.

Keyword 10 **조경면적**(造景面積 landscaping area)

「건축법」 제32조(대지안의 조경)에 의거, 면적 200㎡ 이상인 대지에 건축을 하는 건축주는 용도지역 및 건축물의 규모에 따라 당해 지방자치단체의 조례가 정하는 기준에 따라 대지 안에 조경 기타 필요한 조치를 하여야 한다. 「서울특별시 건축조례」에 의한 조경면적은 건축물의 연면적 합계에 따라 2,000㎡ 이상은 대지면적의 15%, 1,000㎡ 이상 2,000㎡ 미만은 대지면적의 10%, 1,000㎡ 미만은 대지면적의 5% 이상을 확보하여야 하며, 특별히 자연녹지지역 또는 보전녹지지역 안의 건축물은 대지면적의 30% 이상을 확보하여야 한다.

[그림 4-2-12] 주거단지 내 계류와 정자(부여동남주공)

지방자치단체의 「건축조례」에 의거, 공지 또는 지표면으로부터 2m 미만인 옥외부분은 모두 조경면적에 산입하고, 온실(溫室)로 전용되는 부분의 조경면적 및 필로티 기타 이와 유사한 구조의 부분으로 공중의 통행에 전용되는 부분의 조경면적은 당해 조경면적기준의 1/3 범위 이내에서 1/2만을 조경면적으로 산정하며, 건축물의 옥상에 조경 기타 필요한 조치를 하는 경우 당해 조경면적기준의 1/2 범위 이내에서 옥상부분 조경면적의 2/3에 해당하는 면적을 조경면적으로 산정한다. 또한, 대지면적의 10% 이하로 설치토록 한 공개공지 또는 공개공간의 면적은 조경면적으로 인정한다.

한편, 「건축법」제42조에 의거, 식재기준, 조경시설물의 종류 및 설치방법, 옥상조경 등 필요한 사항은 「조경기준」(造景基準)으로 정하도록 하고 있는 바, 2000. 6월 고시된 이 기준에 의하면, 조경면적은 식재된 부분의 면적과 조경시설공간의 면적을 합한 면적으로 산정하며, 그 중 식재면적은 당해 지방자치단체의 조례에서 정하는 조경의무면적의 100분의 50 이상이어야 하고, 하나의 식재면적은 한 변의 길이가 1m 이상으로서 1㎡ 이상이어야 하며, 조경면적 1㎡마다 식재할 수목의 수량은 다음과 같다.

[표 4-2-2] 조경면적 1㎡ 마다 식재할 수목의 수량

구분	상업지역	공업지역	주거지역	녹지지역	비고
교목	0.1주 이상	0.3주 이상	0.2주 이상	0.2주 이상	· 상록수 식재비율 : 교목 및 관목 중 규정 수량의 20% 이상 · 지역에 따른 특성수종 식재비율 : 규정 식재수량 중 교목의 10% 이상
관목	1.0주 이상	1.0주 이상	1.0주 이상	1.0주 이상	

여기서 교목(喬木)은 가슴높이 지름(胸高直徑) 5cm 이상이거나 뿌리목지름(根源直徑) 6cm 이상 또는 수관폭 0.8m 이상으로서 나무높이(樹高) 1.5m 이상이어야 하며, 낙엽교목으로서 나무높이 4m 이상이고, 가슴높이 지름 12cm 또는 뿌리목지름 15cm 이상, 상록교목으로서 나무높이 4m 이상이고, 수관폭 2m 이상인 수목 1주는 교목 2주를, 낙엽교목으로서 나무높이 5m 이상이고, 가슴높이 지름 18cm 또는 뿌리

목지름 20cm 이상, 상록교목으로서 나무높이 5m 이상이고, 수관폭 3m 이상인 수목 1주는 교목 4주를, 낙엽교목으로서 가슴높이 지름 25cm 이상 또는 뿌리목지름 30cm 이상, 상록교목으로서 수관폭 5m 이상인 수목 1주는 교목 8주를 각각 식재한 것으로 산정한다. 그리고 「주택건설기준 등에 관한 규정」에 의하면 조경을 하고자 하는 부분의 지하에 주차장 등 지하구조물을 설치하는 경우에는 식재에 지장이 없도록 두께 0.9m 이상의 토층(土層)을 조성하도록 하고 있으나, 조경기준에 의한 옥상조경 및 인공지반조경의 식재 토심은 배수층의 두께를 제외한 다음 두께로 한다.

[표 4-2-3] 식재토심

구분	초화류 및 지피식물	소관목	대관목	교목
식재토심 (인공토양 사용 시)	15cm 이상 (10cm 이상)	30cm 이상 (20cm 이상)	45cm 이상 (30cm 이상)	70cm 이상 (60cm 이상)

Keyword 11 **생태면적률**(生態面積率 biotope area factor ; BAF)

생태면적률이란 공간계획 대상지 중에서 자연의 순환기능, 즉 생태적 기능을 온전히 가진 면적의 비율로 정의할 수 있다. 여기서 자연의 순환기능이란 토양기능, 미기후조절 및 대기질 개선기능, 물 순환기능, 동식물의 서식처 기능 등과 이들의 상호작용을 말한다. 한 공간의 생태면적률은 자연의 순환기능 관점에서 가치를 달리하는 공간유형을 구분하고, 그 공간유형별 면적에 해당 자연 순환기능 가치(가중치)를 곱해 구한 환산면적을 전체공간계획 대상지 면적으로 나누어 구할 수 있다. 가중치는 자연지반녹지에서부터 수공간과 인공지반, 옥상녹화, 벽면녹화는 물론 투수포장, 빗물침투 연계면 등 공간유형별로 1에서 0까지 차등적용하고 있다.

$$\text{생태면적률}(\%) = \frac{\text{자연순환기능면적}}{\text{전체면적}} \times 100 \qquad = \frac{\Sigma(\text{공간유형별면적} \times \text{가중치})}{\text{전체면적}} \times 100$$

생태면적률은 정부가 공동주택의 품질을 향상시키고 입주자에게 충실하게 정확한 주택정보를 선날하기 위하어 「주택법」을 개정하여 일정 규모 이상의 주택을 분양할 때 입주자 모집공고안에 소음, 구조, 환경, 생활환경 및 화재 · 소방 등 5개 분야 총 20개 항목에 대하여 주택성능등급을 평가받고 이를 표시해야 하는 소위 주택성능등급표시제도를 도입하면서, 그 중 환경분야의 외부공간(조경) 성능등급 표시기준으로 도입되었다. 또한, 신도시 조성 등 대규모 택지개발이나 공동주택사업 등을 추진할 때에는 토지의 유형별로 개발되는 용도에 따라 일정 비율 이상의 생태면적률을 확보하여야 한다.

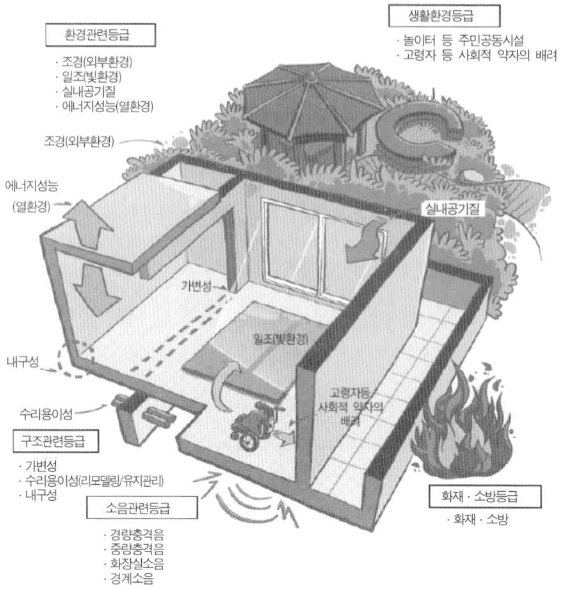

[그림 4-2-13] 주택성능등급 성능 범주

생태면적률은 외부공간 및 건물 외피의 자연순환기능 증진을 목적으로 독일의 비오톱 면적지수(BAF ; Biotope Area Factor)에 착안하여 서울시가 도시환경의 질 문제를 공간계획 측면에서 제어하기 위한 제도적 수단으로 도입하여 현재 도시개발이나 주택건설 등을 위한 사업계획 및 인·허가 신청 시 생태면적률에 대한 공간유형별 단면도, 평면도 및 생태면적률 산정표를 첨부하도록 하여 검토하고 있다.

Keyword 12 **놀이시설**(playground equipment)

어린이들은 매달리기, 오르기, 숨기, 일어서기, 기어가기, 달리기 등 다양한 유형의 놀이행태를 통하여 신체를 발달시키고 균형감각을 익히며 조형감과 사고력을 증진시킬 뿐만 아니라 협동과 협조를 통하여 사회에 적응해 나가게 된다. 따라서 놀이시설은 이용자인 어린이의 신체적, 정신적, 사회적, 창조적, 미적, 인지적 능력을 발휘할 수 있는 시설이어야 하며 이용자의 다양한 욕구가 반영되어야 한다. 1973년부터 일정 규모 이상의 공동주택단지 외부공간에 의무적으로 설치되기 시작한 놀이시설은 당초 그네, 미끄럼틀, 시이소, 회전무대, 정글짐, 래더, 철봉, 모래판 등을 설치토록 규정하였으나, 1980년대 중반 이후 단일기능의 전통적 놀이시설에서 벗어나 다양한 유형의 놀이시설이 개발되고, 1990년대 이후 외국의 유수한 놀이시설 전문업체 제품이 수입되고 국내에서도 다수의 놀이시설 전문업체가 생겨나면서 법적 의무시

[그림 4-2-14] 놀이터 배치기준 @spacetalk

설이 폐지되고, 대신 공동주택단지의 어린이놀이터에는 놀이시설과 기타 필요한 시설을 설치하되, 안정성을 확보할 수 있는 강도(strength)와 내구성(durability)을 갖춘 재료를 사용토록 하는 포괄적인 규정을 두고 있다.

어린이에게 있어서 생활의 본질이며 성장발달에 도움을 주는 놀이행위와 다양한 체험을 할 수 있는 공간이 어린이놀이터이다. 「주택건설기준 등에 관한 규정」 제55조의 2에 의거 공동주택을 건설하는 주택단지에는 주민공동시설을 설치하도록 규정하고 있다.

즉 100세대 이상 1000세대 미만의 경우 세대당 $2.5m^2$ 를 더한 면적, 1000세대 이상인 경우는 $500m^2$ 에 세대당 $2m^2$ 를 더한 면적을 의무설치면적으로 규정하고 있다. 세대수가 150세대 이상인 경우는 경로당과 어린이놀이터, 300세대 이상인 경우는 경로당과 어린이놀이터, 어린이집, 500세대 이상은 경로당과 어린이놀이터, 어린이집, 주민운동시설, 작은 도서관이 포함되도록 규정하고 있다. 어린이 놀이터는 채광이 양호하면서도 주택단지 내의 녹지와 어우러지며 인접대지경계선, 도로 및 주차장과 3m 이상 이격하도록 규정되어 있다.

한편, 어린이놀이시설 주변은 두께 30cm 이상의 모래판을 조성하여 추락 시 충격을 완화할 수 있도록 하고, 모래판을 제외한 공간은 안전성, 기능성, 쾌적성 등을 고려하여 고무매트나 고무블록 혹은 우드칩 등으로 포장한다.

더욱이, 어린이는 신체적으로나 정신적으로 성숙이 진행되는 성장단계이므로 위험에 대한 인지수준이 낮고 사고(事故)에 대한 대처능력이 미약할 뿐만 아니라, 신체적 움직임과 더불어 강한 호기심과 경쟁심 등으로 인하여 낙상이나 충돌 등 여러 상해(傷害, injury)를 초래할 가능성이 매우 높기 때문에 안전성 확보가 전제되어야 한다. 선진 외국의 경우 1980년대 들어 놀이시설 안전과 관련한 기준이나 지침 등 제정하여 운용하여 왔으나, 우리나라의 경우 2000년 들어 「제조물 책임법」 이 제정 · 시행되면서 제조물의 제조, 설계, 표시 상의 결함(缺陷, defect)으로 인하여 생명이나 신체 또는 재산에 손해를 입은 자에게 그 손해를 배상토록 하였으며, 「품질경영 및 공산품 안전관리법」 개정을 통하여 놀이시설 등 공산품에 대한 안전인증제도를 도입하는 등 안전과 관련한 법적 정비가 이루어졌다. 또한 어린이놀이시설과 충격흡수 놀이터 표면처리에 대한 한국산업규격(KS)이 제정되었고, 관련 안전인증기준이 고시되는 등 놀이시설 안전에 관한 제도적 기반도 마련되었다. 더욱이 '07. 1월「어린이놀이시설 안전관리법」이 제정되어 놀이시설의 안전검사와 인증은 물론 설치검사와 안전점검, 안전진단 등이 추가되었다.

Keyword 13 **가로와 가로장치물**(街路 街路裝置物 street & street furniture)

[그림 4-2-15] 중심보행통로/오산세교

가로(街路, street)는 좁은 길 또는 골목길 등과 비교해 볼 때 넓은 폭의 포장된 길을 의미하며, 길과 그 주변의 건물을 모두 함축하는 인간의 정주환경으로서의 길이다. 공간적으로는 2차원적이 아니라 가로를 둘러싸고 있는 수직적 요소까지 포함하는 3차원적 공간으로, 차도와 보도는 물론 주변 건축물까지를 포함하는 공간적 행태뿐만 아니라 다양한 활동도 포함하는 포괄적 개념의 공간으로 정의할 수 있다. 따라서 가로는 건축물의 군집으로 형성되는 도시와 건축을 매개하는 외부공간으로 공간과 공간의 연결 및 도시민의 대인접촉을 통한 정보교환이 이루어지는 매개체로서 도시의 커뮤니티로서의 역할을 수행하는 공공의 장(場)이다.

주거환경은 인간을 위한 삶의 장소로 물리적, 환경적 속성 및 거주자들의 사회·심리적 속성을 내포하고 이러한 생활수준의 질적 향상은 주거환경의 변화를 추구한다. 최근 들어 사적공간과 공적공간의 경계 변화와 더불어 도시주거의 커뮤니티가 중요시됨에 따라 주거단지 가로공간을 일상생활 공간화한 생활가로(生活街路, living street) 조성이 크게 주목받고 있다. 생활공간은 주거동과 연접한 가로 또는 앞마당에서 행해졌던 이웃간의 교류, 놀이, 휴식 등 일상적 행위와 판매, 커뮤니티 형성 등 사회적 행위를 주민 스스로 참여할 수 있도록 기본적인 환경을 제공한다. 물리적으로는 주거동의 저층부를 상가나 커뮤니티시설을 배치하여 복합용도로 계획하거나 주거동 1층의 각 주호를 가로에서 직접 진입하도록 하는 가로 진입형 주택, 전용마당이 있는 주택과 같은 가로형 주거동이 보행로와 평행하게 배치되거나 가로에 면하여 외부공간 및 공용시설이 계획되어 있는 장소를 말한다.

가로에 설치되는 각종 장치물을 가로장치물(街路裝置物, street furniture)이라 하며, 옥외에서 인간의 행위를 보조하고 조절하며 시민생활의 질을 향상시키기 위하여 행동의 편리와 쾌적성, 시각적 아름다움과 시청각적 정보를 제공한다. 가로장치물은 그 기능과 공간적 특성에 따라 벤치 · 그늘시렁 등 휴게시설과 볼라드 등 안전시설, 분수 · 조각 · 기념물 · 아치 등 조경시설 등 매우 다양하다. 최근에는 「문화예술진흥법」에 의거, 의무적으로 설치하고 있는 미술장식품의 경우 주변과 조화되지 못하고 오브제로서의 의미를 벗어나지 못하고 있다는 지적에 따라 생활환경 속에 자리하여 가로의 품격을 높이는 공공디자인으로의 전환을 모색하고 있다.

Keyword 14 유니버설 디자인(universal design)

인간은 태어나서 사망할 때까지 다양한 성장단계를 거치게 되고, 사고나 질병, 임신 등 신체적으로나 정신적으로 어려움을 느끼는 시기가 있게 된다. 환경은 인간이 처할 수 있는 모든 조건 하에서 차별 없이 생활할 수 있도록 제공되어져야 한다는 생각이 유니버설 디자인의 시초라 할 수 있다. 이에 따라 많은 사람들이 보다 평등하게 디자인의 혜택을 받을 수 있어야 하고, 모든 연령 및 장애를 수용할 수 있는 디자인을 통해 안전하고 기능적이며 변화하는 개개인의 요구를 지원 가능한 공간으로 전환할 필요가 있다.

유니버설 디자인은 장애를 가진 사람들의 생활환경을 배려하는 무장애 디자인(barrier-free design)을 넘어 일반인 대부분을 함께 고려할 수 있는 대안을 제공하는 것으로, 모든 생활 영역에서 연령과 능력, 장애 정도와 상관없이 이용자에게 모든 환경을 제공해야 한다. 유니버설 디자인이 추구하는 이념은 이것을 처음 주창한 미국 노스캐롤라이나대학의 메이스(Ronald L. Mace) 교수 등이 제시한 유니버설 디자인의 7가지 원칙을 보면 잘 알 수 있는데, 현재 이 원칙들은 각 기업의 새로운 제품개발과 평가에 활용되고 있다.

우리나라의 경우 「장애인 · 노인 · 임산부 등의 편의증진 보장에 관한 법률」에 의거, 장애인(障碍人) 등은 인간으로서의 존엄과 가치 및 행복을 추구할 권리를 보장받기 위하여 장애인 등이 아닌 사람들이 이용하는 시설과 설비를 동등하게 이용하고 정보에 자유롭게 접근할 수 있는 권리로서의 접근권(接近權)을 가지며, 「교통약자의 이동편의 증진법」에 의거, 장애인 등 교통약자(交通弱者)는 인간으로서의 존엄과 가치 및 행복을 추구할 권리를 보장받기 위하여 장애인 등 교통약자가 아닌 사람들이 이용하는 모든 교통수단, 여객시설 및 도로를 차별 없이 안전하고 편리하게 이용하여 이동할 수 있는 권리로서의 이동권(移動權)을 가진다. 그리고 「장애인 차별금지 및 권리구제 등에 관한 법률」에 의거, 장애인이 장애가 없는 사람과 동등하게 같은 활동에 참여할 수 있도록 장애인의 성별, 장애의 유형 및 정도, 특성 등을 고려한 편의시설 · 설비 · 도구 · 서비스 등 인적 · 물적 제반 수단과 조치 등 정당한 편의를 제공하여야 한다.

이에 따라 유니버설 디자인을 통하여 인간친화적인 옥외공간을 조성할 필요가 있다. 우선 보행 및 차량동선은 보차분리(步車分離)를 원칙으로 하되, 교차하는 경우 보행우선으로 계획하고, 휠체어나 유모차 등의 통행을 고려하여 경사로의 기울기는 최대 1/12을 넘지 않도록 한다. 계단이나 경사로 바닥은 미끄럼을 방지할 수 있는 구조로 하고, 일정 간격으로 휴식참을 만들고 측면에 연속적인 손잡이를 설치하여야 한다.

제 3 절 더 알아야 할 개념

4. 뉴어바니즘 등

Keyword 15 뉴어바니즘(新都市主義 new urbanism)

1980년대 후반 미국에서 본격화된 뉴어바니즘(new urbanism)은 미국의 도시가 자동차 중심의 사회로 전환되기 이전인 제2차 세계대전 이전의 도시개발패턴으로 돌아가야 한다는 계획 및 설계원리이다. 신고전주의 건축가, 도시설계가 및 조경가들이 중심이 되어 1991년 발표한 아와니(Ahwahnee) 원칙에 따라, 거주성이 높은 지역사회를 조성하고 교통체계와 토지이용 그리고 환경을 연계통합하며 주민참여를 지향하고 있다. 이들 전문가 그룹을 중심으로 뉴어바니즘협회가 결성되었으며, 1996년 도시개발의 새로운 접근방법을 정리하여 협회의 헌장(charter of the new urbanism)으로 채택하였다.

뉴어바니즘의 계획이념은 첫째 보행자를 최대한 고려한 계획, 둘째 다양한 종류의 주거형태가 조화를 이루는 계획, 셋째 근린센터가 공원, 정부청사와 상업건물과 연계된 계획, 넷째 모든 도로가 서로 연결된 계획, 다섯째 지역이 서로 연관되어 단지의 일체화된 개성 추구, 여섯째 모든 요소를 종합하여 단지의 조화와 유지를 위해 강력한 디자인 코드를 사용하는 것을 원칙으로 하고 있다. 이를 통해 보행자 네크워크에 의한 도심지 내의 부분적인 개조와 신개발지 간의 연계, 도시 재개발지역 내에서 경계부위 디자인에 의한 주변환경과의 조화를 추구하고 있으며, Florida의 Seaside에서 성공적으로 도입한 이후 미국의 200개 이상의 주거단지가 뉴어바니즘 이념에 의해 개발되었다.

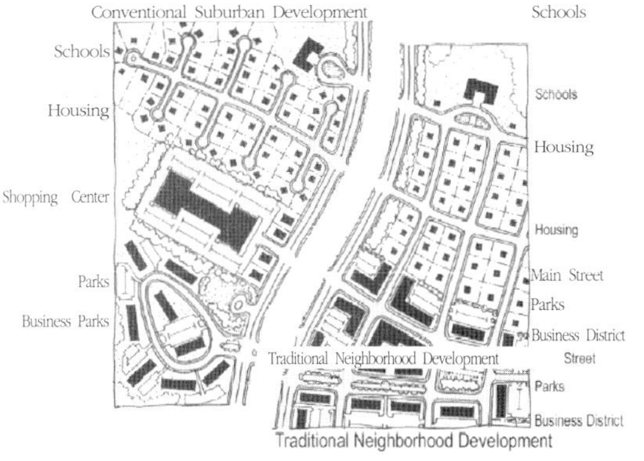

[그림 4-3-1] 기존의 도시근교개발과 전통적 근린개발 비교(출처 : SmartCode 6.5)

한편, 뉴어바니즘은 지구나 도시 혹은 지역 차원에서 중심(town center)을 고밀화하고, 외곽(edge)으로 가면서 점차 저밀화하는 트랜젝 개발(transect-oriented develo- pment)을 지향한다. 트랜젝은 자연 서식처와 도시 활동공간이라는 상호 대립되는 일련의 계획요소를 동시에 구성하는 전략으로 서식처 평가방법과 공동체 구성을 지역지구제(zoning) 기능을 통합하는 개념으로, 도심에서 교외변두리로 이어지는 일련의 위계에 따라 건축물과 가로의 적절한 유형을 제시한다. 뉴어바니즘은 도시미화운동 이래 상대적으로 그 가치가 소홀히 다루어져온 미적인 측면을 재발견함으로써 도시민이 보다 윤택한 생활을 누릴 수 있도록 하는 물적 토대를 제공하고, 환경가치를 중시하여 환경친화적 도시설계의 모범을 보여주고 있으며, 많은 도시행정가들이 고민하는 도시마케팅 전략의 구체적인 모습을 보여준다는 측면에서 긍정적 의미를 담고 있을 뿐만 아니라 뉴어바니즘이 내세우는 사회적 슬로건이 현실에서는 상업주의에 의해 희석되고 있지만 오히려 상업주의를 활용해서 사회적 이상을 실현하는 방안을 모색한다는 점에서 그 가능성을 엿볼 수 있다.

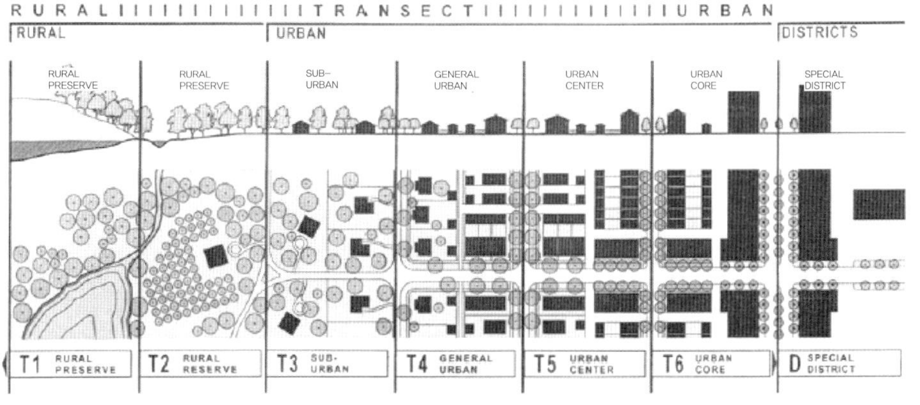

[그림 4-3-2] Transect planning by A. Duany

Keyword 16 살고 싶은 도시 만들기

우리 도시는 주거, 교육, 교통 등 양적 기반여건(hardware)은 선진도시 수준으로 점차 이행되고 있으나 환경, 도시미 · 경관, 문화 등 질적인 분야(software)는 문제 인식단계에 머물러 있다. 이러한 우리 도시의 한계를 극복하고 도시민의 '삶의 질' 을 높이기 위하여 '살고 싶은 도시 만들기' 가 시작되었으며, 주민이 스스로 삶터를 가꾸고, 도시 내 경쟁력 우위 요소를 특화하여 도시의 정체성을 확립하는 것을 핵심으로 하고 있다. 이를 추진하기 위한 제도적 방안으로 2007. 3월 「국가균형발전 특별법 시행령」을 개정하면서 삶의 질 향상을 위한 생활환경의 조성을 위한 사업, 지역공동체의 형성과 활성화를 위한 사업, 도시와 농어촌의 연계를 통한 도 · 농상생형 복합생활공간 조성을 위한 사업 등 '살기 좋은 지역 만들기' 의 계획수립, 사업지원, 실적평가 등을 명문화함으로써 범정부적인 참여와 예산 지원이 이루어지게 함은 물론, 이들 사업을 지원하기 위하여 필요한 사항을 조례로 정할 수 있도록 하였다.

살고 싶은 도시는 사람들의 삶터(living), 일터(working), 놀이터(playing)로서 지역주민들이 해당 도시에 애착을 느끼고 그곳에 살아가고 있음에 대하여 긍지를 가질 수 있는 도시로, 주거, 복지, 교통에 대한 기초욕구를 해결해 주면서 도시민의 건강하고 쾌적한 삶을 보장해 주는 '어울려 사는 건강한 도시' , 활기찬 경제기반을 갖추어 풍부한 일자리를 제공해주는 '일하기 좋고 활력 있는 도시' , 다양하고 개성 있는 문화와 아름다운 경관을 제공하는 '여유 있고 문화적인 도시' 를 지향한다. 이러한 도시는

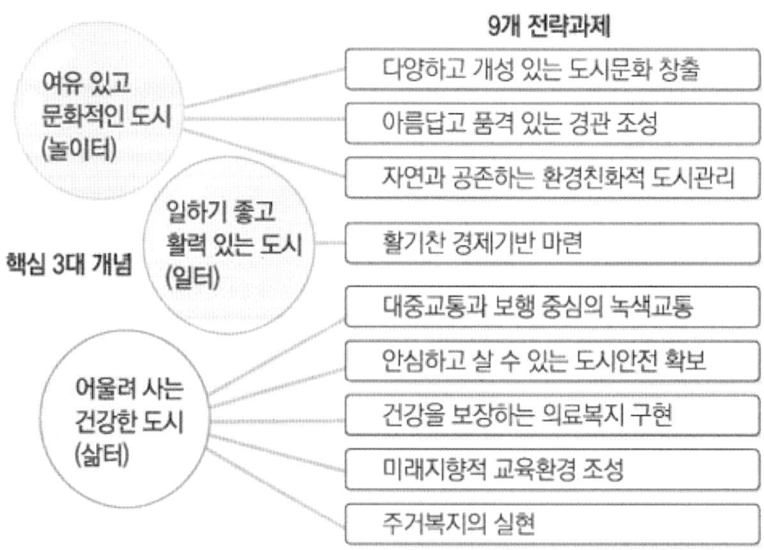

[그림 4-3-3] 살고 싶은 도시 만들기의 핵심개념과 전략과제

생활자의 욕구단계로 볼 때 기본적으로 안전하며 안심할 수 있어야 하고 양적 · 질적으로 풍족하며 선택의 폭이 다양하면서, 나아가 문화성과 심미성을 구비하여 주민공동체가 즐거움을 같이 나눌 수 있는 곳이어야 한다.

제 5 강

레크리에이션과 관광

홍성권

제1절 서론

제2절 핵심개념

1. 레크리에이션 및 관광관련 개념

Keyword 1 자원

Keyword 2 욕구와 필요

Keyword 3 동기와 편익

Keyword 4 만족

2. 관광지 구성요소

Keyword 5 매력성

Keyword 6 접근성 및 서비스와 시설

Keyword 7 정보와 촉진

3. 레크리에이션 참여 영향요인과 참여제한요소

Keyword 8 인구통계학적 변수

Keyword 9 문화적 변수

Keyword 10 기타 변수

Keyword 11 제한요소

4. 관광지 선택모델

Keyword 12 선택세트모델

Keyword 13 부부의사결정모델

제3절 더 알아야 할 개념

5. 레크리에이션시설 개발과 마케팅

Keyword 14 마케팅

제5강

레크리에이션과 관광

홍성권

제1절 서 론

세계여가 레크리에이션협회(world leisure and recreation association)는 "모든 인간은 사회적 규범과 가치에 부합하는 여가활동을 할 수 있는 기본적인 인권을 지닌다. 모든 정부는 시민의 여가권리를 인정하고 보호해야 할 의무가 있다"라고 규정하고 있어 국민들의 여가권리에 대한 국가의 책임을 강조하고 있다. 여가가 인간의 삶에 중요한 이유는 사람들의 생활 전반 또는 일부에 긍정적인 영향을 줄 뿐만 아니라 삶의 질 향상에도 기여하기 때문이다. 우리나라도 여가에 대한 가치관의 변화, 고령화와 저출산 현상, 경제성장과 같은 사회경제적인 환경이 급속히 변하여 여가중심사회로 진입하고 있다. 특히 주 40시간 근무제의 정착으로 우리나라의 2006년도 평균 여가시간은 평균 평일 3시간 6분, 휴일 5시간 27분에 이르고 있어(한국문화관광정책연구원, 2006) 여가에 대한 국민들의 관심은 과거 어느 때보다 높다.

여가는 보통 시간(time), 활동(activity) 또는 마음의 상태(state of mind)란 측면에서 정의되고 있다(Ellis and Witt, 1991). 시간적 의미로써 여가란 노동시간이나 생리적 시간 등 인간이 삶에 필요한 시간을 제외하고 남는 시간인 자유재량시간을 의미하며, 활동 측면에서의 여가란 자유시간에 행해지는 활동으로 정의할 수 있어 둘 다 일과 대립되는 개념의 정의이다. 마음의 상태에 의한 정의에 따르면 여가 참여자가 자신의 활동이나 시간, 상태를 어떻게 정의하고 해석하고 또 지각하느냐에 따라 그

것이 여가가 될 수도 있고 아닐 수도 있다. 즉 돈과 같은 외적보상 없이 그 행위 자체가 좋아서 특정 활동을 하거나 시간을 보낼 때 여가라 한다.

이상의 정의들은 나름대로 의미가 있고 장단점이 있어 이 중 하나로 여가를 정의하기는 곤란하다. 시간과 활동 측면에서의 정의는 객관적인 측정이 가능하나 여가의 본질과는 다소 거리가 있다. 예를 들어, 실업자의 자유재량시간은 여가인가? 가수가 노래방에서 노래하는 것은 여가활동인가 일인가? 마음의 상태로 여가를 정의하는 주관적 접근방법은 측정이 어렵지만 여가의 본질에 가깝다. 그러나 이 정의는 지나치게 광범위한 것까지를 여가에 포함시킬 가능성이 있다. 예를 들어 도박은 여가활동인가?

레크리에이션은 활동 측면에서의 여가 정의와 유사한 개념으로, 일을 하지 않는 여가시간에 개인에게 기쁨을 주고 스트레스를 해소하는 등 심신을 새롭게 하고 원기를 회복시키는 다양한 활동으로 정의된다(Godbey, 1994). 영어의 recreation은 're-'와 'creation'의 복합어로 재창조란 의미를 내포하고 있다. 창조란 일과 관련되어 있듯이 레크리에이션도 일이 없는 상태에서 발생한다. 또한, 레크리에이션은 활동을 강조하기 때문에 아무것도 하지 않는 상태를 레크리에이션이라 하지는 않는다. 한편, 세계관광기구(WTO)(2005)에서는 관광을 "방문지 내에서 보수를 받을 목적으로 활동하는 경우를 제외한 여가, 비즈니스 등의 목적을 가지고 계속해서 1년 이상을 머무르지 않으면서, 자기가 주로 거주하는 환경 이외의 지역으로 여행을 하는 사람들의 활동을 포함한다."(http://www.world-tourism.org)로 정의하고 있다. 이 정의에서 밝히고 있듯이, 관광은 여가와 관련되어 있으며 여가는 레크리에이션과 밀접한 관계를 가지고 있다.

이상의 세 개념은 상당히 많은 특성을 공유하고 있지만 나름대로 차이가 있다. 일반적으로 레크리에이션은 여가시간에 일어나는 활동이므로 여가의 영역 안으로 표현되지만, 관광은 여가와 레크리에이션과 공통점과 다른 점이 있어 영역이 겹쳐진다. 관광은 여가시간에 일어나며 관광객들은 관광지에서 여가활동을 즐긴다. 그러나 관광지에서의 모든 활동을 여가라 볼 수는 없다. 자녀들의 교육을 위해 가족이 농촌관광을 떠났다면 가족 구성원들은 관광에 참여하고 있지만, 부모의 일부는 여가를 즐기지 못하는 경우도 발생한다. 또한 이 가족의 일부가 농촌관광지에서 등산했다면 관광활동을 한 것이지만, 그 사람이 매일 집 근처의 산을 등산한다면 이것은 레크리에이션이 된다. 따라서 레크리에이션과 관광은 서로 공유하는 점이 있으나 그것이 일상생활지의 밖인 관광지에서 일어나는 활동이라는 면에서 차이가 있다.

제 2 절 핵심개념

1. 레크리에이션 및 관광관련 개념

Keyword 1 자원(資源 resources)

레크리에이션 및 관광자원은 이용자의 욕구를 충족시킬 수 있는 기회(opportunities)를 제공하는 자연적 환경 또는 인공적 시설을 말한다. 예를 들어, 한탄강은 그 자체가 자원이라기보다 래프팅에 대한 사람들의 욕구를 충족시킬 수 있어 자원이 될 수 있다. 따라서 사회·경제적 변화, 기술개발 등으로 과거에는 무시되었던 곳이 새로운 자원으로 탈바꿈되는 경우가 있다. 개발 이전의 휴양림은 그저 울창한 산림지역이었지만, '휴식' 또는 '현실로부터의 탈출' 이란 욕구를 충족시킬 수 있도록 계획·개발되었기 때문에 자원으로써 의미를 갖게 된 것이다.

레크리에이션 및 관광자원을 어떻게 분류할 것인지는 기준에 따라 다르지만 수용력을 기준으로 한다면 이용자 중심형(user-oriented), 자원 중심형(resource-based), 중간형(intermediate)으로 분류할 수 있다(Clawson et al., 1960). 이용자 중심형은 보통 도시지역에 제공되며 잠재적 이용자들이 바라는 시설 위주로 만들어지는 형태로 도시공원이 대표적인 예이다. 이 공원은 도시민들의 일상적인 레크리에이션 수요를 충족시키기 위한 시설로써, 도시공원 및 녹지 등에 관한 법률에서는 도시공원을 "도시지역 안에서 도시자연경관의 보호와 시민의 건강·휴양 및 정서생활의 향상에 기여하기 위한 것" 으로 규정하고 있다(http://www.moleg.go.kr/main/main). 자원 중심형은 그 지역 고유의 특징적이며 수려한 자원으로 사람들을 유인하는 형태로, 이용보다는 보전이 강조되는 지역이다. 국립공원이 대표적인 예이다. 자연공원법에서는 국립공원을 "우리나라의 자연생태계나 자연 및 문화경관을 대표할 만한 지역" 으로 규정하고 있으며 대표적인 관광지이기도 하다. 중간형은 이용형태와 지리적 분포의 측면에서 이용자 중심형과 자원 중심형의 중간형태로써 도립공원이 그 예이다.

제공하는 경험을 기준으로 한다면 레크리에이션 기회 스펙트럼(recreation opportunity spectrum: ROS)을 사용할 수 있다. ROS는 "추구하는 레크리에이션 경험을 얻기 위하여 특정 환경에서 특정 활동에 참여할 수 있는 기회" 로 정의되며(Driver and Brown, 1978), 참여자들은 자신들이 얻으려 하는 경험이 실현될 가능성 높은 활동과 환경을 선택한다고 가정한다. 여기서 레크리에이션 환경이란 활동이 일어나는 장소의 물리·생물적 조건(호수, 식생 등), 사회조건(이용자 수, 허용행위), 관리조건

[표 5-2-1] 레크리에이션 기회 스펙트럼

기회 분류	경험 기회	물리적 · 사회적 · 관리적 특성
원시지역 (primitive)	· 다른 사람들이 보이지 않고 소리가 들리지 않아 고적감을 느낌 · 자연과 일부가 된 느낌 · 위험과 도전의 기회가 크고 고도의 기술 요구	· 비교적 큰 규모의 변형되지 않은 자연환경 · 이용의 집중이 적고 규제가 적음 · 필수적인 도구와 장비만 사용하며 편의시설이 없음 · 다른 이용객과의 조우 기회가 낮음 · 기계화된 장비의 사용이 금지됨
차량이용 불가 준원시지역 (semi-primitive non-motorized)	· 어느 정도의 고적감을 느낌 · 자연과의 교감이 높음 · 적당한 수준의 위험과 도전의 기회	· 자연적 환경의 많은 부분이 변형되지 않음 · 이용 집중이 적으나 종종 다른 지역의 이용이 감지됨 · 최소한의 규제가 적용됨 · 자원 또는 이용객 보호를 위한 시설이 제공됨 · 기계화된 장비사용이 금지됨
차량이용 가능 준원시지역 (semi-primitive motorized)	· 어느 정도의 고적감을 느낌 · 자연과의 교감이 높음 · 적당한 수준의 위험과 도전의 기회	· 자연적 환경의 많은 부분이 변형되지 않음 · 이용의 집중이 적으나 종종 다른 지역의 이용이 감지됨 · 최소한의 규제만 적용됨 · 자원 또는 이용객 보호를 위한 시설이 제공됨 · 기계화된 장비사용이 허용됨
도로가 있는 자연지역 (roaded natural)	· 다른 사람의 이용이 적당히 감지됨 · 위험과 도전의 기회가 중요치 않음	· 자연의 변형과 개발이 눈에 띌 정도이나 자연환경과 조화를 이룸 · 다른 이용객과의 조우 기회가 중간 정도임 · 규제와 규율이 적용됨 · 적당한 편의시설이 제공됨
농촌지역 (rural)	· 동반객 또는 다른 이용객과의 사회적 교류가 빈번함 · 위험과 도전의 기회가 중요치 않음	· 자연환경의 변형이 눈에 띔 · 가까이에 다른 사람이 있거나 소리가 들림 · 이용의 집중이 적당하거나 높음 · 특별한 활동을 위한 시설이 있음 · 자동차를 위한 도로나 주차시설이 있음
도시지역 (urban)	· 동반객 또는 다른 이용객과의 교류가 자연과의 교감보다 중요함 · 위험과 도전의 기회가 중요치 않음	· 배경은 자연적이지만 개발된 도시형 환경으로 구성됨 · 인위적 식생으로 구성되며, 인위적 방법으로 토양 답압을 방지함 · 대규모 이용이 주를 이루며, 전기시설과 수세식 변소가 준비됨 · 규제와 규율의 적용이 심함

(관리정책, 시설개발 정도 등)의 조합에 의해 결정된다. 예를 들어 '가족과의 유대감 강화' 란 동일한 경험을 위해 한 사람은 도시공원(환경)에서 피크닉(활동)을 즐길 수 있지만 어떤 사람은 국립공원(환경)에서 캠핑(활동)을 할 수도 있다.

구체적으로 ROS는 이용자가 원하는 레크리에이션 경험을 제공할 수 있는 정도(기회)를 기준으로 토지를 분류한 후[표 5-2-1], 그 환경에 적절한 레크리에이션 경험의 제공을 목표로 한다. ROS는 구체적인 환경적 조건을 제시하고 있어 토지이용계획이나 자원관리에 활용될 수 있을 뿐 아니라, 이용자들은 원하는 경험이 가능한 곳을 스스로 선택할 수 있어 이용자 간 또는 이용자와 환경 간의 갈등에서 야기되는 경험의 질적 저하와 자원훼손의 가능성을 낮출 수 있고 관리자는 바람직한 이용을 유도할 수 있다(Buist and Hoots, 1982).

Keyword 2 **욕구와 필요**(欲求 必要 needs & wants)

욕구(needs)란 이상적인 상태와 현재 상태와 차이로 인해 나타나는 일종의 결핍상태이다(김성영 · 이진용, 2002). 예를 들어 하루에 8시간씩 일하던 사람이 2시간을 초과근무를 하게 되었다고 하자. 현재의 초과근무상태는 정상적인 근무상태와 비교해 차이가 있어, 이 사람은 업무과다로 인한 스트레스를 해소하고자 하는 욕구가 발생한다. 그렇지만 욕구가 활성화되려면 일정 수준을 넘어야 한다. 즉 10분 정도 초과근무를 했다고 스트레스를 해소하려는 욕구가 생기는 것은 아니다. 인간의 몸은 항상성(homeostasis)을 추구하기 때문에 욕구가 충족되지 못할 때 어떤 긴장감이 생기며, 이러한 긴장감은 필요(wants)로 이어진다. 욕구와 필요의 차이는 그것을 인식할 수 있는가이다(Mill and Morrison, 1998).

Keyword 3 **동기와 편익**(動機 便益 motives & benefits)

필요가 구체적인 대상과 연결될 때 동기(motives)가 발생된다. 즉 필요와 동기의 차이는 구체적인 대상이 있는지의 여부로, 동기는 구체적인 행위를 수반하게 되기 때문에 동기는 일반적으로 어떤 행위를 이끌어내는 힘 혹은 추진력으로 정의된다. 동기는 레크리에이션이나 관광 참여로 연결되며, 참여를 통해 얻게 되는 결과물을 편익(benefits)이라 한다. 따라서 동기와 편익은 직접적인 관련이 있는 개념이며, 레크리에이션 참여자나 관광객은 활동 자체가 아니라 편익을 추구한다고 볼 수 있다.

Keyword 4 **만족**(滿足 satisfaction)

만족(satisfaction)은 레크리에이션이나 관광 참여에 의한 결과물로서, 개인적으로 형성되거나 얻어진 혹은 이끌어낸 긍정적인 지각이나 감정이라 할 수 있다(Beard and Ragheb, 1980). 예를 들어, 초과근무로 인해 이상적인 상태와 현재 상태 간에 큰 차이가 있을 때, 주말이 되면 스트레스를 해소에 대한 욕구가 활성화되어 필요가 생기고, 이 필요에 의해 새로 출시된 비디오 게임을 하려는 동기가 발생한다. 자기가 기대했던 것보다 새로운 비디오게임이 재미있었다면 만족할 것이며, 게임을 통해 이 사람이 얻은 편익은 업무로부터의 탈피감이다.

사람들이 이성적으로 행동한다면 욕구는 동기의 선행변수이며 동기는 특정 행동의 확실한 목적이기 때문에, 왜 관광이나 레크리에이션을 즐기는지, 왜 특정 장소를 선택하며 그곳에서 어떤 활동이 일어나는 지를 예측하기 위해 널리 사용되어 왔다. 욕구를 설명하는 이론 중 하나는 Maslow의 욕구 위계설(needs hierarchy)이다. 이 설에 의하면, 인간의 본능인 생리적 욕구(먹고 자는 등)를 우선 추구하고, 이것이 채워지면 다음 단계인 안전에 대한 욕구(안전, 건강 등), 그 다음인 사랑이나 소속감에 대한 욕구(가족 간의 화목, 동료애 등), 그리고 자긍심에 대한 욕구(지위, 자아증진, 자존심 등), 그리고 마지막으로 자아실현에 대한 욕구(자아발견, 자아성취감 등)를 성취하려 한다. 이 설은 레크리에이션이나 관광객들의 욕구를 분류하거나 동기를 설명할 수 있는 기반을 제공하고 있으며, 상충되는 욕구 중 어떤 것을 먼저 추구할 것인지를 설명할 수 있는 장점이 있다[표 5-2-2].

[표 5-2-2] Maslow의 욕구위계와 동기(출처: 장호찬과 라선아, 2007)

욕 구	동　　기
생리적인 욕구	현실로부터의 탈출, 레크리에이션/휴식, 일광욕, 신체적 긴장의 이완, 정신적 긴장의 이완
안전의 욕구	건강, 재충전, 자신의 일을 유지하려는 것과 미래를 위한 건강
소속의 욕구	가족 간의 단란함, 친척간의 관계를 강화함, 동료/동반자, 사회적 상호작용의 촉진, 사적인 관계의 유지, 대인관계, 가족 구성원에 대한 애정을 보여줌, 사회적 접촉의 유지
자긍심의 욕구	자신의 업적을 스스로 입증, 지위, 위신/명성, 사회적 인식, 타인에게 있어서 자신의 중요성을 보여줌, 자아(자존심)의 향상/강화, 전문가적인 것/ 업무, 지위와 위신
자기실현의 욕구	인간 본연에 대한(인간성) 탐구와 평가, 자기발견, 내면적 욕구에 대한 만족

만족도는 관리 측면에서 중요한 의미를 갖는다. 불만족한 사람들은 다시 그곳을 방문하지 않기 때문이기도 하지만, 만족한 방문자들은 재방문자가 될 확률이 높아지기 때문이다(Oppermann, 2000). 재방문자를 유지하는 것은 처음 방문자를 유치하는 것보다 훨씬 경제적이며(Oppermann, 1998), 이들은 안정적 수입을 제공할 뿐 아니라 친구나 친지 또는 잠재적 관광객들에게 그 관광지에 대한 정보를 제공하는 채널로써의 역할을 한다(Pritchard, 2003). 또한 재방문자들은 경쟁대상지의 가격정책에 의해서도 큰 영향을 받지 않는다(Alegre and Juaneda, 2006).

2. 관광지 구성요소

Keyword 5 **매력성**(魅力性 attraction)

관광은 관광하고자 하는 마음이 있으며 그럴 능력이 있는 사람들이 있어야 하며(관광객), 이러한 사람들의 욕구를 물리적 자원 또는 프로그램 개발을 통해 만족시킬 수 있는 대상지(관광지)가 있어야 이루어진다. 그렇다면 왜 사람들은 관광을 하는가? 이에 대한 해답을 얻기 위해 관광 동기와 관련된 연구들이 꾸준히 수행되어 왔다. 일상생활로부터의 도피, 새로움의 추구, 휴식, 회귀, 가족유대감의 강화, 다른 사람들과의 만남, 자연학습, 혼자만의 시간, 자기인식, 남들에게 잘 보이려, 좋은 시간을 보내려, 자율감, 독립심 등이 그 예이다.

관광여부에 영향을 주는 요인이 동기라면, 어디로 갈 것인지는 관광지 속성에 좌우된다(Klenosky, 2002). 특정 관광지 속성에는 매력성(attractiveness) 뿐만 아니라 관광지까지의 접근성(accessibility), 서비스와 시설(services and facilities), 정보(information) 및 촉진(promotion)이 포함되며, 이 다섯 가지 요소들이 서로 성공적으로 연계되지 않으면 기대했던 계층의 관광객들이 기대했던 만큼 방문하지 않는다(Gunn, 1997).

매력성은 관광지의 대표적 속성으로, 매력성이 없다면 관광지가 될 수 없어 나머지 네 요소들은 무의미하다. 특정 관광지가 매력성을 갖추기 위해서는 먼저 관광객들이 그 매력물을 쉽게 이해하고 즐길 수 있어야 한다. 이를 위해, 어떤 곳에서는 동식물상에 대한 정보제공이나 환경해설이, 어떤 곳에서는 수영 또는 수상스키 타는 법에 대한 교육이 필요할 수 있다. 또한, 매력물은 그 지역과 관련성이 있어야 하며 다른 지역의 매력물과는 차별화되어야 한다. 안동에서 탈춤을 관람하고 기념품으로 탈을 구매하는 것은 관광객에게 의미있는 추억이 되겠지만, 서울의 화려한 무대에서 안동탈춤을 공연한다고 해서 서울의 관광 매력성이 높아지는 것은 아니다. 그러나 매력물들이 반드시 자연자원일 필요는 없다. 에버랜드가 그 예이다. 자연매력물이라 할지라도 서비스시설이 없다면 매력성은 크게 떨어진다. 자연지역의 훼손이란 측면에서 부정적 시각이 있을 수 있지만 적지분석을 통해 환경적 악영향을 최소화 할 수 있는 지역을 찾아 필요한 시설들을 제공하는 것은 조경가의 임무일 것이다.

Keyword 6 **접근성 및 서비스와 시설**(接近性 accessibility & services and facilities)

관광지로의 접근성은 관광의 필요조건이나, 현재는 교통의 발달과 승용차 보급률의 확대로 이 문제는 크게 완화되었다. 관광지 내에서의 접근성은 동선계획과 관련된 개념으로, 관광객들이 원하는 장소로 쉽고 안전하게 이동할 수 있는 것을 목표로 한다. 이정표와 같은 시설물이 필요하나 관광지를 쉽게 인지할 수 있도록, 예를 들어 환경인지도를 높일 수 있는 조경기법의 적용도 가능하다. 관광지 내부의 이미지성(imageability) 또는 식별성(legiblity)을 높이기 위해 길(path)의 재료를 달리하거나 재료의 색상이나 질감에 차이를 줄 수 있으며 랜드마크의 개념을 적용할 수도 있다. 물론 자연지역일 경우라면 물론 환경적 악영향을 최소화 할 수 있는 곳으로 노선을 결정해야 한다.

숙소, 음식점, 기념품 판매점, 비지터 센터 등은 관광지에 필요한 최소한의 서비스 시설이며, 이 중 숙소는 관광사업자의 주요 소득원이다. 관광이란 전체적인 경험으로 만족이 평가되기 때문에 건물로 이루어지는 서비스 시설 역시 그 관광지의 이미지에 부합되도록 설계되어야 관광객들을 만족시키는데 기여할 수 있다. 개인별로 관광동기에는 차이가 있지만 모든 관광객들은 자기가 선택한 관광지에 대한 이미지를 갖고 특정 지역을 관광하게 된다. 도시지역의 관광지라면 대규모의 호텔이 적절할 수 있다. 그러나 예를 들어, 우리나라의 대표적 농촌관광지인 부레미 마을에 호텔을 제공한다면 경제성도 없을 뿐 아니라, 이 관광지 이미지와도 어울리지 않아 관광객들이 불만족을 일으키는 주된 원인이 될 것이다. 이런 의미에서 음식이나 기념품 역시 그 지역의 독자성을 가져야 한다. 서울에서 만든 기념품을 불국사 방문객들은 구매하려 하지 않을 것이며, 부레미마을 방문자들이 피자를 먹으려 하지 않을 것이란 것은 쉽게 예상된다.

Keyword 7 **정보와 촉진**(情報 促進 information & promotion)

촉진이란 특정 관광지로 관광객들의 방문을 유인 또는 설득하기 위한 모든 조치를 뜻하기 때문에 특정 관광지에 대한 정보제공은 일종의 촉진책으로 볼 수 있다. 현재는 교통이 발달하였고 누구나 쉽게 정보에 접근할 수 있으며, 여행업이 발달해 과거보다 쉽게 관광을 즐길 수 있는 여건이 조성되었다. 이에 따라 여행경험이 많아지게 되었고 교육수준도 높아져 과거와 같이 단순히 매력물을 관람하는 것만으로는 관광객의 욕구를 충족시킬 수 없는 시대가 되었다. 국립공원의 경우, 주요 매력물들

이나 관광에서 소외된 사람들에게 참여할 수 있는 기회를 제공할 수 있기 때문이다. 주 40시간 근무제의 정착과 고령화시대를 맞이하여 레크리에이션 시설은 공공재로써의 제 역할을 충분히 수행할 수 있는 방안을 강구할 수 있으며, 관광분야에서는 시장 확대를 꾀하기 위한 기본전략으로 사용될 수 있다.

제한요소 연구의 획기적 발전은 Crawford and Godbey(1987)에 의해 이루어졌다. 이전 연구에서는 특정 여가에 대한 선호가 있다 하더라도 제한요소가 있으면 참여가 이루어지지 않는다고 가정해 구조적(structural) 제한요소가 주된 관심사이었다. 그러나 그들은 구조적 제한요소 이외에도 개인적(intrapersonal) 제한요소 및 개인간(interpersonal) 제한요소가 추가 존재한다고 주장하면서 세 개의 제한요소와 선호 및 참여간의 관계를 설명하였다(그림 5-3-1). 개인적 제한요소는 선호에 영향을 주는 것으로 참여에 영향을 주지는 않는다. 필요한 기술의 숙달 정도, 우려, 특정 레크리에이션이 자신에게 어울리는지와 이용 가능성 등이 여기에 포함된다. 예를 들어, 남자 어린이들에게 고무줄놀이는 잘 어울리지 않는다는 사회적인 분위기로(개인적 제약요소) 인해, 남자 아이들 사이에서는 고무줄놀이에 대한 선호가 매우 낮다. 개인 간 제약요소는 주로 같이 참여할 사람과의 관계 때문에 발생하는 제한요소로써 선호도와 참여에 모두 영향을 준다. 어떤 남자 어린이가 고무줄놀이에 대한 선호가 높다하더라도 같이 놀이할 친구가 없다면 고무줄놀이를 할 수 없을 뿐만 아니라 또래 남자 친구들이 고무줄놀이를 좋아하지 않기 때문에 고무줄놀이에 대한 그 아이의 선호는 점점 낮아진다. 구조적 제약요인은 선호가 형성되었어도 참여하지 못하게 하는 제한요소로써, 돈 부족, 시간 부족, 계절성, 기후 등이 포함된다. 남자아이가 같이 고무줄놀이를 할 친구를 찾았어도 저녁이 되면 어두워 놀이를 할 수 없다.

그 후, Crawford et al.(1991)은 제한요소, 선호 및 참여의 관계를 하나로 통합해 위계구조모델을 제시하면서 사람들이 특정 여가에 참여하려면 순차적으로 작용하는 개인적, 개인간 및 구조적 제한요소를 차례로 극복해야 한다고 주장하였다(Crawford et al., 1991)(그림 5-3-2). 고무줄놀이의 예에서 남자어린이가 그 놀이에 대한 사회적 인식을 뛰어넘었다면 개인적 제한요소를 극복한 것이며, 같이 놀 친구를 찾았다면 개인간 제한요소를 극복한 것이고, 저녁이 되었지만 가로등을 찾았다면 구조적 제한요소를 극복했기 때문에 고무줄놀이를 즐길 수 있다(참여)는 것이 이 모델의 내용이다.

위계모델은 제한요소가 있더라도 타협(negotiation)을 통해 이를 극복한다면 여가에 참여할 수 있다는 점과 개인적 제한요소를 극복해야 특정 여가에 대한 선호가 형성되며, 개인간 제한요소를 극복한 후 구조적 제한요소를 극복해야 여가에 참여할 수 있다는 것을 밝혔다는데 의의가 있다. 특히, 이들이 제시한 제한요소와의 타협 개념은 왜 이전의 연구에서 제한요소와 여가참여 간에 상관관계가 없었는지(Kay and Jackson, 1991), 심지어 제한요소가 여가참여에 긍정적 영향을 주었는지를(Shaw et al., 1991) 설명해 주었다. "돈 부족"이란 제한요소는 참여횟수를 감소시키거나 또는 저금을 해서, "시간 부족"은 동반자와 자유시간을 맞추어서, "건강이 좋지 않으면" 다른 종류의 레크리에이션에 참여하는 타협전략이 사용되고 있다. 즉 제한요소는 참여에 부정적 영향을 주지만 사람들은 자기의 제약요소를 극복하기 위해 타협전략을 사용함으로써 결과적으로는 참여를 높일 수 있는 양면성이 있다.

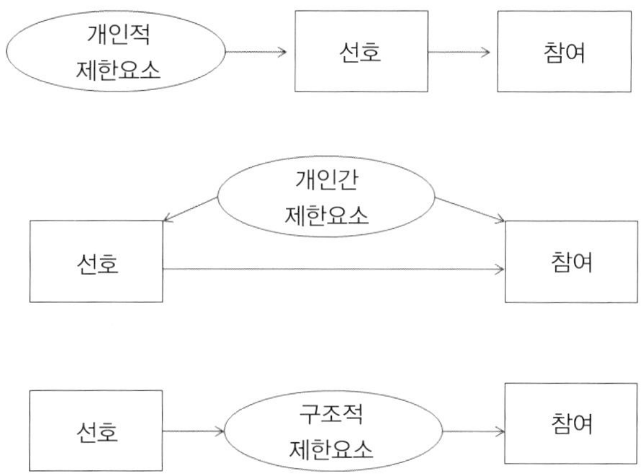

[그림 5-3-1] 세 가지 제약요인의 역할(출처: Crawford and Godbey, 1987)

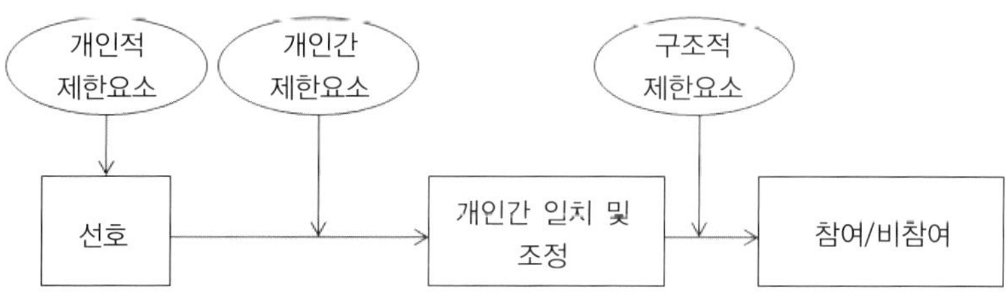

[그림 5-3-2] 제약요소의 위계구조모델(출처: Crawford et al., 1991)

4. 관광지 선택모델

Keyword 12 **선택세트모델**(choice-sets model)

개인수준의 선택모델: 선택세트모델

관광에 대한 욕구가 생기면 그 욕구를 충족시키기 위해 대안을 탐색·평가한 후 특정 관광지를 방문하게 되고, 되돌아와서는 관광에 대한 평가를 내리는 것이 전제적인 관광의사결정과정이다(Van Raaij and Francken, 1984). 즉 관광의사결정이란 하나의 독립된 선택이 아니라 여러 시간대에 걸쳐 다양한 요인(목적지, 숙박시설, 동반자 등)들을 결정하는 복잡한 과정이다(Dellaert et al., 1998). 이 중에서도 관리자 입장에서는 관광지 선택이 가장 중요한 부분인데, 그 이유는 관광지까지의 교통수단, 숙소, 관광지에서의 활동 등에 관한 의사결정이 관광지 선택 후 결정되기 때문이다. 이에 따라 어떤 관광지가 어떤 과정으로 선택되는가 하는 것은 중요한 연구 주제이다.

대표적인 개인수준의 선택모델로는 선택세트모델(Um and Crompton, 1992)과 여행목적지 선택 일반모델(Woodside and Lysonski, 1989)이 있다. 이 모델들에 의하면 관광객들은 다수의 방문 후보지들 중에서 시간을 두고 그 수를 줄여나가 최종 목적지를 선택하게 된다. 이 중 선택세트모델로 최종목적지 선택되는 과정을 예로써 설명하면 다음과 같다[그림 5-3-3].

결혼 25주년을 맞이하여 김씨 부부는 6개월 후에 해외여행을 하기로 하였다. 관광지는 무수히 많지만 김씨가 알고 있는 해외관광지는 사업상 가 보았던 태국과 홍콩뿐이다(과거경험). 김씨는 우연한 기회에 피지와 발리에 대한 광고를 접하게 되어 그 내용을 유심히 읽어 보았으며, 시드니를 다녀 온 친구들의 경험담을 귀담아 들었다(소극적 정보탐색). 이렇게 외적요인으로 인해 알게 된 후보지들 중에서 피지가 쓰나미로 큰 피해를 입어 관광지로써의 매력을 크게 잃었다는 뉴스를 듣게 되어 이 곳을 제외하고(신념 형성) 나머지 태국, 홍콩, 발리, 시드니를 갈 만한 후보지인 초기 고려대상지 집단(initial consideration set)으로 결정하였다. 여행 날짜가 다가오면서 김씨는 여행사를 찾아가 초기 고려대상지 집단에 포함된 곳들에 대한 정보를 적극적으로 구하였다. 물론 각 관광지에서 개설하고 있는 인터넷 홈페이지에서 필요한 정보를 찾았다. 그 결과 발리는 50대 중반의 부부가 가기에는 분위기가 적절치 않다는 것을, 태국은 두 부부가 한가롭게 보낼 수 있는(동기) 적당한 리조트가 없다는 것을 알게 되어 이 두 곳을 제외하고 홍콩과 시드니를 후기 고려대상지 집단으로 압축하였다. 이 두 곳 중에서 김씨는 시드니를 다녀오는데 필요한 비용과 시간이 너무 커 (제한요소) 홍콩을 최종 목적지로 선택하였다.

결국, 선택세트모델은 초기 고려대상지 집단으로부터 후기 고려대상지 집단을 형성하며, 후기 고려대상지 집단에서 최종목적지가 결정되는 2단계 의사결정모델이다. 첫 번째 단계에서는 주로 관광지 속성과 같은 인식된 촉진요인(perceived facilitator)에 의해, 두 번째 단계에서는 주로 제한요소와 같은 인식된 억제요인(perceived inhibitor)에 의해 영향을 받는다. 또한 후기 고려대상지 집단에 포함되는 관광지 수는 4개를 넘지 않기 때문에(Crompton and Ankomah, 1993), 초기 고려대상지 집단에 포함되는 관광지 수는 이보다 많을 것이다. 소비자 행동분야에서의 연구에 따르면, 사람들이 초기에 고려대상으로 생각해낼 수 있는 브랜드 수는 약 7±2이다. 이 결과를 적용한다면 초기 고려대상지 집단에 포함되는 관광지 수는 약 5~9개 정도일 것이다.

이 모델은 이론적이며 간명하며 실제 적용성이 높아 개인수준에서 이루어지는 관광목적지 선정과정을 설명하기 위해 많이 사용하고 있다. 그러나 이 모델은 목적지 선택과정을 확률에 근거하지 않고 결정론에 입각해 설명하고 있으며(Ben-Akiva and Bruno, 1995) 최종목적지 결정 직전의 얻은 새로운 정보를 모델에 적용할 수 없는 등의 단점이 있다(Sirakaya and Woodside, 2005). 즉 초기 고려대상지 집단에 포함되지 못한 관광지는 최종목적지로 선택될 수 없으며, 갑작스런 지진으로 인해 최종목적지를 포기해야 하는 상황이 벌어질 수도 있지만 이 모델은 이런 상황들을 고려하지 못한다. 무엇보다도 이 모델의 최대 단점은 개인수준에서 이루어지는 의사결정과정을 설명하고 있다는 것이다. 거의 모든 경우 관광은 두 사람 이상이 하기 때문에 혼자서 최종 목적지를 결정할 수 는 없다.

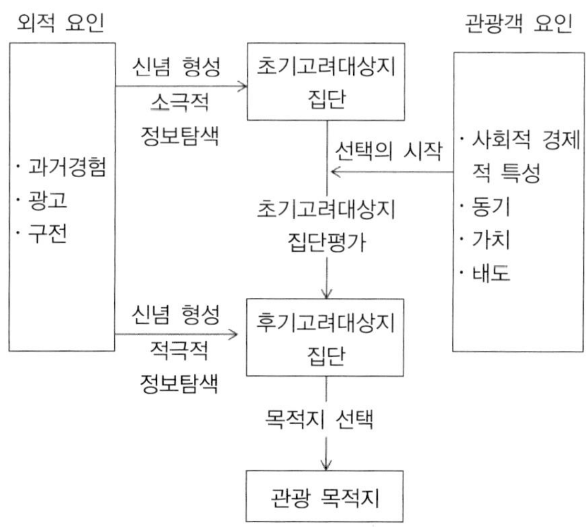

[그림 5-3-3] 선택세트모델(출처: Um and Crompton, 1990)

Keyword 13 **부부의사결정모델**(spousal decision-making model)

집단수준의 선택모델: 부부의사결정모델

관광이란 가족 구성원들의 선호와 욕구를 조율해야만 이루어질 수 있다. 더욱이, 현대에 와서는 여성의 교육수준이 향상되고 맞벌이 가정이 증가하는 등 사회적 환경이 변하여 여성들이 담당해야 할 사회적 역할에 대한 인식이 변했으며 의사결정시에도 주부의 영향력도 증가해(Lee and Beatty, 2002), 관광목적지가 선정되는 과정을 개인수준에서의 선택모델로 설명한다는 것은 분명한 한계를 가지고 있다. 개인수준과 집단수준에서의 의사결정모델이 다른 근본적인 이유는 의사결정자가 다수란 점이다. 개인의사결정 모형은 개인의 선호도, 기억이나 경험, 정보처리 등이 의사결정의 중심이 된다. 그러나 부부가 의사결정을 할 때는 한 사람의 선호도나 기억, 경험에 의해서 의사결정이 일어나는 것이 아니라 부부간의 교류 속에서 서로의 의견차이나 갈등(conflict)을 극복하는 과정을 통해 의사를 결정하게 된다(Corfman and Lehmann, 1987). 특히 부부의사결정에서는 역할의 분화 즉 아내는 정보취합이나 동기 부여를, 남편은 전체적인 의사결정 역할을 맡을 수도 있다. 이 과정에서 감정적인 상태(사랑, 증오 등)가 영향을 미칠 수도 있다(Park et al., 1995). 가족은 부부와 자녀로 구성되나, 본 장에서는 부부의사결정에 초점을 맞추어 Jang et al.(2007)의 연구를 바탕으로 부부가 관광지를 선정하는 과정을 설명하고자 한다[그림 5-2-4].

개인의사결정과 마찬가지로 부부가 관광지를 결정하기 위한 토론을 시작하기 전까지는 각자의 초기 고려대상지 집단을 갖고 있다. 토론을 시작하면서 상대방이 가고 싶어 하는 곳을 알게 되고 자신이 가고 싶은 곳과 차이가 있으면 갈등이 발생한다. 이 단계에서는 갈등이 있을지라도 관광지 유형과 같은 기본적인 기준에 합의하려고 노력한다. 이때, 각자는 자신이 가고 싶은 곳이 선택되도록 노력하지만 부부는 애정에 기초한 집단이기 때문에 상대방과의 마찰을 피하기 위한 노력도 병행한다(Su et al., 2003). 토론이 끝나면 각자는 자기의 초기 고려대상지 집단에 포함되어 있던 후보지 중에서 합의한 기준에 부합되지 않는 곳들은 제외시키며, 일부 상대방의 의견을 반영해 변형된 초기 고려대상지 집단을 만든다.

변형된 초기 고려대상지에서 부부는 최종목적지에 합의할 수도 있지만, 대부분의 경우는 그렇지 못하여 서로가 타협 또는 설득하는 과정이 필요하다. 상대방에게 영향을 주기 위해 사용하는 영향전략(influencing strategies)으로는 협상(bargaining), 권위적인 힘(authority)의 사용, 논리적인 설명(reasoning), 감정에 호소(playing on emotion)등이 있다. 계속된 토의를 통해 각자는 서로에게 무난하다고 생각하는 후보지들로 후기 고려대상지를 형성한다. 부부라는 특수 관계로 인해 후기 고려대상지에는 자신이 가장 가고 싶은 곳과 상대방이 가장 가고 싶어 하는 최소한의 후보지로 구성될 가능성이 높다.

부부 각자의 후기 고려대상지 집단에 포함되어 있는 후보지들은 이미 상대방이 가고 싶어 하는 곳이 반영되어 있기 때문에 부부간의 갈등 없이 최종목적지가 결정될 수 있다. 그러나 최종목적지는 하나이기 때문에 합의에 이르지 못하면 이전 단계와는 달리 심각한 부부간 갈등이 발생한다. 이 갈등이 해결되지 못하면 관광은 이루어지지 않는다. 이런 갈등을 해결하는 것이 제한요소와 상대적 영향력(relative influence)이다. 제한요소의 역할은 개인수준의 의사결정에서와 동일하다. 상대적 영향력이란 간단히 말해 '힘 센' 사람의 의견대로 결정된다는 것이다. '힘' 은 가정 내 지위(status in family)나 전문성(expertise)과 같은 권력과 관련된 자원(power-related resources)과 관여도 같은 권력사용과 관련된 목적(power use-related goals)으로 형성된다.

이상과 같이 부부의사결정모델에서 제시하는 중요한 점은 우선 갈등의 개념이 중요하다는 것, 이러한 갈등의 정도는 부부간의 선호도 불일치 정도에 따라 달라진다는 것, 또한 이 갈등을 해결하기 위해 부부 각자가 다양한 해결전략을 사용해 서로에게 영향력을 행사한다는 것이다.

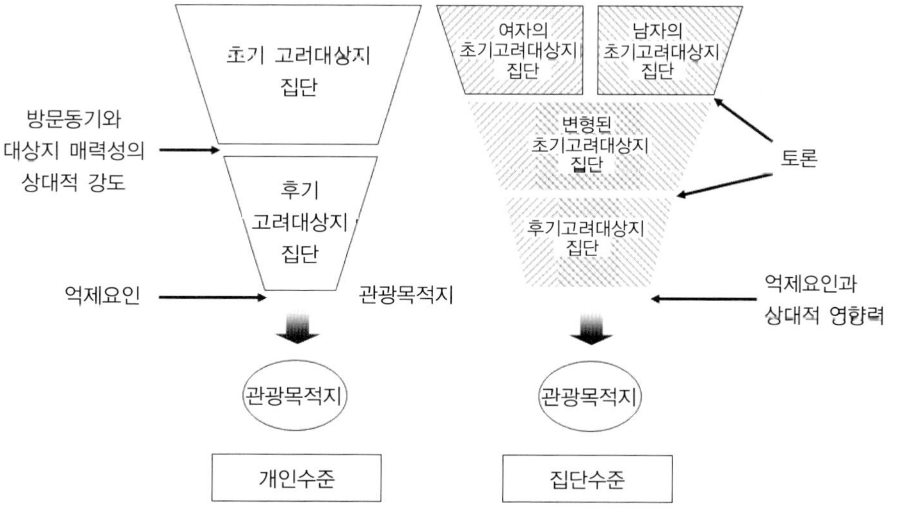

[그림 5-3-4] 집단의사결정모델(출처: Jang et al., 2007)

제 3 절

더 알아야 할 개념

5. 레크리에이션시설 개발과 마케팅

Keyword 14 마케팅(marketing)

1) 왜 마케팅개념이 적용되어야 하는가?

휴대폰에 대한 소비자들의 기호와 선호가 끊임없이 바뀌고 있듯이, 레크리에이션시설에 대한 잠재적 이용자들의 욕구도 끊임없이 변하고 있다. 이 같이 당연한 사실이 우리나라의 레크리에이션시설들의 설계 및 관리에는 충분히 반영되지 못하고 있다. 도시공원들은 아직도 설계기준에 크게 의존하고 있어 잠재적 이용자들의 평균적 욕구충족을 목표로 하고 있다. 본 장에서는 우리나라의 대표적 레크리에이션시설인 도시공원을 대상으로, 왜 마케팅 개념이 레크리에이션시설 개발에 적용되어야 하는지와 적용방법에 대해 설명하기로 한다. 관광지 역시 동일한 개념으로 개발할 수 있다.

Kotler(1980)는 마케팅을 "교환과정을 통하여 요구와 욕구를 충족시키려는 인간활동"으로 정의하고 있으며, product(상품), price(가격), place(유통), promotion(촉진)으로 구성되는 4P's를 주요 연구대상으로 한다. 이 중에서 상품은 "이용자의 욕구를 만족시키는 속성들의 집합(a bundle of want satisfying attributes)"으로 정의된다. 공원이란 이용대상자들이 방문 시 기대하는 경험을 충족시켜야 하는 시설이다. 기대하는 경험들의 종류는 상품의 속성에 해당하며, 이런 속성들을 충족시킬 수 있는 시설 및 레크리에이션 프로그램(이하 서비스)들이 집합된 곳이 공원이다. 따라서 공원이란 하나의 상품으로 간주될 수 있으며, 공원의 종류는 특정 상품의 상표(brand)에 해당되며, 공원이용이란 상품 구매에 해당되기 때문에 마케팅의 개념을 도입한 공원의 설계와 관리가 가능하다.

Kotler(1980)의 정의에 의하면, 공원을 유지하고 성장시키기 위해 공원관계자는 가용자원을 파악한 후 제공할 서비스로 변화시켜야 한다. 이러한 논리는 공원과 이용대상자의 자발적 교환을 가정하고 있다[그림 5-3-5]. 즉 이용대상자들은 도시공원의 설계, 유지 및 관리에 소요되는 비용, 공원의 이용 시 발생하는 기회비용 등을 제공하고 있으며, 이에 대한 반대급부로 공원에서 그들의 레크리에이션 욕구가 충족되길 기대한다. 따라서 이용자들의 욕구가 공원에서 적절히 충족되지 못한다면 공원에 대한 지원은 약화될 것이고 결과적으로 공원의 이용률은 낮아질 것이다. 낮은 이용률은 낮은 수준의 서비스로 나타나는 악순환이 계속될 것이다. 따라서 도시공원과 이용대상자 간의 자발적인 교환이 원만히 이루어지기 위해서는 [그림 5-3-6]과 같은 제 과정들이 공원의 서비스 제공 시 반영되어야 한다.

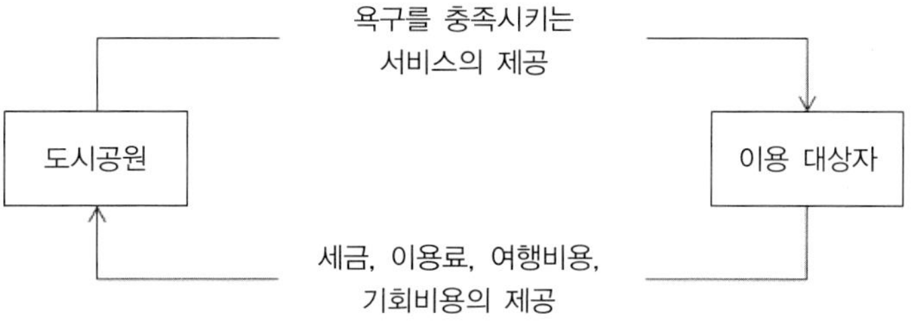

[그림 5-3-5] 공원과 이용자들 간의 교환관계

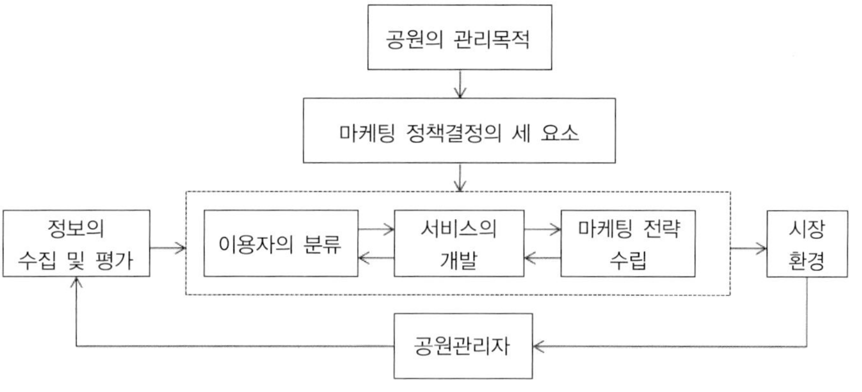

[그림 5-3-6] 마케팅 체계(출처: Howard and Crompton, 1980)

2) 어떻게 마케팅 개념이 적용되는가?

① 정보의 수집과 평가

마케팅 접근방법에 의한 도시공원의 개발은 이용대상자들이 갖고 있는 공원이용에 대한 욕구를 파악하고 평가해 이용대상자들에게 어떤 서비스를 제공할 것인지를 발견하는 것에서 시작한다[그림 5-3-6]. 이용대상자들의 욕구를 조사하지 않는다는 것은 "공원을 만들면 이용대상자들이 이용할 것이다" 라는 희망적인 가정일 뿐이다. 소비자들은 그들이 원하는 속성이 충분히 반영되지 못한 상품을 구입할 리 없듯이, 욕구를 충족시키지 못하는 공원은, 예를 들어 재미없는 공원은 이용률이 낮을 수밖에 없다. 이용대상자의 욕구를 파악하기 위하여 사용될 수 있는 방법으로는 직접관찰법, 자문, 공청회, workshop, 설문조사법(survey) 등이 있으며, 이 중 설문조사법이 가장 바람직하다.

② 이용자의 분류

정보의 수집과 평가과정에서 이용대상자들의 욕구가 발견되었다 하더라도 이것들은 제각기 달라 한정된 가용자원으로 모두를 만족시킬 수는 없다. 이와 같은 문제점을 해결하기 위하여 마케팅에서 사용하고 있는 기법이 시장세분화(market segmentation)와 포지셔닝(positioning)이다. 시장세분화는 "공원이용 성향이 비슷한 몇 개의 그룹으로 이용대상자들을 나누는 과정"이다. 세분변수로 흔히 사용되고 있는 인구통계학적 변수(나이, 성별 등)는 사용이 편리하나 효용성이 떨어지며, 추구편익은 가장 우수하지만 분석이 쉽지 않다. 이용빈도는 참여자가 반드시 공원이용에 만족했다는 것을 뜻하지는 않기 때문에 사용 시 주의가 필요하다.

특정 도시공원은 가능하면 다른 도시공원이나 민간 레크리에이션시설에서 제공하고 있지 않은 서비스를 제공하는 것이 필요하며, 공공재이므로 모든 이용대상자들이 공원서비스를 받는 것이 바람직하다. 그러나 가용자원에는 한계가 있기 때문에 세분된 시장에서 표적시장(target market)을 선정한 후 우선순위에 따라 이용대상자들의 욕구를 충족시킬 수 있는 방법을 강구해야 한다. 이러한 목적을 위하여 마케팅에서 사용하고 있는 기법이 포지셔닝이다. 이 기법을 사용하면 공원관계자는 특정 공원에 대하여 형성되어 시장의 분포와 크기를 확인할 수 있어 기존 서비스에서 과잉 또는 소외되고 있는 그룹을 알 수 있으며, 기존 서비스들에 대한 장단점을 파악할 수 있을 뿐 아니라 새로운 서비스를 제공할 경우 그 성공 여부를 미리 알 수 있어 특정 공원의 관리목적에 부합되는 서비스를 효율적으로 제공할 수 있다.

③ 서비스의 개발

도시공원에서의 서비스는 물리적인 시설들뿐 아니라 레크리에이션 프로그램도 포함된다. 설계기준은 공원의 계획 및 설계에 큰 영향을 미쳐왔다. 그러나 과학적 근거가 희박해 공급자가 추구하는 목표로 해석할 수 있어 결과적으로 서비스를 받을 이용대상자들은 크게 고려하지 못한다. 따라서 서비스의 개발은 수요 추정에서 시작된다. 수요란 "공원의 서비스를 이용하고자 하는 인원"으로 공원이 제공해야 할 서비스의 형태, 수, 크기, 소요경비 등의 산출근거를 제공한다. 시장세분과 포지셔닝으로 확인된 사람들은 특정 서비스에 참여할 가능성이 높은 계층을 분류한 것이어서 일부는 그 서비스에 욕구가 없는 인원이 포함될 수 있다. 그러나 이들 중 일부는 광고, 홍보, 교육 등을 통하여 공원의 이용을 유도할 수 있기 때문에 이런 계층을 유도수요라 한다. 나머지 집단은 특정서비스에 대한 욕구가 있는 층으로 해석할 수 있으며 이들을 잠재수요라 한다. 잠재수요자들 중에는 현재 공원을 이용하고 있는 사람들도 있지만(현시수요) 어떤 이유로 인해 현재는 공원을 이용하지 않고 있거나 이용빈도가 매우 낮은 사람들도 있다. 이들은 제약조건이 없어지거나 적절한 서비스가 제공되거나 또는 접근성이 향상되면 현실화 될 수 있는 수요이기 때문에 현시화가 가능한 집단이다. 수요추정이라 함은 잠재수요의 추정을 뜻한다.

특정 서비스에 대한 잠재수요가 확인되면 새로운 서비스 개발을 시작할 수 있다. 도시공원에서 시설이 갖는 의미는 그 자체가 공원의 매력물이다. 그러나 이용자중심지역인 도시공원은 hardware인 시설물만으로 이용대상자들을 유인하는 데는 한계가 있다. 왜냐하면, 이용대상자의 욕구는 끊임없이 변하지만 시설은 일단 제공되면 반영구적일 뿐만 아니라 도시공원의 가용자원은 한정되어 있어, 변화하지 않는 시설로써 변화하는 이용자의 욕구에 대처할 수 없기 때문이다.

이 같은 문제를 해결할 수 있는 방안의 하나는 공원의 software인 레크리에이션 프로그램을 제공하는 것이다. 프로그램은 변화하는 이용대상자의 욕구에 경제적이면서도 신속히 대응할 수 있다. 구체적으로 새로운 서비스는 마케팅 분야에서 사용하고 있는 컨조인트 모델(conjoint model)로써 개발을 할 수 있다. 컨조인트란 상품을 구성하고 있는 중요 속성(salient attribute)들을 개개로 평가하는 것이 아니라 동시에 평가하는 방법이다. 이 모델의 최대 장점은 시설이나 프로그램을 구성하는 중요 속성으로 가상대안을 만들어 그 자극에 대한 잠재적 이용자들의 선호(효용)를 평가케 함으로써 개개의 속성별 수준(level)들에 대한 효용을 계산할 수 있다는 것이다. 그럼으로써 어떤 속성과 수준들이 조합되어야 이용자들이 선호하는 시설과 서비스가 될 것인지를 예측할 수 있다(Green and Srinivasan, 1990 ; 홍성권 ; 2000).

새로운 시설이나 프로그램의 개발 시 유의해야 할 점은 다른 도시공원에서 제공하고 있는 시설들을 확인하는 것이다. 도시공원은 이용자중심지역이어서 새로운 서비스를 제공하면 새로운 수요를 창출할 수 있는 반면, 마케팅 관점으로 보면 도시공원은 전형적인 저관여 상품(low-involvement product)이다. 소비자들은 이런 상품을 구매할 때 많은 정보를 수집하지 않으며 습관적으로 소비하였던 상표를 구매하는 것이 보통이다. 따라서 도시공원이 많은 이용자들을 새로이 유인한다는 것은 어렵지만 개개의 공원은 그 공원만이 제공하는 특이한 서비스의 개발에 집중투자해 타 도시공원들과 차별화하는 것이 바람직하다. 이렇게 각 공원이 특화되면 질 높은 다양한 서비스가 도시 전체 스케일에서 이루어져 시민들은 그들의 욕구에 맞는 도시공원을 선택할 수 있으며, 기존 서비스에 흥미가 없던 일부 잠재 수요자를 현시화시킬 수도 있다.

④ 마케팅 전략의 수립 및 평가

가격은 이용자가 서비스를 이용함으로써 지불해야 하는 대가로써 비용만을 의미하는 것은 아니다. 기회비용과 소요시간도 중요하다. 도시공원은 특별한 경우를 제외하고는 입장료 징수가 곤란하다. 그러나 공원도 서비스의 제공 및 유지관리에 경비가 소요되기 때문에 상업적 시설을 도입하는 것이 필요하다. 예를 들어 어린이 공원에 탁아소를, 근린공원에 유치원을, 중앙공원에는 수영장이나 볼링센터를 민간에 임대하여 운영한다면 공원은 임대료를 유지관리 비용에 충당할 수 있을 뿐만 아니라 시설 이용자들은 자연스럽게 공원 이용자가 될 수 있다. 이런 시설을 운영할 경우에는 이용료를 낮추어 민간부문과 차별화되어야 할 것이다. 반면, 공원까지의 소요시간을 단축시킨다는 것은 신도시 조성 시를 제외하곤 해결하기 어렵다. mobile unit program을 실시하여 이용대상자를 직접 찾아가는 개념을 도입할 수 있다.

유통은 제공되고 있는 서비스의 획득 가능성(availability)으로, 서비스가 제공되는 시간과 위치가 편리해야 하며 원하는 집단에게 서비스를 제공해야 한다는 것을 뜻한다. 특히 레크리에이션 프로그램은 이용대상자의 가용시간대에 제공되어야 한다. 직장인을 대상으로 하는 프로그램일 경우라면 근무시간을 피해야 하며 대신 휴일에 제공되어야 한다. 또한 레크리에이션 서비스를 충분히 받지 못하는 노인층이나 레크리에이션 참여에 적극적인 어린아이들을 대상으로 할 필요가 있다.

촉진의 목적은 제공하고 있는 서비스, 가격, 유통에 대한 정보를 표적시장에 알림으로써 그림 5-2-5와 같은 자발적인 교환이 원만히 이루어질 수 있도록 하기 위함이다. 그러나 특정 공원에서 제공되고 있는 서비스의 종류를 알고 있는 사람은 매우 적으며, 이용 가능한 도시공원의 존재조차 잘 모르고 있는 것이 현실이다. 이런 정보 부재에도 불구하고 도시공원의 이용률이 높아지기를 기대하는 것은 무리이다. 공원에 도입 가능한 촉진책으로는 개인별 접촉(personal contact), 광고(advertisement) 및 홍보(publicity)가 있다. 개인별 접촉은 공원관리자가 잠재적 이용자와의 직접대화를 통해 서비스의 참여를 설득하는 것이며, 광고와 홍보는 공원에서 제공하고 있는 서비스나 위치 등을 인터넷 홈페이지나 팸플릿 등을 통해 이용대상자들에게 알리는 것이다. 특히 신문이나 방송을 통한 홍보는 매체의 신뢰성으로 인하여 효과가 높기 때문에 지자제가 사용할 수 있는 방법이다. 이 두 방법의 차이는 정보의 전달시 경비가 소요되는지 여부이다.

이상의 상품, 가격, 유통 및 촉진전략을 실행한 후에는 각 서비스가 예상대로 성과를 거두고 있는지를 평가해야 한다. 예상치 못한 평가가 내려졌다면 수정해야 하며 심각한 경우에는 새로운 서비스의 개발을 위해 그 서비스를 중지할 수도 있다. 이를 위해 사용할 수 있는 기법의 하나가 중요도-성취도 분석(importance and performance analysis)이다(Martilla and James, 1977). 이 기법은 실무자들도 쉽게 적용할 수 있도록 마케팅 분야에서 개발된 것으로 다음과 같은 근거에 기반하고 있다(Woodruff et al., 1983; Churchill and Surprenent, 1982). 특정 제품이나 서비스의 만족에 영향을 주는 속성의 수는 한정되어 있으며, 그 속성들에 대한 사용 전 기대(중요도), 사용 후 평가(성취도) 및 사용 전 기대와 사용 후 평가간의 차이(disconfirmation)가 만족의 선행변수이다.

응답자들을 확률표본추출(probability sampling)로 선정하여 자료의 대표성을 확보한 후, 응답자들에게 "특정 속성이 공원이용에 얼마나 중요하다고 생각하는지"와 "그 속성이 공원에 실제로 얼마나 잘 반영되어 있는지"를 질문하여 속성별 중요도와 성취도를 2차원의 좌표인 실행격자(action grid)에 표현한다[그림 5-3-7]. '우선 시정 필요(concentrate here)'는 이용자들은 중요하게 생각하고 있지만 실제로는 만족스럽게 반영되어 있지 못한 속성들로서 가장 먼저 시정되어야 할 것들이다. '지속적 노력 필요(keep up good work)'는 이용자들도 중요하게 생각하고 있고 실제로도 만족스럽게 반영되어 있는 속성들로서 현재와 같은 노력이 유지되어야 할 것들이다. '저 우선순위(low prio- rity)'는 이용자들도 중요하게 생각하지 않고 있지만 반영되어 있지도 않은 속성들로서 현재 이상의 노력 투입은 불필요한 것들이다. '과잉노력 지양(possible over- kill)'은 이용자들은 중요하게 생각하지 않고 있지만 반영되어 있는 속성들로서 현재 투입된 노력을 다른 속성에 투입해야 할 것들이다.

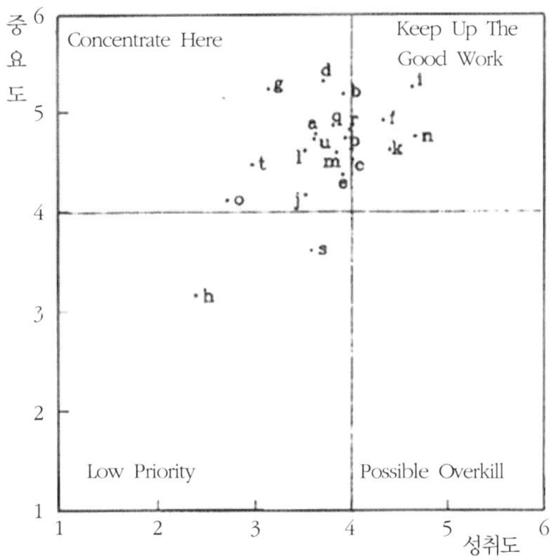

[그림 5-3-7] 중요도-성취도 분석의 예
(출처: 홍성권, 1995)

a : 동물원	b : 유아서비스	c : 수경시설	d : 편의시설
e : 놀이기구	f : 잔디밭	g : 근무자의 친절	h : 기념품의 질
I : 자연적 경관	j : 전시시설	k : 특별행사	l : 교육시설
m : 식물원	n : 산책로	o : 음식점	p : 어린이놀이터
q : 주차장	r : 휴게시설	s : 운동시설	t : 다양한 볼거리
u : 유지관리상태			

⑤ 시장환경

위에서 언급한 marketing mix와 표적시장의 확인은 공원관리자가 통제할 수 있는 것들이지만 시장환경은 공원관리자들이 통제할 수 없는 요인들로써 적응해야만 하는 변수들이다. 법적인 규제, 경제적 여건, 사용 가능한 기술, 민간기업의 경쟁 등이 여기에 포함된다. 따라서 정기적인 조사로 이들의 변화를 추적해 새로운 정보로써 투입해야 변하는 이용자의 욕구를 새로운 서비스에 반영할 수 있다.

제 6 강

비오톱 공간

나정화

제1절 서론

제2절 핵심개념

1. 비오톱 유형 및 평가

Keyword 1 비오톱
Keyword 2 비오톱 유형
Keyword 3 습지 비오톱
Keyword 4 띠형 수림 비오톱
Keyword 5 포위된 숲 비오톱
Keyword 6 완충수림 비오톱
Keyword 7 유수지 비오톱
Keyword 8 비오톱의 가치평가

2. 비오톱의 복원

Keyword 9 비오톱 복원
Keyword 10 훼손지 비오톱 복원
Keyword 11 빗물저류지
Keyword 12 옥상 비오톱
Keyword 13 생태주차장
Keyword 14 비탈면녹화

제3절 더 알아야 할 개념

3. 비오톱 지도화 방법

Keyword 15 비오톱 지도
Keyword 16 비오톱의 경관생태학적 활용

제 6 강

비오톱 공간

나정화

제 1 절 서 론

조경분야에서 생태적 개념이 도입된 것은 이미 조경학의 도입 초기인 1975년 전·후이다. 그러나 이후 약 10년 동안은 큰 발전을 이루지 못하다가 1992년 6월 세계환경정상회의(리우회담)를 계기로 본격화되었다. 즉 리우 선언문에서 채택된 지속가능한 개발 개념이 확산되면서부터 이 분야에 대한 연구 및 실무적용이 활성화되기 시작했다. 일례로 1995년 환경부 G7 프로젝트를 통하여 수행된 생태도시, 생태마을, 자연형 하천조성방안 등을 들 수 있다. 또한 이와 함께 비오톱, 경관생태계획, 생태공원 및 생태복원 분야에 대한 연구도 많이 진행되어 왔다. 그러나 이러한 개념을 단순히 선언적인 시범사업의 차원을 넘어서 객관화 및 보편화시키기에는 학문적 제도적 기반이 매우 취약한 상태였다.

이러한 취약한 기반을 보완하기 위하여 최근에는 한국조경학회, 한국환경복원녹화기술학회, 한국환경생태학회 등을 중심으로 환경친화적 조경계획 및 설계과정 속으로의 원활한 접목을 위한 이론적, 법제도적 기반마련에 많은 노력을 경주하고 있다. 본 장에서는 특히 환경친화적 조경계획 및 설계의 중요한 핵심요소라 할 수 있는 비오톱의 개념, 유형, 평가 및 복원과 관련된 내용을 중심으로 살펴보고자 한다.

제2절

핵심개념

1. 비오톱 유형 및 평가

Keyword 1 비오톱(biotope)

일반적으로 비오톱은 특별히 가치가 있고 보호할 필요가 있는 서식공간만을 의미하는 것은 아니며, 어떤 생물 한 종 또는 한 개체군이 서식하는 공간으로 정의할 수 있다. 이러한 비오톱 공간단위는 대상부지의 크기 및 축척에 따라 소규모로 세분화될 수 있고, 하나의 대규모 공간단위로 합성될 수도 있다. 이를 토대로 광의의 맥락에서 비오톱의 개념을 살펴보면, 우리 주변의 모든 크고 작은 외부공간을 비오톱으로 이해할 수 있으며, 다만 분류된 각 비오톱별 경관생태적 가치의 높고 낮음의 문제로 인식하는 것이 타당할 것으로 사료된다.

좁은 의미에서의 비오톱(biotop) 개념은 생태적 동질성을 나타내는 주변과 구별되는 명확한 경계를 가진 공간단위로 정의하고 있다.

광의의 의미에서 비오톱이라 함은 "어떤 공간 내에 존재하는 건축물로 채워져 있지 않은 크고 작은 모든 토지와 물로서 경관생태적 의미를 충족시켜줄 수 있는 활동적 공간으로서, 그리고 최소한의 식물이 자랄 수 있는 토양을 가진 공간"을 말한다.

이상과 같은 비오톱의 개념은 지금까지 조경학분야에서 많이 정의되어 온 "녹지" 및 "오픈 스페이스" 개념과 매우 유사한 점이 있으며, 궁극적으로는 조경계획 및 설계과정 속으로 접목될 가능성이 높다. 경관생태적 측면에서 비오톱의 기능 및 역할은 다음과 같이 정리해 볼 수 있다(Sukopp, 1990).

- 생물서식공간을 보전 및 발전시켜 나갈 수 있는 중심지로서의 기능
- 기후보전 및 조절공간으로서의 기능(찬바람 발생 지역 및 통행구)
- 토양 및 수질보전공간으로서의 역할
- 대기오염 및 소음완화기능
- 환경변화를 관찰할 수 있는 환경변화 지표공간으로서의 기능
- 지역민의 휴양 및 휴식공간 제공
- 활력 및 충전요소로서 경관의 미·시각적 질 개선기능
- 지역간의 경계구분 및 특수성을 인지시켜 주는 공간
- 자연사적, 문화사적 역사인식의 장 제공
- 자연체험 및 생태학습기능 제공

며, 경관의 자연체험 가치를 증진시키는 요소로서 의미가 있다.

야생동물들이 서식할 수 없는 도심 속의 황폐한 공간에 습지를 도입하면 생물다양성이 증진되고, 도시환경개선의 효과를 볼 수 있어 국외에서는 습지를 도입하려는 의도가 상당히 많이 이루어지고 있는 실정이다(김귀곤과 조동길, 1999).

훼손 위기에 처한 갈대습지(개선 전)

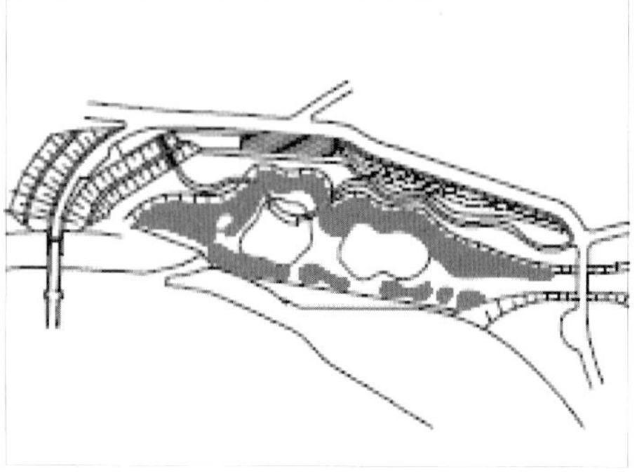

갈대습지 복원계획 평면도

개선 후

[그림 6-2-1] 습지 비오톱의 개선 사례(일본 야메시 야메체육공원 갈대습지)

이러한 중요한 가치에도 불구하고 토지이용의 과밀로 인해 습지의 수가 급격히 줄어들고 있으며, 잔존습지라 하더라도 서식환경이 악화되어 소멸위협에 직면해 있다. 습지 비오톱의 주요 개선지침을 요약해 보면 다음과 같다.

- 수변의 최대 사면 기울기는 1 : 10까지로 하고, 수변의 지형은 가급적 다양하게 조성한다.
- 소규모 습지공간이 모여 있는 지역에서는 보통 유수지의 외부에 지역적 특성을 고려하여 다양한 수심 및 크기를 가진 웅덩이를 설치한다.
- 현지 토양 및 생육환경 조건에 적합한 수종을 선정하여 식재한다.
- 습지공간 둘레에 최소 폭 5m의 가장자리 띠숲을 조성하고 가급적 자연천이에 의한 식생발달을 유도한다.

- 특히 습지 외곽부의 경작되지 않고 있는 띠형의 보호식재대는 수변식생의 이입 및 주변으로부터의 영양물질 축적에 대한 완충지역으로서의 기능을 수행할 수 있도록 조성한다.
- 습지 비오톱은 5년마다 생태적 측면에서 재정비한다.

Keyword 4 **띠형 수림 비오톱**(hedgerow biotope)

띠형 수림 비오톱은 도시화 및 과밀 토지이용으로부터 형성된 도시 및 농촌문화경관에서 근자연형 생물서식공간의 중심지로 작용하고 있으며, 경관자원의 자연적 기능을 위한 중요한 구성요소로 사료된다. 또한 이들은 이전에 큰 면적으로 존재해 왔던 산림지에서 무분별한 개발로부터 분획화되어 소규모로 잔존하게 된 자연형 수림들로서 여기에 의존해서 살아가는 많은 생물종들의 중요한 서식처가 되고 있다.

특히 띠형 수림 비오톱은 연중 생물서식지로서 보금자리, 월동, 먹이제공 장소, 비오톱 연계성 증진, 통행량이 많은 간선도로변 또는 공업지에서 식재를 통한 오염물질 완화, 미기후의 개선, 토양 및 하천변의 침식보호, 물 저장능력 증대 및 시각 · 조망적 경관질 개선 등과 같은 기능을 수행하고 있으며 획일화된 단일작물 중심의 문화경관으로부터 활력 및 충전요소로 작용한다.

띠형 수림 비오톱의 주요 개선지침을 요약해 보면 다음과 같다.

- 띠형 수림은 가급적 현지토양 및 생태환경 조건에 적합한 수목 및 관목들을 선정하여 3-5열 기준으로 식재한다. 열 간격은 각각 1m, 수목간의 거리 역시 1m 정도로 조성한다.
- 특히 미 · 시각적 기능 확보 차원에서 시선유도, 중심축, 활력 및 충전요소로 작용할 수 있도록 주변과의 조화성을 고려하여 조성한다.
- 생물서식공간 유지 측면에서 원정형 수목 및 식이수종의 활용을 유도하고, 식재형태는 다층구조로 조성한다.
- 기존의 토지이용 잠식을 최소화하기 위해서 가급적 개천, 길, 농로, 사면, 둑과 같은 중심축을 따라서 조성하는 것이 바람직하다.
- 띠형 수림의 길이가 길 경우에는 부분적으로 단절구간을 조성하여 미기후 개선에 기여한다.
- 띠형 수림의 전면부에는 자연발생적 야생 초본테두리 띠숲을 확보한다.
- 새로운 추가적인 띠형 수림을 설치할 경우 식재형태는 기존의 띠형 수림구조에 동화되도록 하고, 특히 비오톱 연계기능의 강화 차원에서 주변수림과의 이격거

리 등을 고려하여 설치한다.

- 키가 낮은 띠형 수림의 높이는 1~2m 정도 유지될 수 있도록 규칙적으로 관리하고, 특히 10월 1일부터 2월 28일 사이에 매년 1회 전정을 수행한다.
- 생육상태가 불량하거나 식재가 누락된 부분에서는 동일 수종으로 추가 및 보완 식재를 수행한다.

국외 : 이탈리아

국내 : 경남 창원시 동읍

[그림 6-2-2] 띠형 수림 비오톱

Keyword 5 **포위된 숲 비오톱**(wood land cultivated areas biotope)

포위된 숲 비오톱은 도시 및 농촌문화경관에서 섬과 같이 포위된 형태로 출현하고 있는 수림지를 의미한다. 교목, 관목, 초본들이 면적으로 한 덩어리의 단위경관을 구성하고 있으며, 포위된 숲의 면적이 클 경우에는 산림의 특성을 가진다. 특히 획일화된 단일작물 중심의 농촌문화경관 속에서는 미 · 시각적 기능 개선, 중요한 생물서식처 및 비오톱 연계망에서 중요한 징검다리 기능을 수행한다.

그러나 고수확 목적의 무분별한 경지정리 작업 및 각종 개발사업들로 인해서 보전가치가 높은 많은 포위된 숲 비오톱들이 소멸되었거나 심하게 훼손되어 있는 상태이다. 포위된 숲 비오톱에 대한 주요 개선지침은 다음과 같이 요약해 볼 수 있다.

- 식재수종은 가급적 잠재자연식생 및 현지 환경조건에 부합하는 관목 및 교목을 선정하여 식재하는 것을 원칙으로 한다.
- 식재형태는 다층복합구조로 조성한다. 특히 가장자리 부분에는 외곽 테두리 띠숲 및 크고 작은 관목들을 배치하고, 가운데 부분에는 교목식재를 유도한다.
- 외곽 테두리 띠숲은 폭 2~3m 정도의 자연발생적 야생 초본층이 형성될 수 있도록 조성한다.

전북 진안군 동향면 능금리

대구광역시 달성군 옥포면

[그림 6-2-3] 포위된 숲 비오톱

Keyword 6 **완충수림 비오톱**(buffer zone biotope)

완충수림의 목적은 생태적으로 가치 있는 핵심지역을 보호하고 1차적 침해를 완화 및 여과시켜 주는데 큰 의미가 있다. 그러나 완충수림의 설치는 자연보호지역 주변의 서로 다른 토지이용형태(농경지, 상공업부지, 쓰레기매립지 등)를 고려하여 차별화할 필요가 있다.

일례로 자연보호지역과 농경지 사이의 전이공간에서 특히 규모가 큰 완충수림 비오톱 조성을 위한 주요지침을 제시해 보고자 한다.

- 현재의 농업활동은 유지하되 경계부의 일정 폭은 점차적으로 자연친화적인 방식으로 유도해 나간다.
- 완충을 위한 띠형 수림지를 조성하고 폭은 약 150~200m 정도로 한다.
- 조성형태는 생태적 기능 충족을 위해 이용강도가 높지 않은 띠형 수림, 초지, 방목지, 휴경지, 갈대숲, 개천 등과 같은 다면적으로 차별화된 토지 모자이크로 조성한다.
- 자연보호지역 내부의 이용강도를 완화하기 위하여 필요할 경우 완충수림지 주변 산책 및 관찰로, 탐방로, 자전거로, 전망장소 등과 같은 자연형 휴양활동기능을 부여한다.
- 개천 및 하천을 포함하고 있을 경우에는 점 · 비점오염원으로부터 오염물이 하천으로 유입되지 않도록 조성한다.

Keyword 7 **유수지 비오톱**(流水池 stream biotope)

본 장에서 의미하는 유수지는 강을 제외한 폭이 좁은 하천, 개천, 도랑 등을 말한다. 이러한 유수지들은 대부분 강과 연계되어 있는 1차, 2차 또는 3차 지류들로서 친수 생물서식공간으로서 중요한 의미를 가지고 있다. 동시에 유수지는 비오톱 연결시스템에서 선적 연결요소로서 중요한 기능을 수행하고 있으며, 특히 시각 · 조망적 및 자연 체험적 측면에서도 활력 및 충전요소로서 기여한다.

그러나 관리하기 쉬운 치수목적의 획일적인 유수지의 정비는 서로 다른 자연유속 및 다양한 서식지 모자이크를 파괴시키고, 또한 유수지에 부착된 전형적인 생물공동체의 훼손을 유발시키는 결정적인 원인이 되고 있다. 특히 지선의 직선화, 대부분 인공재료로 포장된 하상, 사면의 식생부재는 큰 문제점으로 제기되고 있다.

생태적으로 건전한 유수지 조성을 위해서는 수질 이외에 유수지의 지형, 서로 다른 유속, 재료 및 침전물과의 관계 등을 동시에 고려해 나갈 필요가 있다. 유수지의 재자연화에 대한 구체적인 개선방안은 별도의 상세계획을 수립하여 시행되어야 하며, 다음에서는 중요한 개선방향을 선별하여 기술해 보고자 한다.

- 유수지의 종단면뿐만 아니라 횡단면으로도 근자연형 유도를 고려해야 한다.
- 유수지를 따라 형성된 전형적인 수변 서식공간의 종 · 횡단면적 개선을 위해서 띠형 수림의 구조 및 분포, 비경작 테두리 띠숲, 수변에 형성된 소규모 수공간 등을 다양하게 조성한다.
- 유수지의 자연적인 지형 복원을 위해 여울, 소, 급사면, 어도, 자연형 보 등을 조성한다.
- 유속조절을 통한 개선조치로는 잔잔하게 흐르는 부분과 심하게 굽이치는 부분의 조성 등과 같은 하상의 불균일성을 증대시킨다.
- 건축재료는 돌, 목재 등과 같은 유수지 고유의 자연친화적인 재료 사용을 원칙으로 한다.
- 유수지의 조성형태는 가급적 사행으로 유도한다.
- 수변에 띠형 수림대 및 테두리 띠숲을 조성하여 인접한 각종 토지이용들로부터 유해물질 축적에 대한 완충, 수변보호 및 서식공간기능을 수행할 수 있도록 조성한다.

서울 양재천

경남 진주시 일반성면 반성천

[그림 6-2-4] 유수지 비오톱 개선 사례

Keyword 8 비오톱의 가치평가(evaluation of biotope)

지금까지 국내에서 수행된 연구결과에 의하면 비오톱 평가기준은 크게 2가지로 요약해 볼 수 있다. 하나는 "종과 비오톱보전"을 위한 비오톱 평가기준이고, 다른 하나는 "자연을 전제로 한 휴양적 활용"을 위한 평가기준으로 대별해 볼 수 있다. 그러나 비오톱의 지 · 생태적 보전가치성, 미 · 시각적 보전가치성 등과 같은 평가기준에 관한 연구도 지속적으로 수행될 필요가 있다.

비오톱 평가지표는 관점에 따라 다소 다르게 설정될 수 있지만 지금까지 공통적으로 많이 적용해 온 지표는 다음과 같다. 우선 종과 비오톱 보전을 위한 평가지표로는 이용강도, 복원능력, 비오톱 전형 종의 다양성, 층위구조 등을 들 수 있다. 또한 휴양적 활용을 위한 평가지표로는 이용가능성, 접근성, 자연근접성, 경관다양성 등으로 요약해 볼 수 있다.

평가기준에 부합하는 각 비오톱들의 가치평가는 정량적 방법과 정성적 방법으로 대별해 볼 수 있다. 정량적 방법은 일반적으로 산술합산 점수평가로 등급화 하는 방법으로, 특히 비오톱 유형 평가에서 많이 적용되고 있다. 정성적 평가는 현장정밀조사 자료를 토대로 각 지표별 특성들을 현상 그대로 기술하고, 동시에 각 지표별 중요도 또는 가중치를 함께 고려하여 가치를 평가하는 방법으로, 각 개별 비오톱의 가치평가에 많이 활용된다. 이상적인 비오톱(유형) 평가는 정량적, 정성적 평가기법을 동시에 활용하는 것이 가장 바람직하다.

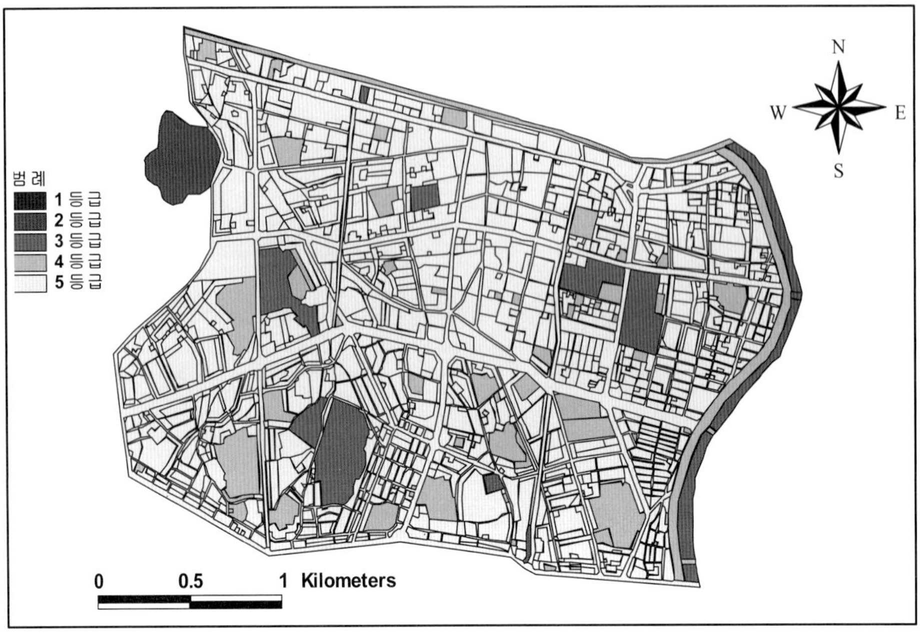

[그림 6-2-5] 비오톱 평가지도 사례(대구시 중구)(출처: 나정화와 도후조, 2003)

2. 비오톱의 복원

Keyword 9 **비오톱 복원**(biotope restoration)

비오톱 복원은 각종 무분별한 개발사업으로 인해 비오톱 기능이 매우 악화된 지역을 대상으로, 인위적으로 비오톱 기능을 재창조 및 복원한 공간을 의미한다.

조경에서 비오톱 복원분야를 연구하기 시작한 것은 1980년 초반으로 볼 수 있다. 이 당시에는 암반노출지, 자연공원 등산로 복원 등이 주 관심사였다. 이후 비탈면녹화, 생태건축 및 인공지반녹화, 훼손지 복원 등에 관한 많은 연구가 활성화되기 시작하였다. 특히 1990년대 후반부터는 생태조경의 이론과 연계되어 자연형 하천 복원, 생물서식공간 복원 등에 관한 많은 연구가 본격화 되었으며, 연구결과는 실무에도 많이 적용되어 왔다. 이처럼 다각도에서 진행되어 온 비오톱 복원연구는 특히 조경 및 경관생태분야와 밀접한 연계 속에서 진행되어 왔으며, 특히 향후에는 무분별한 각종 난개발의 가속화와 더불어 조경 및 경관생태계획의 실천적 대상공간으로서 더욱더 중요한 역할이 기대된다.

지금까지 비오톱 복원분야에서 연구되어 온 내용은 매우 다양하다. 이들 내용을 우선 유형별로 살펴보면, 수공간 복원, 생물서식공간 복원, 훼손지 복원, 비탈면 녹화, 생태건축 및 인공지반 녹화, 기타 등 6가지로 구분해 볼 수 있다.

[표 6-2-2] 비오톱 복원 유형 및 종류

유 형	주요내용
수공간 복원	자연형 하천 조성, 생태연못, 우수저류지 등
생물서식공간 복원	습지복원, 비오톱 복원, 야생동물 이동통로 등
훼손지 복원	폐광지, 간척지, 표토유실지역, 매립지 복원 등
생태건축 및 인공지반 녹화	옥상녹화, 벽면녹화, 생태주차장 조성, 방음벽, 암반노출지 녹화 등
비탈면 녹화	사면절개지 녹화, 옹벽 녹화, 침목계단 등
기타	생태공원, 생태도시, 생태마을, 도시숲, 자연학습장 조성 등

이 중 본 고에서는 비오톱 복원의 의미를 생태적 기반 위에서 재정비된 훼손지 및 비오톱 공간으로 제한하고, 아래에서는 지면관계상 일선 실무현장에서 많이 적용되어 온 몇몇 주요항목들을 선별하여 기술해 보고자 한다.

Keyword 10 **훼손지 비오톱 복원**(restoration of the disturbed biotope)

훼손지 비오톱 복원은 대상 부지의 생태적 작용체계, 외형의 모습 및 지표면의 구조가 손상되었거나 심하게 훼손되어 복원을 필요로 하는 지역을 의미한다. 또한 복원의 의미는 경관자원들의 생태적 기능이 원래의 상태로 환원되어야 하는 것이 아니라 경관의 생태적 작용체계 및 경관자원의 잠재적 생산성이 회복되는 수준을 의미한다.

특히 이러한 부지들에 대한 복원계획의 근본적인 목표는 건축공간으로의 이용에 있는 것이 아니라 가치 있는 비오톱의 보호 및 휴양기능 강화 등과 같은 경관생태적 이용으로 재전환되어야 한다. 또한 세부적인 경관 복원조치에 대한 원칙 및 내용들은 타 법령(예를 들면, 쓰레기매립지는 쓰레기처리법, 채굴장은 광산채굴법 등)이 정한 복구계획과 협의를 통해서 진행한다. 이에 해당하는 부지들로는 다음과 같은 것들을 들 수 있다.

- 지금까지 매립 또는 야적되고 있는 부지
- 훼손이 심하지만 아직 복원조치가 수행되지 않은 부지
- 아직 현실화는 되지는 않았지만 계획이 승인된 부지
- 승인된 부지는 아니지만 계획내용으로 미루어 볼 때, 침해가 발생될 것으로 예상되는 부지

복원 전

복원 후

[그림 6-2-6] 경기도 용인시 대지산 훼손지 비오톱 복원 사례

Keyword 11 빗물저류지(雨水貯留地 storm-water reservoir)

빗물저류지의 조성목적은 크게 빗물 침투 및 저류공간 확대를 통한 비오톱 및 생태기능 개선, 지역민의 자연학습을 위한 친수휴양기능 강화, 수원 확보를 위한 빗물 집수기능 강화 등으로 요약해 볼 수 있다.

빗물관리계획 요소로는 이용, 침투, 저류계획으로 구분할 수 있으며, 특히 저류계획에는 지상부 저류와 지하부 저류가 있다. 관리형태로는 분산식과 집중식으로 나눌 수 있으며, 분산식은 이용목적에 따라 저장하거나 저류시키는 방안과 빗물을 침투시키는 지표면 침투와 지하부 침투방안으로 구별된다.

[표 6-2-3] 분산식 빗물관리계획 요소

단계	빗물이용 침투 및 저류	저류중심	저류중심
처리단계	발생지점에서의 처리 (source control)	단지에서의 처리 (site control)	지역/지구에서의 처리 (district control)
목적	수위 확보	자연적 물순환체계의 회복	수해방지
적용 가능지역	· 비응용수로서의 물소비가 많은 지역 · 수원 부족지역	· 생태계 회복이 요구되는 지역 · 관계용량이 부족하여 신설 및 증가가 필요한 지역	· 수해피해가 있거나 예상되는 지역 · 공공용도로 저류공간 확보가 용이한 지역
계획시설	집수/저장시설, 전처리시설, 이용시설 등	투수포장재, 자연재료	자연형태의 저류시설, 인공형태의 저류시설
타 유형과의 연계가능성	이용 + 저류	침투 + 저류	이용 + 침투 + 저류

자연도랑은 길이가 길고 방향성이 있어 강우 시 배수로의 역할을 수행한다. 시설면적이 작아 공간적 제약이 적으며 공원이나 아파트단지 외부 등에 많이 활용되고 있는 빗물관거 대체시설로 가능하다.

투수구덩이는 시설면적이 크지 않아 다양한 공간에 적용이 가능하며, 특히 대지 내 녹지, 소규모 정원, 도로 및 보행자로의 측면부 등에 활용된다. 길이는 5~25m, 폭은 1~5m, 깊이 0.2~0.5m가 적당하다. 재료는 잔디나 관목을 많이 사용하고 있으며, 수시로 침전물을 제거해 줄 필요가 있다.

[그림 6-2-7] 투수구덩이(출처: 한국토지공사, 2007)

투수연못은 유역면적이 비교적 넓은 장소에 적합하며, 규모가 큰 공공건물 및 상업시설, 주차장등에 많이 활용되고 있다. 크기는 유역면적의 규모에 따라 50~1,000㎡ 이상까지 매우 다양하다. 연못의 재료는 지피류를 식재하고, 유입부와 침전조는 콘

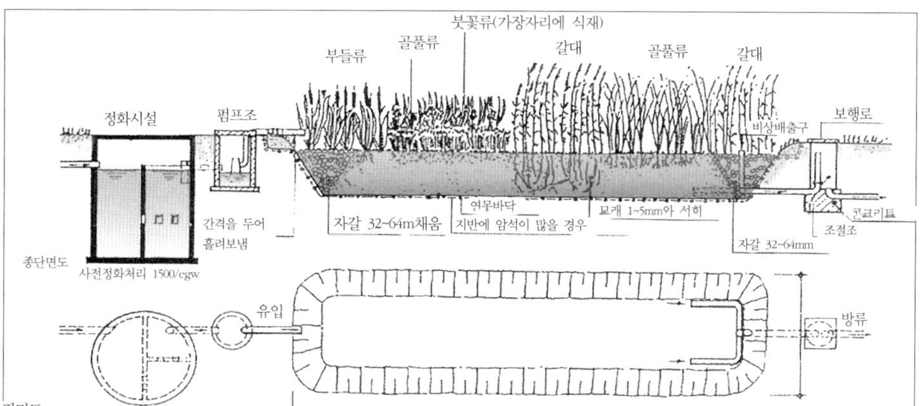

[그림 6-2-8] 투수연못 단면도 및 평면도의 예(출처: 한국토지공사, 2007)

크리트, 합성수지, 석재 등을 활용한다.

유공관은 소규모로 적용 가능하기 때문에 적용대상 지역이 방대한 편이며, 유역면적이 작은 보행자로, 자전거도로, 주차장 등에 적용되고 있다. 규모는 매우 다양하며, 구덩이의 길이는 보통 20~100m가 적당하다. 저장용량은 자갈층의 공극률과 유공관의 단면에 의해 결정되며, 또한 유입관의 직경, 침전조와 구덩이의 크기는 유역면적의 크기에 의해 결정된다.

투수조는 작은 면적에 소량의 빗물을 처리할 경우 용이하며, 단독주택지, 도로, 광장 등에 적용이 가능하다. 단독주택지와 같은 소규모의 경우 투수조의 직경은 1~2m, 깊이 1.5~3m 정도가 적합하다. 투수조의 유입관과 유출관은 합성수지관으로 한다. 특히 유입관의 시작부분에는 투수조에 침전물이 적게 퇴적되도록 체나 콘크리트로 된 작은 침전조를 설치하는 것이 필요하다.

Keyword 12 **옥상 비오톱**(rooftop biotope)

"옥상이란 빗물이 사용되고 수평하거나 수평에 가까운 옥외의 인공지반을 가리키는 것으로, 이와 같은 공간을 녹화하는 것" 을 옥상녹화라고 정의한다. 옥상녹화가 일반구조물의 인공지반과 다른 점은 옥상녹화지의 경우, 바람의 영향을 강하게 받고 비교적 토심이 얕아 쉽게 건조될 수 있는 상황에 놓이게 된다는 점으로서 수종 선정 시 이러한 점을 충분히 고려해야 한다.

이러한 옥상녹화는 자연지반과는 공간적으로 분리된 상태에서 인위적으로 자연상태와 유사한 환경을 조성하여 생태보전 및 인간의 활용성을 강화시켜 나가는 것을 의미하는데, 특히 옥상녹화는 도시와 주거단지에 점점 부족해지고 있는 녹지공간 확충을 위한 하나의 방편으로서, 또한 미 · 시각기능 강화를 통한 활용성 증진 및 우수한 단열기능을 통한 에너지 절약 차원에서 중요한 의미를 지니고 있다.

옥상녹화의 효과는 크게 환경오염 방지, 도시생태계 보호, 기후변화 완화, 도시민의 삶의 질 향상, 에너지 절감 등으로 정리해볼 수 있으며, 각각에 대한 구체적인 내용은 다음과 같다.

[표 6-2-4] 옥상녹화의 효과

세부 효과	효과	종합
• CO_2, NO_2, SO_2 등의 흡수 및 산소 방출 • 오염물질 흡착 • 우수정화작용	환경오염 방지	도시의 생활환경 문제해결
• 토양생태계 보전 • 생물서식공간 제공 • 비오톱 네트워크의 징검다리 및 이동로 형성	도시생태계 보호	
• 온도 · 습도조절, 기온상승 억제 • 반사방지, 방풍효과 • 우수 일시저장으로 도시홍수 예방	기후변화 완화	
• 미 · 시각 경관기능 증진 • 휴식공간 제공 • 화초재배, 채소수확과 같은 다양한 취미생활 확보 • 차폐, 은폐, 차음효과	도시민의 삶의 질 향상	
• 건축물의 단열효과 • 냉 · 난방비의 절감 → CO_2 발생 억제	에너지 절감	

(출처: 중앙기술연구소, 2000)

상기의 개념에 입각한 옥상녹화의 유형으로는 중량 · 관리형 녹화(집약형 녹화), 혼합형 녹화, 저관리 · 경량형 녹화로 구분되며 각각에 대한 주요특징은 다음과 같다.

우선, 중량 · 관리형 녹화는 초화류, 관목류, 교목류 등 자연지반에 사용하는 식생을 제약 없이 집약적으로 활용할 수 있는 녹화방법이다. 규칙적인 관리에 의해서만 지속적인 유지가 가능한 특징이 있으며, 주로 평지붕이나 지상부 인공지반녹화에 많이 사용되는 유형이다.

혼합형 녹화는 관리 · 중량형과 저관리 · 경량형 녹화방식을 혼합한 유형이다. 평지붕뿐만 아니라 경사 지붕에도 적용가능하며, 토양 피복형 녹화를 추구하는 특징을 가지고 있다. 관수, 시비 등의 요구도가 집약형 녹화에 비해 낮고 시공비가 저렴한 장점을 가지고 있다.

저관리 · 경량형 녹화는 자생적으로 유지되고 발전되는 자연에 가까운 식생형태를 적용한 녹화유형이다. 식물소재로는 천태류, 다육질식물, 초본류 및 화본류를 많이 사용한다. 1년에 1~2회 정도의 관리가 요구되며, 집중호우나 갈수기에는 별도의 관리가 필요하다.

[그림 6-2-9] 옥상녹화 사례

Keyword 13 생태주차장(生態駐車場 ecological parking zone)

생태주차장은 투수성 바닥면 포장재료의 사용을 통해 식물생육이 가능하도록 조성하는 것을 의미한다. 특히 주차공간의 과도한 불투수성 포장재료의 사용은 우수침투, 복사열 차단, 식물생육의 어려움 등과 같은 많은 생태적 문제점을 가지고 있다. 또한 미·시각적 측면에서도 단조롭고 공간의 변화감을 살리지 못하고 있으며, 주변 녹지와의 공간적 단절감을 심화시키는 원인이 되고 있다.

생태 주차장의 주요 조성방안을 살펴보면 다음과 같다.

- 주차장의 규모는 이용자 수를 고려하여 적절히 조성한다.
- 주차형태는 90°, 60°, 45° 등 해당부지의 특성에 맞게 적절히 선정하여 배치한다.
- 필요할 경우 안내간판, 녹음수, 간단한 편의시설 등을 설치한다.
- 바닥면 포장은 식물생육이 가능한 투수성 재료 또는 자연흙다짐 포장으로 조성한다.
- 기타 일반주차장과 생태주차장의 장·단점 및 생태주차장 조성 시 유의사항을 살펴보면 다음 표와 같다.

[표 6-2-5] 일반주차장과 생태주차장의 장 · 단점 및 유의사항

<table>
<tr><th colspan="2">구분</th><th>주요내용</th></tr>
<tr><td rowspan="2">일반주차장</td><td>장점</td><td>· 비교적 적은 조성비용 · 넓은 주차공간 확보가능
· 관리가 용이</td></tr>
<tr><td>단점</td><td>· 불투수성 포장재 사용으로 인한 열섬현상 촉진
· 우수침투 방해 · 환경부하 증가</td></tr>
<tr><td rowspan="2">생태주차장</td><td>장점</td><td>· 식물생육가능 · 미 · 시각적 경관 개선
· 환경교육 및 홍보효과 · 도시 비오톱 연계기능
· 환경개선(경관생태적 순기능)</td></tr>
<tr><td>단점</td><td>· 비교적 많은 조성비용 · 정기적 관리가 필요함
· 주차면적 확보 측면에서 불리함</td></tr>
<tr><td colspan="2">생태주차장
조성 시 유의사항</td><td>· 초본식생 및 관목류 위주의 식재 유도
· 녹음수 식재 및 뿌리분 보호
· 전면적인 포장지양(투수성 포장 확대)
· 모든 구조물에서의 녹화 유도(분리대, 교각, 데크)
· 야생덤불지역조성 : 도로변에 야생초본류로 조성된 비오톱은 시각효과와 함께 종 다양성 확보에 강점이 있음
· 겨울철 도로결빙 방지를 위한 과도한 화학약품(염화칼슘) 사용금지
· 나지 없이 항상 피복상태 유지
· 가급적 향토식물과 자연식생구조 유지</td></tr>
</table>

[그림 6-2-10] 생태주차장 조성 예시

Keyword 14 **비탈면녹화**(斜面綠化 slope revegetation)

비탈면녹화의 목적은 개발로 인해 야기되는 자연환경 훼손을 최소화하고, 또한 기존 생태계의 유지 및 복원, 이용자들의 안전성, 기능성, 쾌적성을 종합적으로 고려하여 경관생태적 질을 개선시키는데 있다. 이러한 비탈면녹화는 비탈면보호기능뿐만 아니라 경관대책을 만족시켜야 한다. 하지만, 녹화에 적합한 기반과 토목구조물은 본질적으로 다르다. 지하수나 토중수는 토목구조물의 안정을 좌우하는 큰 요인이 되

기 때문에 적극적으로 배출시키려 하지만, 식생 면에서 볼 때 토중수는 불가결한 것이다. 비탈면녹화의 기본방향을 정리해 보면 다음과 같다.

- 비탈면의 풍화 정도, 토양구조, 균열발생 등을 고려하여 적합한 비탈면녹화공법을 결정한다.
- 비탈면 안정화 이전에 비탈면처리대책을 결정한다.
- 녹화식물은 가급적 훼손 이전의 식생 및 현지 환경조건에 부합하는 수종을 선정한다.
- 식재식물은 가급적 자연천이에 의해 발달될 수 있도록 유도한다.

사면식생 공법의 적용은 우선 사면의 토질 및 안전성을 고려하여 결정한다. 흙쌓기 비탈면의 경우에는 줄떼, 종자분사파종, 거적덮기 등이 유효하다. 한편 흙깎기 비탈면의 경우에는 토사, 리핑암, 발파암에 따라 적용공법을 차별화 할 수 있으며, 구체적인 내용은 다음과 같다.

[표 6-2-6] 사면보호 식생공법

구분		보호공	적용
흙쌓기 비탈면		줄떼, NET 잔디, 종자분사 파종, 거적덮기 등	거적 덮기
흙깎기 비탈면	토사	평떼, NET 잔디, 종자분사 파종, 얇은 식생기반재 취부, 거적덮기 등	거적 덮기
	리핑암	NET 잔디, 종자분사 파종, 얇은 식생기반재 취부(T=3cm), 골파기 등	얇은 식생기반재 취부(T=3cm)
	발파암	두꺼운 식생기반재 취부 (T=10cm), 덩굴식물류, 자생종묘식재 등	두꺼운 식생기반재 취부 (T=10cm)

특히 식물종자의 파종에 의한 사면보호 식생공법으로는 Seed-Spray공법과 종비토뿜어뿌리기 공법으로 구분할 수 있으며, 이들 두 공법의 특징비교는 다음과 같이 요약해 볼 수 있다.

[표 6-2-7] 종자파종에 의한 식생공법 비교

구분	Seed-Spray	종비토 뿜어뿌리기
적용기준	· 식생기반(토양)이 있는 경우	· 식생기반(토양)이 없거나 매우 열악한 경우
주요 구성재료	· 종자+침식방지제(토양안정제)+피복양생제(식생기반제)+비료	· 종자+토양(인공 또는 자연)+침식방지제+비료
적용 토질	· 기반 : 보통토사~경질토사 · 경사 : 40° 이내 · 토양경도 : 27㎜ 이하 · 암반의 경우 풍화토 존재	· 기반 : 경질토사~암반 · 경사 : 70° 이내 · 토양경도 : 27㎜ 이상
시공두께	· 0.2㎜~20㎜	· 10㎜~150㎜
공법 종류	· 단순 seed-spray · Coir, Jute · 볏짚거적+seed-spray · 개량 seed-spray - Codra 공법 - PEC 1, 2공법	· 색토공법 · 면배토습식공법(ASNA) · 연표토공법(SF) · 연표토단면복원공법(SFP)

서울시 탄천하수처리사업소

조암 변전소

[그림 6-2-11] 종자파종에 의한 식생공법 사례

제 3 절 더 알아야 할 개념

3. 비오톱 지도화 방법

Keyword 15 **비오톱 지도**(biotope mapping)

비오톱 지도화는 대상부지 전체에 산재해 있는 비오톱들의 위치, 크기, 배열상태, 가치등급 등과 같은 공간구조적 특성 및 기능적 특성을 한눈에 파악할 수 있도록 해주는데 장점이 있다. 지도화 방법은 해당지역의 자연환경적, 지리학적 및 경관적 특성에 따라 차이가 있다. 일반적으로는 많이 활용되고 있는 방법으로는 선택적 지도화 방법, 포괄적 지도화 방법, 선택적-포괄적 절충식 방법 등 크게 3가지로 구분할 수 있으며, 장·단점은 다음과 같다.

먼저, 선택적 지도화 방법은 대상 부지 내 보전가치가 높다고 판단되는 비오톱공간들을 먼저 선별하고, 선별된 공간들에 한해서만 조사, 평가 및 지도화를 수행하는 방법이다. 장점으로는 시간, 인력 및 비용의 절감 등을 들 수 있다. 반면에 선별되지 못한 나머지 비오톱들에 대한 정보의 누락으로 정확도가 떨어질 수 있는 단점이 있다. 특히 이 방법은 농경지 및 산림을 중심으로 한 광역의 지역단위에서 활용성이 높을 것으로 사료된다.

포괄적 지도화방법은 특정 비오톱에 대한 사전선별 없이 처음부터 대상 부지 내 출현하고 있는 모든 비오톱들 대상으로 조사, 평가 및 지도화하는 방법이다. 특히 이 방법은 모든 비오톱들에 대한 정보를 담을 수 있어 정확도가 높다는 장점을 들 수 있다. 그러나 시간, 인력 및 비용이 많이 투자된다는 단점을 가지고 있다.

선택적-포괄적 절충식 방법은 유형분류는 포괄적 방법을 취하고, 개별 비오톱 평가는 선별적으로 수행하는 일종의 절충식 방법으로 볼 수 있다. 상기 2가지 방법의 장·단점을 적절한 수준에서 보완할 수 있는 특징을 가지고 있다.

Keyword 16 **비오톱의 경관생태학적 활용**(practical application of biotope for landscape ecology)

비오톱 지도는 대상부지 내에 출현하는 모든 비오톱들을 경관생태적 측면에서 조사, 분석 및 평가한 정보를 포함하고 있다. 특히 등급화된 평가결과는 국토공간 및 조경계획의 자연친화적 유도를 위해 매우 효과적으로 접목 및 활용될 수 있는 중요한 기초자료이다. 예를 들면, 광역단위 조경계획에서, 공원녹지계획에서 또는 경관생태계획 수립과정에서 계획가에게 필수적으로 요구되는 기본정보들, 즉 어떤 공간을 휴양, 미·시각 또는 생태보전지역으로 설정할 것인지 등에 대한 중요한 기초자료를 제공해 준다. 또한 비오톱 지도는 녹지네트워크 수립과정에서도 가장 기본적으로 요구되는 녹지의 분포, 위치, 크기, 물질교환 및 에너지 이동, 생태적 가치 등과 같은 경관생태적 기초자료를 계획가에게 제공해 준다.

제 7 강

국토보전 및 생태복원공간

김남춘

제1절 서론

제2절 핵심개념

1. 국토환경계획

Keyword 1 환경계획의 정의
Keyword 2 토지적성평가
Keyword 3 환경용량
Keyword 4 녹지자연도
Keyword 5 생태자연도
Keyword 6 국토환경성평가

2. 지속가능한 개발

Keyword 7 생태도시
Keyword 8 생태주거단지
Keyword 9 생태도로
Keyword 10 생태하천

3. 생태복원

Keyword 11 복원의 개념
Keyword 12 훼손지 복원
Keyword 13 습지 복원
Keyword 14 하천 복원
Keyword 15 매립장 복원
Keyword 16 야생초지 복원
Keyword 17 동물이동통로

제3절 더 알아야 할 개념

4. 사막화와 환경지표

Keyword 18 사막화
Keyword 19 환경지표

5. 잠재자연식생과 비탈면 녹화공법 등

Keyword 20 잠재자연식생
Keyword 21 비탈면 녹화공법
Keyword 22 천이, 군락, 습지 등

제 7 강

국토보전 및 생태복원공간

김남춘

제 1 절 서 론

국토보전 및 생태복원공간의 이해는 21세기 조경분야가 새롭게 발전하여 나가야 할 중요한 분야이다. 청계천 복원사업이나 백두대간 생태계 복원사업에서 국민들은 복원이란 단어에 친숙하여 졌으며 한반도 대운하와 같은 대규모 국책사업에서는 복원분야가 매우 중요한 역할을 담당할 것이다. 생태 복원은 도로, 하천, 습지, 해안의 원래의 모습을 되돌리는 행위를 말하는 것으로, 생태 복원과 관련한 주요 용어들은 도로 및 광산의 훼손지 복원, 하천 및 습지 생태계 복원, 해안생태계 복원과 관련된 것들이 주이며, 천이와 생태계의 구조, 잠재자연식생, 토양기반과 침식방지와 관련된 용어들에 대한 이해가 필요하다.

1992년 6월 브라질의 리우데자네이루에서 개최된 유엔환경개발회의(UNECD) 이후 국가별로 지구온난화 방지, 생물다양성 확보, 열대림 파괴 방지 등과 같은 범지구적 차원에서의 환경문제 해결에 노력을 하고 있으며, 환경적으로 건전하고 지속가능한 개발(ESSD ; Environmentally Sound and Sustainable Development) 개념을 도입하여 환경과 개발의 조화를 시도하고 있다.

생물다양성 협약이나 기후온난화 협약 등은 경제적인 제재조치와 맞물려 있어 우리나라에서도 국토보전에 있어 대응방안 마련의 시급함과 중요성을 함께 인식하게 되었으며, 복원공간에 대해서도 생물다양성의 증진과 지구온난화의 방지에 유리한 형태가 되도록 하여야 한다는 것을 알게 되었다.

생물다양성 증진을 위한 구체적인 노력들은 선진외국의 경우 1970년대 후반부터 시작되어, 생물의 서식처를 보전하고 복원 및 창출하기 위한 연구와 실제 적용을 위한 시도들이 이루어져 왔다. 1990년대 후반부터 생물과의 공생공간을 조성하고 있으며, 생태연못 조성, 도시공원에서의 생태숲의 복원, 생태통로 및 습지조성, 국토핵심생태축 및 도심녹지축의 보전과 확충, 자연형 하천의 조성, 훼손지의 생태 복원과 같은 다양한 사업들이 추진되고 있다.

최근 사전환경성 검토제도가 시행되면서 특히 자연재생과 훼손지 복원이 중요한 과제로 부각되고 있다. 개발로 생성되는 대규모의 훼손지에 대한 복원과 잃어버린 자연의 재생을 위한 계획기법과 설계, 복구공법 등에 많은 관심을 갖게 되었다. 과거 급속녹화, 조기녹화로 대표되던 훼손지의 복원은 외래종보다는 자생종을, 초본류만 사용하기보다는 다양하고 풍부한 식생군락의 조성 등에도 관심을 갖게 되었다.

아울러 기존 수목의 이식과 건설폐기물에서 제외된 임목폐기물의 재활용, 표토의 재활용, 비탈면의 조기 수림화(樹林化), 양질의 식생기반 조성에 의한 생태적 천이의 촉진, 생태이동통로의 조성, 실개천의 조성, 도심지 내 육상비오톱과 수생비오톱공간의 조성, 인공지반녹화 등은 과거의 도로건설과는 확연하게 다른 친환경적인 노력임을 의미한다.

제2절 핵심개념

1. 국토환경계획

Keyword 1 환경계획의 정의(環境計劃 environmental planning)

일반적인 계획과정이 인간을 중심으로 한 계획이라면 환경계획은 인간과 생태계의 관계를 고려한 접근이 강조된다. 환경계획은 environmental planning이라는 이름으로 불리며, 현실적인 공간계획에 생태환경적 관점과 수단을 가미한 접근방식으로 이해할 수 있다. 아울러 국토환경계획은 그간의 국토이용과 개발이 국토의 심각한 훼손을 야기하였기에 환경보전적 국토이용으로 전환하기 위한 각종 기법 · 기술 · 제도 · 방법 등을 제안하는 것을 말한다.

환경계획 · 설계 시 먼저 이해하고 고려되어야 할 것으로는 환경위기의식이 기본바탕이 되어야 한다는 점이다. 또한 계획 · 설계의 주제와 공간의 주체가 생물종이 되어야 한다는 점이다. 예를 들면 생물이 서식하는 공간인 비오톱, 야생동물의 이동통로, 나비원이나 잠자리공원 조성 등이 주제가 되는 것이다. 이를 위해서는 계획·설계 시 다양한 생물의 서식행태를 이해하고 생물종을 식별하며, 이 생물종들이 살 수 있는 환경조건을 이해하도록 노력하는 것이 중요하다.

다음으로는 지속가능한 계획·설계가 되어야 한다는 점이다. 토지의 수용력 특성을 비탕으로 시설의 종류와 밀도를 조절해야 하며 계획·설계과정에는 시공과정과 장기적인 관리를 고려한 내용이 포함되어야 한다.

환경관련 분야에서의 계획은 오늘날의 도시환경이 안고 있는 다양한 환경문제들을 해결할 수 있는 방식으로서의 환경계획적 접근방식이 요구되고 있는 것이다. 일반적으로 접근되어 왔던 계획방식이 인간과 생활환경을 중심으로 한 계획이었다면, 환경계획은 인간과 생물과의 공존을 목적으로 인간환경과 자연환경과의 관계구축에 보다 관심을 두고 있다고 할 수 있다.

환경계획의 대상은 공간유형별(도시, 농촌, 산림, 연안역, 습지, 수변, 하천 등), 개발유형별(택지, 사업단지, 관광지, 도로 등), 계획형태별(생태도시, 생태주거단지, 생태마을, 생태공원 등), 참여형(시민참여, 환경교육, 국제협력 등) 등 다양한 기준으로 구분해 볼 수 있다.

환경계획은 종래의 조경계획에서보다 생물에 대한 고려가 중요한 부분을 차지한다. 국토생태계와 경관보전의 측면에서 백두대간과 같은 국토핵심녹지축지역, 녹지자연도 8등급 이상의 자연성이 우수한 지역, 생태자연도 1등급 지역, 국토환경성 평가도 1등급 지역, 국립공원과 문화재지역과 같은 별도관리지역에 대한 보전 우선과 종다양성이 우수한 지역, 법적 보호 종과 멸종위기종의 생물서식지에 대한 보호, 생태네트워크 구축 등에 깊은 관심을 가지고 국토보전과 복원을 위한 계획방안을 모색하는 점에서 종래의 조경계획과는 차별된다.

[표 7-2-1] 일반적 계획방법과 환경계획방법과의 비교

구 분	기존 계획의 일반적 접근방법	환경계획의 접근방법
계획수립	· 환경에 대한 고려보다는 개발지향적인 구상안 수립	· 개발구상을 지원하는 환경계획 수립
조사 및 DB구축	· 해당지역에 국한된 현황조사 실시로 주변 및 대상지의 생태적 기능과 역할 등에 대한 고려는 미흡 · 조사결과 목록 나열식의 결과 도출로 조사정보의 미흡 및 DB 미구축	· 해당지역에 국한되는 것이 아니라 주변지역을 포함해 유역권 전체에 대한 조사 및 분석 · 조사결과의 DB구축으로 토지생태분석의 토대 마련 및 개발구상 수립시 기초자료 제공
계획과정	· 경사, 표고, 식생, 경관, 수문분석 등 주로 물리적 환경 위주의 대상지분석 · 개발 가능지 확보 차원에서 계획적 접근 시도 · 일방적 개방구상에 의한 계획수립 및 인간편익 중심의 인위적 공간배치	· 경관의 기능 및 구조분석을 통한 생태계의 흐름 파악 · 보전가치가 높은 생태적 자원을 배려한 개발구상 · 개발구상과 환경계획의 협의를 통한 계획조정 및 생태계 흐름을 중시한 배치계획
계획내용	· 구체적으로 어디를 어떻게 보전하여야 하는지에 대한 내용 없이 서술적인 환경보전내용 제시로 개념만 적용하여 개발구상에서 수용할 사항 미흡 · 개발계획을 지원하거나 견제하는 환경계획이 아니라 개발의 결과로 제기되는 환경오염의 사후처리에 대한 내용에 치중하고 환경훼손에 대한 내용은 다루지 않음	· 비오톱 지도 작성 및 생태계 종합평가를 토대로 보전녹지의 등급화에 의한 환경보전지역 설정 및 이의 도면화로 개발계획에서 반영할 수 있도록 제시 · 개발구상과 지속적인 협의를 통하여 불가피하게 개발되어야 할 곳에 대한 사전환경영향 저감방안 강구 · 지속가능 개발을 위하여 계획 및 설계과정에서 고려하여야 할 환경관련 사항 제시

Keyword 2 토지적성평가(土地適性評價 land evaluation & site assessment)

토지적성평가는 국토의 난개발을 방지하고 개발과 보전의 조화를 유도하기 위하여 토지의 토양, 입지, 활용 가능성 등에 따라 토지의 보전 및 이용 가능성에 대한 등급을 분류하여 토지용도 구분의 기초를 제공하는 제도이다.

토지적성평가는 도시관리계획 입안권자가 도시관리계획을 입안하기 위하여 실시하는 기초조사의 하나로서, 이는 "관리지역 세분을 위한 평가" 및 "기타 도시관리계획 입안을 위한 평가"로 구분된다. "도시관리지역 세분을 위한 평가"법의 시행으로 준도시지역과 준농림지역이 관리지역으로 통합되고 관리지역을 일정기간 내에 보전관리지역, 생산관리지역 및 계획관리지역으로 세분하여야 함에 따라, 이를 세분하는데 필요한 자료를 제공하기 위하여 실시하는 토지적성평가를 말하며, 도시관리계획 재정비에도 이 평가방식을 준용할 수 있다. "기타 도시관리계획 입안을 위한 평가"는 용도지역, 용도지구, 용도구역의 지정·변경, 도시계획시설의 결정·변경 등 관리지역 세분을 위한 평가가 아닌 개별적인 도시관리계획을 입안하기 위하여 실시하는 토지적성평가를 말한다.

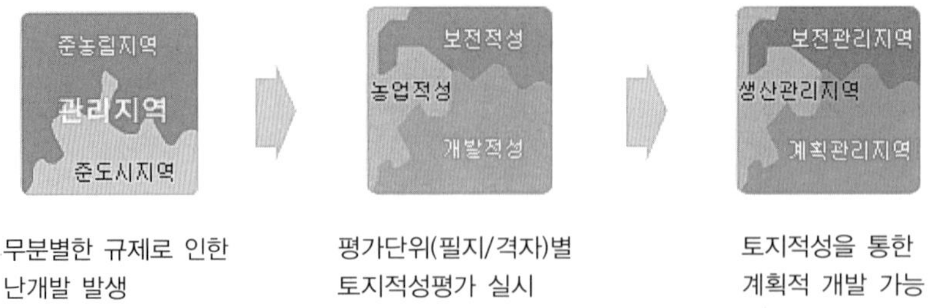

[그림 7-2-1] 토지적성평가의 목적

토지적성평가는 어느 지역의 단위토지를 개발적성, 보전적성, 농업적성 3가지 측면에서 평가한 후 이를 종합하여 어느 특정한 적성을 부여하는 과정을 거치고 있다. 토지의 적성을 미리 검토하여 어떠한 용도로 토지가 활용되었으면 적절한가에 대해 미리 평가하여 토지의 난개발을 막고 효율적인 이용을 도모하며, 도시관리계획 결정을 위한 기초정보를 제공하는데 목적이 있다.

Keyword 3 **환경용량**(環境容量 environmental capacity)

환경용량이란 재생가능한 자연자원이 지탱할 수 있는 유기체의 최대 규모를 말한다. 환경용량은 지역 크기와 그 지역에 생존하고 있는 유기체의 특성의 함수관계로 표시된다. 다른 조건이 동일하다면 더 넓고 자연자원이 풍부한 지역일수록 더 큰 환경용량을 가지게 될 것이다. 또한 같은 규모의 지역이라도 그 지역에 생존하는 종이 적은 에너지로 생존이 가능하다면 더 많은 에너지를 필요로 하는 종이 생존하고 있는 경우보다 더 큰 환경용량을 가지게 될 것이다.

환경용량의 개념은 분야와 논자에 따라 비교적 다양하게 정의되고 있으나 공통적인 점은 성장의 한계가 우선적으로 전제되고 있다는 점이다. 즉 환경용량이란 것이 바람직스럽지 않은 환경변화를 초래하기 시작하는 인간활동의 수준 또는 자연시스템을 불안정하게 하거나 환경의 질적 저하, 비가역적인 손상을 자연시스템에 가하게 되는 인간활동의 한계를 의미하고 있기 때문이다.

성장의 한계를 인식하고 있다는 접근방식이라는 점에서 한계용량 접근방법이 진정한 의미에서의 지속가능성의 개념(생태적 지속가능성)에 보다 근접한 계획방법으로도 볼 수 있을 것이다. 진정한 의미에서의 지속가능 발전을 달성하기 위해서는 환경의 한계용량 내에서의 균형발전, 즉 성장지상주의가 아닌 성장의 한계를 인식하다는 데서 출발해야 할 필요성이 있다. 이것은 환경용량의 범위를 넘어서는 성장은 제한되어야 할 필요성을 인지하는 것이 중요하다고 할 수 있다. 생태학에서는 환경용량의 범위 안에서 환경이용행위가 이루어져야 함을 강조한다. 환경용량이 무엇이냐는 논란의 여지가 있으나 생태학적 측면에서는 자원의 지속가능 생산량(maximum sustainable yield), 지역의 수용용량(carrying capacity), 환경의 자정능력(assimilative capacity)의 개념으로 파악해 볼 수 있다. 지속가능개발이라는 개념이 환경정책의 새로운 이념으로 되면서 환경용량 보전이 강조되고 있다. 환경정책을 추진함에 있어서도 환경용량을 보존한다는 것이 핵심적이 목표가 되어야 한다.

Keyword 4 **녹지자연도(綠地自然度 degree of green naturality ; DGN)**

녹지자연도(1994)는 일정 토지의 자연성을 나타내는 지표로서, 식생과 토지의 이용현황에 따라 녹지공간의 상태를 등급화한 것이다. 녹지자연도는 1988년부터 1990년에 걸쳐 전국토를 1㎢ 단위로 나누어 약 110만 개에 달하는 격자에 식물군락의 종 조성 및 자연성의 정도를 0등급에서 10등급으로 판정하여 각각의 등급을 색깔과 선으로 구분하여 표시하고 있다.

녹지자연도는 환경보전관련정책 수립을 위한 기초자료로서 이용되고 있으며, 특히 현재의 녹지자연도 분류기준에 따라 고산초원, 원시림, 및 자연식생에 가까운 장령림(수령 20~50년생 이상) 지역은 8등급 이상의 등급을 부여함으로써 무분별한 개발을 억제할 수 있는 행정적 제약의 근거가 되고 있다.

[표 7-2-2] 녹지자연도 등급 구분

등급	구 분
1등급	시가지 : 녹시식생이 거의 존재하지 않는 지구
2등급	농경지 : 논 또는 밭 등의 경작지구
3등급	과수원 : 경작지나 과수원, 묘포지 등과 같이 비교적 녹지식생이 분량이 우세한 지구
4등급	2차 초원(A) : 잔디군락이나 인공초지(목장) 등과 같이 비교적 식생의 키가 낮은 2차적으로 형성된 초원지구
5등급	2차 초원(A) : 갈대, 조릿대군락 등과 같이 비교적 식생의 키가 높은 2차 초원지구
6등급	조림지 : 각종 활엽수 또는 침엽수의 식생지구
7등급	2차림 : 1차적으로 2차림이라 불리는 대생식생지구
8등급	2차림 : 원시림 또는 자연림에 가까운 2차림지구(소위 장령림으로 20~50년생)
9등급	자연림 : 다층의 식물사회를 형성하는 천이의 마지막에 이르는 극상지구
10등급	고산자연초원 : 자연식생으로서 고산성 단층의 식물사회를 형성하는 지구

(출처: 환경부(2000) 생태 · 자연도 작성지침)

그러나 녹지자연도는 1/25,000 축적으로 인허가 기준으로는 정밀도가 떨어질 뿐만 아니라 식물사회학적 식생조사, 즉 식물사회의 종 조성을 기준으로 식물군집을 분류하고, 이렇게 분류된 식물군집을 인간 간섭의 정도에 따라 다시 유사한 속성의 식물군집들로 묶어 각 그룹에 그 식생단위가 가지는 자연성의 정도를 등급화한 인위적이고 주관적인 명목 지표(nominal scale)라는 한계가 지적되고 있다.

녹지자연도 8등급 이상은 우선적으로 보존되어야 하는 지역이다. 녹지자연도 7등급 이상인 지역이 대부분인 경우에는 개발보다는 보전을 우선적으로 검토한다. 녹지자연도는 토지를 피복하고 있는 식생의 보전가치를 적절하게 등급화한 것으로 절대적인 지표는 아니지만 개발사업의 적지를 파악하는데 중요한 정보를 제공하고 있다. 녹지자연도 등급을 기준으로 하여 생태적인 지표를 보완한 것이 생태자연도이다.

Keyword 5 **생태자연도**(生態自然度 degree of ecological naturality)

생태자연도(자연환경보전법 제23조)는 산, 하천, 호소, 농지, 도시, 해양 등에 대해 자연환경을 생태적 가치, 자연성, 경관적 가치 등에 따라 등급화 한 지도로서, 전국자연환경조사를 통해 조사한 자연환경의 무생물적인 요소와 생태계의 주요 생물요소를 보전가치에 따라 분류하여 지도상에 표시한 것이다.

생태자연도는 항공사진과 인공위성자료를 기초로, 자연생태계를 식생, 야생동식물, 생물다양성, 지형경관의 4가지 부문으로 구분하여 평가하고 있다.

[표 7-2-3] 생태자연도 평가기준

등 급	평 가 기 준
1등급	▸ 식생 · 식생보전등급을 평가한 지역은 식생보전 Ⅴ등급 또는 Ⅳ등급에 해당하는 지역 · 식생보전등급을 평가하지 않은 지역은 녹지자연도 8등급 이상 또는 자연식생으로 임상도 4영급 이상에 해당하는 지역 ▸ 야생동식물 · 멸종위기 야생동물 중 늑대, 여우, 표범, 호랑이, 바다사자, 반달가슴곰, 사향노루, 크낙새, 장수하늘소의 서식이 확인된 지역 · 가목의 생물을 제외한 멸종위기 야생동물 및 보호야생동물의 출현빈도가 높은 지역 또는 번식이 확인된 지역 · 멸종위기 야생식물 및 보호야생식물의 군락지 · 특정 동물의 대규모 서식지 및 특정 식물의 군락지 ▸ 생물다양성 · 산림의 경우 멸종위기 야생동물 또는 보호야생동물이 5종 이상 서식하는 지역으로서 식생이 식생보전 Ⅲ등급, 임상도 3영급 또는 녹지자연도 8등급 이상인 지역

[표 7-2-3] (계속)

등 급	평 가 기 준
1등급	· 습지의 경우 (1) 멸종위기 야생동식물이 3종 이상 EH는 멸종위기 야생동식물과 보호야생동식물이 6종 이상 서식하는 습지 (2) 물새 20,000마리 이상 또는 물새 한 종의 개체수의 1% 이상이 정기적으로 도래하는 습지 (3) 조사지점에서 어류가 20종 이상 서식하거나 특정 어류가 5종 이상 서식하는 습지 (4) 어류의 산란장 또는 생육장 등으로 중요한 습지와 회유성 어류의 이동통로 · 산란장인 습지 (5) 해안 무척추동물이 50종 이상 또는 해조류가 35종 이상 서식하는 습지 (6) 습지인 농경지의 경우 가) 멸종위기 야생동물이 2종 이상 또는 멸종위기 야생동물과 보호야생동물이 4종 이상 서식하는 농경지 나) 철새 10,000마리 이상 EH는 철새 한 종의 개체수의 1% 이상이 정기적으로 도래하는 농경지 ▶ 지형경관 · 자연환경보전법 제 32조의 규정에 의해 실시된 자연환경조사 결과 지형경관이 Ⅴ등급인 지역 ▶ 식생 · 야생동식물 및 지형경관을 보호하기 위해 지정된 각종 보호지역, 국제협약 · 기구에 등록된 지역 및 자연환경보전을 위한 국가간 협력사업 대상지역 ▶ 생태적 · 역사적 · 문화적 · 자연적으로 중요한 식생 · 야생동식물 및 지형경관 ▶ 식생 · 식생보전 Ⅲ등급에 해당하는 지역과 임상도 2영급 이상에 해당하는 지역 ▶ 야생동식물 · 멸종위기 야생동물 또는 보호야생동물이 서식하는 생태자역도 1등급 권역의 경계로부터 2,000m 이내의 산림 · 습지 및 농경지 · 멸종위기 야생식물 · 보호야생식물 또는 특정동물이 생육 · 서식하는 생태자연도 1등급 권역의 경계로부터 1,000m 이내 지역의 산림·습지 및 농경지 · 특정 식물이 생육하는 생태자연도 1등급 권역의 경계로부터 250m 이내의 산림·습지 및 농경지
2등급	▶ 생물다양성 · 산림의 경우 멸종위기 야생동식물 또는 보호야생동식물 2종이 서식하는 경우의 임상도 1영급 지역 · 습지의 경우 (1) 멸종위기 야생동식물 또는 멸종위기 야생동식물과 보호야생동식물이 2~5종 서식하는 습지 (2) 물새 5,000~20,000마리가 정기적으로 도래하는 습지 (3) 어류가 11~19종 서식하거나 특정 어류 2~4종 서식하는 습지 (4) 해안무척추동물이 21~49종 EH는 해조류가 16~34종 서식하는 습지 (5) 습지인 농경지의 경우 가) 생태자연도 1등급 권역이 포함된 농경지 나) 멸종위기 야생동물이 1종 또는 보호야생동물이 2~3종 서식하는 농경지 다) 철새 1,000~10,000마리가 정기적으로 도래하는 농경지 라) 조류의 대량 서식으로 생태자연도 1등급으로 평가된 습지의 경계로부터 1,000m 이내의 농경지 및 산림
3등급	▶ 생태자연도 1등급 권역, 2등급 권역을 제외한 지역
별도 관리 지역	▶ 다른 법률의 규정에 의하여 보전되는 지역 중 역사적 · 문화적 · 경관적 가치가 있는 지역이거나 도시의 녹지보전 등을 위하여 관리되고 있는 지역으로서 대통령령이 정하는 지역 · 산림법 제 67조제1항의 규정에 의한 천연보호림 · 자연공원법 제2조제1하의 규정에 의한 자연공원 · 문화재보호법 제6조의 규정에 의하여 천연기념물로 지정된 구역(그 보호구역을 포함한다) · 조수보호 및 수렵에 관한 법류 제4조제1항의 규정에 의한 조수보호구

(출처: 환경부(2000) 생태·자연도 작성지침)

생태자연도 등급을 평가하기 위한 기본척도는 1 : 25,000이며, 최소면적은 62,500㎡이나 생태적 · 역사적 · 문화적 · 자연적으로 중요한 식생, 야생동식물 및 지형경관의 경우에는 그 이하의 면적으로 평가할 수 있다. 생태자연도는 1등급, 2등급, 3등급과 별도관리지역의 4부분으로 이루어져 범위가 광범위하여 실용적 차원에서 한계가 있다. 녹지자연도는 식생피복상태만을 평가하는 것과 달리 생태자연도에는 생태적 가치와 자연성, 경관적 가치도 반영한다는 점에서 구별되며, 이들은 국토환경성 평가도면 작성의 기초자료가 되고 있다.

Keyword 6 **국토환경성평가**(國土環境性評價 environmental evaluation of national land)

국토환경성평가란 "환경자원의 지속가능한 보전을 통해 국토환경을 효율적으로 이용 · 관리하기 위하여 토지가 지닌 물리적, 환경적 가치를 과학적으로 평가하여 보전 적성의 등급을 구획하는 과정"(전성우 외, 2003)으로 다음과 같은 의미를 포함하고 있다.

첫째, 토지에 현재 잠재되어 있거나, 특정 조건에서 장래에 드러날 환경적 민감도를 평가하는 일련의 과정이다.

둘째, 토지의 잠재되어 있는 가치평가는 절대적으로 높은 환경적 가치가 있는 지역으로서 사회적으로도 높은 관심을 모으는 지역을 구획하는 것이다.

셋째, 장래에 드러날 환경적 민감도를 평가하는 것은 특정지역이 환경적으로 높은 가치를 가지거나 아니더라도 개발로 인해 상대적으로 높은 환경적 · 사회적 민감 또는 관심을 촉발하는 지역을 구획하는 것이다.

따라서 국토환경성평가는 보전 적지와 개발 적지를 구획하는 도시계획, 개발입지 선정 등의 기초자료로 제공되고 환경성평가자료로 활용된다.

국토환경성평가는 보전 적지와 개발 적지를 구획하는 수단이다. 토지적성평가는 관리지역에 한하고 물리적 특성과 토지이용 특성, 공간적 입지성을 평가지표로 하는 데 반하여 국토환경성평가는 전국토를 대상으로 하고 다양성, 자연성, 풍부도, 희귀성, 허약성, 안정성, 잠재적 가치, 연계성 등의 환경적 지표를 포함하고 있다는 점에서 차이가 있다.

현재 구축되어 활용되는 지형정보는 기본도, 주제도, 평가도의 3가지로 구분이 가능하다.

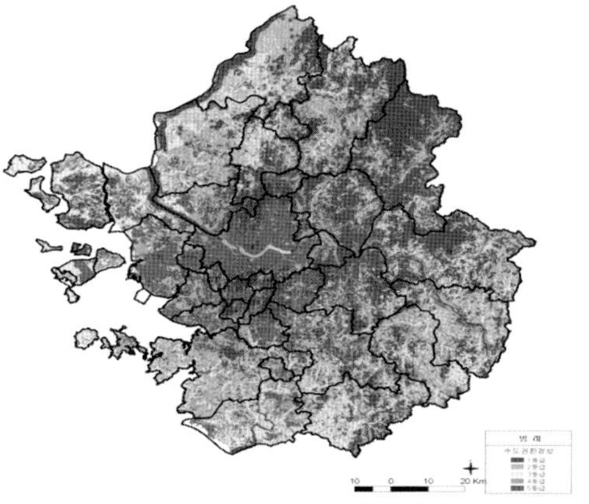

[그림 7-2-2] 수도권지역의 국토환경성평가도

기본도는 국가기본도로서 지형도라고도 표현되며, 국가 전체적으로 1 : 5,000, 1 : 25,000, 1 : 50,000 축척의 지형도가 있으며, 도시부분들은 활용목적에 따라 1 : 600, 1 : 1,000, 1 : 1,200축척의 지형도도 있다.

주제도는 하나 또는 여러 가지의 목적으로 가지고 제작되는 것으로 토지피복지도, 토지이용현황도 등이 있다.

평가도는 지형도와 주제도를 이용하여 가치개념을 등급화한 것으로 이용유형 판별을 위한 적성평가도, 녹지자연도, 생태 · 자연도 등이 있다.

2. 지속가능한 개발

Keyword 7 생태도시(生態都市 eco-city)

생태도시(生態都市)는 도시의 환경문제를 해결하고 환경보전과 개발을 조화시키기 위한 방안의 하나로서 도시개발, 도시계획, 환경계획 분야에서 새롭게 대두된 개념이다. 이러한 개념을 바탕으로 생태도시 개념을 정의하면, "도시를 하나의 유기적 복합체로 보아 다양한 도시활동과 공간구조가 생태계의 속성인 다양성, 자립성, 순환성, 안정성 등을 포함하는 인간과 자연이 공존할 수 있는 환경친화적인 도시" 라고 할 수 있다. 이러한 생태도시에서는 동식물을 비롯한 녹지의 보전과 에너지와 자원의 절약, 환경부하의 감소, 물과 자원의 적약, 재활용 및 순환 등이 중요하다.

이 같은 관점에서, 환경적으로 건전하며 지속가능한 도시의 창출을 위해 고려되어야 할 주요사항은 다음과 같다. 첫째, 환경친화적 토지이용, 교통, 정보통신망을 구축한다. 둘째, 도시가 자연과 공생할 수 있도록 생태 및 녹지를 조성한다. 셋째, 물·바람을 적절하게 활용한다. 넷째, 에너지 절약적 토지이용구조를 모색한다. 다섯째, 환경 및 폐기물의 관리가 중요하다. 여섯째, 어메니티를 확보하는 것이 중요하다.

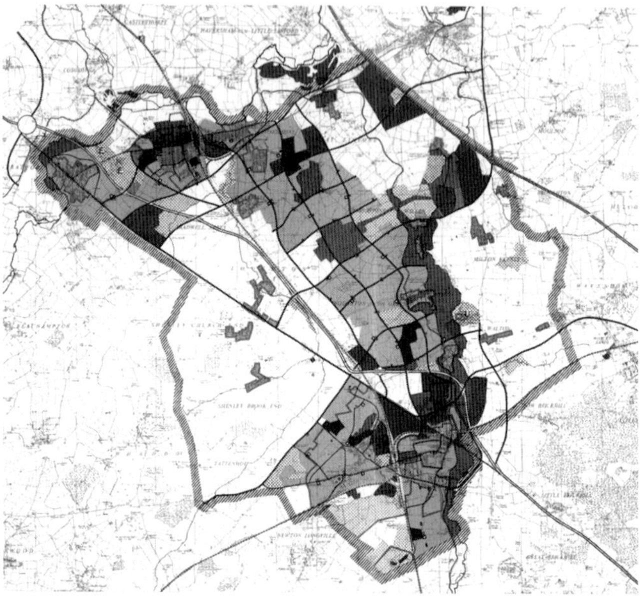

[그림 7-2-3] 해외 생태도시 모범사례 : 영국 Milton keynes

우리나라의 생태도시 개념은 1980년대 들어 등장하였는데 아직까지 개념정립이 명확하지 않아, 녹색도시, 환경도시, 환경공생도시, 환경친화적 도시, 지속가능한 도시 등 다양한 용어들로 혼재하여 사용되고 있다. 하지만 공통적인 특성은 기성도시에서 도시환경의 부정적 요소를 지양하는 인간과 자연이 조화된 도시를 건설하는 데 목표를 두고 있다.

생태도시의 계획요소는 ① 토이지용 및 교통·정보통신분야, ② 생태 및 녹지분야, ③ 물·바람 분야, ④ 에너지 분야, ⑤ 환경 및 폐기물분야, ⑥ 어메니티 분야 등의 6개 분야로 분류할 수 있다. 이들 중에서 환경친화적인 배치, 적정밀도 개발, 오픈스페이스 및 녹지조성 항목 등이 특히 중요하게 취급되며, 우리나라의 경우 2002년 이후 남악시, 김포시, 파주시 등의 신도시 개발계획에 위의 6가지 항목들이 상세하게 고려되고 있다.

생태도시의 핵심적인 계획원리는 다음과 같다. 1) 환경친화적인 토지이용·교통·정보통신망의 구축, 2) 자연과 공생할 수 있도록 생태 및 녹지환경을 풍부하게 조성, 3) 청정환경을 위한 물과 바람을 적절히 조절하고 활용, 4) 친환경 도시를 위한 자연 및 재생에너지 이용, 5) 청정환경을 위한 적극적인 폐기물 관리, 6) 어메니티 확보를 위한 경관 및 문화시설 조성

Keyword 8 **생태주거단지**(生態住居團地 eco-housing complex)

생태주거단지는 최적의 상태를 유지하기 위해 자연자원을 가장 효율적으로 사용하고, 환경파괴를 최소화함으로써 자연자원을 생태적으로 지속가능하게 사용할 수 있는 단지를 의미한다. 즉 자연자원을 보호하고, 건강과 환경에 대한 잠재적인 위협을 최소화하고, 에너지 및 자원(물, 자재 등)을 절감하여 물질 순환체계를 자연생태계에 가깝게 함으로써 생태계를 파괴하지 않고 지속적으로 발전할 수 있는 단지를 의미한다고 볼 수 있다. 즉 들어오는 것과 나가는 것의 균형을 맞추어, 특히 효율적이지 못하고 남아 가는 것을 줄이는 역할이다.

생태주거단지를 구성하는 개개의 건축물들은 생태건축으로 이루어지고 있으며 생태건축은 건축재료 및 건축물에 사용되는 개별적인 공정단위인 에너지, 물, 공기, 물질 등이 지역생태계에 존재하는 것을 사용하고 생태계의 현상처럼 에너지를 극대화하고 물질이 순환되게 하여 효율을 높이도록 설계하는 개별적인 단위다.

생태마을의 개념 또한 생태주거단지와 유사하나 생태주거단지는 도시나 마을의 일부로 존재할 수 있지만 생태마을은 하나의 독립적인 단위로 존재할 수 있다. 그러나 현 시점에서는 이와 같은 개념들이 같은 의미로 통용되고 있다.

[그림 7-2-4] 덴마크의 주거단지 내 생태수로와 습지

[그림 7-2-5] 독일 포츠담시 Kirchsteigfeld의 생태수로

생태주거단지는 최근 수십 년 사이에 전개된 새로운 개념의 발견이 아니라 이미 오래전부터 있어왔던 개념이다. 생태주거단지는 생태건축물에 국한하지 않고 집 주변의 녹지와 주거단지의 녹지공간이 외부와 연계되고 인간과 자연과의 조화를 추구한다. 생태주거단지의 중요한 계획요소는 단지배치와 외부공간계획, 건축물, 사회적 교류, 에너지 및 자원에 대한 것이다. 단지배치와 관련하여 자연지형 활용, 통풍과

에너지 보전에 효과적인 주동배치, 생태적 수용력에 입각한 적정밀도, 차도와 보행로의 구분이 중요한 계획요소이며, 외부공간의 영역화와 녹지공간 및 어린이 놀이공간 확충이 필요하고, 주민들과의 사회적 교류를 통해 접촉의 기회와 장소를 제공하며, 우수처리공간과 다양한 비오톱 공간의 조성, 폐기물의 재활용 시설 등이 요망된다.

Keyword 9 생태도로(生態道路 eco-road)

도로법 제 11조에 의한 도로의 종류를 살펴보면 관할권에 의한 고속국도, 일반국도, 특별시도, 광역시도, 지방도, 시도, 군도, 구도로 구분하고 있으며, 도로의 구조 · 시설기준에 관한 규칙에 의한 도로의 종류를 살펴보면 크게 고속도로와 일반도로로 구분하고 있다. 지방지역은 관할권에 의한 국도, 지방도, 군도로 구분하고 있으며, 도시지역은 도시계획도로 분류기준에 의한 광로, 대로, 중로, 소로로 구분하고 있다.

도로계획이란 국토종합개발계획 및 각종 사위 개발계획 등에서 세워진 중장기 도로망 계획을 토대로 대상 사업의 노선을 선정한 다음 해당 노선의 기술적, 사회 · 환경적, 경제적 타당성을 검토하는 타당성 조사에서부터 최적의 노선을 결정하고 계획도로의 주요시설이나 위치나 형식을 선정하는 기본설계까지의 설계업무를 다루는 도로건설을 위한 의사결정과정이라고 할 수 있다.

최근 도로건설로 인한 환경훼손을 줄이기 위한 목적으로 환경친화적인 도로건설을 요구하고 있다. 환경친화적인 도로건설은 훼손된 자연을 원래의 자연생태에 가깝게 복구함으로써 주위환경과 조화되도록 하는 것이다. 즉 도로에 의해 자연환경과 생활환경이 파괴되지 않고, 지역 전체로 볼 때 일체감을 갖도록 하는 것이다. 그동안 도로건설은 경제성의 논리에 초점이 맞추어져 자연환경과 생태계에 대한 이해가 부족한 상태에서 추진되어 왔다. 도로건설은 그 성격상 계획, 시공, 관리 · 운영이라는 일련의 과정 속에서 일관성 있게 진행되어야 하며, 사업구상단계, 노선선정단계, 노선설계단계에서 일관성 있게 환경성이 고려되어야 한다. 특히 자연성이 우수한 지역에서는 생태도로의 건설이 요망된다.

생태도로는 도로의 기능성이 발휘되면서 생태계 및 주변환경에 대한 부하가 최소화되는 도로로 도로의 신속성, 안전성, 편리 · 쾌적성을 유지하면서 생물과 사람을 동시에 배려함을 고려하고, 자연환경 우수지역의 보전, 복원과 생태연결성 확보, 자원절약 및 순환형 도로설계 및 시공을 유도한다.

[그림 7-2-6] 지형훼손이 적도록 교량과 터널로 설계된 생태도로 사례

우리나라는 급격한 경제성장에 따라 총 자동차 등록대수가 1970년에 12만 8천여 대였으나 2006년 말 기준으로 1566만 대를 초과한 것으로 나타난다. 전 국토의 70%가 산지로 구성된 우리나라의 지형적 특성을 고려할 때 도로건설에 따른 환경훼손은 불가피하다. 생태도로는 환경친화적인 도로건설사업을 하기 위한 노력으로 자연환경과 생물을 함께 고려하여 환경훼손을 최대한 줄이고, 부득이한 경우에는 생태복원할 수 있는 방안을 마련하는 노력이 이루어진 도로를 의미한다.

도로는 녹지 8등급 이상, 상수원보호구역 등 보전가치가 있는 지역은 우회하고, 불가피하게 우회가 어려운 경우 터널이나 교량으로 통과하며, 이때에도 자연환경훼손이 최소화되도록 하고 주변경관과 조화를 이루도록 터널 및 교량의 길이를 조정한다. 지형훼손 저감방안으로 비탈면발생 최소화, 일정높이 이상의 깎기 비탈면 발생 지역에서 터널 및 피암터널 설치를 고려하고 자연생태계 연결과 서식동물의 이동로 확보를 위해 육교형은 30m 이상으로, 암거형은 최소규격을 2.5m×2.5m 이상 설치하도록 하고, 생태통로 조기 안정화를 위한 주변녹화, 피난처 등을 설치하며, 공사중인 공사장 내에서는 방진망, 세륜시설, 살수차, 차량덮개, 가설방음벽 등을 설치하도록 유도한다.

Keyword 10 생태하천(生態河川 eco-river and stream)

하천은 수생태계와 육상생태계를 연결하는 추이대(ecotone)로서 생물의 생산성과 종다양성이 높은 중요한 공간이다. 그동안 하천은 재난방지와 치수기능을 강화시키기 위해 제방의 축조, 저수로 및 고수부지의 정비, 복단면화, 하도의 직강화, 하폭의 확대 등의 하천의 정비가 이루어졌고, 이렇게 정비된 하천은 홍수피해를 감소시켰으나 하천생태계의 교란으로 자정기능의 저하, 경관의 획일화, 수질오염을 가중시키는 등 하천환경을 파괴시키는 결과를 초래하였다.

무분별한 하천정비로 인해 습지대가 감소되는 것은 육수생태계의 다양성에 치명적인 인위적 훼손이므로, 하천치수상의 안전성 확보를 위해 정비가 필요하다고 판단되는 구간에 대해 중점적인 자연환경 현황조사를 수행 후 저감 혹은 복원대책을 반영하고, 불필요한 구간에 대해서는 하천정비를 지양하는 방향으로 경제적 · 효율적인 하천정비계획이 수립되어야 할 것이다. 이러한 환경친화적인 하천환경정비사업을 생태하천조성사업으로 명명하기도 한다.

생태하천은 자연의 산물이자 자연환경의 일부를 구성하는 중요한 요소로서 생물서식처 제공, 수질정화, 경관창출 등 다양한 기능을 수행하고 있다. 따라서 아름다운 하천환경을 보전하고 인간과 자연이 조화된 보다 풍성한 혜택이 있는 환경을 창출하는 것이다.

[그림 7-2-7] 양재천

하천관리는 하천이 가지고 있는 이수 및 치수능력을 고려함과 동시에 풍요로운 하천환경의 보전, 재생 및 복원을 이룰 수 있는 정비, 즉 환경친화적인 하천정비가 이루어져야 한다.

환경친화적인 하천정비계획을 위한 기본방향으로 하천의 제반기능이 조화된 체계적인 하천관리와 하천생태계의 보전과 복원, 수환경 및 하천공간과의 일체화된 정비, 친수성 회복과 지역사회에 부응하는 하천정비, 거시적인 안목과 지속적인 유지관리가 필요하다.

3. 생태복원

Keyword 11 **복원의 개념**(復元 restoration)

복원은 문자 그대로 쉽게 표현하면 훼손되기 이전의 원래의 상태로 되돌리는 것이다. 복원이라는 말은 포괄적인 의미로 사용되고 있으며, 생태환경의 복원을 이야기할 때는 생태적 복원(ecological restoration)이라는 용어를 흔히 사용한다.

생태적 복원은 "생태적 건강성의 재생과 유지"라고 정의되며 자연적이거나 인위적인 간섭에 의해 훼손된 중요한 서식처나 생물종을 훼손 이전과 가장 유사한 상태로 되돌리는 것을 의미한다. 훼손되고 질적으로 저하된 자연에 대한 생태적 복원은 동적(動的)인 과정이며, 이러한 측면에서 다양한 정의와 해석이 가능하지만 기본적인 의미는 훼손 이전의 상태로 돌아가는 것이다.

생태적 복원은 기본적으로 외부의 영향에 의한 변화이전 단계로 돌아가는 것을 의미하지만, 그 변화의 정도와 현재의 조건 등에 따라 다시 여러 가지 단계로 구분될 수 있다.

생태복원의 이론으로 자기설계적 복원(Self-design restoration)과 설계복원(design restoration)으로 구분한다. 자기설계적 복원에서는 시간이 흐르면서 복원된 지역이 갖추어지고 결국에는 공학적인 요소들을 변형시킨다는 것으로 복원지역(예; 습지)의 능력을 강조하여 충분한 시간을 제공하고 공학적 요소들이 스스로 이루어지도록 하는 접근으로서 생태계 수준(ecosystem-level)을 강조한 개념이다. 설계복원에서는 천이의 과정을 존중하여 식물의 생활사에 초점을 준 접근으로 고정된 목표점이 없이 습지의 유형을 직접적으로 창출해 내기 위한 공학적인 식재전략을 선호하며, 개체군 수준(population-level)을 강조한 것으로 식생의 발달을 개별적인 종에 의지하게 되는데, 도로 등에 의한 인공훼손지를 복원하는데 적합한 개념이다.

[표 7-2-4] 생태복원관련 용어의 정의

용어의 정의	내 용
복원 (restoration)	· 교란 이전의 상태로 정확하게 돌아가기 위한 시도 · 시간과 많은 비용이 소요되기 때문에 쉽지 않음
복구 (rehabilitation)	· 완벽한 복원보다는 못하지만 원래의 자연상태와 유사한 것을 목적으로 하는 것
내제 (replacement)	· 현재의 상태를 개선하기 위하여 다른 생태계로 원래의 생태계를 대체하는 것 · 구조에 있어서는 간단할 수 있지만 보다 생산적일 수 있음 · 유사한 기능을 지니면서도 다양한 구조의 생태계 창출
저감 (mitigation)	· 오염이나 훼손을 완화시키거나 경감시키는 것
향상 (enhancement)	· 질이나 중요도, 매력 측면의 증진
개조 (remediation)	· 건강한 생태계 조성을 위해 개조하는 것으로 결과보다는 과정을 중요시함
재생 (renewal/nature restoration)	· 훼손되기 이전에 가깝게 형태를 바꾸어 주는 것

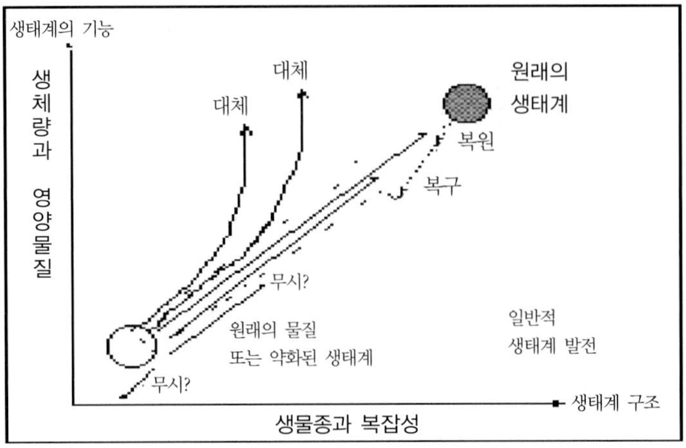

[그림 7-2-8] 생태복원의 유형과 단계

생태복원은 생물다양성협약, 기후변화협약 이후에 중요성이 인정되고 있다. 개발로 훼손된 지역을 원래의 모습과 가깝게 되돌리는 노력은 개발이 환경에 미친 영향을 최소화하는 방안으로 지역의 생물다양성 보전에 중요하다. 특히 개발로 인해 늘어나는 외래종에 의한 생태계 교란을 최소화할 수 있으며, 정상적인 천이가 전개되도록 하여 경관미의 조속한 회복에 도움을 준다.

복원(restoration)의 개념은 교란 이전의 원래 상태로 정확하게 돌아가기 위한 시도로 볼 수 있는데, 실제로 상당한 어려움을 가지기 마련이다. 이에 비해서 복구(rehabilitation)는 완벽한 복원의 개념보다는 못하지만 원래의 자연상태와 유사한 것을 목적으로 하며, 비교적 쉽게 달성할 수 있다.

대체(replacement)라는 것은 현재의 상태를 개선하기 위하여 어떠한 노력도 기울이지 않는 대신에 다른 생태계로 원래의 생태계를 대신하는 것을 말한다. 대체를 위한 시도는 복구가 전문가의 유추에 의해서 유사한 생태계 모습을 조성함에 비해서 상당히 용이하게 목적을 달성할 수 있다.

복원(restoration)은 대부분 넓은 면적을 대상으로 하며, 가급적 풍부한 종을 사용하고 천이를 조장하여 바람직한 방향으로 천이가 전개될 수 있도록 적극적인 관리행위를 필요로 한다. 하지만 훼손지와 같이 좁은 면적의 지역도 복원의 대상이 될 수 있으며 이들이 모이면 생태계의 보존에 매우 중요한 역할을 할 수 있다.

자연적 조경(natural landscaping)은 지역에서 출현빈도가 높은 시각적 우세 종을 사용하여 자연적인 경관을 조성하는 방법을 의미하며, 천이를 조장하기보다는 식재 당시의 모습이 지속적으로 유지되기를 희망하는 행위를 말하며, 복원과 더불어 지역의 종다양성을 유지하는 측면에서 매우 중요한 것으로 받아들여지고 있다. 주택단지, 골프장 등에서 다양한 식생군락을 자연적 조경(natural landscaping)의 방법으로 조성하는 것은 매우 중요하며 유지관리의 측면에서도 유리한 녹화방법으로 간주된다.

Keyword 12 **훼손지 복원**(毁損地 復元 restoration of damaged land)

주택단지의 건설, 도로와 채광·채석지에 의한 비탈면 외에도 훼손지 복원사업대상은 댐 등의 수위변동구간, 임도개설지, 산사태지, 자연붕괴지, 토사적치장 등 다양하다. 이러한 인간에 의해 훼손된 교란지들 대부분은 방치되고 있으며, 외래종으로 무분별하게 복구되어 온 결과 생태계를 교란하거나 재황폐화되어 토양침식 및 붕괴 등 각종 재해발생의 원인이 되고 있다.

중요한 자연환경 복원분야는 다음 표와 같다. 훼손지복원사업은 훼손비탈면 복원뿐만 아니라 인공지반 화, 하천생태계 및 습지생태계조성사업, 공원녹지조성사업에서도 나타난다.

[표 7-2-5] 자연환경 복원분야의 대상

구 분	대 상 지
훼손비탈면 복원	도로개설 절토 및 성토면, 침식 나출지, 채석장, 노천광산 등
인공지반녹화	건물옥상, 건물벽면, 복개하천 등
하천생태계 복원	하천 제방, 고수부지, 호안, 어도 등
습지생태계 조성	인공습지, 생태연못, 하천변 습지 등
공원·녹지 조성	정원, 주차장, 자투리 땅 등
생물종 복원	멸종위기 및 보호종, 자생종 번식 등
오염토양 복원	공장지역, 유류 오염지역 등

(출처: 한국환경복원녹화기술학회(2001) 생태복원녹화기술의 개발방향에 관한 세미나)

훼손지 복원은 생태복원의 원칙 하에 이루어지도록 한다. 즉, 식물군락이 갖는 환경 개선력을 살린 기술이 기본이 되어야 하며 다음과 같은 방향으로 추진하여야 한다(이동근, 2000).

첫째, 자연회복을 도와주도록 하여야 한다. 식물군락의 재생은 자연 스스로가 진행하기 때문에 그 자연회복력에 대한 도움을 주는 것이 자연생태복원기술이다. 표토가 이동하고 있는 나지를 방치하면 식물의 침입이나 정착은 진행되지 않는다. 표토 이동이 완화되거나 정지하는 것에 의해 식물군락은 성립된다.

둘째, 자연의 군락을 재생 · 창조하여야 한다. 식물의 침입이나 정착이 용이하지 않은 장소에서는 적극적인 도입을 도모할 필요가 있다.

[그림 7-2-9] 토양침식 방지와 자생종 식재를 통한 훼손지 생태복원사례

셋째, 자연에 가까운 방법으로 군락을 재생하여야 한다. 자연의 흐름을 존중하며 흐름에 역행하지 않는 방법으로 군락을 재생하여야 한다.

산업화와 인구증가, 도시화 등의 측면에서 세계적으로 20세기는 격동의 시기였다. 산업화와 인구증가, 도시화 등은 도시지역에서 산업 · 경제의 활성화로 이어진 반면 환경의 측면에서는 지속적으로 악화되는 결과를 초래하였다. 주택단지의 조성, 신도시 개발, 도로건설, 채광, 채석장의 개발, 토취장의 개발, 댐 및 산업단지의 건설 등은 대부분 과도한 자연생태경관의 훼손을 수반하고 있다.

이와 같은 절박한 환경 · 생태문제에 대해 세계 · 지역 · 국가 차원에서 다양한 대응책을 마련하고 있다. 생물다양성 협약이나 기후온난화협약 등은 경제적인 제재조치와 맞물려 우리나라에 대응방안의 마련에 있어 시급함과 중요성을 함께 부여하게 되었다. 이에 따라 훼손지 복원도 생물다양성의 증진과 지구온난화의 방지에 유리한 형태로 조성되어야 함을 의미하게 되었다.

최근 사전환경성 검토제도가 시행되면서 특히 자연재생과 훼손지 복원이 중요한 과제로 부각되고 있다. 개발로 생성되는 대규모의 훼손지에 대한 복원과 잃어버린 자연의 재생을 위한 계획기법과 설계, 복구공법 등에 많은 관심을 갖게 되었다. 과거 급속녹화, 조기녹화로 대표되던 훼손지의 복원은 외래종보다는 자생종을, 초본류만 사용하기보다는 다양하고 풍부한 식생군락의 조성 등에 관심을 갖게 되었다.

아울러 기존 수목의 이식과 부득이 제거되어야 하는 수목류에 대한 재활용 의무화, 표토의 재활용과 복원 및 재생, 수림화(樹林化), 생태적 천이에 대한 고려, 표토 유실 방지, 생태이동통로의 조성 등은 과거의 훼손지 복원의 태도와는 확연하게 다른 새로운 노력이 필요함을 의미한다.

훼손지의 환경 복원은 여러 가지 목적으로 인하여 훼손된 비탈면을 안전하게 녹화하여 침식붕괴를 방지하고, 경관을 조기에 회복시키며, 단절된 자연환경과 생태계를 복원함으로써 야생동식물의 서식공간을 조성하는 역할이 강조되고 있다.

Keyword 13 습지 복원(濕地 復元 restoration of wet land)

습지는 육상과 수생생태계의 전이지대로써 종류가 다양하므로 보편적으로 인정되는 정의는 없다. 각국에서는 풍토에 따라 형성된 습지의 특성과 습지에 대한 인식이 서로 달라 여러 가지로 정의 되고 있다.

우리나라 습지보전법에서는 습지란 담수, 기수 또는 염수가 영구적 또는 일시적으로 그 표면을 덮고 있는 지역으로 내륙습지와 연안습지로 구분한다. 내륙습지는 육지 또는 섬 안에 있는 호 또는 호와 하구 등의 지역을 말한다. 연안습지라 함은 만조시에 수위선과 지면이 접하는 경계선으로부터 건조 시에 수위선과 지면이 접하는 경계선까지의 지역을 말한다.

람사협약(Ramsar Convention)상의 습지의 정의는 천연 또는 인공이든, 영구적 또는 임시적이든, 물이 정체되어 있든 또는 흐르고 있든, 담수(淡水)・기수(汽水), 또는 염수(鹽水)든지, 간조(干潮) 6m를 초과하지 않는 깊이의 해수지역을 포함하는 늪, 습원, 이탄지 또는 물로 된 지역을 말한다.

습지복원의 경우 원래의 상태로 되돌아가기 위해서는 수문학적/토양학적으로 원상태를 회복하여야 한다. 물리화학적인 환경이 복원된다면 생물학적인 복원은 수월하게 이루어질 수 있다. 습지생태계를 복원하는 데 있어서 일반적인 원리를 Mitsch와 Gosselink(2000)는 다음과 같이 제시하고 있다.

① 유지관리를 최소로 할 수 있는 생태계를 계획하라. 식물, 동물, 미생물, 토양. 물은 스스로 분포하고 유지될 수 있도록 계획하라.

② 자연의 에너지를 이용하도록 설계하라. 범람, 소석차, 지하수 등 자연의 에너지에 의하여 유지될 수 있도록 계획하라.

③ 수문학적 특성, 경관, 기후 등을 고려하여 설계하라. 범람, 가뭄, 폭풍 등은 예견되는 교란이다. 이러한 교란요인으로부터 빨리 회복될 수 있도록 계획하라.

④ 다양한 목표를 달성할 수 있도록 설계하라. 적어도 하나의 주목표와 여러 개의 부수적인 목표를 설정하라.

⑤ 습지생태계는 전이대를 포함하도록 설계하라. 습지 자체도 전이대이지만 습지 주변에 완충지대가 있어야 한다.

⑥ 단기간에 완전한 습지의 복원을 기대하지 마라. 식물이 자라고, 유기물이 퇴적되고, 물새가 노니는 완전한 습지가 될 때까지는 수년 또는 수십 년이 소요될 수 있다.

⑦ 구조가 아니라 기능을 위한 습지를 설계하라. 초기에 식재한 식물이 자라지 못

하거나 의도대로 자라지 않더라도 습지의 기능이 제상태로 돌아온다면 실패한 것이라 할 수 없다.

⑧ 정사각형, 직사각형, 실개천, 수직별, 규칙적인 형태 등 과잉으로 습지의 형태를 만들지 마라. 자연체계를 모방하여 생물학적 특성을 도입할 수 있도록 하라.

습지는 툰드라지역부터 열대지역까지 지구상의 어디에서나 볼 수 있다. 아직까지 지표면의 얼마만큼이 습지인지 정확히 알지 못하지만 세계보전모니터링센터(the world conservation monitoring centre)가 제시하기로는 지표면의 약 6%에 해당한다고 한다. 습지의 2%는 호수이고, 30%가 이탄지(bogs), 26%가 소택지(fens), 20%가 늪(swamps), 그리고 15%거 범람원이다. 망그로브 지역은 240,000㎢이며 600,000㎢의 산호초지역이 남아 있는 것으로 평가하고 있다. 습지의 종류는 다음과 같다.

[표 7-2-6] 람사 추천 습지 분류

구 분	종 류
salt water (염수)	marine, estuarine, lagoonal, saline(internal drainage)
fresh water (담수)	riverine, lacustrine, palustrine(marshes/swamps)
man-made wetlands (인공습지)	aquaculture/mariculture, agriculture, salt exploitation, urban/industrial, water storage areas

[표 7-2-7] OECD습지 분류

구 분	종 류
marine and coastal wetlands (해안습지)	open coastals, 산호초, 연안(etuariea), 갯벌(tidal flats), mangrove forests와 coastal lagoons를 포함
inlands wetlands (내륙습지)	영구적 및 계절적 하천(river), 내륙 삼각주와 범람원, 영구적 및 계절적 호수와 연목(lakes and ponds), marshes, 담수 swamp forests 및 peatlands(이탄지)를 포함
artificial wetlands (인공습지)	저수지, barrages와 댐, 양식장, 구덩이(excavations and borrow pits), 폐수처리연못과 관개수로, 천연수로(도랑)과 논을 포함

람사협약은 물새 서식처로서, 특히 국제적으로 중요한 습지에 대한 협약으로써 1971년 이란의 람사에서 채택된 습지에 관한 협약으로 「자연자원의 보전과 현명한 이용」에 관해 맺어진 최초의 정부간 협약이다. 전 세계적으로 967개의 습지가 국제적으로 중요한 습지목록에 등재돼 있으며 우리나라에서는 양구군 대암산 용늪과 우

포늪 등이 지정 신청해 놓았다.

습지생태계를 복원하고자 할 때 다양한 목표가 정해질 수 있다. 하나의 습지생태계를 복원하여 많은 목표를 달성할 수 있는 것이 가장 좋은 복원이라 할 수 있다. 습지복원의 가능한 목표를 제시하면 다음과 같다.

• 생물다양성(야생동식물종 및 서식처)의 증진
• 희귀종의 서식처 제공
• 높은 생산성
• 홍수조절
• 수질정화
• 폭풍에 대한 방어(해변습지)
• 오염물질 제거
• 대체습지의 조성
• 연구용 습지

하나의 습지생태계를 이와 같은 여러 가지 목표를 가지고 복원, 관리할 수 있지만 너무 많은 목표가 제시될 때에는 효율적인 복원, 관리가 이루어질 수 없다.

Keyword 14 **하천 복원**(河川 復元 restoration of river and stream)

현재의 자연환경이 양호한 하천에서는 자연성을 최대한 보전토록 하고, 부득이 손을 대야 하는 곳은 원래의 환경이 되도록 조성하는 것이 하천복원(stream restoration)의 기본이라 할 수 있다(안 2003).

하천을 자연에 가까운 형태로 복원하기 위하여 적용되는 공법들을 자연형 하천공법이라 부른다. 이와 같은 용어를 독일에서는 근자연적 하천공법(naturnaher wasserbau)이라 하였고, 일본에서는 다자연형 하천공법(多自然型河川工法), 우리나라에서는 자연형 하천공법(close-to-nature) 혹은 자연친화적 하천공법(environ- mentally-sound)으로 부르고 있는데, 그 맥락은 동일하다. 자연형 하천공법에 의한 하천 복원을 시도하기 위해서는 다음 몇 가지 사항을 고려할 필요가 있다.

① 하천생태계의 구조와 기능을 고려한 종적구조의 복원이 되어야 한다.
② 하천의 미지형을 고려한 횡적구조의 복원이 되어야 한다.
③ 생물서식처의 복원·창출을 위한 생태공학적 방법으로 복원되어야 한다.

하천은 하나의 시스템이며 하천의 자연성이나 생태계의 풍부함은 유역이나 수계의 자연과 연결되어 기능하고 있다. 하천에 서식하는 생물은 수역에는 부착조류, 수

서곤충, 어류 등이며 육역에는 식물, 곤충, 조류 등이 있다. 이들 생물은 수역과 육역 사이에서 각각, 또는 수역과 육역을 포함한 지역에서 먹이사슬을 이루어 서로 긴밀한 관계를 형성하고 있다. 하천생태계를 생각할 때 이러한 생물의 상호관계를 고려하여야 한다. 자연형 하천 복원 시 다음과 같은 내용들을 중요시하여야 한다.

[그림 7-2-10] 도심지 하천의 복원 사례

1) 하천생태계에 대한 기본적인 시각

자연하천은 다양한 생물의 서식환경을 훌륭하게 갖추고 있다. 그 조건의 대부분은 하천의 형태와 식생에 의해서 만들어진다고 해도 좋다.

따라서 하천형태의 다양함과 본래의 식생의 회복이 하천생태계 회복의 원점이라고 할 수 있다.

2) 유수의 활동과 하천의 형태

하천의 침식과 운반, 퇴적이라는 세 가지 작용을 끊임없이 수행하고 있다. 침식에 의해서 못이 형성되고 침식된 토사는 하류로 운반되어 토적된다. 퇴적부는 여울이 되고, 유속이 증가하면 다시 침식을 시작한다. 이렇게 하여 하천 바닥에는 여울과 못이 연속되는 것이다. 유수는 사행하는 특성을 갖는다. 직선으로 흐르는 것처럼 보이는 하천이라도 최대 수심선은 반드시 사행한다.

3) 수생생물과 하천의 환경

수생생물의 서식환경으로서 수질이 매우 중요하다. 그러나 대부분의 생물은 수질에 있어서 생활할 수 있는 범위는 넓다. 그보다는 오히려 유속의 빠르기나 흐름의 유형, 저질 등에 좌우되는 것이 많다. 생물의 생활사나 생활행동을 유지하는 환경조건을 생각하면 하천형태의 다양성이 중요함을 이해할 수 있을 것이다. 하천형태의 다양함과 동시에 중요한 것은 식생이다. 식생은 초식동물의 먹이가 되고, 산란장소 및 피난처로서의 역할을 한다.

4) 하천의 자연회복 과정

자연하천의 유로형태는 자연의 법칙성을 나타내고 있으며 하천 복원 시 기존 하천의 유로형태를 존중하는 것이 바람직하다. 아울러 유역과 수계의 관점에서 자연과 연결되어 기능하도록 하고, 자연의 회복력을 전제로 하여 하천의 회복 가능한 영역을 주고 그 회복작용을 보조하는 수단으로서 기술이나 공법을 생각하는 것이 바람직하다. 저수로의 횡단변은 일률적이지 않는 것이 좋으며, 물가부는 식생의 회복이 가능하고 자갈 등이 존재하는 다공질 공간이며 요철이 형성되어 있는 것이 바람직하다. 저수호안은 보호공을 통해 식생의 회복이 가능한 공법을 사용하여 복원한다. 수제구조물을 적절하게 활용하는 것이 필요하다.

Keyword 15 **매립장 복원**(埋立場 復元 restoration of reclamation site)

매립지라고 하는 특수한 환경조건으로 인하여 지반을 안정화시키고, 하부층에서 염분이나 오염물질이 식재기반층에 미치지 않도록 해야 하는 문제점을 가지고 있다. 특히, 해안을 간척한 곳에서 식재한 지역은 염분의 피해로부터 자유롭지 못하다는 것은 우리에게 잘 알려져 있는 것이다. 따라서 매립지의 복원공법은 대부분 식재기반층을 형성하는데 초점을 맞추고 있다.

우리나라에서는 난지도 쓰레기매립장을 생태공원화한 바 있으며, 김포매립장도 다양한 계획들이 진행중에 있다.

매립장 복원 시 토양의 보수력과 보비력을 높이는 것이 중요하다. 임해매립장의 경우 준설토를 개량할 때 현지토를 이용하는 것이 좋지만 현실적으로 어려우므로 1.5m 이상으로 양토양을 성토하여 식재하는 것이 성공률이 높다.

지습지를 매립하는 경우 성토가 불량하여 생육이 악화되는 예가 있다. 그 원인으로 반입한 토양이 불량한 경우, 공사시 덤프트럭이나 불도저에 의해 전압되어 고결층이나 불투수층이 생성되는 경우, 그 이전부터 존재하던 고결층이나 불투수층이 있는 경우 등이다. 이러한 경우 원칙적으로는 성토 전에 암거배수시설을 설치하는 것이 중요하다.

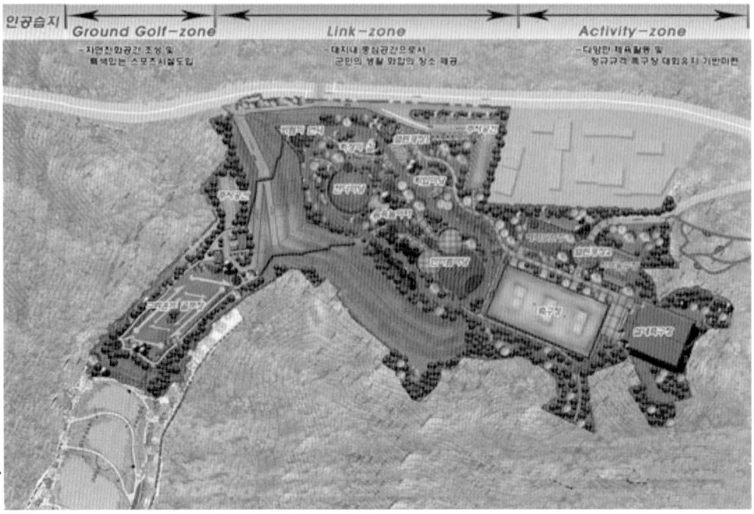

[그림 7-2-11] 충청남도 금산매립장 기본계획 조감도

도시폐기물 매립장에서는 땅속에서 발생하는 매탄가스 등의 환원가스에 의하여 녹화수목이 피해를 보는 경우가 많다. 이러한 피해를 줄이기 위해서는 성토 전에 비틸시트나 하이젝스시트를 깔아 성토한 식재토양으로 가스가 누출되지 않도록 하는 방법과 가스배기관을 적절하게 설치하여 인위적으로 가스를 배출시키는 방법이 있다. 최근 매립이 완료된 곳은 상부를 공원화하여 주변지역의 발전에 도움을 주고자 하는 노력을 적극적으로 모색하고 있다.

Keyword 16 **야생초지 복원**(野生草地 復元 restoration of wild grass land)

초지의 사전적 의미로는 ① 목초지, 초지, 초원, ② 강가의 낮은 초지, ③ 고원의 산림으로 둘러싸인 초지라고 정의되어 있다. 이를 식물의 생육주기에 따라 일년생 초지와 다년생 초지로 나누며, 침수 정도 따라 건초지(dry meadow)나 습한 초지(wet meadow)로 구분할 수 있다. 또한, 목적에 따라 새나 곤충을 위한 초지로 구분하기도 한다. 야생초지 복원설계 시 고려해야 할 요소들로는 색깔, 질감, 식물의 형태, 식물의 질감, 층(layer)을 들 수 있으며, 설계 및 시공 시 야생화초지는 생태적, 경제적, 미적인 측면에서 중요한 이점을 제공한다. 이는 종의 선정, 식재지 선정, 물리적 요소, 관리의 문제 등을 포함한 여러 요인의 작용으로 설명될 수 있다. 시각적, 생물다양성 증진의 목적 이외에 자생식물에 대한 학습이 이루어질 수 있도록 마련하되 육상 및 수변지역에서 볼 수 있는 식물, 사라져 가는 식물을 도입하여 조성하는 것이 좋다.

[그림 7-2-12] 도심지내 야생화 초지 복원사례

야생화초지는 일정한 구간을 단식하여 다수의 꽃을 볼 수 있도록 하거나 개화시기가 다른 종을 혼식하여 다양한 볼거리와 가능한 긴 관상기간을 주는 경우도 있다. 식재방법으로는 파종하는 방법, 식재하는 방법, 뗏장으로 심는 방법이 있다. 파종의 경우 춘파는 3월과 4월이 적당하며, 추파는 10월과 11월에 하여야 한다. 파종은 기술적으로 시공결과를 예측하기가 곤란하므로 양질의 식생기반재취부공법과 병행하는 것이 성공 가능성이 높다. 식재는 계획적인 화단구성에 적합하지만 고가이며 유지관리가 병행되어야 시공품질을 유지할 수 있다. 뗏장식재는 효과가 가장 우수하지만 미리 계약 재배하여야 한다.

야생화초지의 관리는 잡초관리와 목본류의 침입방지가 있다. 잡초관리를 위해서는 선택적 제초제의 사용이나 깎기, 태우기 등의 방법이 있다. 특히 태우기는 목본류의 침입을 방시할 수 있나는 섬에서 야생화조지의 가장 효과적인 관리방법으로 사용되고 있다. 미국의 prairie 풀밭 복원지에서는 춘기와 하기에 불 지르기 하는 방법을 통해 야생화의 종류를 조절하고, 원하는 품질의 야생초지 경관을 관리하고 있다. 우리나라에서는 산지 억새밭 복원사례가 있다.

Keyword 17 동물이동통로(動物移動通路 wildlife corridor)

동물이동통로는 생태적 네트워크가 필수적으로 갖추고 있어야 하는 ① 주요 서식처 유형의 보전을 확보하기 위한 핵심지역(core area), ② 개별적 종의 핵심지역간 확산(disperse) 및 이주(migrate)를 위한 회랑(corridor) 또는 디딤돌(stepping stone), ③ 서식처의 적절한 다양성 제공과 최적 크기로의 네트워크의 확산을 가능하게 하는 복원

(restoration) 또는 자연개발지역(nature development area), ④ 오염 또는 배수 등 외부로부터의 잠재적 위협으로부터 네트워크를 보호하기 위한 완충지역과 밀접한 관련을 맺고 있다.

동물이동통로의 개념 및 기능에 대해서 여러 가지 의견이 제시되고 있으나, 위의 4가지 요소와의 관계를 고려할 때 생태계의 비오톱 시스템에서의 요소로서 서식처의 연결, 이동경로의 보전, 서식처 범위의 보전, 충돌에 의한 위험성의 경감, 가장자리의 파괴된 서식처의 대체로서 새로운 서식처의 제공 등으로 정의내릴 수 있다.

[그림 7-2-13] 육교형 이동통로 조성 모습

생태통로란 도로, 댐, 수중보, 하구언 등으로 인하여 야생동식물의 서식지가 단절되거나 훼손 또는 파괴되는 것을 방지하고 야생동식물의 이동을 돕기 위하여 설치되는 인공구조물, 식생 등의 생태적 공간을 말한다(자연환경보전법 제2조).

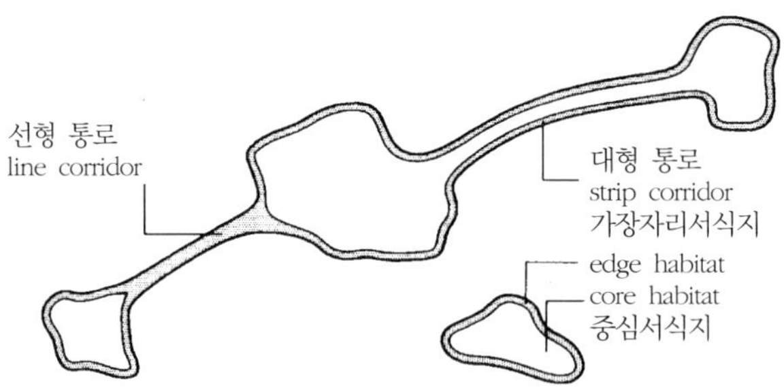

[그림 7-2-14] 야생동물 이동통로 조성 개념도

체육시설, 택지 개발, 공단 건설 등 각종 개발행위, 특히 선형적인 개발행위, 즉 도로, 철도 등의 건설사업에 의해 하나의 생태계가 여러 개의 작은 생태계로 분할되는 현상을 생태계 단편화(fragmentation)라 하며, 이와 같이 단편화된 생태계는 그 구조와 기능이 열악하게 된다.

생태통로는 이렇게 단편화된 생태계를 물리적 혹은 기능적으로 연결하여 야생생물의 이동로 제공, 야생동물 서식지로 이용, 천적 및 대형 교란으로부터 피난처 역할, 생태계의 연속성 유지, 기온 변화에 대한 저감효과, 교육적·위락적 및 심미적 가치 제고, 개발 억제효과 등의 기능을 갖게 된다.

육상이동통로는 생태교량(ecoduct), 소형동물 이동통로(small wildlife tunnel), 양서류 및 대형 포유류 이동통로(amphibian & large mammals), 지하통로(underpass), 생태다리(eco bridges), 생태적 관거(eco culvert) 등의 유형이 있으며 유도수단으로서 동물 침입방지책과 이동통로 주변의 차폐 및 은폐식재가 요구된다.

또한 하천구조물에 의해 이동성 어류의 이동이 제한받는 경우 어도를 설치한다. 어도는 어도가 설치되는 하천의 수리구조 차이에 따라 다음과 같이 분류한다(한국수자원공사, 2001).

① 풀 타입(pool and weir fishway) : 계단식, 버티컬슬롯식, 오리피스식 등이 있다. 계단(fish ladder)식은 다시 전면월류형, 부분월류형 등으로 세분된다.

② 스트림 타입(stream fishway, 수로형 어로) : 데닐(denil)식, 호박돌붙임 사곡면식, 도류벽식, 인공하도식 등이 있다. 데닐식은 다시 표준 데닐식, 알라스카 스티프패스(steep pass)형, 배 통과형 등으로 세분된다.

③ 오퍼레이션 타입(operation type) : 리프트식/ 엘리베이타식, 갑문(로크게이트)식, 볼란드(boland)식, 브레드레스(breathless) 펌프(fish pump)식 등이 있다.

④ 그 외 칼버트(culvert)식, 혼합식(병용식), 하이브리드(hybrid)식 등이 있다.

제 3 절

더 알아야 할 개념

4. 사막화와 환경지표

Keyword 18 사막화(砂漠化 desertification)

사막화는 방목지, 경작지, 목초지 등이 사막으로 변하는 현상인데 이러한 사막화는 여러 수준의 생산력 손실을 일으킨다. 사막화는 건조지역, 반건조지역, 그리고 계절적으로 건조기와 약간 습한 시기가 명확한 지역에서 일어나고 있다. 사막화를 일으키는 요인에 대해서는 다양한 요인들이 관여한다고 알려져 있지만, 한 가지 분명한 요인은 자연발생적인 한발이다. 그러나 한발은 지력을 소모시킬 정도의 과도한 경작, 과도한 방목, 삼림 벌채와 같은 인간활동에 의해서도 일어나고 있다. 이러한 한발의 발생은 미국, 아프리카, 오스트레일리아, 브라질, 중국, 인도 등을 비롯한 많은 나라에서 문제가 되고 있으며, 약 600만 헥타르에 상당한 면적이 매년 사막화되어 황무지로 변해가고 있는 것으로 추정되고 있다.

[표 7-3-1] 1992년 유엔환경계획의 데이터(단위: 백만 헥타르)

지 역	사막화 위기건조지	약·중 사막화지역	강·극 사막화지역	사막화 총계	사막화율
아프리카	1286.0	245.3	74.0	319.3	24.8
아시아	1671.8	326.7	43.7	370.4	22.1
오스트레일리아	663.3	86.0	1.6	87.6	13.2
유럽	299.7	94.6	4.9	99.5	33.2
북아메리카	732.4	72.2	7.1	79.3	10.8
남아메리카	516.0	72.8	6.3	79.1	15.3
계	5169.2	897.6	137.6	1035.2	20.0

(출처 : 송승달 외(2001) 환경생물학)

Keyword 19 **환경지표**(環境指標 environmental index)

환경지표란 "환경에 관한 어떤 상태를 가능한 정량적으로 평가하는" 으로 정의를 내릴 수 있다. 또한, 환경지표란 "환경의 상태나 환경정책의 추진상황을 측정하는 것"으로 정의되기도 한다. 이를 조금 상세하게 서술하면 "환경자료(기기 등에 의한 계측치나 통계자료 등)를 필요에 따라 가공하여 환경의 현황이나 환경정책을 평가하는 재료로서 사용하는 것"을 의미한다. 예를 들면, 나무의 수는 그대로 사용하면 단순한 수치에 불과하지만 녹의 풍요로움을 나타내는 지표로 사용하면, 즉 환경의 어떤 것을 평가하기 위해 사용되어지면 이것은 환경지표라고 할 수 있다. 여기에서 나무의 수가 11개 이상일 때부터 녹의 풍요로움을 느낀다면 나무의 수가 0에서 10개까지는 0, 11개 이상은 1로 평가할 수 있다. 이렇게 물적인 양을 가치기준으로 변화하는 것을 환경지표로 정의하기도 한다.

환경지표에는 하나 혹은 몇 개의 척도로 나타내는 형태와 여러 개의 자료로부터 선정된 대표 값으로 표현되는 형태가 있다. 예를 들면 공해건수는 원인물질에 관계없이 공해 전반에 걸쳐 표현하는 것이다. 그러나 NO_2 농도는 특정물질의 농도이지만 대기오염상태를 나타내는 대표적인 척도이다.

5. 잠재자연식생과 비탈면 녹화공법 등

Keyword 20 잠재자연식생

현존 식생에 가해지는 식림(植林)이나 경작 등의 인위성을 제거했을 경우, 그 토지에 성립될 것이라고 예상되는 자연식생의 모습을 잠재자연식생(potential natural vegetation)이라고 한다(Tuxen, 1960). 잠재자연식생은 그 토지의 자연식생의 잠재적인 가능성을 나타내는 것으로, 그것을 지도상에 표시한 잠재자연식생도는 각종 토지이용의 기초도면이 되는 입지도나 생태계 복원기초도로 활용할 수 있다. 잠재자연식생은 현 시점에서의 그 토지에 대한 잠재적인 능력을 추정한 것으로, 자연변화의 정도가 낮은 곳에서는 인위성이 가해지기 이전의 식생인 원식생(原植生, primary vegetation)의 상태에 도달하겠지만, 인위적인 간섭이 커서 토지성질에도 불가역적인 변화가 일어나고 있는 곳, 예를 들면 암거배수의 설치에 의해 지사수위가 저하하고 있는 경우나 토양 중에 특별한 화학성분이 집적되어 있는 곳은 원식생과는 크게 다른 상태가 될 것이다. 또한 잠재자연식생은 천이의 마지막 단계에 나타나는 극상군락과 반드시 일치하는 것은 아니다.

Keyword 21 비탈면 녹화공법

비탈면 녹화공법은 크게 비탈면 안정공법과 비탈면 녹화공법으로 분류된다.

1) 비탈면 안정공법

- 인공재류 구조물 : 인공재료 구조물은 공장에서 대량으로 생산된 제품을 현상에서 이용할 수 있도록 한 재료로서 콘크리트류 제품과 플라스틱류 제품이 있다.
- 자연재료 구조물 : 자연재료 구조물은 암석, 자갈, 나무, 볏짚 등 자연재료를 이용하여 만든 제품을 말한다.

[그림 7-3-1] 비탈면 안정공법 시공사진

2) 비탈면 녹화공법

- **취부방법에 따른 분류** : 비탈면 녹화공법은 취부방법에 따라서 건식형태와 습식형태로 분리할 수 있다. 건식형태 공법은 혼합기 없이 기반재료를 취부 노즐을 통해 비탈면에 쏘아 붙이는 공법이며 습식형태의 공법은 물, 종자, 혼화재료 등을 취부기와 연결된 혼합기에 의해 배합한 후 한꺼번에 취부 노즐을 이용하여 비탈면에 분사하는 방법으로 비교적 취부두께가 얇게 시공되는 것이 특징이 있다.
- **사용재료에 따른 분류** : 사용재료에 따라서는 유기재료와 무기재료로 크게 구분이 가능한데 유기재료는 우리가 주변에서 구할 수 있는 자연재료를 기반재로 사용하는 것으로, 종자의 발아 및 생육에 양호한 효과를 준다. 무기재료는 주로 암석을 분쇄하여 다른 재료와 혼합하여 활용하는 것으로 시공 후 종자 및 비료의 유실을 막고 식생이 발아 후의 지지기반 역할을 하는 특징이 있다.

[그림 7-3-2] 비탈면 녹화공법 시공사진

Keyword 22 천이, 군락, 습지 등

- **천이(遷移, succession)** : 어느 지역에서 식생이 자연히 변해가는 현상을 생태천이라 한다. Clements에 의하면 군집은 하나의 유기적인 존재이며, 이들은 서서히 변해가는 극상이라고 하는 최종단계에 머무른다고 하였다. 한 지역의 극상은 기후에 의해 결정되며 같은 기후를 가지는 지역에는 모두 같은 군집이 형성된다고 하였으나, 현재에는 이와 같은 단극상설 이외에 여러 가지 요인에 의해 극상이 결정되는 다극상설이 설득력을 얻고 있다. 즉 기후뿐만 아니라 토양, 수분, 정기적인 교란 등에 의해 일정군집이 변하지 않고 유지되는 경우를 말한다. 천이의 기본 전제는 일정 지역이라는 것과 기후 자체가 변하지 않는 일정 기간이라는

것이다. 즉, 기후가 일정한 상태에서의 변화를 일컫는다. 그러므로 천이는 수백 년 또는 수천 년에 걸쳐 진행되며 기후가 변하지 않는 동안의 군집의 변화라 할 수 있다.

기존에 식물의 씨앗이나 지하경 등이 존재하지 않은 사구, 절개지, 용암, 바위 등에서 시작되는 천이를 1차 천이라 하며, 기존에 존재하던 식생이 제거된 후 시작하는 천이를 2차 천이라 한다. 2차 천이의 대표적인 예로 묵밭 또는 묵논에서의 천이가 있다. 또한 건조한 곳에서 진행하는 건성천이와 호수나 사구와 같이 유기물질이 퇴적되며 진행되는 습성천이와 구별된다.

- **군락(群落, community)** : 식물집단에 대한 연구에서 유래되는 다소 집약적인 개념이지만 후에 일반적 환경이나 서식지에 함께 발생하는 모든 종을 대상으로 그 개념이 확대되었다. 이것은 생물학적으로 통합되거나 집단으로서 상호작용한다. 대부분의 군집은 생물계 전체나 일부의 다양하게 혼합된 집단으로 성립되고 유사한 서식지에 반복되어 나타난다. 군집은 대개 호수 군집과 모래언덕 군집처럼 서식지의 물리적 특징에 따라 명명된다. 다른 경우에는 그 군집에 우점하는 생명체형의 이름을 따라서 명명하는데 낙엽성 참나무숲, 산호초, 물이끼습지 군집 등이 있다. 군집의 경계는 대개 결정하기가 어려우며, 생물의 환경이 공간적이고 시간적으로 매우 변하기 쉽다는 것을 기억하는 것이 중요하다. 군집의 체계와 기능은 환경적 연구의 또 다른 중요한 영역이다.
- **단립구조(團粒構造, crumbled structure)** : 흙을 압축해서 빽빽하게 채워 넣으면 흙의 입자와 입자의 틈(공극)이 감소하여 흙의 물리적인 성질이 나빠지고 통수성도 통기성도 감소해버려 일반적으로 수목의 생육에는 좋지 않은 성질이 된다. 몇 개의 토립이 모여서 하나의 덩어리를 만드는 것을 단립이라 하는데, 단립구조의 도양에서는 내린 비가 빠르게 하층으로 스며들어 비가 그치면 곧 큰 틈에는 공기가 침입하고 작은 틈은 물로 가득 차게 되어 식물의 생육에는 양호한 상태가 되지만, 토양의 입자가 따로따로 되어 단립을 형성하지 않는 단위의 경우에는 소위 틈이 작기 때문에, 비가 오면 물이 포화해서 통수가 나빠지고 공기가 부족해진다. 그리고 한발이 계속되면, 토양수분은 지표면에서 증발하여 토양이 딱딱해져서 식물의 생육을 방해하게 된다. 토양에 단립구조를 갖게 하기 위해서는
  ① 퇴비 등의 유기질비료를 주고 토양 속의 유기질의 양을 많게 할 것.
  ② 도랑 등을 만들어 배수를 좋게 할 것.
  ③ 사토의 경우에는 식토 같은 점토질의 흙을, 반대로 식토에는 사질이 많은 사토를 객토하는 것이 중요하다.

- **표층토**(表層土, surface soil) : 표층토는 A층이라고도 하는데, 보통 낙엽, 낙지가 분해되어 부식질을 많이 포함하고 있기 때문에, 암흑색에 가까운 색을 띠고 있는 것이 많다. 또 하층토는 일반적으로 B층이라고 부르고 있고, 부식을 포함한 양이 적기 때문에 황갈색이나 갈색을 나타내고 그 하부에 기층, 즉 C층이 있어서 모암과 그 일부가 풍화한 신선한 토층이 가로놓여 있다.
- **사구**(砂丘, sand dune) : 해안 사구는 해류, 하안류에 의하여 사빈으로 운반된 모래가 파랑에 의하여 멀리 올려지고, 그곳에서 탁월풍의 작용을 받아 모래가 낮은 구릉 모양으로 쌓여서 형성된 지형이다. 해안 사구의 형성에 영향을 주는 요소는 모래 공급량, 입도분포, 풍속 및 풍향, 식물의 특성, 주위의 지형, 기후 등으로 알려져 있다(해안수산부, 2002). 해안 사구의 기능은 육지와 바다 사이의 퇴적물양을 조절하여 해안을 보호하고, 해안의 고유생물의 서식지, 해안 식수원 저장지 그리고 아름다운 경관지 등으로 그 중요성이 최근 강조되고 있다.
- **호소**(湖沼, lake) : 흐르지 않는 물이 저장된 내륙 웅덩이의 총칭이다. 육수학적으로는 호수, 늪, 소택지, 습원으로 분류된다. 호수가 퇴적하면 늪이 되고, 늪이 퇴적하면 소택지로 변해서 결국에는 초원으로 바뀐다. **호수**(湖水, lake) : 연안식물이 침입하지 못할 정도로 수심이 깊은 웅덩이를 말하며, 수심이 5m 이상이면 식물이 살기 어렵다. 호수는 염분의 농도에 따라 담수호(freshwater lake), 기수호(brackishwater lake)로 나눌 수 있다. 담수호는 우리가 쉽게 접할 수 있는 저수지가 있다. **늪**(swamp) : 수심이 5m 이하로 호수와 비슷한 개흙이 많은 물웅덩이를 말하며, 순채, 검정말, 새우말 등의 침수식물(沈水植物)이 바닥 전면에 무성하다. 저서생물로는 실지렁이가 풍부하고 부영양형에 속한다. **소택지**(沼澤地, bog) : 아주 얕으며 도처에 정수식물(挺水植物)이 무성하고 수심이 가장 깊은 곳이라도 1m 이하이다. 소택지는 물이 거의 정체되어 있는 상태이므로 물방개, 물장군, 잠자리, 개구리 등의 좋은 서식처가 된다. **습원**(濕原, moor) : 물이 거의 없으며, 물이 있다고 하더라도 습지식물로 덮여 있어 물이 거의 보이지 않는다. **호소의 단면**(湖沼의 斷面) : 접시모양을 하고 있으며, 수초가 나 있는 얕은 부분을 표층대(epipelagial)라 하고, 그 아래의 깊은 부분을 중층대(meso-pelagial)라 한다. 그리고 그 수

[그림 7-3-3] 경남 창녕 우포늪

저부분을 심층대(bathypelagial)라 부르고 각각의 부분에는 특징적인 생물군이 생활하고 있다. **습지(濕地, wetland)** : Cowardin 등(1979)에 의해 습지는 수위가 지표면 또는 지표 근처에 있거나 얕은 물로 덮인 육상과 수계 사이의 전이대로서 다음 세 가지 특성 중 적어도 한 가지 이상을 가진다. ① 적어도 한 번은 주기적으로 수생식물이 우점한다. ② 기질은 주로 물에 잠긴 수화된 회색토양이다. ③ 기질이 흙이 아닐 때는 식물의 성장기간 동안 얕은 물로 덮여 있거나 물로 포화되어 있다.

- **내륙습지(內陸濕地)** : 육지 또는 섬 안에 있는 호(湖) 또는 소(沼)와 하구(河口) 등의 지역을 말한다. **하천(河川, stream)** : 연중 대부분의 기간에 지표수가 흐르는 크고 작은 물길과 물을 통칭한다. **범람원(汎濫原, flood plain)** : 토사가 운반, 퇴적되어 이루어진 충적지형(alluvial landform)중의 하나로서 홍수 시에 하천이 범람하는 저습지이다. 전면부가 부분적으로 붕괴되면 남아 있는 최초의 범람원을 하안단구(terrace)라 부르고, 전면부의 범람원에는 자연제방(natural levee)과 배후습지(back swamp)가 발달하게 된다. **갯벌(tidal flat)** : 간조 시에 노출되는

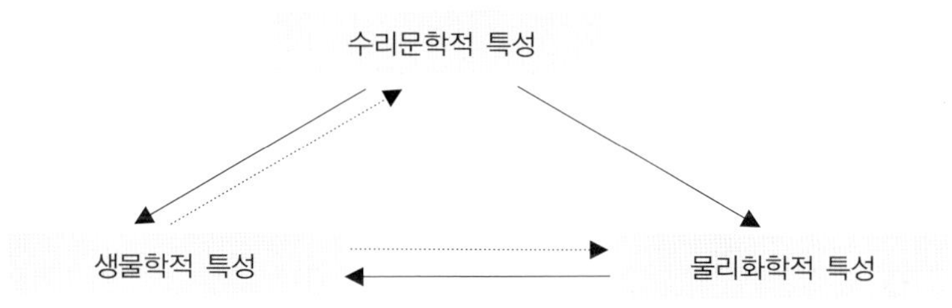

[그림 7-3-4] 습지의 3가지 구성요소(출처 : 홍선기 외(2005) 생태복원공학)

모래, 펄의 평평한 지형 또는 조석간만의 주기에 의해 노출과 침수가 반복되는 평단한 모래, 펄의 지대라고 할 수 있다. 갯벌의 종류는 퇴적물의 성물에 따라서는 모래갯벌, 펄갯벌, 혼합갯벌(모래펄갯벌, 펄모래갯벌)로 구분하고, 만들어지는 위치에 따라서는 해안갯벌, 하구갯벌, 석호갯벌로 나눌 수 있다. **생태도로(生態道路)** : 도로의 기능성이 최대한 발휘되면서 생태계 및 주변환경에 대한 부하가 최소화되는 도로이다. **생태계(生態系, ecosystem)** : 생물의 군집(식물군집과 동물 군집) 및 그것을 둘러싼 자연계의 물리적·화학적 환경요소의 총합적인 물질계이다. **식생(植生, vegetation)** : 어느 일정한 공간에 모여 사는 식물의 전체를 말하며 식물공동체라고도 표현한다. 식생은 어떤 크기나 단위를 한정하거나 또는 식물이 살아있는 상태를 말하는 것이 아니라 일정한 공간에 나 있는 식물의 집단을 일컫는다.

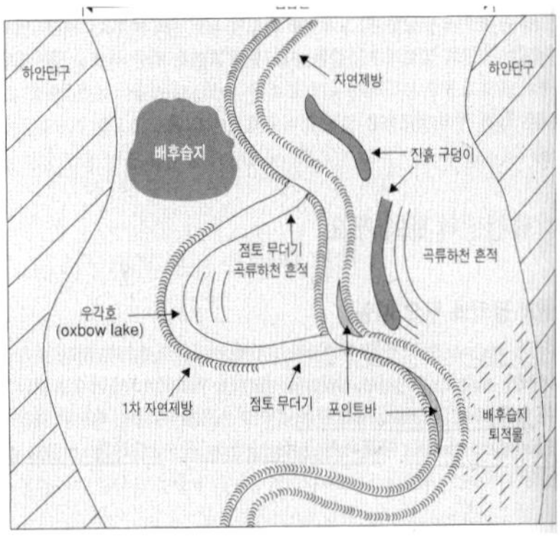

[그림 7-3-5] 하천 모식도
출처 : 홍선기 외(2005) 생태복원공학

[그림 7-3-6] 시화호 갯벌 생태계

- **폐기물**(廢棄物, waste) : 쓰레기, 연소재, 오니, 폐유, 폐산, 폐알칼리 및 동물의 사체 등으로서 사람의 생활이나 사업활동에 필요하지 아니하게 된 물질을 말한다. 건설현장 발생 임목 뿌리는 건설폐기물에서 일반폐기물로 변경되어 사업장 내 재활용을 적극 유도하게 되었다. **녹지축** : 녹지자연도, 임상도 등의 등급이 높은 우수한 산림식생 경관지역으로 주 녹지축, 확대녹지축, 연결녹지축, 개별녹지축으로 구분되며 생태계네트워크의 핵심공간의 역할을 담당한다. **생태축** : 생물다양성을 증진시키고 생태계 기능의 연속성을 위하여 생태적으로 중요한 지역 또는 생태적 기능의 유지가 필요한 지역을 연결하는 생태적 서식공간을 말한다. **교란종** : 외래종 및 귀화종에 의한 생태계 고유 질서를 파괴하거나 천이를 방해하는 동식물종이다.

제 8 강

농촌공간

나정화

제1절 서론

제2절 핵심개념

1. 녹색농촌체험마을 개요

Keyword 1 녹색농촌체험마을

Keyword 2 고령 개실마을

Keyword 3 화천 토고미 마을

Keyword 4 일본 이이야마 마을

2. 물적 공간조성 방안

Keyword 5 물적 공간조성

Keyword 6 공간배치계획

Keyword 7 동선계획

Keyword 8 식재계획

Keyword 9 시설물배치계획

3. 비물적 프로그램 조성방안

Keyword 10 체험 프로그램

Keyword 11 주민역량강화

Keyword 12 홍보 및 마케팅

Keyword 13 운영체계

Keyword 14 관리체계

제3절 더 알아야 할 개념

4. SWOT 분석

Keyword 15 SWOT 분석

제 8 강

농촌공간

나정화

제 1 절 서 론

지금까지의 농촌공간은 인구의 고령화, 과소화, 농가소득의 불안정 등과 같은 부정적 측면에서 많이 이해되어 왔다. 그러나 실제로 농촌공간은 도시지역으로의 안정적인 물자공급뿐만 아니라, 농촌다운, 아름다운 자연경관 제공 및 전통문화 계승의 중요한 역할을 담당해 왔다. 농촌에서 도시로 물자가 일방적으로 이동하던 종래의 도농관계가, 이제는 도시민이 농촌으로도 함께 이동하는 상호보완적 맥락에서 도농관계를 이해할 필요가 있다. 이러한 도농관계의 새로운 시각전환은 최근 주5일 근무제 확산과 주민소득 증가로 인해 도시민의 여가시간이 증대되면서 더욱더 가속화 되고 있다.

이러한 추세에 부응해서 농촌 그린투어리즘에 대한 인식이 점차 확산되고 있는 추세이다. 농촌 그린투어리즘 가운데서도 특히 녹색농촌체험마을 조성사업은 도농교류의 기본이 되고, 아름다운 농촌마을 가꾸기 사업의 핵심이 되고 있다. 더불어 녹색농촌체험마을 조성사업은 농촌다운 경관의 형성, 자연생태계의 보전, 전통문화의 계승, 자원의 순환이용을 주요 테마로 고려하고 있다는 점에서 향후 이 분야의 활성화에 대한 조경의 기여는 클 것으로 사료된다.

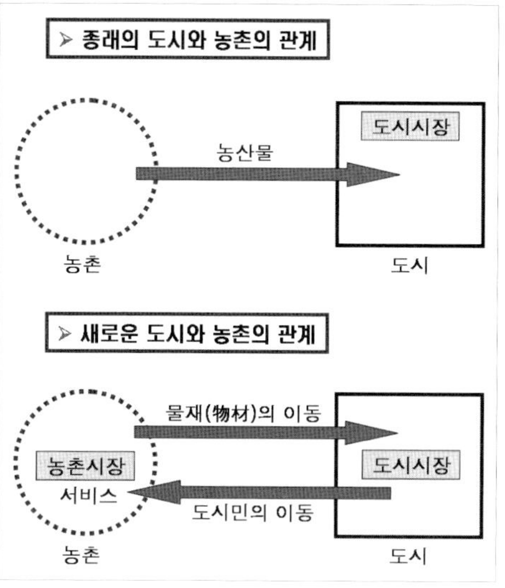

[그림 8-1-1]
도농교류의 새로운 보완적 상관관계

제 2 절 핵심개념

1. 녹색농촌체험마을 개요

Keyword 1 녹색농촌체험마을(綠色農村體驗 green tourism village)

녹색농촌체험마을은 "농촌의 자연환경뿐만 아니라 문화와 전통을 체험하고, 교육적 목표도 만족시기며, 자연에 바당을 두고 환경보전을 지속적으로 유지시키면서 행해지는 관광의 형태"를 말한다.

조성목적은 크게 3가지로 구분해 볼 수 있다. 첫째, 지역민들에게 높은 농외소득을 보장해줌으로써 마을주민의 삶의 질을 한층 더 증대시켜 나갈 수 있다. 둘째, 도시민의 5도 2촌 생활실천을 위한 건전한 여가선용의 공간이 되고, 또한 어메니티 자원을 활용한 농촌생활 체험의 기회를 제공해 줄 수 있다. 셋째, 도농교류 확대를 통한 지역경제 활성화 및 청정한 자연경관 보전을 들 수 있다.

산림농촌경관 구성요소들은 농촌경관을 형성하는데 중요한 요인으로 작용하고 있으며, 그 구성요소들은 지역적 특성에 따라 달라질 수 있다. 즉 자연환경적 조건, 지형, 토지이용형태 등이 경관구성요소의 기본 틀을 형성하는 주요 영향요인으로 파악될 수 있다. 일반적으로 많이 활용되고 있는 농촌경관 구성요소들을 대분류, 중분류, 소분류로 구분해 보면 다음과 같다(조경계획, 2007:931).

[표 8-2-1] 농촌경관 구성요소

대분류	중분류	소분류
자연환경공간	자연요소	산, 하천, 도랑, 저수지 등
	주요 생물서식공간	습지, 비오톱, 띠형 수림, 포위된 숲, 마을 숲, 수림 등
농업생산공간	농경지	논, 밭, 목초지, 과수원 등
	농업시설	농로, 농업용수로, 농업설비(축사, 저장창고, 비닐하우스 등)
농촌생활공간	생활시설	농가주택, 담장, 공공시설, 상점, 도농교류시설(마을회관 등), 공장, 도로, 안내시설 등
	문화역사	사적, 유적, 사당, 천연기념물, 당산목, 관광시설, 마을행사(동제, 축제 등)

Keyword 2 고령 개실마을(高靈 開室)

고령 개실마을의 조성목적은 첫째, 녹색농촌생활체험장 조성을 통한 도농교류 증진 및 농가소득 향상에 기여, 둘째, 무공해 유기농산물 재배를 통한 친환경 농업의 실현, 셋째, 도시민들에게 5도2촌의 농촌생활체험 및 휴양기회 제공, 넷째, 영남사림학파의 종조 점필재 김종직 선생의 집성촌 보전 및 전통문화 계승에 있다.

- 위치 : 경상북도 고령군 쌍림면 합가1리
- 인구 : 62가구 158명
- 주요 특산물 : 유기농 쌀, 딸기, 한과, 고구마, 감자 등
- 주요 자원 : 점필재의 문적 유품(유형문화재 제209호) 및 종택(민속자료 62호), 도연재 서당(문화자료 제111호), 소하천, 정자나무, 대나무 숲 등

2001년 12월 아름마을 가꾸기 사업 시범마을 지정을 기반으로 마을환경정비, 오수처리장 설치, 농촌체험장 및 편의시설 설치, 친환경 농산물재배 기반구축사업을 추진해 왔다. 주요 시설물로는 예절교육장, 안내소, 농산물 판매소, 컴퓨터실, 식당, 다목적 강당, 숙박시설, 주차장, 야외 농촌생활체험장, 농기구 및 유물전시관, 캠프파이어장, 개실쉼터 등의 시설을 갖추고 있다.

또한 계절별 체험 프로그램, 전통놀이 및 문화체험 프로그램, 농사 및 먹을거리 체험 프로그램 등 다양한 농촌생활 체험 프로그램을 개발해 놓고 있으며, 고령대가야축제와 연계하여 홍보체계를 구축해 놓고 있다. 특히 1사 1촌 및 1교 1촌 농촌사랑

자매결연을 체결하여 도농교류 활성화에 노력하고 있다. 운영은 마을주민, 지역혁신협의회, 고령군 공무원, 지역대학, 언론 및 사회단체, 전문기관 등 학연산관이 참여하는 마을발전 위원회를 구성하고, 마을자치에 의한 운영의 효율성을 극대화하고 있다.

마을쉼터

예절 및 정보화 교육장

농산물 판매장

마을 전경

우물

주요 체험 안내판

[그림 8-2-1] 주요 이미지

Keyword 3 화천 토고미 마을(華川 土雇米)

조성목적을 살펴보면 첫째, 무농약 오리농 쌀을 중심으로 한 농촌생활체험 마을의 활성화, 둘째, 청정지역의 이미지를 부각시켜 5도 2촌의 여가문화 중심지 제공, 셋째, 도농교류 활성화를 통한 농가소득 증대 및 지역경제 활성화 유도로 요약해 볼 수 있다.

- 위치 : 강원도 화천군 상서면 신대리
- 인구 : 80가구 150여 명
- 주요 농특산물 : 유기농 오리농쌀, 고추, 콩, 토종꿀, 감자, 옥수수 등
- 지정현황 : 농협지정 팜스테이 체험마을, 농림부지정 녹색농촌 관광체험마을, 행자부지정 정보화 마을 등

주요 시설물로는 토고미 자연학교, 펜션, 황토방, 마을회관, 건강관리실, 전통가옥박물관, 토고미 쉼터, 토고미 약수터, 농산물 직거래 판매소, 화천천 휴양시설 등기반시설이 비교적 잘 정비되어 있다. 계절별, 테마별, 시간대별 다양한 연중 프로그램

을 운영하고 있으며, 이용객들이 특히 선호하는 체험 프로그램으로는 오리농군체험, 마을투어 트랙터 타기, 현미가공체험, 인절미 만들기, 농산물 수확체험 등을 들 수 있다. 또한 폐교를 활용한 토고미 자연학교 체험캠프는 1일 코스, 2일 코스, 3일 코스로 구분하여 생태학습의 기회를 제공하고 있다.

매년 9월에 개최되는 토고미 오리쌀 축제는 도시와 농촌이 하나 되는 다양한 농촌체험 행사 및 토고미 나물 뷔페 등 청정지역의 유기농 무공해 먹을거리를 제공해 주고 있다. 토고미 작목반, 마을자치위원회, 부녀회, 토고미 자연학교 추진위원회 등을 중심으로 가급적 마을자치 형태를 기본으로 한 운영체계를 갖추고 있다.

진입부 안내판

마을 안내판

정보화센터

오리농법

트랙터 타기

디딜방아

[그림 8-2-2] 주요 이미지

Keyword 4 일본 이이야마 마을

이이야마 마을은 일본 그린투어리즘의 출발지이다. 이이야마 마을의 조성목적을 살펴보면 첫째, 그린투어리즘을 통한 도농교류 활성화 및 지역경제 활성화, 둘째, 수려한 자연경관을 주제로 한 도시민의 생태학습 및 여가선용의 기회 제공, 셋째, 그린투어리즘을 통한 도농간 지역경제 격차 해소로 요약해 볼 수 있다.

- 위치 : 長野懸 飯山市 大字飯山
- 규모 : 飯山 주변 4개 마을(약 350여 명)
- 주요 특산물 : 노자와, 메밀, 유기농 쌀, 버섯, 산채 등
- 주요 관광자원 : 치쿠마가와 강, 만년설, 토가리 스키장, 온천, 유채밭, 너도밤나무숲, 사찰, 한지, 자연산림, 통나무 청년숙사 등

이이야마 마을은 1965년, 스키로부터 그린투어리즘을 시작하였다. 1980년 중반부터는 학생들의 생태학습 및 자연교육 중심으로 전환하였으며, 이와 관련된 기반시설 정비가 잘 갖추어져 있다. 숙박시설은 이용객들의 기호에 따라 청년숙사, 민박, 농박, 온천 등으로 다양하게 이용할 수 있으며, 이용객 수는 2000년의 경우 연간 200백만 명에 이르고 있다.

더불어 계절별, 시간대별, 테마별, 해발고도별 300여 종 이상의 다양한 체험 프로그램을 운영하고 있으며, 정보화 및 인터넷 교육을 강화하여 전자상거래, 홈페이지 구축과 인터넷을 통한 이이야마 마을 회원모집, 동영상 마을소개 등에 적극 활용하고 하고 있다. 특히 운영방식에 있어서는 마을자치위원회, 향우회, 스키 활성화 소위원회, 부녀회 등을 중심으로 민주도형으로 운영되고 있으며, 특히 관의 적극적인 지원이 뒷받침되고 있다.

마을 전경 / 마을 안내도 / 관광 안내도

정보화 교육 / 안내 입간판 / 민박시설

[그림 8-2-3] 주요 이미지

특히, 앞서 Keyword 2, 3, 4에서 언급한 몇몇 사례마을 분석을 통한 시사점을 살펴보면, 우선 물적 공간조성과 같은 하드웨어적 측면에서 마을조성을 특색 있게 정비해 놓고 있었다. 특히 숙박(민박, 농박, 펜션 등), 주차, 휴양, 공원, 야영장, 자연학습 및 농촌생활체험 시설공간 등을 조성하여 체류형 관광을 유도하고 있었다. 이와 함께 비물적 프로그램 개발과 같은 소프트웨어적 측면에서도 다양한 이벤트, 축제 및 체험 프로그램, 도농교류 활성화 프로그램, 체계적인 관리운영 프로그램을 추진하고 있었다. 또한 녹색농촌체험마을의 공통적인 성공조건은 학연산관 및 지역민 상호간의 유기적인 네트워크 및 신뢰구축임을 확인할 수 있었으며, 특히 관과 지역민 양자 간의 상시 협조체계가 잘 구축되어 있었다.

2. 물적 공간조성 방안

Keyword 5 **물적 공간조성**(物的 空間造成 materials space planning)

기초자료 및 SWOT분석과 연계한 물적 공간조성의 기본방향은 다음과 같다. 첫째, 해당부지의 생태적 건전성 및 자연경관의 훼손을 최소화할 수 있는 범위 내에서 조성한다. 둘째, 지역 특유의 물적·인적 경관구성요소들을 최대한 발굴하여 활용방안을 모색한다. 셋째, 체류형 및 참여형 체험마을에 부합하는 공간조성방안을 수립한다. 넷째, 공간배치계획, 동선계획, 식재계획, 시설물배치계획 등과 같은 각 부문별 세부계획의 중첩을 통한 최적대안을 모색한다.

녹색농촌체험마을 조성 기본방향은 크게 물적 공간조성방안(하드웨어적 측면)과 비물적 프로그램 조성방안(소프트웨어적 측면)으로 구분하여 추진할 필요가 있다. 우선 물적 공간조성방안은 대상부지 이용에 불편함이 없도록 실제로 다듬고 가시화시키는 작업으로 생태적 기반 위에서 구상할 필요가 있다. 여기에 해당하는 각 부문별 세부계획들로는 기반시설 정비계획, 공간배치계획, 동선계획, 식재계획, 시설물배치계획 등을 들 수 있다.

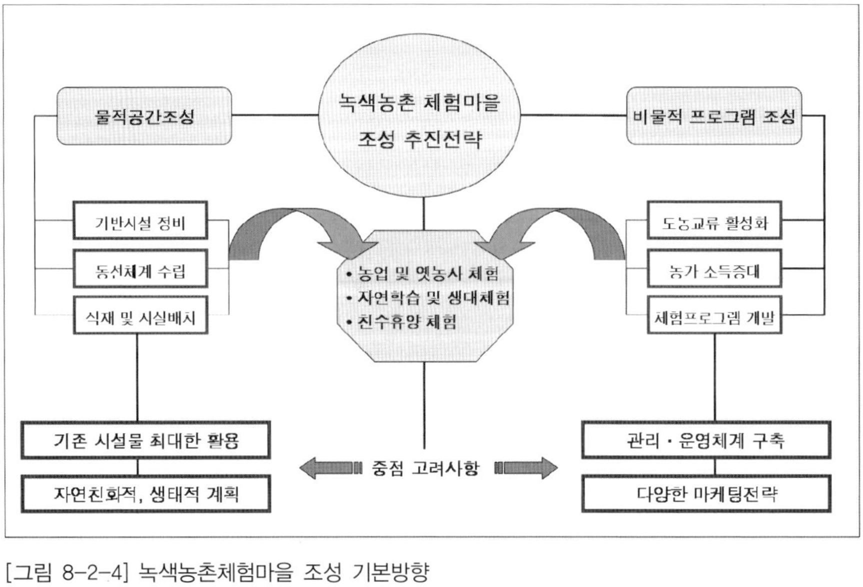

[그림 8-2-4] 녹색농촌체험마을 조성 기본방향

비물적 프로그램 조성방안으로는 다양한 체험프로그램 개발, 주민역량 강화방안, 도농교류 활성화 및 농가소득 증대방안 등으로 열거해 볼 수 있다. 이러한 2가지의 기본 축은 한편으로는 서로 독립적이면서, 또 다른 한편으로는 서로 유기적인 상호보완 관계 속에서 파악하는 것이 중요하다.

Keyword 6 **공간배치계획**(空間配置計劃 space layout planning)

공간배치계획은 대상부지 전체의 지형 및 자연환경적 조건을 바탕으로 포괄적인 지활을 통해 향후 세부공간 조성의 방향을 제시해 주는데 의미가 있다. 일반적으로 많이 적용되고 있는 주요 도입공간으로는 진입공간, 농촌생활체험 공간, 농경지 및 경작지 공간, 산림공간, 수공간, 숙박공간, 상가 및 건축공간, 주차공간, 휴양공간 등 크게 9개로 구분해 볼 수 있다.

상기의 개념에 입각한 공간배치의 주요특성을 살펴보면 다음과 같다.

- 공간배치는 우선 인접공간들과의 연계성 및 기능성을 고려하여 결정한다.
- 계획대상 부지 내 자연환경 및 지형적 조건을 최대한 반영하여 세부공간 입지를 선정한다.
- 가급적 절·성토를 최소화 할 수 있는 환경친화적인 공간배치를 결정한다.
- 성격이 유사한 공간은 서로 인접시키고, 상이한 공간은 분리 배치하여 공간 활용도를 높인다.

Keyword 7 **동선계획**(動線計劃 circulation planning)

동선계획은 이용자들의 이동과 흐름에 불편함이 없도록 동선을 조직적으로 체계화하는 것을 말한다. 특히 조직화된 동선구소는 계획대상 부지 전체의 공간적 짜임새 및 골격을 형성하는데 중요한 역할을 한다. 동선계획의 주요 기본원칙을 정리해 보면 다음과 같다.

- 동선구조는 소식석으로 체계화하여 이용객들의 이동 및 흐름에 불편함을 최소화 할 수 있도록 배치한다.
- 주 접근방향, 이동형태, 시설물 배치패턴, 이용자수 등을 고려하여 진·출입이 원활하도록 조성한다.
- 각 공간 및 시설지 상호간의 양호한 접근성 및 연계체계를 확보한다.
- 진입동선, 주동선, 보조동선, 원로, 산책 및 등산로 등으로 위계화 하여 발생교통량의 원활한 처리를 유도한다.

- 기존의 자연지형을 최대한 고려하고, 절 · 성토를 최소화하여 자연경관의 훼손을 방지한다.
- 포장재료는 가급적 환경친화적인 투수성 재료 사용을 원칙으로 한다.

일반적으로 많이 적용되고 있는 주요 동선의 종류로는 진입동선, 주동선, 보조동선, 원로, 산책 및 등산로 등으로 구분해 볼 수 있으며, 각 동선별 주요특징 및 배치기준을 열거해 보면 다음과 같다.

- **진입동선** : 마을로 들어오는 차량동선으로 왕복 2차선 이상의 포장도로를 원칙으로 한다.
- **주동선** : 이동에 중심이 되는 동선으로 대상부지 내 전반에 걸쳐 골고루 배치하며, 폭은 3~5m 내외로 한다. 기능에 맞게 포장 또는 비포장을 선별적으로 적용하고, 특히 기존의 주요 마을길 및 경작지내 주요 농로를 최대한 활용한다.
- **보조동선** : 주동선에서 갈라지는 보조동선으로서 부지 전반에 걸쳐 골고루 배치하고, 폭은 2~4m 정도로 가급적 비포장을 원칙으로 한다.
- **원로** : 보조동선에서 갈라지는 원로는 각 세부공간, 시설물들의 이용 및 접근이 용이하도록 유도하는 동선으로, 폭은 1~2m 내외로 가급적 비포장 조성을 원칙으로 한다.
- **산책 및 등산로** : 휴양을 위한 동선으로서 부지 전반에 걸쳐 골고루 배치하며, 폭 0.8~1.2m정도의 비포장을 원칙으로 한다.

Keyword 8 **식재계획**(植栽計劃 planting planning)

식재계획은 식목이라는 개념과는 달리 수목과 초본류를 모두 포함하면서 경관적 · 생태적 개념을 포괄하고 있다. 이러한 식재계획은 식물성상과 공간의 기능적 특성에 대한 이해를 바탕으로 적용되며, 전체 공간조성을 위한 핵심적 부분계획 중의 하나이다.

식재계획은 계획대상지를 어떤 식재공간으로 할지 구성 · 입안하는 것이고, 어떤 종류를 이용하고, 전체를 어떤 경관으로 구성하며, 또 식재 조닝을 실시하는 각 부지의 공간특성에 어울리는 기능배식을 주요목적으로 한다.

상기개념을 토대로 식재계획에서 고려되어야 할 주요내용을 요약해 보면 다음과 같다.

- 식재 후의 공간적 연속성을 고려하여 식재패턴을 유도한다.
- 주요 도입공간별 목적 및 성격에 부합하는 식재수종을 선정하여 배식한다.
- 생태적 특성 및 현지 생육환경조건에 적합한 적지적수를 선정하여 식재하고, 가급적 향토자생 수종을 중심으로 배식한다.
- 경관의 변화감, 계절감, 시선유도 및 랜드마크적 기능을 고려하여 다양한 향토자생 초화류, 화관목류 및 교목류를 식재한다.
- 외곽 경계부 등 필요한 장소에는 시선차단, 소음방지, 완충기능 등과 같은 시설녹지를 조성한다.

Keyword 9 **시설물배치계획**(施設物配置計劃 facility layout planning)

계획분야에서 사용하고 있는 시설이라는 용어는 공간 및 건축물의 기능을 포현하는 포괄적인 개념으로 사용하고 있다. 일례로 도시계획시설은 기본적으로 교통시설, 공간시설, 유통공급시설, 공공문화체험시설, 방재시설, 보건위생시설, 환경기존시설 등 7가지 시설로 구분된다. 본고에서는 건축물을 제외한 시설물이라는 개념으로 옥외공간의 기능을 보완하기 위한 시설물의 의미로 사용한다.

일반적으로 많이 적용되고 있는 주요 도입시설(공간) 유형은 크게 야외 농촌생활체험시설, 농촌생활체험시설, 친수휴양시설, 휴식 및 휴양시설, 관리시설, 편의시설, 안내시설, 주차장 및 도로시설, 숙박시설, 구매시설 등 총 10개 유형으로 구분된다.

상기개념에 입각한 시설물배치계획의 주요 기본원칙을 살펴보면 아래와 같다.

- 이용자수 및 수요추정 규모를 고려하여 최소의 시설투자루 최대의 이용효과를 얻을 수 있도록 계획한다.
- 기존의 식생 빛 지형적 조건 능을 최대한 고려하여 자연환경 훼손을 최소화 할 수 있도록 시설물 배치를 결정한다.
- 시설물 및 시설공간은 적지적소에 배치하여 이용의 불편함을 최소화 한다.
- 주변의 자연경관과 조화를 유도하고 이질감을 최소화 하다.
- 재료는 가급적 환경친화적인 소재를 사용하고, 특히 내구성, 경제성, 관리용이성 등이 우수한 것을 선택한다.

또한 도시공원 및 녹지에 관한 법률에서는 공원시설을 도로 및 광장, 조경시설, 휴양시설, 유희시설, 운동시설, 교양시설, 편익시설, 공원관리시설 등으로 유형화 하고 있다.

[표 8-2-2] 공원시설의 종류

구분	「도시공원 및 녹지 등에 관한 법률」 제 2조	「도시공원 및 녹지 등에 관한 법률 시행규칙」 제 3조 별표 1
	도로, 광장	
조경시설	화단, 분수, 조각 등	관상용 식수대, 잔디밭, 산울타리, 그늘시렁 및 못, 폭포 등 공원경관을 아름답게 꾸미기 위한 시설
휴양시설	휴게소, 긴 의자 등	야유회장, 야영장 등 도시민에게 휴식공간을 제공하기 위한 시설, 경로당, 노인복지회관
유희시설	그네, 미끄럼틀 등	시소, 정글짐, 사다리, 순환회전차, 모노레일, 삭도, 모험놀이장, 발물놀이터, 뱃놀이터, 낚시터 등 여가선용을 위한 놀이시설
운동시설	테니스장, 수영장, 궁도장 등	「체육시설의 설치 · 이용에 관한 법률시행령」 별표 1에서 정하는 운동종목을 위한 시설(다만 무도학원 · 무도장 및 자동차경주장은 제외, 사격장은 실내사격장에 한하며, 골프장은 6홀 이하의 규모에 한함), 자연체험장
교양시설	식물원, 동물원, 수족관, 박물관, 야외음악당 등	도서관, 독서실, 온실, 야외극장, 문화회관, 미술관, 과학관, 청소년수련시설(생활권 수련시설에 한함), 보육시설(「영유아보육법」 제10조 1호의 규정에 의한 국공립보육시설에 한함), 천체 또는 기상관측시설, 기념비, 고분 · 성터 · 고옥, 기타의 유적 등을 복원한 것으로 역사적 · 학술적 가치가 높은 시설, 공연장, 전시장, 어린이교통안전교육장, 재난 · 재해 안전체험장, 생태학습원, 민속놀이마당 등 도시민들의 교양 함양을 위한 시설
편익시설	주차장, 매점, 화장실 등	우체통, 공중전화실, 휴게음식점, 일반음식점, 약국, 수화물예치소, 전망대, 시계탑, 음수장, 다과점, 사진관 등 공원이용객에게 편리함을 제공하는 시설
공원관리시설	관리사무소, 출입문, 울타리, 담장 등	창고, 차고, 게시판, 표지, 조명시설, 쓰레기처리장, 쓰레기통, 수도, 우물 등 공원관리에 필요한 시설
기타	–	장례식장, 납골시설, 화장장 및 묘지

(출처: 조경계획, 2007)

3. 비물적 프로그램 조성방안

Keyword 10 **체험 프로그램**(experience program)

체험 프로그램이란 “관광객이 목적지나 경유지 등에서 단순히 구경하는 것만이 아니고 스스로 손과 몸을 움직여 무언가 체험할 수 있도록 기획된 활동유형” 을 말한다(이혜연 등, 2006).

체험 프로그램은 물적 공간조성과 더불어 계획대상 부지의 활성화 및 이용성을 증진시키는데 필수적인 요소로서, 비물적 프로그램의 핵심부분이다. 특히 체험 프로그램에는 탐방객 특성을 고려한 프로그램, 계절적 특성을 고려한 프로그램, 테마별 및 시간대별 프로그램으로 구분해 볼 수 있다.

탐방객 특성을 고려한 프로그램은 먼저 유아, 초등학생, 중·고생, 대학생 및 일반 등 탐방객의 연령적 특성을 고려하여 작성하고 특히 주말에는 가족이 함께 농촌생활 체험, 자연학습 및 자연경관 감상을 할 수 있도록 구성한다. 프로그램의 내용은 가급적 초·중·고생의 정규 교과과목에 포함되어 있는 내용과 연계될 수 있도록 하고, 또한 장애인, 고령자, 외국인, 어린이가 쉽게 이해할 수 있도록 구성한다.

[표 8-2-3] 계절별 특성을 고려한 체험 프로그램

계절	이용 프로그램	주요 이미지	
봄	딸기 따기, 윷놀이, 봄나물 캐기, 봄 야생화 관찰, 장 담그기, 모심기, 농산물 파종체험, 밤고기 뜨기, 버들피리불기, 나무심기체험, 사진촬영대회, 지경다지기		
여름	물놀이, 뗏목타기, 물고기 잡이, 농산물 수확체험, 종이 및 나뭇잎 배 띄우기, 다슬기 줍기, 모래사장 시원음악회, 여름 숲 탐방 및 야생화 관찰, 사진촬영대회		
가을	곶감 깎기, 콩 타작, 짚공예, 디딜방아체험, 곤충채집, 농산물 수확체험, 현미가공체험, 인절미 만들기, 가을 숲 탐방 및 야생화 관찰, 사생대회, 사진촬영대회, 봉숭아물들이기, 도리깨체험, 단풍체험		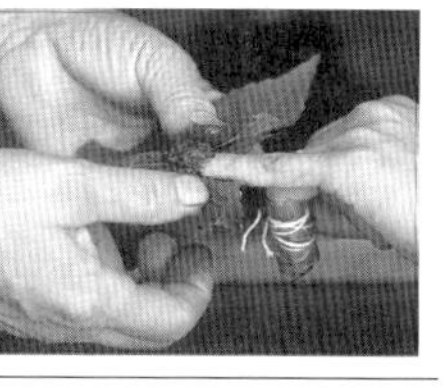
겨울	한과 만들기, 새끼 꼬기, 연날리기, 얼음지치기, 얼음썰매타기, 얼음축구, 얼음낚시, 팽이치기, 달집태우기, 손두부 만들기, 장작패기, 농산물 구워먹기, 사진촬영대회		
사계절	자연경관 감상 및 사진촬영, 농사체험, 마을투어 트랙터 타기, 뗏목타기, 옛 전통장터체험, 전통 민속놀이, 우마차 끌기, 전통음식 만들기 체험, 지게지기체험, 등산로 산림탐방체험, 모래오토바이체험		

계절별 체험 프로그램은 크게 봄, 여름, 가을, 겨울, 사계절로 구분하여 작성한다. 또한 해당 농촌마을의 특성을 최대한 부각시키면서 타 지역과 차별화 될 수 있는 주제를 계절별로 적절히 선정할 필요가 있다.

보편적으로 많이 이용되고 있는 테마별 체험 프로그램으로는 자연경관 감상체험, 옛 농사(수확)체험, 전통놀이체험, 농촌생활 및 문화체험, 자연학습체험, 먹을거리체험 등으로 대별되고, 각 테마별 구체적인 체험내용은 해당지역의 특성에 부합하게 개발한다. 시간대별 체험 프로그램은 당일코스, 1박 2일, 2박 3일, 2박 3일 이상 등 크게 4가지로 구분할 수 있으며, 특히 해당지역 주변의 주요 관광자원들과 연계 속에서 구성할 필요가 있다.

[표 8-2-4] 테마별 체험 프로그램

테 마	주요 체험 프로그램	비고
자연경관 감상체험	전망대에서 내려다보이는 경관 감상, 주요 하천 및 산림지 감상 등	
옛 농사(수확)체험	모심기, 농산물 파종체험, 지경다지기, 현미가공체험, 콩 타작, 도리깨 체험, 마을투어 트랙터 타기, 우마차 끌기, 오리농군체험 등	
전통놀이체험	윷놀이, 버들피리불기, 그네타기, 널뛰기, 연날리기, 쥐불놀이, 달집태우기, 팽이치기, 얼음낚시, 장작패기, 새끼 꼬기 등	
농촌생활 및 문화체험	초가집, 디딜방아, 근대 농기구, 인절미 만들기, 손두부 만들기, 전통음식 만들기 체험, 한과 만들기, 농박 및 민박 등	
자연학습체험	물놀이, 뗏목타기, 물고기 잡이, 농산물 파종 및 수확체험, 곤충채집, 뗏목타기, 나무심기 체험, 생태공원 학습, 사계절 숲 탐방 및 야생화 관찰, 단풍체험 등	
먹을거리체험	순대, 감, 사과, 한우, 친환경 쌀, 땅콩, 참깨, 호박, 덩굴강낭콩, 포도, 버섯 등 각 지역의 특산물 및 먹을거리를 이용한 체험	

Keyword 11 주민역량강화(住民力量强化 strengthening the ability of dweller)

주민역량 강화는 비물적 프로그램 조성의 핵심부분으로서, 특히 조성된 물적공간의 문제점을 지역민 스스로 극복하고 운영해 나갈 수 있는 바탕이 된다. 또한 이용객들의 재방문 욕구를 충족시켜 주고, 지역의 매력도를 높여주는 가시화 되지 않은 중요 자원이다. 주민역량 강화사업에는 마을리더 및 국민교육, 정보화교육, 서비스 친절교육 등을 들 수 있다.

녹색농촌체험마을 조성의 성공을 위해서는 무엇보다 마을 리더 및 주민교육이 중요한 관건으로 사료된다. 마을 리더 및 주민교육 방법으로는 지역대학의 특성화 교육, 농촌관광대학, 농업벤처대학, 국내 · 외 선진지 벤치마킹을 통한 학습, 전문가 초청특강 등을 들 수 있으며, 이를 통한 주민역량 강화 프로그램을 효율적으로 운영해 나갈 필요가 있다.

정보화교육의 의의는 개별 농가의 전자상거래, 홈페이지 제작능력 배양 및 개별 농가의 자율적인 홍보능력 증진에 있다. 마을회관을 활용한 컴퓨터실 운영을 하나의 방안으로 고려해 볼 수 있다. 또한 컴퓨터실 운영은 정보화 교육뿐만 아니라 마을주민들의 영어교육, 주민모임장소 및 마을도서관으로도 공동 이용될 수 있도록 유도한다.

서비스 및 친절교육은 전문업체와 협력체계를 구축하여 마을주민들을 대상으로 실시하며, 교육장소는 마을 인근에 있는 적절한 공간을 활용한다. 또한 서비스 및 친절교육뿐만 아니라 체험 프로그램 개발, 마을 브랜드 및 캐릭터 개발 등에 관한 교육도 동시에 수행할 필요가 있다.

상기와 같은 주민역량 강화사업은 근본적으로는 회사, 관공서, 사회단체 등과는 1사 1촌 자매결연을, 학교와는 1교 1촌 농촌사랑 자매결연운동 등을 전개해 나갈 수 있는 도농교류 활성화의 중요한 토대가 된다.

Keyword 12 **홍보 및 마케팅**(publicity and marketing)

홍보 및 마케팅은 해당 녹색농촌체험마을을 일반인들에게 브랜드화 시키고, 마을의 지명도와 이미지를 상승시키고, 근본적으로는 지역경제를 활성화시키는 비물적 프로그램 조성이 중요한 부분이다.

홍보는 오프라인과 온라인을 동시에 활용토록 한다. 우선 오프라인 홍보에서는 우편, 리플렛 및 스티커의 제작 및 배포, 홍보용 책자의 제작 및 배포 등을 강화할 필요가 있다. 동시에 마을 홈페이지 구축 및 동영상 마을 소개, 농촌포탈사이트 등록, 해당군청 홈페이지 베너 등록, 주요 축제 등과 연계한 홍보체계 강화, 전화 및 인터넷을 통한 마을회원 신청 접수 및 인센티브 부여 등과 같은 온라인을 통한 홍보체계를 구축해 나가야 한다. 이외에도 신문, 방송 등 언론매체를 활용하여 홍보를 강화해 나갈 필요가 있다.

마케팅 방향은 조성초기, 조성중기, 조성후기로 구분하여 차별화된 전략을 수립한다. 조성초기에는 주민의 협조가 절대적으로 요구되는 바, 지역민들에 대한 홍보, 설득, 교육에 주안점을 두어 녹색농촌체험마을 활성화에 기여토록 한다. 조성중기에는 조성될 녹색농촌체험마을의 명소화를 위한 적극적인 홍보 및 방문객을 중심으로 한 마케팅 계획을 추진하고, 조성후기에는 표적대상이 된 녹색농촌체험마을은 물론 주변지역까지 활용할 수 있도록 유도해 나간다. 또한 타 지역과 차별화될 수 있는 다양한 체험 프로그램을 개발하여 내방을 촉진시켜 나갈 수 있도록 한다.

Keyword 13 운영체계(運營體系 operation system)

운영체계의 구성은 해당 녹색농촌체험마을의 합리적이고 체계적인 운영을 위해 학연산관 및 지역민이 공동 참여하는 상호네트워크 체계를 구축하고, 이를 통해 문제점 및 해결방안을 모색해 나가는 것을 말한다. 운영체계의 조직화는 궁극적으로는 마을자치를 중심으로 한 상호보완관계 속에서 파악하는 것이 바람직하다.

마을주민, 지역혁신협의회, 군청 담당공무원, 지역대학, 언론 및 사회단체, 전문기관 등이 참여하는 학연산관 마을발전위원회를 구성하여 운영의 효율성을 극대화시켜 나갈 필요가 있다. 특히 작목반, 부녀회, 노인회, 향우회, 종친회, 산악회, 사진동호회 등을 중심으로 마을자치 및 민주도형 운영방안을 기본원칙으로 하고, 관에서는 행·재정적인 지원, 인센티브 부여 및 마을주민들과의 실질적인 교류회 개최 등이 요구되고, 학계에서는 교육 및 전문기술제공 등과 같은 지원이 요구된다.

Keyword 14 관리체계(管理體系 management system)

관리방안이란 "자연자원과 관련 시설물의 훼손을 방지하고 지속가능한 이용을 보장할 수 있도록 통제·관리하면서 관광객에게는 양질의 이용경험을 제공하기 위한 관리업무의 전반" 을 의미한다(이종훈 등, 2004). 운영체계의 구축은 우선, 관리의 목적은 해당지역의 모든 수목, 녹지, 이용객 및 시설물들에 대한 효율성 있고 조직화된 관리체계를 수립하여 이용객들의 안전 및 쾌적한 공간을 조성하는데 가장 큰 의의가 있다. 관리대책은 크게 이용객관리·안전관리·식재관리·시설물관리로 구분된다.

이용객 관리는 지역주민 및 외부 이용객에 대한 행위규제, 해당지역의 적절한 이용과 이용객들이 요구하는 서비스 제공 등이 원활하게 이루어질 수 있도록 하는데 의의가 있다. 이용지도 방법으로는 지도원에 의한 상주지도 및 순회지도, 요일 및 일시를 정하여 행하는 정기지도, 표지·간판·팸플릿 등을 활용한 안내 및 주의, 상담탐구를 통한 지도, 교실의 개최를 통한 지도 등을 들 수 있다. 이용지도의 종류로는 주요녹지 및 시설물에 대한 활동행위 제한, 윤번이용제, 이용자 수 제한, 이벤트 및 공연행사 지도, 대상부지 내 명소에 대한 정보전달 및 지도, 지역의 역사문화 등 교양적인 내용의 지도 등을 들 수 있으며, 이용객의 성격에 따라 적합한 종류를 선택하여 이용지도를 수행한다.

안전관리는 불특정 다수의 사람들이 이용하는 제반시설들과 관련하여 이용자 상호간 및 이용자와 시설 간에 발생할 수 있는 사고를 사전에 예방하는데 목적이 있다. 사업대상지 내에서 예상가능한 안전사고의 종류로는 설치하자에 의한 사고, 관리하자에 의한 사고, 이용자(보호자, 주최자)의 부주의에 의한 사고 및 자연재해에 의한 사고 등으로 구분되며, 세부내용은 다음과 같다.

해당지역의 식재관리를 위해서는 우선, 전정, 병충해 방제, 시비, 관수, 제초 등과 같은 조치가 필요하다. 특히 야생식물관리는 관수, 시비, 병충해구제 등과 같은 인위적인 관리방법보다는 자생지의 생육환경조건을 계속 유지시켜 주는 노력이 필요하다. 또한 현지 생육환경조건의 파악이 중요하며 기후, 토양, 지형, 천이, 공해 등에 대한 세심한 분석 및 검토가 필수적이다.

시설물관리는 자연과 주변 환경과의 조화, 깨끗하고 정돈된 상태 유지, 안전하고 쾌적한 환경교육 효과의 극대화를 목적으로 한다. 시설물관리를 위해서는 온도, 습도, 강우조건에 따른 목재의 부패 및 금속의 부식 등과 같이 주변 환경조건을 고려하여 관리계획을 수립한다. 관리대상 시설물은 크게 휴게시설, 교양시설, 포장시설, 수목시설, 수경시설, 환경교육시설로 구분된다.

[표 8-2-5] 시설물 종류별 중점 점검항목

종 류	점검항목		점검횟수
휴게시설	벤치, 퍼걸러 등에 대한 기능 점검		1회/6개월
교양시설	목재 시설물	수선	10%
		포장	1회/2년
포장시설	포장 재료의 파손상태 점검		1회/1년
	포장의 심층 침하 확인 점검		1회/1년
수목시설	버팀목 설치 후 지지력 점검		1회/1년
	수목 보호용 덮개 상태 점검		1회/1년
수경시설	연못, 분수, 습지 등의 상태 점검		1회/1년
환경교육시설	데크, 습지원, 행위제한 안내판, 탐조대 등의 시설 점검		1회/1년

제 3 절 더 알아야 할 개념

4. SWOT 분석

Keyword 15 SWOT 분석(SWOT analysis)

SWOT 분석이란 "분석하고자 하는 대상(개인 또는 집단)의 내부 체계적 강점과 약점을 경쟁자 또는 경쟁집단과 비교하여 찾아내고, 외부환경에서의 기회요인과 위협요인들을 구분 정리함으로써 분석대상이 향후 취해야 할 방향을 전략적으로 마련하고자 할 때 유용한 기법이다"라고 정의하고 있다. 녹색농촌체험마을 조성을 위해 보다 더 합리적인 공간배치 및 기본구상을 위해서는 SWOT분석을 선행할 필요가 있다.

SWOT분석은 크게 내부적 요인과 외부적 요인으로 구분된다. 내부적 요인은 해당지역의 경쟁력확보에 유리한 내부적 비교우위성을 의미하는 강점요인(strength)과 내부적 취약성을 의미하는 약점요인(weakness)으로 세분된다.

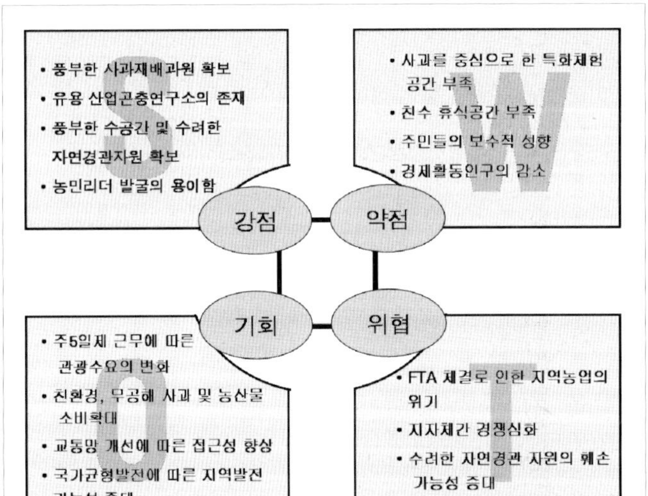

[그림 8-3-1] SWOT 분석 사례(예천시, 2005)

외부적 요인은 해당지역의 경쟁력을 확보하는데 있어 외부적 환경변화가 긍정적인 영향을 미칠 것으로 예상되는 기회요소(opportunity)와 부정적인 영향을 미칠 것으로 예상되는 위협요소(threat)로 대별된다. SWOT분석을 통한 계획반영 전략으로는 다음과 같이 4가지로 요약된다.

· SO전략 : 내부적 강점요인을 최대한 살리면서 외부적 기회요인을 적극적으로 활용하는 전략
· ST전략 : 내부적 강점요인을 최대한 살리면서 외부적 위협요인을 최소화해 나가는 전략
· WO전략 : 내부적 약점요인을 보완하면서 외부적 기회요인을 적극적으로 활용해 나가는 전략
· WT전략 : 내부적 약점요인 및 외부환경적 위협요인으로 나타나는 장애요소들을 최소화시켜 나가는 전략

제 9 강

서양조경사

홍형순

제1절 서론

제2절 핵심개념

1. 고대 · 중세의 조경

Keyword 1 고대 이집트

Keyword 2 고대 서부아시아

Keyword 3 고대 그리스

Keyword 4 고대 로마

Keyword 5 중세 서구

Keyword 6 이슬람 세계

2. 르네상스 시대

Keyword 7 이탈리아

Keyword 8 프랑스

Keyword 9 영국

3. 근세 – 현대

Keyword 10 영국 자연풍경식

Keyword 11 영국의 공공공원

Keyword 12 미대륙

제3절 더 알아야 할 개념

4. 현대조경의 새로운 시도와 경향

Keyword 13 현대조경의 새로운 시도와 경향

제9강

서양조경사

홍형순

제1절 서 론

프랑스의 라스코 동굴에서 발견된 벽화는 구석기 시대인 기원전 3만 5000년에서 기원전 1만 년 사이에 그려진 것으로 추정하고 있다. 여기에는 뛰어난 채색으로 들소, 야생마, 사슴 등의 역동적인 모습이 표현되어 있다. 20세기 미술의 거장 피카소(Pablo R. Picasso)는 이 그림들을 보고 "우리는 여기에 더 이상 보탠 것이 없다"라고 하였다. 가깝게는 우리나라 경상남도 울주군의 반구대 등에서도 경탄할 만한 선사시대의 암각화를 볼 수 있다.

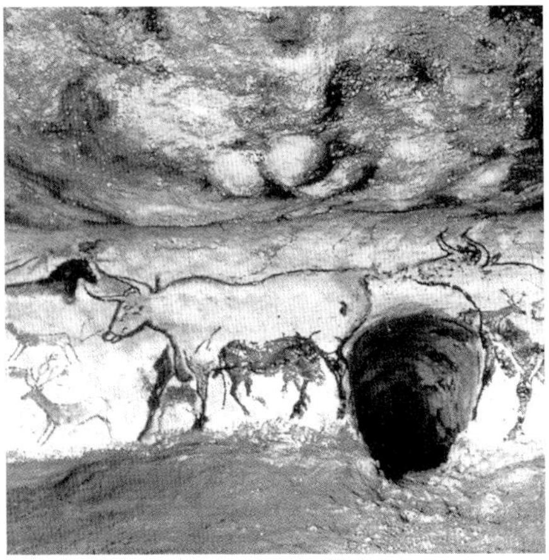

[그림 9-1-1] 라스코 동굴벽화(부분)
(출처: 이희재 역(2001) p.15)

원시인들에게 혹독한 자연환경은 두려움의 대상이었다. 외적과 맹수들로부터 자신과 가족을 보호해야 했으며, 연명할 식량을 채집해야 했다. 이러한 어려움 속에서도 그들은 자신들이 살고 있는 주변환경 속에 자신들만의 특별한 의지를 표현하려는 노력을 기울였다. 이러한 결과 인공언덕, 거석, 동굴벽화, 암각화 등이 세계 도처에서 발견된다.

정원의 역사도 인류문명의 초기로부터

함께 해 왔다. 영어의 정원(garden)이란 단어의 어원은 '울타리를 두르다' 라는 의미의 'gan' 과 '즐거움과 쾌락' 을 뜻하는 'oden' 혹은 'eden' 의 합성어이다. 즉 자신과 가족의 안녕을 위해 울타리를 두르고 그 안에 지상낙원과 같은 쾌적한 환경을 조성하고자 욕구의 반영이다. 동양에서 정원을 의미하는 원(園)이란 글자에도 울타리(口)로 둘러싸여 있다. 그 안에는 흙을 쌓고(土) 연못을 조성하며(口), 각종 기화요초(艸)가 식재된 형태를 취하고 있다. 인류문화학적 측면에서 동서양을 막론하고 울타리를 두른다는 것은 큰 의미를 지닌다.

초기의 정원들은 태초의 신화와 전설에 바탕을 두고 있다. 구약성경에는 에덴동산을 다음과 같이 묘사하고 있다.

"… 땅에는 아직 아무 나무도 없었고, 풀도 돋아나지 않았다. 야훼 하느님께서 아직 땅에 비를 내리지 않으셨고 땅을 갈 사람도 아직 없었던 것이다. 야훼 하느님께서는 동쪽에 있는 에덴이라는 곳에 동산을 마련하시고 당신께서 빚어 만드신 사람을 그리로 데려다가 살게 하셨다. 야훼 하느님께서는 보기에 좋고 맛있는 열매를 맺는 온갖 나무를 그 땅에서 돋아나게 하셨다. 또 그 동산 한가운데는 생명나무와 선과 악을 알게 하는 나무도 돋아나게 하셨다. 에덴에서 강 하나가 흘러나와 그 동산을 적신다음 네 줄기로 갈라졌다. … " (공동번역 성서, 창세기 2장)

에덴동산은 고대인들이 갖게 된 최초의 지상낙원(paradise)의 이미지이다. 과수나무와 물, 즐거움이 넘치는 비옥한 땅으로 동경의 대상이 되었다. 사람들은 자신의 영역 안에 울타리를 두르고 '작은 에덴동산' 을 만들기를 원했다. 신화에 묘사된 모습에 근거하여 구역을 네 개로 나누고 중앙에 분수나 큰 수목을 식재하는 사분원(四分園)의 형식이 지역과 시대를 초월하여 구현되게 한다.

이러한 영향으로 조경의 역사는 고전주의적 표현이 하나의 주류로 자리 잡게 된다. 신화가 토대를 이루었고 이에 더해 삶의 터전인 농업경관과 효율적인 관개 패턴에 영향을 받은 정형적 양식(formalism)이다. 이와 대조되는 또 하나의 주류로 낭만주의적 표현이 있다. 이는 자연경관을 이상화한 비정형적 양식이다.

조경의 역사는 '양식' (様式, style)의 변천에 주안점을 둔다. 양식은 특정 지역의 기후와 풍토 등 자연환경에 근거한다. 또 그곳에 사는 사람들의 종교, 사회, 문화와 국민성 등이 종합된 결과로 특정한 양식이 형성된다. '양식' 은 단기간을 풍미하고 사라지는 '유행' (fashion)과 달리 긴 생명력을 갖는다. 특정 양식은 다른 지역이나 후대의 양식이 형성하는데 영향을 미치기도 한다. 조경의 역사는 양식의 변천사이다. 현대조경은 유구한 조경양식의 변천이라는 연장선 위에 존재한다. 또 조경의 미래도 과거와 현재를 아우르는 조경양식의 이해를 통해서 그 가능성을 모색할 수 있다.

단, 연못, 등의 배치로 되어 있다. 입구에는 탑문(pylon)이 설치되었고 원로에는 덩굴성 식물을 식재한 시렁이 있다. 식재되었다. 그늘을 제공하는 각종 과일나무들이 식재되었고 관개용 수로가 설치되었다. 정원식물로는 연꽃, 파피루스, 종려 등이 종교적 상징성과 장식적인 목적으로 식재되었다.

또 테베(Thebes)에 있는 아메노피스 3세의 한 중신의 분묘의 벽화에 그려진 정원 역시 정방형으로 높은 담으로 둘러싸여 있다. 열식된 수목과 포도나무가 식재된 등책이 있다. 정원 네 부분에는 장방형의 침상지(sunken pond)가 조성되었고 연못가에는 원정(園亭, kiosk)을 설치하였다.

[그림 9-2-2] 이집트 관리의 무덤벽화, 테베(출처: 변희영 역(1997) p.14-15)

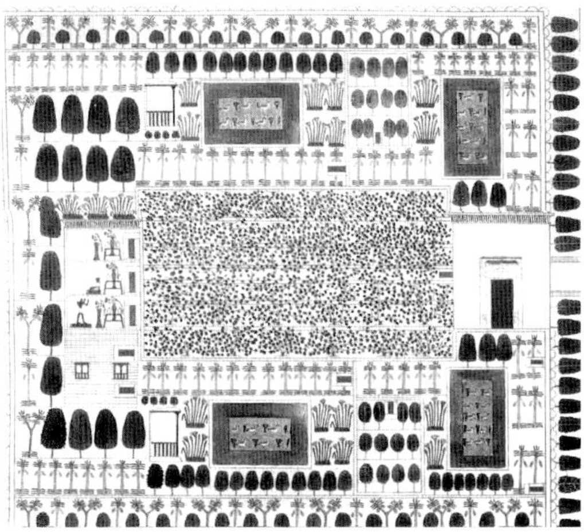

[그림 9-2-3] 아메노피스 3세 분묘의 정원계획 벽화(출처: Julia Moore, Elaine Stainton, Richard A. Gallin (2001), 한국조경학회편(2005) p.14 재인용)

Keyword 2 고대 서부아시아

1) 개관

고대 서부아시아 지역을 메소포타미아아라고도 하는데 이는 '강의 사이'를 의미한다. 이 지역은 유프라테스 강과 티그리스 강이 흐르는 비옥한 초승달 모양의 땅으로 고대 문명의 발상지 중 하나이다.

메소포타미아 지역은 연간 강수량이 150~200mm 정도로 매우 건조하고 여름은 몹시 무더운 혹독한 기후조건을 갖고 있다. 또 이 지역은 강의 유역이 광활하고 지형적으로 개방되어 있어서 이민족의 침입이 잦았다. 따라서 이 지역에는 국가와 왕조의 부침이 매우 많았는데 개략적으로 다음과 같다.

① 바빌로니아 시대(B.C. 4000~B.C. 1275)

[그림 9-2-4] 우르의 지구라트
(출처 : http://members.tripod.com/jaydambrosio/mesopotamia.html. 한국조경학회편(2005) p.28 재인용)

이 지역의 문명의 기반은 메소포타미아 계곡의 하류지역에 수메르인(Sumerian)들에 의해 세워졌다. 이들은 홍수를 다스리고 농경문화를 정착시켰다. 후에 셈족(Semite)이 이주하여 수메르족의 문화와 융화된다. 이 두 민족은 수 세기 간을 번갈아 가며 지배하게 되는데, 아카드(Akkad)나 바빌론(Babylon) 같은 도시를 세웠다. 수메르 족이 남긴 구조물로는 지구라트(Ziggurat)가 유명하다. 다신교를 믿은 이들은 각 도시마다 그 지방을 수호하는 지방신이 있다고 생각했고 도시 중심에 지구라트를 설치했다. 이집트의 피라미드에 비견되는 지구라트는 도시의 종교, 경제, 정치의 중심으로서, 땅과 가축의 진정한 주인인 신을 모신 곳이다.

② 아시리아 시대(B.C. 1275 - B.C. 538)

북부 메소포타미아 민족인 아시리아(Assyria)들이 지배권을 확보한 시기이다. 니네베 북동쪽에 위치한 코르사바드(Khorsabad)에 있는 사르곤 2세의 궁전이 유명하다. 남쪽에는 바빌론을 지배했던 네부카네자르 2세(Nebchanezzar II)가 유명하다.

③ 페르시아 시대(B.C. 539 - B.C. 303)

B.C. 539년 바빌론을 정복한 페르시아인들은 아시리아의 주인이 되었다. B.C. 480년에는 그 영토가 인더스 강에서부터 다뉴브 강에 이르기도 했으니 B.C. 331년에 알렉산더 대왕에 의해 정복된다.

2) 대표적 조경양식

① 수렵원

아시리아 제국의 티글라드 필레자르 1세는 자신의 수렵원(hunting park)에다 정복지로부터 시더(Ceder), 회양목 등의 수목을 약탈하여 장식하였다. 또한 사르곤 2세의 사르곤 궁전 수렵원에도 인공호수와 인공의 언덕을 조성하고 각종 수목을 식재하였다. 이러한 수렵원은 왕과 귀족을 위한 야영장, 훈련장, 제사장, 향연장으로 사용되었다. 사르곤 궁전을 장식한 부조에는 수렵원에서의 향연이나 수렵장면을 묘사한 그림이 많이 전해지고 있다. 이러한 수렵원의 전통은 후에 페르시아에서도 이어져 다리우스 1세의 궁전에도 영향을 미쳤다.

[그림 9-2-5] 호르샤바드(Khor-sabad)의 수렵도(출처: 한국조경학회편(2005) p.30 재인용)

② 공중정원

마치 공중에 매달린 듯 높이 솟아 있다고 하여 공중정원(hanging garden)이라 불린다. 고대세계의 7대 불가사의중 하나인 이 정원은 기원전 500년경 신(新)바빌로니아의 네부카드네자르 2세가 왕비 아미티스를 위하여 수도인 바빌론에 건설한 정원이다. 산악지대인 메디아 출신의 왕비는 평탄하고 메마른 사막지대에 위치한 바빌론으로 온 후, 고향의 풍성한 녹음을 그리워하였다. 이를 안타깝게 여긴 왕은 왕비를 위하여 메디아에 있는 어떤 정원보다도 아름다운 정원을 바빌론에 만들도록 하였다.

[그림 9-2-6] 공중정원의 상상도
(출처: http://joseph_berrigan.tripod.com/ancientbabylon/id14.html, http://oldhome.pe.kr/losthistory/mysteri/vaviron.html, 한국조경학회편(2005) p.31 재인용)

지구라트와 같이 연속된 테라스에 성토한 후 각종 수목과 초화를 식재하여 마치 삼림으로 뒤덮인 작은 산과 같았다고 전해진다. 바빌론 성곽에 부속된 이 공중정원의 원형은 찾아볼 수 없으며 상상도를 통해서 그 모습을 추정할 수 있다.

Keyword 3 고대 그리스

1) 개관

고대 그리스는 발칸 반도 남단의 펠로폰네소스 반도와 남쪽 지중해의 크레타 섬과 동쪽 에게 해의 여러 섬들을 중심으로 발전한 문명이다. 기원전 3000년경 크레타 섬을 중심으로 발달한 에게문명은 전설적인 왕 미노스 시대에 크게 발달하게 되었고, 이를 미노아 문명이라 부르기도 한다.

기원전 2000년경부터 아카이아인들이 발칸 반도로 남하하여 미케네 왕국을 이루었다. 이 미케네문명은 미노아문명의 중심지였던 크레타를 정복하고 에게 해 일대를 장악하게 된다. 이러한 과정을 호메로스(Homeros, B.C. 8세기경)는 서사시를 통해 트로이 전쟁으로 서술하고 있다. 기원전 1200년경에서 1100년경에는 도리아인들이 그리스 본토로 남하하여 펠로폰네소스 반도 일대를 모두 장악하게 된다. 이후 아테네와 스파르타로 대표되는 여러 개의 도시국가를 형성하게 된다.

기원전 492년에서 480년 사이에는 동방의 페르시아 제국과 세 차례에 걸친 전쟁을 치르게 된다. 이 전쟁을 승리하는 과정에서 아테네는 스파르타를 제치고 그리스의 패권국으로 부상하였다. 기원전 477년 아테네를 중심으로 한 델로스 동맹의 성립으로 페리클레스 시대라고 하는 황금기를 맞게 된다. 이후 아테네와 스파르타 간의 반목은 펠로폰네소스 전쟁(B.C. 431~404)을 야기한다. 이 전쟁 후 쇠퇴한 그리스는 마케도니아의 필립 2세에 의해 정복당하게 된다.

그리스인들은 인간의 이성과 합리적 질서를 추구하여 서양 학문과 철학의 기초를 이루었다. 그들의 종교는 제우스를 중심으로 가가 지분과 권능을 가진 여러 신들을 믿었다. 국가의 중요한 일은 신의 뜻을 묻는 신탁을 통해 결정하였다. 그러나 이러한 신들도 사람과 같은 모습과 희노애락의 감정을 가지고 있다고 생각하여 '신인동격' 의 사고체계를 가지고 있었다. 따라서 엄격한 종교문화와는 달리 비교적 자유로운 인간중심의 문화를 꽃피울 수 있었다.

그리스 학문은 소크라테스, 플라톤, 아리스토텔레스 등을 중심으로 서양철학의 기초를 이루었다. 문학의 호메로스, 역사학의 헤로도토스, 투키디데스가 큰 업적을 남겼다. 조각과 건축분야에서도 큰 성과를 이루었다. 신과 인간을 주요 소재로 한 그리스의 조각은 완벽한 비례와 함께 생동감과 정교함을 보여준다. 파르테논 신전으로 대표되는 그리스의 건축은 소박하면서도 우아하며 완벽한 비례감을 보여준다. 건축양식은 스파르타인들의 도리아식과 아테네인들의 이오니아식이 유명하며 후에 이들이 절충된 코린트식으로 발전하여 각국에 영향을 미쳤다. 또 기원전 776년에는 제우스신에게 바쳐진 전 그리스적인 경기 축제가 시작되어 현대 올림픽이 탄생하는 기원을 이루었다.

2) 도시조경 및 공공조경

① 도시계획

그리스의 온화한 기후와 공공생활을 중시한 민주주의적 생활태도는 주택정원과 같은 사적인 영역보다는 공공적 성격이 강한 도시조경의 발달을 가져왔다. 특히 현대도시에서 볼 수 있는 격자형 가로망을 발달시킨 것은 그리스의 큰 업적이다. 격자형 도시계획의 선구자로 이오니아 밀레투스 출신의 히포다무스(Hippodamus)가 있다. 그는 앞선 문화권의 여러 도시들을 참조하여 그리스의 도시에 적용하였다. 이러한 격자형 도시구조는 프리에네, 알렉산드리아, 올린토스, 페르가몬, 에페수스 등에서 찾아볼 수 있다.

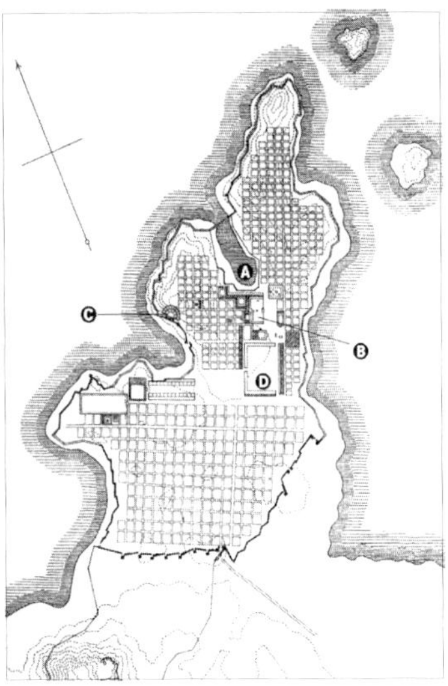

[그림 9-2-7] 밀레투스 평면도
(출처: Rogers(2001) p.69, 한국조경학회편(2005) p.47 재인용)

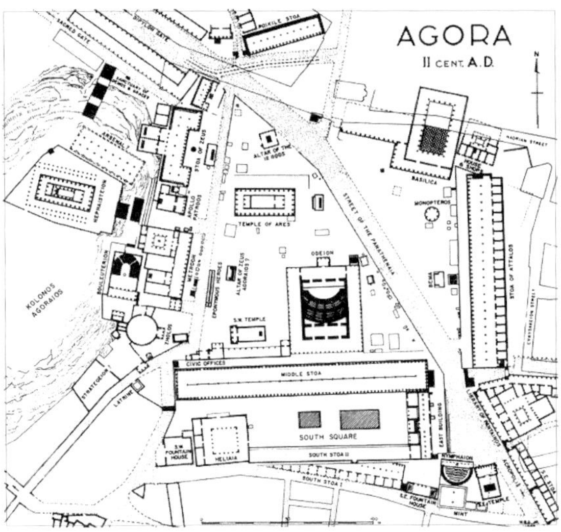

[그림 9-2-8] 최성기의 아테네 아고라(1세기경),
(출처: Rogers(2001) p.78, 한국조경학회편(2005) p.49 재인용)

② 아고라

그리스의 도시 중심에는 아고라가 있었다. 아고라는 공공생활을 즐기는 그리스인들의 도시생활의 중심이 된다. 아고라의 주변에는 법원, 재판소, 제단 등이 위치하여 공공장소로서의 중요성을 갖는다. 또 시장과 교역의 기능들이 밀집되었으며 다양한 회의가 열릴 수 있는 공동회의 장소로서 역할을 하였다. 아고라는 스토아라고 불리는 회랑에 의해 경계가 이루어졌는데, 스토아는 주로 상점 또는 관공서로 이용되었으며 간혹 전시장으로도 활용되어 전쟁 장면을 그린 그림이 걸리기도 하였다.

③ 성림

그리스인들이 도시의 특정 공간에 '성스러운 숲' 인 성림(聖林)을 조성하였다. 플라타너스, 소나무, 사이프러스, 참나무, 월계수 등의 수종이 주로 사용되었다. 특히 제우스신을 상징하는 참나무, 아폴론 신을 상징하는 월계수 등과 같이 각 수종은 특별한 의미를 지니며 신성시되었다. 성림은 그리스의 도시에 있어서 신에 대한 경건한 숭배의 장소였다. 이러한 성림의 주변에는 학문의 전당이 아카데미와 체육관인 김나지움, 스타디움 등이 설치되었다.

아카데미의 가로수 길을 거닐며 철학자들은 시민들과 대화를 나누기도 했으며, 풍부한 녹음으로 공공공원의 역할을 하기도 했다. 김나지움에서는 심신수련과 함께 시낭송이나 음악연주가 이루어지기도 했다. 또 주로 스타디움과 연계되어 있었으며 헤르메스나 헤라클레스와 같은 신들을 모신 성소와 연결되어 있었다. 이러한 성림과 김나지움은 후에 올림픽을 치르는 장소로 활용되기도 한다.

3) 주택정원

그리스의 사적인 주택정원은 공공조경에 비하여 상내적으로 소박한 특징을 보인다. 일반적으로 담으로 둘러싸여 있었으며 무화과나무와 포도나무 등의 과실수 등이 식재되었다. 중정은 포장이 되어 있거나 흙으로 다져져 있었고 주로 작업공간으로 이용되었다. 올린토스나 프리에네와 같은 계획도시에서도 주택정원은 찾아보기 힘들다. 이러한 이유는 그리스의 주거문화가 개인보다는 시민들의 공공생활이 중시된 영향으로 이해할 수 있다.

또 그리스의 주택에는 신화에 바탕을 둔 아도니스 정원이 유행하였다. 신화에 의하면 아프로디테 여신은 인간인 아도니스와 사랑에 빠진다. 멧돼지를 사냥하던 아도니스가 부상을 당해 죽게 되자 아프로디테는 그의 피에 신의 술 넥타를 부있고 거기서 빨간 색의 꽃, 아네모네(바람꽃)가 피었다고 한다. 그리스 부인들은 하지 무렵에 빨리 자라는 씨앗을 낡은 포트나 그릇에 심어 지붕에 올려놓고 아도니스의 짧은 생애를 기렸다. 이런 전통은 지붕이나 창가를 화분으로 가꾸는 포트가든 내지 옥상정원으로 이어졌다.

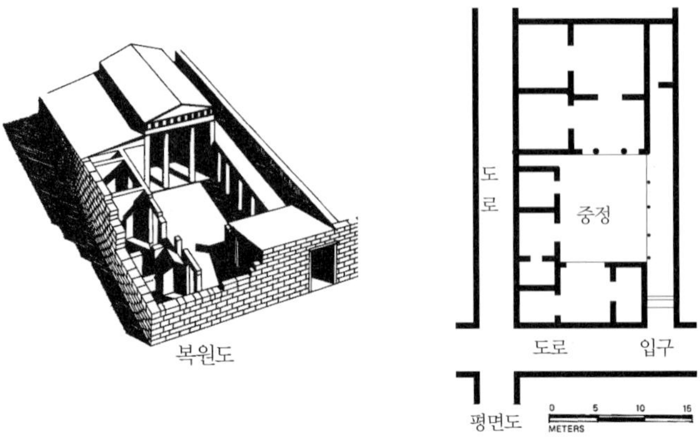

[그림 9-2-9] 프리에네시의 개인주택(기원전 350년경)
(출처: 비난트 클라센(1990) p.50, 한국조경학회편(2005) p.52 재인용)

[그림 9-2-10] 아도니스 정원을 묘사한 도자기
(출처: http://www.beazley.ox.ac.uk/CGPrograms/Dict/image/Adonis.jpg, 한국조경학회편(2005) p.52 재인용)

Keyword 4 고대 로마

1) 개관

지중해에 돌출한 이탈리아 반도는 북쪽으로 알프스 산맥으로 프랑스 등과 국경을 이루고 남쪽으로는 지중해를 사이에 두고 북아프리카와 마주보고 있다. 중부지역의 테베레 강 주변에 자리 잡은 로마는 팔라티노, 카피톨리노를 비롯한 7개의 언덕을 중심으로 발달하였다.

이 지역에는 청동기시대부터 사람이 살기 시작했으나 본격적인 거주가 이루어진 것은 기원전 1000년경부터였다. 기원전 6세기 초에는 에트루리아인들에 의해 정치적으로 통일된 도시가 형성되기 시작하였다. 그 후 기원전 509년에 로마인에 의한 로마 공화정이 시작되었다.

강력한 국가로 성장한 로마는 기원전 270년경에는 이탈리아 반도 전체를 지배하게 된다. 기원전 146년에는 카르타고를 멸망시키고 지중해를 장악하였다. 기원전 27

년에 옥타비아누스(Octavianus, Caesar Augustus, B.C. 63~A.D. 14)는 공화정을 마감하고 제정시대를 열었다. 이후 네르바, 트라야누스, 하드리아누스, 안토니누스 피우스, 마르쿠스 아우렐리우스 등 5명의 현명한 황제가 등장하면서 향후 200여 년 동안 로마의 평화(pax romana)를 누렸다. 로마제국은 쇠퇴기를 맞아 395년에는 동·서로 양분되었다. 475년에 게르만족에 의해 서로마 제국이 멸망하였다. 동로마 제국은 1453년 오스만투르크에 의해 멸망될 때까지 1000여 년간 지속되었다.

역사가 랑케(Ranke)는 "모든 고대사는 로마의 역사로 흘러들어 갔고, 모든 근대사는 다시 로마로부터 흘러 나왔다"라고 했다. 로마는 그리스 문화 등 모든 선행한 문화를 흡수하여 자신들 문화의 폭과 깊이를 더하였다는 점에서 절충적 성격이 강하다. 그리스 문화가 추상적이고 명상적인 것에 반해 보다 실용적이고 현실적인 문화적 특징을 보인다. 따라서 토목공학, 의학, 법률 등의 실용 학문의 성취를 통해 고전문명이 현대 서양문명으로 이어지는 토대를 조성했다. 고대 로마의 기술자들은 아치구조와 콘크리트를 고안해 냄으로써 건물의 형태와 범위를 확장시켰다. 이러한 건축과 토목기술의 발달로 콜로세움, 판테온신전, 개선문 등의 기념비적 건축물을 남겼다. 또 "모든 길은 로마로 통한다." 라는 말과 같이 체계적인 도로망과 고가수로는 로마시대 토목기술의 정수라 할 수 있다.

2) 조경양식

① 주택정원

로마시대의 주택정원은 그리스시대에 비해 화려하게 발달하였다. 로마시대에는 모든 정원을 통칭하여 호르투스라고 불렀다. 로마의 호르투스는 개인의 주택뿐만 아니라 많은 공공공간이나 공공건물들 주변에도 만들어졌다.

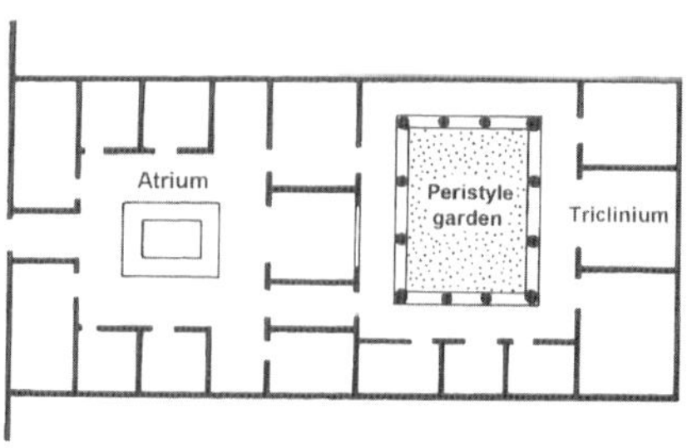

[그림 9-2-11] 로마의 페리스타일 주택
(출처 : Farrar(1998) p.16, 한국조경학회편(2005) p.61 재인용)

초기의 주택들은 아트리움, 타블리니움, 호르투스가 일직선상에 배치되는 구조를 보인다. 아트리움에는 콤플루비움이라 천장이 있어 채광과 통기가 이루어졌다. 그 아래에는 빗물을 모으는 수반인 임플루비움이 있어 이곳에 모은 물은 가사일이나 식물에 관수하는 용도로 이용되었다. 타블리니움은 주인의 침실이나 공적인 응접실로 이용된다. 호르투스는 일반적으로 주거공간의 후면에 위치하였다. 이러한 주택의 구조는 기원전 4세기 말에서 3세기 초까지 계속되었다. 이후에는 호르투스가 있던 자리에 페리스타일 정원이 도입된다. 페리스타일은 기둥이 있는 주랑에 의해 둘러싸인 곳으로 공지에는 수목이 식재되었다. 페리스타일 정원은 인접한 실내공간에 채광과 환기를 기능케 했고, 제 2의 거실공간의 기능을 갖는다.

② 빌라정원

빌라(villa)는 주택건물과 정원, 경작지 등이 복합체(complex)를 이루는 귀족과 부호의 저택으로 구릉지나 해안에 입지하였다. 빌라의 입지는 트인 전망과 피서와 피한을 위한 기후조건을 고려하여 선정하였다.

초기 공화정시대의 빌라는 생산적인 경작이 주가 되어 정원도 장식적이기보다는 소박한 형태의 채소원이 중심을 이루었다. 로마 제국의 번성과 함께 대토지 소유주가 소유한 큰 규모의 농촌 빌라들은 농사를 위한 건물들과 저장을 위한 창고건물들, 그리고 도시형 빌라가 복합된 형태를 가지게 되었다. 기원전 2세기 말에서 기원전 1세기경에는 이런 변화로 인해 빌라는 농장의 주택, 시골의 저택, 또는 화려한 도시의 고급주택을 의미하게 되었다.

도시나 도시 근교에 지어진 큰 규모의 근교형 빌라는 아름다운 정원이 조성되었으며 인접한 토지에 정원을 확장하기도 하였다. 지스터스라고 불린 확장된 공간은 산책로가 있고 건물로부터 주랑으로 이어졌다. 이밖에 해안에 위치한 해안형 빌라가 있는데, 황제정 기간 동안 부유한 로마인들의 보편적인 리조트가 되었다. 빌라 정원은 로마 특유의 정원양식이 된다. 이러한 전통은 15, 16세기 이탈리아 르네상스 정원의 발달에 바탕이 된다.

대표적인 로마의 빌라로 서기 1세기경의 부유한 지주인 소 플리니(Pliny the Younger)가 소유한 라우렌티눔과 투스카니 빌라가 유명하다. 라우렌티눔은 해변에 위치하여 주변 풍광과 일광욕을 즐길 수 있는 해안형 빌라였다. 또 투스카니 빌라는 티베르 강이 내려다보이는 아펜니노 산맥의 남쪽 사면에 위치한다. 이 빌라들의 아름다운 모습과 그곳에서의 생활하는 모습은 소 플리니의 서간문을 통해 오늘에 전해진다.

5현제 중 하나인 하드리아누스 황제의 빌라(villa hadrianus 또는 villa adriana)는 로마에서 동쪽으로 30km 정도 떨어진 티볼리에 위치한다. 전체 120헥타르 면적으로 전원도시와 같은 규모를 지닌다. 여기에는 지형을 따라 궁전, 도서관, 게스트 하우스, 욕장, 극장 등이 배치되었다. 또 그리스의 대리석 조각을 비롯한 제국의 영토

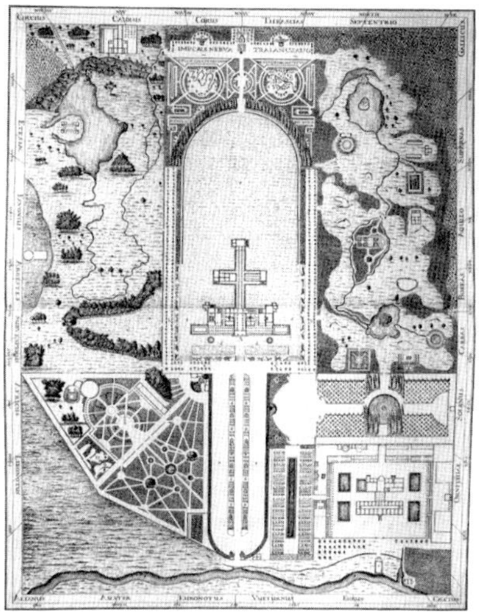

[그림 9-2-12] 투스카니 빌라 복원도 - 18세기 초(출처: 한국조경학회편(2005) p.68)

[그림 9-2-13] 하드리아누스 황제 빌라 복원 모형(출처:http://teggelaar.com/rome/paginas/2.0.htm 한국조경학회편(2005) p.68)

곳곳에서 수집한 조각물을 배치하였다. 17세기 프랑스의 베르사유 궁에 비견되는 이 빌라는 로마 제국의 건축과 조경의 화려함을 대표한다.

③ 공공시설의 조경

공공건물과 주랑으로 둘러싸인 다목적 열린 공간인 포룸은 그리스의 아고라와 아크로폴리스를 질서정연한 공간으로 바꾼 것이다. 초기에는 팔라티노 언덕과 카피톨리노 언덕 사이에 포룸 로마눔이 있어 왕정시대부터 대규모 공공집회가 열렸다. 제국시대에는 가장 웅장한 신전과 기념물들이 이곳에 세워져 종교적, 세속적 행사의 중심지가 되었다. 제국시대를 거치면서 새로운 형태의 포룸인 포라 키빌리아(법정)와 포라 베날리아(시장) 등이 여럿 조성되었다. 포룸은 도시의 주요 가로와 연결되는 지점에 형성되었고 바닥은 대개 석재로 포장되었다.

로마 제국의 중요한 공공장소로 대규모의 공중목욕탕이 있다. 로마 시민을 위한 이곳은 체육관과 목욕탕이 복합되어 휴양과 육체단련을 위한 장소로 활용되었다. 주요 도로에는 분수나 개선문, 열주 등이 배치되었다. 또 웅장한 원형극장, 바실리카, 개선문, 신전 등이 세워져 제국의 부와 권위를 상징하는 랜드마크로 활용되었다.

[그림 9-2-14] 포룸 로마눔 복원도
(출처: http://teggelaar.com/rome/images/imagesub/imrome/R183.jpg. 한국조경학회편(2005) p.66 재인용)

Keyword 5 중세 서구

1) 개관

중세(the middle ages)라는 시대 구분은 르네상스 시대의 지식인들이 고대와 그들의 시대 사이에 위치한 '야만의 중간시대'란 뜻으로 사용한데서 비롯된다. 이 시기는 서로마 제국이 멸망한 476년 이후 16세기 르네상스(renaissance)가 일어나는 약 1000년간을 의미한다. 이 시기에도 문명이 존재했고 과학분야에도 큰 진전이 있었음에도 불구하고 암흑시대(the dark ages)라 부르는 이유는 신학과 종교의 비중에 비해 인간 중심의 문화가 경시되었기 때문이라고 볼 수 있다.

중세 서구는 봉건제도라는 사회구조를 바탕으로 기독교의 교리가 정신생활을 지배했다. 서로마 제국의 붕괴 후 중앙집권적 통치기능은 약화되고 봉건제도가 중세를 지탱하는 사회제도를 이룬다. 이 제도는 각 영주들은 군주에게 군사적 의무를 제공하는 대신 토지, 징세권, 화폐주조권 등과 같은 봉(封)을 받았다. 장원(莊園)은 한 영주가 관할하는 토지로 이를 단위로 자급자족의 경제권을 형성했다. 장원의 중심부에는 영주가 거주하는 장원청이 있고 교회, 대장간, 정미소 등의 공동생활시설이 위치했다. 주변에는 농경지와 초지, 산림이 분포했다.

이러한 사회구조는 왕, 영주, 기사 등 엄격한 신분제도를 바탕으로 했으며 피지배계층인 농민은 노예상태의 농노(農奴)로 전락하게 되었다. 이러한 사회구조를 지탱하기 위해서 "하느님 앞에 만인이 평등하다"는 초기 기독교의 교리가 "하느님이 부여한 신분에 따라 그 직분을 다해야 한다"고 변질되었다.

교회건축은 중세건축을 대표한다. 또 교회 내부를 장식하기 위해 회화와 조각이 발달했다. 건축양식은 초기의 바실리카(basilica) 양식, 중기의 로마네스크(romanesque) 양식, 후기의 고딕(gothic) 양식으로 구분된다. 천국을 동경하는 뾰족한 첨탑으로 대표되는 고딕양식은 상승감과 경쾌함을 주며 역사상 가장 훌륭한 종교건축으로 평가된다. 독일의 쾰른과 프랑스 파리의 노트르담 성당이 대표적인 건축물이다.

2) 조경양식

① 수도원 정원(monastery garden)

교회가 세속화되고 타락하는 것에 대한 반발로 진정한 기독교 정신을 실천하고 기도하는 수도원이 성립된다. 519년에 성 베네딕트(St. Benedict)가 몬테 카지노(Monte Cassino)에 수도원을 세웠다. 그들은 기도와 노동을 의무로 하며 청빈, 금욕, 복종을 강조했다. 따라서 수도원은 모든 물자를 자급해 사용했다. 수도원 정원은 식량과 약초를 생산하기 위한 목적의 '실용원'과 교회의 장식과 휴식을 위한 '장식원'으로 구분된다. 실용원으로는 채소원, 약초원, 과수원 등이 조성되었다.

장식원으로는 클로이스터 가든(cloister garden)이 대표적이다. 독특한 양식의 클로이스터 가든은 직교하는 원로에 의해 네 부분으로 구획되는 사분원(四分園)의 형상을 취하고 있다. 원로는 벽돌로 포장되었으며 구획된 네 부분에는 초본류와 화훼류를 식재했다. 원로가 교차하는 지점에는 수반이나 설치되거나 조각물, 녹음수가 위치하기도 했다. 수반의 물은 종교적으로 속죄의 의미를 갖는다. 클로이스터 가든은 열주로 둘러싸인 주랑식 중정이다. 고대 로마 시대의 정원인 페리스타일 가든(peristyle garden)과 흡사하나 수도원 정원에서는 흉벽(parapet)이 설치되어 있다. 이 흉벽은 통행을 절제하며 빗물로부터 회랑의 성화를 보호하는 역할을 한다.

중세 수도원 정원의 모습은 성 갈(St. Gall) 수도원의 도서관에서 발견된 한 수도원의 평면도에 잘 나타나 있다. 9세기에 그려진 이 평면도는 수도원을 만들기 위한 계획도로 추정된다. 여기에는 교회를 중심으로, 수도사와 방문객 숙소, 축사와 공방, 경작지 등과 함께 클로이스터 가든이 묘사되어 있다.

② 성관정원(castle garden)

장원은 그 규모가 커지면서 주위를 성곽으로 두르는 폐쇄적인 중세도시로 변모된다. 영주의 거처인 장원청(천주각)은 성관의 모습을 띠게 되었다. 성관의 한정된 공간에는 화려한 꽃이나 상록관목으로 기하학적인 매듭형상의 노트(knot)가 고안되었고 다소 여유 있는 공간에는 수목으로 미로(迷路)를 구성하는 미로정원(labyrinth)이 만들어졌다. 중세의 사회상과 성관정원의 모습은 대영 박물관이 소장하고 있는 「장미이야기」(roman de la rose)라는 장편 연애시를 통해 살펴볼 수 있다. 이것은 귀부인과 기사의 사랑을 내용으로 하며, 여기에 포함된 삽화는 당시의 정원 모습을 잘 묘사하고 있다.

초기에는 방어의 목적으로 설치된 성곽과 해자(moat)는 평화와 안정의 시대를 누리게 되면서 점차 개방적이고 위락적 용도의 공간으로 변화하게 된다. 특히 십자군 원정 이후에는 화려한 이국적 문화의 영향을 받아 장식적인 모습으로 변하게 된다.

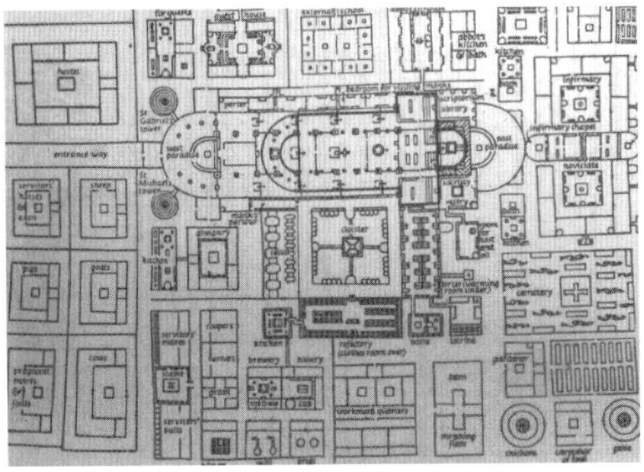

[그림 9-2-15] 수도원의 평면도
(출처: 한국조경학회편(2005) p.82)

[그림 9-2-16] 장미이야기의 삽화
(출처: 한국조경학회편(2005) p.85)

Keyword 6 이슬람 세계

1) 개관

이슬람은 이슬람교를 종교로 하는 문명과 그 세계를 두루 일컫는 말이다. 이슬람교도는 유일신인 '알라(Allah)' 에게 절대 복종해야 하기 때문에 복종자, 즉 '무슬림(muslim)' 이라고 한다. 아라비아 반도에서 7세기 초에 모하메드(Muhammad: 570~632)가 메카에서 알라의 계시를 받아 이슬람교를 창시했다. 알라신 앞에 만민이 평등함을 주장하여 급속하게 교세가 확장되었다. 이에 따른 박해와 탄압으로 메카에서 북쪽으로 400km 떨어진 메디나로 피난하여 제국의 기틀을 세웠다. 이 이동을 이슬람 역사에서는 '히즈라(聖遷)' 라 하며, 이 날이 이슬람력의 기원이 된다.

이슬람은 단순한 신앙체계가 아니라 정치, 경제, 사회, 문화 등을 통합하는 '신앙과 실천의 체계' 이다. 이들의 문명권을 사라센(sarasen)이라고도 하는데, 고대로부터 그리스, 로마지역의 라틴문화권 사람들이 시리아 초원의 유목민을 사라세니(saraceni)라고 부른 데서 연유한다. 이슬람교의 창시 이후에는 이슬람교도 전반을 가리키는 의미로 사용하였고, 십자군을 통하여 서유럽 전역에서 이 호칭이 사용되었다.

뜨거운 사막에서 살아온 이들에게 신선하고 차가운 물은 생명과 같았다. 따라서 모든 종교건축과 궁전, 주택에 이르기까지 풍성하진 못했지만 샘, 분수 등을 설치했다. 이슬람교는 우상숭배를 금했으며, 인간이나 동물과 같은 생물의 상을 만드는 일은 신만이 할 수 있는 창조행위로 이해했다. 이러한 이유로 이슬람 문명권에서는 조각이나 회화를 찾아보기 어렵다. 반면에 중성적 혹은 무성적인 아라베스크(arabesque)가 고도로 발달하여 시각적 단조로움을 극복하고 있다.

이슬람 제국은 '한손에 칼, 한손에 코란' 이라는 말과 같이 정복과 포교는 동시에 진행되었다. 이들은 앞에 인종이나 교양의 구별 없이 신자는 모두 한 형제임을 강조했다. 이러한 영향으로 이슬람 제국은 아라비아 반도로부터 북아프리카, 동으로는 인더스 강 동안까지, 유럽의 이베리아 반도 전역까지 급속히 확장되었다. 광대한 이슬람 문명권의 조경양식은 크게 페르시아, 유럽, 인도지역으로 구분된다.

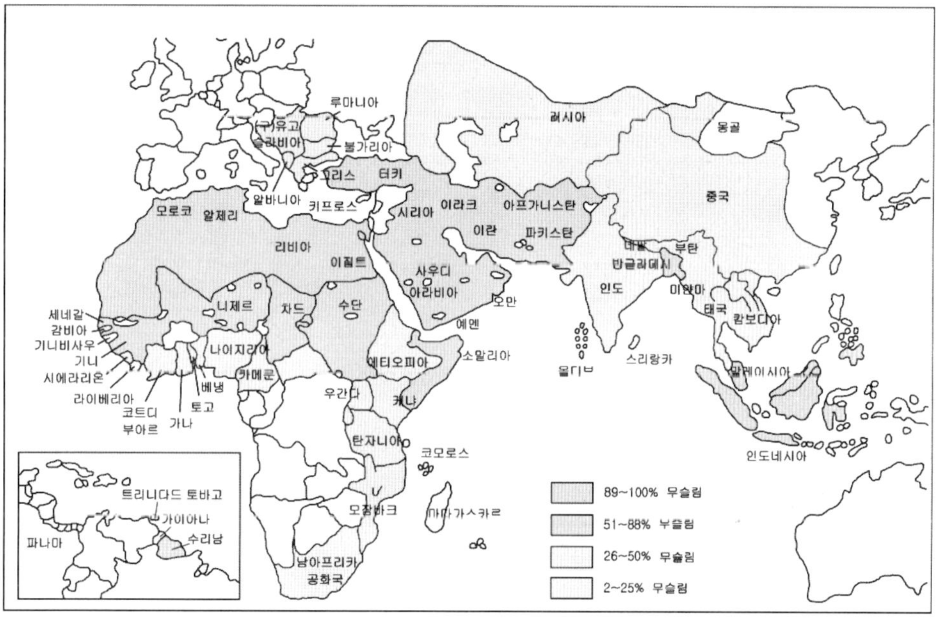

[그림 9-2-17] 이슬람 분포도(출처: 정수일. 한국조경학회편(2005) p.106 재인용)

2) 페르시아 사라센 스타일(persia-sarasen style)

메카 동북쪽 사산 왕조의 페르시아를 정복한 아라비아인들은 페르시아의 문화양식을 받아들여 이슬람화한 이란(당시의 페르시아) 양식을 이루었다. 이 정원들은 코란에 묘사된 낙원을 지상에 재현하고자 했다. 즉 메마른 자연환경 속에서 살던 이들에게 시원한 그늘, 차가운 샘물, 신선한 과일과 아름다운 여인이 있는 곳이 동경의 대상이 되었다. 따라서 이 정원양식의 특징은 반드시 높은 담이 설치되었고, 모든 정원에는 필수적으로 물이 사용되었다. 녹음수와 정원식물을 적극 도입하였으며, 입지 조건에 따라 산지, 구릉지 정원과 평지 정원이 있다.

대표적인 사례로 소정원을 연속적으로 이어 도시에 전개시켜 적용한 이스파한(isfahan)을 들 수 있다. 압바스(Abbas) 1세에 의해 조성된 이 도시는 페르시아 중부 사막지대에 위치한 오아시스 도시이다. 여기에는 궁전, 모스크, 정원이 광대한 복합체로서 사분원(chahar-bagh)이 반복되며 전개된다. 이스파한의 가장 큰 옥외공간은 '왕의 광장' (maidan)으로 380m×140m에 이른다. 고도로 세련된 이슬람 정원은 근세 유럽 정원의 발달에 큰 영향을 미쳤다.

[그림 9-2-18] 이스파한 시내의 마이단 전경
(출처: Hattstein(2000), 한국조경학회편(2005) p.102 재인용)

3) 스페인 사라센 스타일(spain-sarasen style)

이슬람은 북아프리카를 거쳐 지브롤터(Gibraltar) 해협을 건너 에스파냐의 안달루시아 지방까지 진출한다. 756년 성립된 서칼리프 제국의 왕조는 코르도바를 수도로 하였다. 이후 1031년까지 코르도바는 '서방의 메카' 로 이슬람 문화의 중심지가 된다.

이외에도 세빌리아, 그라나다 등의 도시가 번성하였다. 코르도바의 대모스크, 그라나다의 알람브라 궁전 및 헤네랄리페, 세빌랴의 알카자르는 대표적인 정원 유적들이다.

코르도바의 대 모스크는 수학적 비례가 적용되어 신비롭고 연속적인 흐름을 보여주는 오렌지 중정(court of orange)이 유명하다. 알람브라 궁전에는 12마리 사자가 수반을 떠받치고 있는 사자의 중정(court of lion), 다라쿠사 정원(jardin de daraxa), 격자창의 정원(patio de la Reja), 천인화의 중정(myrtle court)이 있다. 이 중정들은 외부공간과 실내공간이 절묘하게 상호 관입되도록 하였으며 소량의 물을 시적(詩的)으로 사용한 기법이 특출하다. 헤네랄리페는 왕들의 피서를 위해 1319년에 축조된 이궁(離宮)이다. 그라나다시를 조망하기 위한 배치에 대한 고려와 건축물은 한 단위요소로 노단으로 조성된 정원에 종속된다는 점에서 르네상스 시대의 이탈리아 빌라 양식에 영향을 미쳤다. 세빌랴의 거대한 요새형 궁전인 알카자르(Alcazar) 궁전의 중정에는 포장된 원로와 연못, 분수가 조성되어 있다.

[그림 9-2-19] 코르도바의 대 모스크(785-988)
(출처: 한국조경학회편(2005) p.111)

[그림 9-2-20] 알람브라 전경(출처: Ruggles (2000), 한국조경학회편(2005) p.112)

[그림 9-2-21] 알람브라 궁전, 사자의 중정
(출처: Samcjea(1983), 한국조경학회편(2005) p.114 재인용)

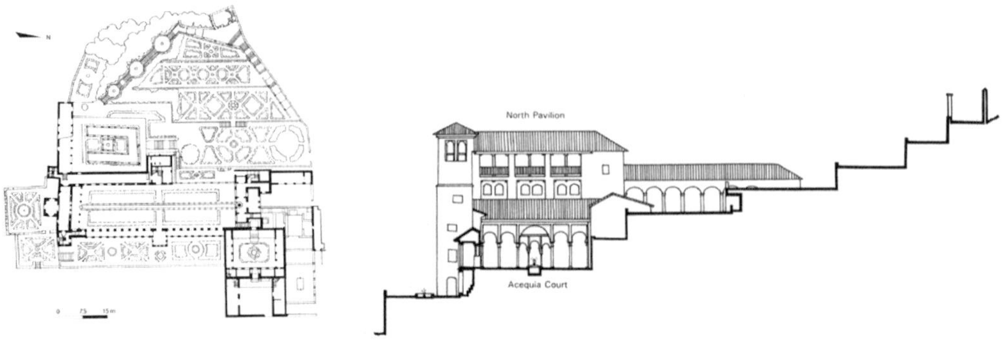

[그림 9-2-22] 헤네랄리페 단면도
(출처: Sanchez(1983), 한국조경학회편(2005) p.115 재인용)

4) 인도 사라센 스타일(indo-sarasen style)

이슬람 문명은 동진하여 중앙아시아, 아프가니스탄에 이슬람 왕조를 확립하고 13세기 이후 인도에 무굴(Mogul)제국을 세운다. 무굴(mughal, mogul)이란 인도 북서부로부터의 침입자를 이르는 펀자브지방의 속어이다. 인도의 무굴제국은 아그라, 델리, 캐시미르를 중심으로 번영하였다. 문화적 특징은 인도 고유의 토착문화에 이슬람적 특성이 가미되었으며, 궁정 중심의 귀족문화가 두드러진다.

무굴정원은 궁전과 귀족들의 별장을 중심으로 발달한 바그(bagh)와 정원과 묘지를 결합형태의 것으로 대별할 수 있다. 북부 고원지대에 위치한 캐시미르는 왕과 귀족들의 피서용 바그가 경사지 특성을 살려 노단식 정원으로 발달하였다. 아그라와 델리에는 궁전이나 능묘가 평탄원으로 조성되었다. 대표적 정원으로 캐시미르의 샬라마르 바그(Shalamar bagh), 아그라와 델리에 람 바그(Ram Bagh), 타지마할 등을 들 수 있다. 특히 타지마할은 샤자한 왕이 왕비인 뭄타즈 마할의 죽음을 애도하기 위해 지은 능묘인데, 전체적인 평면은 사분원의 형식을 취하고 있다. 영원성이 돋보이는 기념비적 건물로서 흰 대리석 건물의 색채는 일출시에는 보라색으로, 황혼 무렵에는 황금색으로 변한다. 애드벌룬과 같은 효과를 주는 돔과 첨형궁륭(pointed arch)의 상승감, 건물전면 연못의 반사효과(reflecting effect) 등은 이슬람 건축의 백미를 이루며 '세계 최고의 사랑의 기념비' 라 불린다.

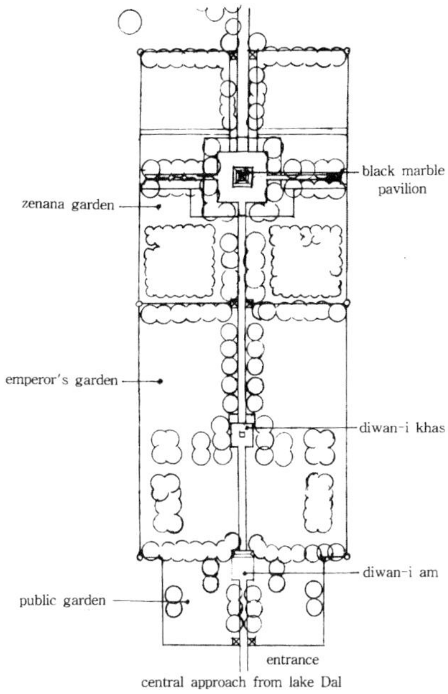

[그림 9-2-23] 샤리마르-바그 개념도

[그림 9-2-24] 타지마할

2. 르네상스 시대

Keyword 7 이탈리아

1) 개관

지중해로 돌출한 이탈리아 반도는 고대 로마의 유산을 지닌 곳이다. 14세기 이탈리이의 제노바, 베네치아 등의 해안도시들은 지중해를 통한 상업활동으로 번영을 맞게 된다. 경제력의 축적은 봉건제도의 몰락을 가져왔고 정치적으로 독립된 도시국가 내에서 강력한 시민사회가 형성되었다. 15세기를 전후하여 반도 중서부에 위치한 피렌체를 중심으로 문예부흥운동이 일어나게 된다. 이는 중세시대를 통해 이어온 봉건제도와 종교의 억압으로부터 탈피하여 고전의 시대로 회귀하고사 하는 운동이다. 즉 신의 구원과 신의 의지에 종속된 수동적인 인간으로부터 벗어나서 인간을 중심으로, 인간의 의지로서 독립하려는 '인본주의'로 요약될 수 있다. 이러한 영향은 인간개성을 자유롭게 발현하며, 현실세계의 즐거움을 추구하고, 자연 자체의 아름다움을 즐기게 되는 변화를 가져왔다. 중서부 터스칸 지방에서 시작된 르네상스는 16세기에는 로마와 근교 도시들로, 17세기에는 이탈리아 북부지방의 도시들을 중심으로 꽃을 피웠다.

중세 수도원 정원이 신의 영광을 찬미하기 위한 것이라면 이 시대의 정원은 인간의 품위와 고상한 취미생활 등 인간을 위한 공간이다. 이러한 르네상스 정원들은 고대의 정원을 모범으로 삼았고 이에 대한 연구가 활발했다. 알베르티(Alberti)는 로마시대 건축가인 비트루비우스(Vitruvius)의 이론을 준용하여 빌라 조성을 위한 부지 선정기준을 마련하기도 했다. 비트루비우스의 이론에 기초한 이 시대의 빌라는 빌라와 정원, 주변경관을 일체화시키는 구도가 적용된다. 초기 르네상스시대의 빌라 정원 발달에 큰 영향을 미친 요인으로 고대 정원의 모습이 담긴 서적, 서간문 등의 문헌과 전원 한거 생활을 흠모하는 인문주의적 사고를 들 수 있다.

2) 빌라의 발달과 사례

르네상스시대의 최초의 빌라로 피렌체의 대금융가인 메디치 가문의 소유의 빌라 카레지(villa carregi)가 있다. 이 빌라는 1417년 미켈로초 미켈로치(Michelozzo Michelozzi, 1396~1472)가 설계를 담당했다. 설계자가 정식으로 기록되기 시작한 것도 인본주의적 영향으로 파악된다. 메디치가는 이 외에도 빌라 메디치 피에졸레(villa medicea di fiesole)가 있으며 이 역시 미켈로치가 설계하였다.

[그림 9-2-25] 빌라 메디치, 피에졸레
(출처: 한국조경학회편(2005) p.168)

16세기에 이르러서는 교황 줄리오 2세가 바티칸 교황이 되면서 학자와 예술가들을 로마로 불러 모으는 등 로마와 근교 도시들이 르네상스의 중심이 된다. 브라만테(Bramante)는 교황의 요청으로 교황의 여름 거주지인 벨베데레원(belvedere garden, cortile del belvedere)을 설계하였다. 브라만테는 건물과 대지의 특성을 잘 조화시킨 것으로 평가되는데, 경사지에 위치한 긴 대지를 3단의 테라스로 조성하여 로마 시와 주변의 아름다운 조망을 확보하였다. 이 정원의 중요한 의미는 이탈리아 특유의 정원양식인 '노단 건축식'(terrace-dominant style) 정원이 확립되는 계기가 된다는 점이다. 이러한 양식은 경사지가 많은 이탈리아의 지형적 특성이 반영된 결과이다.

티볼리에 위치한 빌라 에스테(Villa D'este)는 추기경을 위한 것이다. 급경사지에 조성된 이 빌라의 건축과 조경은 리고리오(P. Ligorio), 수경은 올리비에리(O. Olivieri)가 담당했다. 거대한 정원은 중심축선이 설정되고 이 선상에 각 노단과 주 건물이 위치한다. 특히 에스테장은 수경시설을 적극적으로 도입한 것이 특징인데 100개의 분수로, 물 계단, 물 풍금, 경악 분천 등 연못, 분수, 벽천(cascade) 등 수경연출(water display)로 유명하다.

빌라 랑테(Villa Lante)는 로마 근교의 바그나이아에 위치한다. 이 빌라 역시 교황들의 별장지였으나 후에 랑테家가 소유하게 된다. 빌라 랑테 역시 중심축을 갖는 기하학적 평면으로 구성되었다. 주 건물인 2개의 카지노(twin casino)는 거대한 정원에 종속된 요소로 존재한다. 수직적인 총림, 수평적인 노단, 화려한 자수화단이 조화를 이루며 다양한 수경시설이 도입되었다.

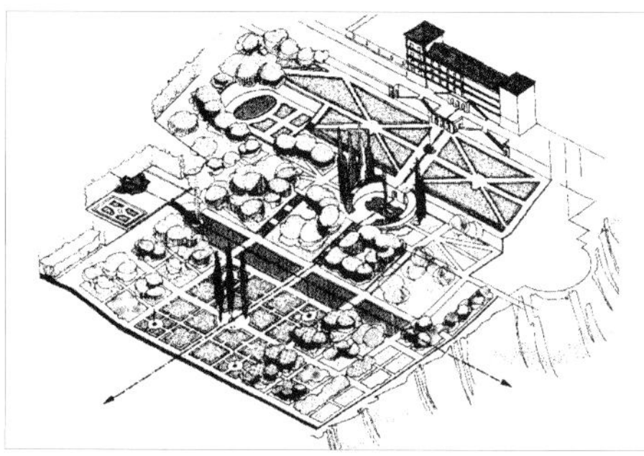

[그림 9-2-26] 빌라 에스테, 티볼리
(출처: 한국조경학회편(2005) p.174)

[그림 9-2-27] 빌라 에스테, 티볼리
(출처: 한국조경학회편(2005) p.162)

[그림 9-2-28] 빌라 란테, 바그나이아(출처: 한국조경학회편(2005) p.177)

17세기는 이전의 사람들의 관심이 지상에 국한되는 차원을 벗어나 우주적인 관점으로 확대된 시기이다. 이는 15세기 코페르니쿠스가 지동설을 주장한 이래 케플러, 뉴턴 등의 천문학적 발견에 기인한다. 희망봉과 신대륙이 발견되었고 해상을 통한 교역이 확대되었다.

이 시기의 예술은 르네상스 전성기를 맞아 고전주의 양식이 만개한 후 형식성이 추구되는 매너리즘(mannerism) 양식이 나타게 된다. 이러한 양식은 바로크(baroque) 양식으로 이행하게 된다. 바로크 양식은 고전주의의 엄격한 틀에서 벗어나서 화려한 세부 기교, 곡선의 사용, 정열적이고 역동적인 표현 등을 특징으로 한다.

후기 르네상스시대의 대표적 빌라로 플로렌스 근교의 빌라 감베라이아(villa gamberraia), 로마 근교의 빌라 알도브란디니(villa aldobrandini), 이탈리아 북부 마기오레 호수에 이졸라 벨라(isola bella)가 유명하다. 특히 빌라 알도브란디니는 환상적 분위기로 바로크 양식을 대표하는 정원이다. 여기에 있는 반원형의 '물의 극장' 에는 고대 신화를 표현한 조각상이 다섯 개의 벽감(niche)을 장식한다. 이탈리아의 화려한 정원양식은 프랑스, 독일, 네덜란드 등 17세기 유럽 전 지역에 영향을 미쳤다.

[그림 9-2-29] 빌라 알도브란디니(출처: 변지현 역(1997) p.58-59)

Keyword 8 프랑스

1) 개관

프랑스는 지중해와 대서양 사이에 위치한 지리적 요충지로서, 일찍부터 지중해 문화를 수용하고 이를 다시 영국과 북유럽에 전하는 가교역할을 해왔다. 이베리아 반도와 중부 유럽의 중간지대에 위치하여 '유럽의 중심' 이라는 긍지를 가져왔다. 프랑스의 온난하고 습윤한 기후로 인해 산림이 풍부하며 대체적으로 넓고 평탄한 지형을 보인다.

철학자이자 수학자인 데카르트(R. Descartes)의 해석기하학에 따르면 세상에 존재하는 모든 것은 수학적 원리를 통해서 인식할 수 있다고 믿었다. 따라서 모든 공간은 전 세계적으로 통용되는 수학적 좌표로 표기될 수 있으며, 수학적 좌표에서는 단지 점과 경계가 없이 무한하게 확장되는 공간이 존재할 뿐이라고 정의한다. 앙드레 르 노트르의 설계에서 볼 수 있는 기하학적 정형성, 정확한 비례에 의한 구성(composition)과 의도된 원근법적 시각구성 등도 역시 데카르트의 수학적 개념을 바탕으로 하고 있다.

서양사에서는 16세기부터 18세기의 약 300년간을 절대왕정(absolute monarchy)의 시대로 구분하는데, 이 시기를 통해 정체적인 측면에서는 강력한 왕권을 기반으로 근대국가의 체계가 갖추어지기 시작했고 사회 · 경제적 측면에서는 초기 자본주의가 성장하며 근대문화가 성립되기 위한 토양을 마련하게 되었다.

루이 14(재위 1643~1715)는 5세의 어린 나이로 왕위를 계승하여 오랜 기간을 통치하게 된다. 국가의 틀을 완비하고 왕권을 강화한 그는 대외적으로 프랑스가 유럽의 주도국가로 자리 잡게 했다. 프랑스 역사에서는 그의 치세기간을 '위대한 세기' 라 하며, 이런 의미에서 17세기를 '루이 14세의 세기' 라 부르기도 한다. '태양왕' 혹은 '동서남북의 주인' 이라고 불린 루이 14세는 "짐은 곧 국가다" 라는 유명한 말을 남겼다.

2) 앙드레 르 노트르(Andre Le Notre)의 활약

르 노트르에 앞서 활약한 망사르(Francois Mansart, 1598~1666)는 르 노트르에게 직접적인 영향을 주었다. 그는 이탈리아 정원의 축 중심의 설계를 토대로 당시 프랑스의 수학과 과학, 우주관 등의 문화적 요소가 반영된 새로운 스케일로 적용하였다. 망사르는 메종(maison)을 비롯한 여러 성에 축을 중심으로 한 전망을 조성했다. 또 르메르시에(Jacques Lemercier, 1585~1654)는 리슐리외 추기경의 시골 피정지인 리슐리외성(Shâteau de Richelieu)을 건설하면서 인접한 마블(Mable) 상의 물을 끌어들여 운하를 만들고 이 운하가 중요한 교차축이 되도록 하였다. 이러한 축과 그리드를 도입한 기하학적 요소를 도입한 설계는 후에 르 노트르가 계승하고 완성하게 된다.

정원사인 집안에서 1613년 태어난 르 노트르(1613~1700)는 천부적인 재능을 바탕으로 왕을 위해 활약한 조경가이며 '조경가의 왕' 이라 불려진다. 루이 14세는 신이 자신에게 부여한 신성하고 절대적인 왕권을 만천하에 과시하고자 했다. 르 노트르는 '태양왕' 의 권위가 드러나는 '왕의 정원' 을 설계할 적임자였고 그 임무를 성공적으로 수행했다.

루이 14세의 재무부장관이었던 니콜라스 푸케(Nicolas Fouquet, 1615~1680)는 르 노트르에게 자신의 정원 설계를 의뢰하여 보르 뷔 콩트(vaux-le-vicomte)가 완성된다. 이 작업에 르 노트르와 함께 건축은 루이 르 보(Louis Le Vau)가 담당했고, 회화 · 조각 · 실내장식은 화가인 샤를르 르 브렁(Charles Le Brun)이 참여했다.

보르 뷔 콩트의 전체적인 규모는 남북으로 1,200m, 동서로 600m에 이르는데 당시로서는 누구도 생각하지 못했던 장엄한 규모이다. 성관건물(main building)은 정원에 종속된 하나의 단위요소로 존재한다. 주축선상에는 자수화단, 물의 산책로(all'ee d'Eau), 벽천, 소로, 동굴(grotto)이 연결되고 이 동굴로부터 거대한 총림(bosquets)에 의해 강조된 비스타(vista)가 직선으로 장엄하게 펼쳐진다. 정원의 각 부분들은 다양한 변화 가운데 전체적으로는 통일을 이루고 특히 대규모의 수로(canal)와 밝고 화려한 자수화단(parterre)은 비단에 정교한 수를 놓은 것처럼 보인다.

루이 14세는 보르 뷔 콩트에 매료되었으나 왕의 권위는 상처를 입었다. 이로 인해 루이 14세의 미움을 산 푸케는 재산몰수와 종신 금고형에 처해지고 몰락하게 된다. 그러나 르 노트르에게는 그의 명성을 널리 알리는 출세작이 된다. 프랑스 정원양식의 새로운 표준이 된 이 정원은 루이 14세를 자극하여 베르사유(Versailles) 궁을 새롭게 개조하는 계기가 되었다.

[그림 9-2-30] 보르 뷔 콩트(출처: Rogers(2001) p.172)

1661년부터 시작하여 약 25년간 진행된 베르사유의 건설은 보르 뷔 콩트 설계를 담당했던 르 노트르, 르 보, 르 브렁이 참여했다. 왕의 집무실인 궁전 중앙의 '거울의 방'에서 시작되는 주축과 부축은 베르사유 평면의 골격을 이룬다. 기하학적 요소를 바탕으로 하며 공간은 축과 그 축을 가로지르는 부축들에 투영되도록 했다. 이러한 틀 속에서 거대한 수로가 도입되고 각 단위공간에는 분수, 작은 연못, 조각품, 기하적인 자수화단과 수목 등을 배치하여 다양하고 흥미로운 장소들을 조성하도록 했다. 궁전 전면에 위치한 아폴로 분수를 기점으로 태양의 빛처럼 펼쳐지는 방사축은 '태양왕'의 권위를 상징한다. 궁전 전면의 중앙원로인 '왕자의 가로'에서부터 직선으로 이어지는 연장 1.6km의 대수로(grand canal)는 주축선을 형성하며 베르사유의 장관인 비스타를 형성한다. 이러한 조망은 루이 14세의 권위를 극적으로 표현하는 수단이며 이러한 의미에서 베르사유 정원을 '왕을 위한 찬가'라 부르기도 한다.

르 노트르는 그의 천재성을 통하여 기존의 르네상스식 정원을 탈피하여 새롭고, 단순하고 장엄하면서도 세련된 스타일의 정원을 선보였다. 그의 업적은 공간을 기하학적인 요소로 파악하고, 시각능력과 특성에 대한 이해를 바탕으로 정원을 거대한 규모로 확장시켰다는 데 있다. 이러한 프랑스의 정원양식을 '평면기하학식'이라고도 하며 그 규모로 인해 '장엄양식'(grand style)이라고도 한다. 그는 정원에 무한의 축을 설정하였고 정원의 경계를 모두 제거하여 '온 세상을 포용하는 조경'이라는 새로운 패러다임을 창출했다. 즉 중세시대 사람들의 생활공간이 벽으로 둘러싸인 방이었다면 르네상스 시대의 사람들은 문을 열고 자연으로 나왔고, 17세기 프랑스에 이르러 인간은 자연 위에 군림하게 되었다.

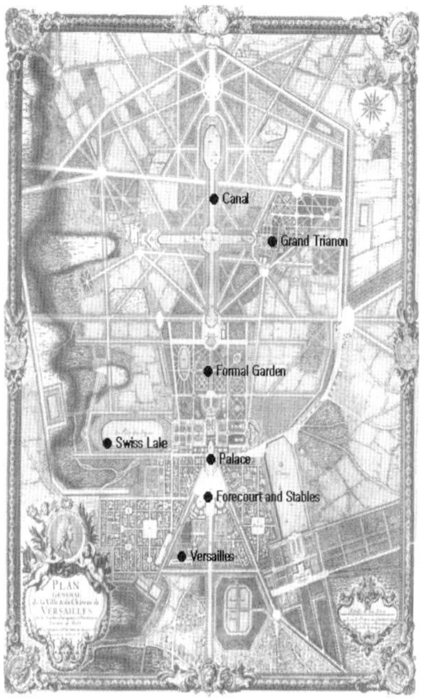

[그림 9-2-31] Plan of 1710 by Pierre Le Pautre of the palace gardens, and town of Versailles
(출처: Rogers(2001) p.174,176 필자편집)

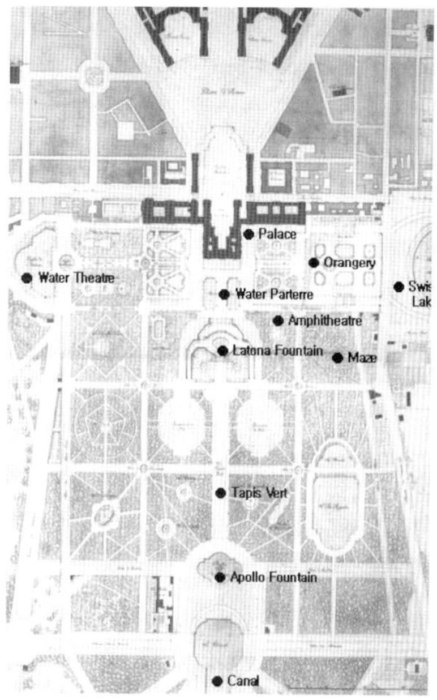

[그림 9-2-32] Plan of bosquets of Versailles

[그림 9-2-33] 라토나 분수. 중심 축선상에 위치한 2개의 분수는 중요한 상징적 의미를 담고 있다. 라토나 분수와 아폴로 분수는 태양의 신 아폴로와 그 어머니를 표현하고 있다.
(출처: Ogrin(1993) p.107)

[그림 9-2-34] 아폴로 분수
(출처: Rogers(2001) p.172)

3) 특징 및 영향

프랑스는 이탈리아의 르네상스적 특징을 받아들여 이를 프랑스 고유의 스타일로 탄생시켰다. 이 과정에서 중심적 역할을 한 르 노트르는 지나치게 장식적이고 기교가 넘치는 바로크 정원과는 달리 우아함 추구했다. 즉 이탈리아의 유연함, 열정적인 정원의 모습은 절제되고 위엄 있는 새로운 모습으로 바뀌게 된다.

베르사유를 통해 이룬 성공은 러시아의 성 페테르부르크(St. Peterburg)와 니메(Nimes), 미국의 수도 워싱턴(Washington, D.C.) 등 유럽 전역과 전 세계의 도시계획에 영향을 미쳤다. 이 점은 르 노트르 양식이 갖는 중요한 의의로서, 정원이라는 단위공간의 조성개념이 도시계획에까지 확대 적용되도록 한 것이다.

르 노트르의 양식은 지형조건 등 지역적 특성에 따라 다소 변형되기는 하지만, 국제적인 조경양식으로 확립되어 네덜란드, 영국, 독일, 러시아 등으로 빠르게 전파되었다. 또 제수이트(Jesuit)파 선교사에 의해 중국에까지 전파되어 청조(淸朝) 건륭제(乾隆帝) 12년에 원명원 속에 프랑스식 정원을 조성하게 되었고, 후에 우리나라의 덕수궁 석조선 앞에도 프랑스식 정원을 조성하게 된다.

Keyword 9 영국

1) 개관

섬나라인 영국은 도버(Dover) 해협을 사이에 두고 유럽대륙과 접한다. 기후는 대체로 온화하고 다습한 해양성 기후의 영향으로 흐린 날이 많고 안개가 자주 낀다. 지형은 전반적으로 완만한 구릉지로 형성되어 있으며 토양이 비옥하다. 이러한 자연환경은 영국 특유의 정원문화를 형성하는 데에 영향을 주었다.

헨리 7세에 의해 성립된 튜더(Tudor) 왕조(1485~1603)는 절대왕권의 시기였다. 그가 영국 르네상스 기의 기틀을 세운 후, 엘리자베스 1세의 통치기에 이른바 '해가 지지 않는 나라' 라는 영국 르네상스의 절정기가 구가된다. 이후 스코틀랜드의 제임스 6세가 제임스(James) 1세로 즉위(1603~25)하면서 성립된 스튜어드 왕조(1603~1688)가 성립되었다. 1688년 '명예혁명' 으로 공화정치가 시작되었고, 1702년 즉위한 앤(Anne) 여왕은 잉글랜드와 스코틀랜드를 합하여 마침내 대영제국(United Kingdom of Great Britain)을 수립하여 오늘날 영국의 기틀을 마련하였다.

2) 튜더왕조의 정원

튜더 왕조 초기의 영국 정원은 장원(manor)을 중심으로 한 비교적 소규모의 정원으로부터 시작되었다. 이후 유럽 각국의 우수한 정원 사례를 부분적으로 받아들이기 시작하게 된다. 영국 르네상스기의 강력한 군주였던 헨리 8세는 많은 노력을 기울여 그의 정원을 치장한 것으로 유명하다. 헨리 8세와 캐서린이 결혼한 리치먼드 왕궁(Richmond Place)의 정원은 자수화단, 퍼걸러, 운동시설(game court)과 함께 다양한 식물들로 꾸며졌다고 한다. 또 같은 시기에 울시(Wolsey) 추기경이 자신의 사형을 면하기 위해 헨리 8세에게 헌납한 햄프턴 코트 성궁(Hampton Court Place)이 확장되었다. 엘리자베스 여왕 집권시기에는 이탈리아, 프랑스 등으로부터의 문화 유입이 가속화되면서 한층 세련된 정원이 출현한다. 1580년경 서머싯(Sumerset)주 이오빌(Yeovile) 근처에 지어진 몬타큐트(Montacute)는 이 시기 장원의 정원양식을 대표한다.

3) 스튜어트 왕조의 정원

스튜어트 왕조 시기에는 이탈리아, 프랑스, 네덜란드로부터의 르네상스 양식과 중국 등의 영향이 보다 적극적으로 도입된다. 네덜란드 양식의 영향으로 회양목과 주목 등의 상록수를 조형적으로 다듬는 토피아리(topiary), 대규모 튤립화단 등이 조성되었다. 1700년경에 조성된 레벤스 홀(Levence Hall)은 볼링 그린(bolling green), 채소원(kitchen garden) 등의 영국적 요소와 함께 '토피아리 가든'이라 할 만큼 다양한 토피아리를 도입하였다. 또 주축선(axis), 방사형의 소로(all'ee), 연못, 비스타(vista), 전정한 산울타리의 군식 등 프랑스적 정원요소도 널리 사용되었다.

17세기 후반에 조지 런던(George London)과 헨리 와이즈(Henry Wise)가 윌리엄 3세를 위해 설계한 햄프턴 코트(Hampton Court)는 방사형의 소로와 중심축선을 강조

[그림 9-2-35] 레번스 홀의 토피아리
(출처: English Garden Design p.57. 한국조경학회편(2005) p.232 재인용)

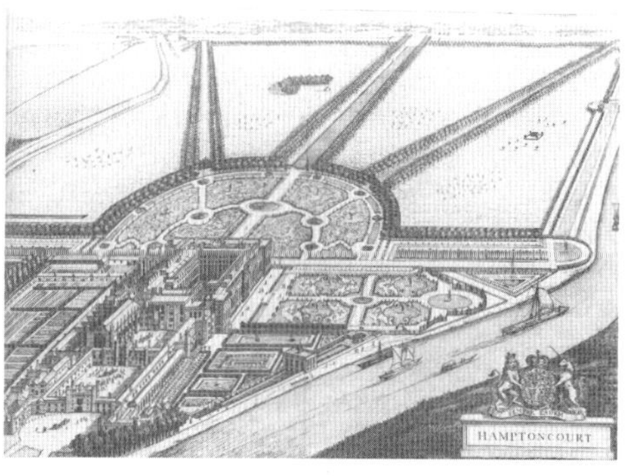

[그림 9-2-36] 햄프턴 코트(Kip과 Knyff의 그림)
(출처: English Garden Design p.61. 한국조경학회편(2005) p.235 재인용)

한 바로크적인 양식으로 조성되었다. 프랑스 왕궁과 경쟁하고자 한 이 정원은 영국에 적용된 장엄양식의 대표작이다. 또 런던과 와이즈는 영국 바로크 스타일의 대표작품으로 꼽히는 멜버른 홀(Melbourne Hall)과 채스워스(Chatsworth)를 조성하였다. 이 정원에는 축선과 자수화단, 토피아리, 캐스케이드 등이 도입되었다

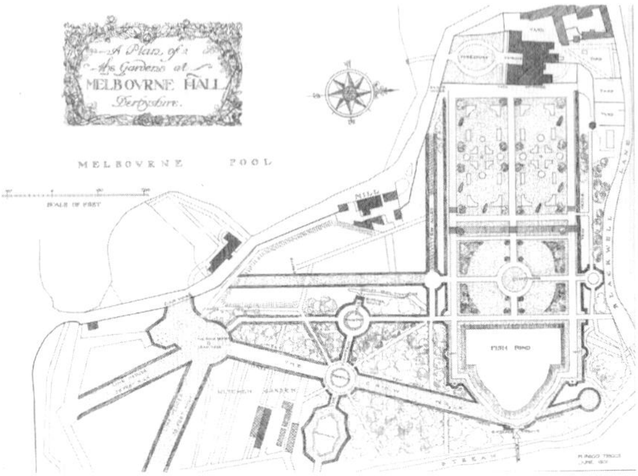

[그림 9-2-37] 멜버른 홀(부분)
(출처: English Garden Design p.66. 한국조경학회편(2005) p.235 재인용)

3. 근세 – 현대

Keyword 10 영국 자연풍경식

1) 개관

이탈리아와 프랑스로부터 시작되어 전 유럽에 퍼진 고전주의(classicism)에 대항하여 18세기 영국에서는 자연주의 운동을 기반으로 독자적인 영국의 풍경식 정원을 낳게 된다. 이러한 배경에는 기하학적 양식의 표현이 한계에 달한 르네상스 정원에 대한 반발과 영국의 목가적인 자연풍경과 기후 등이 전 시대의 정원형태에 부합되지 않는다는 깨달음이 바탕이 된다. 또 정치적, 경제적으로 위대한 국가로 성장한 영국의 국민들은 자신만의 독자적인 정원을 창조하려는 욕구를 갖게 되었다.

이러한 움직임에 직접적인 영향을 준 요인들로 해상무역을 통한 동양의 영향, 당대를 풍미한 계몽주의 사상, 화화에서 새롭게 대두된 풍경화(landscape painting), 낭만주의 문학 등이 있다. 아름다운 전원풍경을 담은 클로드 로랭(Claude Lorraine) 등의 풍경화 영향으로 정원은 풍경화와 같은 모습으로 조성되고, 이것은 다시 풍경화

로 재현되게 되었다. 또 자연미를 찬미한 전원시인이었던 에디슨(J. Addison), 포프(A. Pope), 센스톤(Shenstone) 등은 정원예술과 관련한 많은 문학작품들을 발표하였다. 이러한 결과로 비대칭적이고 비형식적인 구불구불한 산책로, 자연형 호수, 군락을 이룬 나무들과 저택의 창 앞까지 닿는 부드러운 잔디밭 등은 영국 풍경식 정원의 특징이 된다.

[그림 9-2-38] 클로드 로랭의 풍경화
(출처: A history of British Gardening p.144. 한국조경학회편(2005) p.266 재인용)

2) 주요 인물과 작품

전원을 찬미한 시인인 에디슨과 1712년 토피아리를 비판하는 글을 가디안(gardian)지에 발표한 포프의 사상은 점차 조경전문가들에게 확산되었다. 브리지맨(Charles Bridgeman)은 반브러프와 함께 설계한 스토(stowe) 가든에서 하하(ha-ha)의 개념을 최초로 도입하여 동양정원에서의 차경기법과 유사한 효과를 갖도록 하였다.

18세기 후반 풍경식 정원의 전성기에 활약한 윌리엄 켄트(William Kent)는 "자연은 직선을 싫어한다."는 말을 남겼다. 그의 작품에서는 직선적 원로와 가로수, 산울타리 등을 대신하여 이상화된 자연요소인 숲과 연못, 휘어진 산책로 등을 강조하였으며 이를 더욱 실감 있게 묘사하기 위해 살바토르의 풍경화 등에서 보이는 고사한 수목을 의도적으로 도입하기도 했다.

스토 가든을 비롯한 수없이 많은 영국 정원들을 개조한 브라운은 '케퍼빌리티 브라운(Capability Brown)' 이라는 별명으로 유명하다. 그는 구릉, 연못 등 대규모 토목공사를 통한 지형의 변화 등 과감한 정원 개조에 관심을 기울였다.

18세기 후반에서 19세기 초에 활약한 렙턴(Humphry Repton, 1752-1818년)은 풍경식 정원을 완성한 이론가이자 설계자였다. 그는 처음으로 'Landscape Gardener' 라는 용어를 사용하였다. 특히 그는 설계에 의한 개조 전과 개조 후의 모습을 비교할 수 있는 레드북(Red Book)이라는 스케치를 준비한 것으로 유명하다.

한편 1740년대의 중국여행으로 동양문화에 깊은 감명을 받은 챔버(William Chamber)는 동양정원론(a dissertation on oriental gardening) 등의 저서를 통해 또 왕실거주지 큐 가든(kew garden)의 설계에서 중국식 건물과 탑을 최초로 도입하였다.

스토 가든(stowe garden)은 18세기 영국의 풍경식 정원의 변화과정을 잘 보여주는 대표적 사례이다. 당초 템플(Richard Temple) 남작의 소유였던 이곳은 1739년 브리지맨과 반브러프에 의해 조성되었고, 1769년 켄트와 브라운이 공동으로 개조했으며, 1780년 브라운에 의해 다시 개조되었다.

18세기 중엽의 영국 풍경식 정원 중 그 원형이 가장 잘 남아 있는 사례로 스투어헤드(stourhead)가 있다. 이 정원은 영웅의 인생항로를 노래한 버질(Virgil)의 서사시 에이니드(aeneid)를 줄거리로 하여 조성되었다. 호수를 따라 조성된 산책로는 영웅의 모험행로가 되며, 여기를 따라 플로라(Flora)신전, 판테온신전, 아폴로신전과 동굴(grotto) 등이 배치되었다.

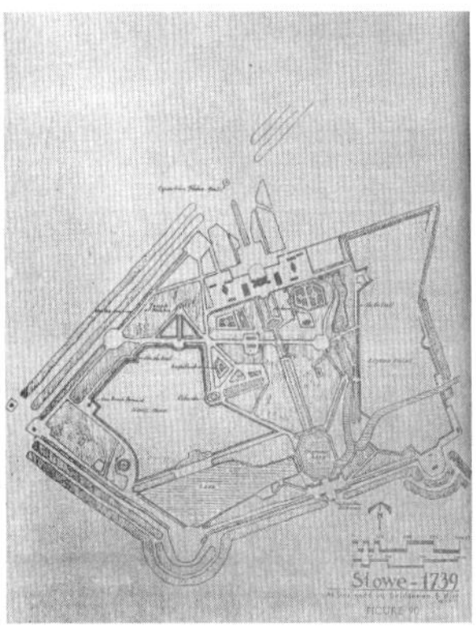

[그림 9-2-39] 스토 가든
: 브리지맨과 와이즈의 디자인

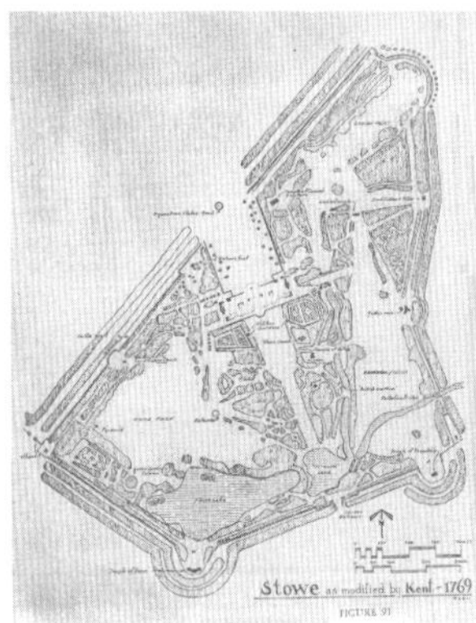

[그림 9-2-40] 스토 가든
: 켄트의 수정

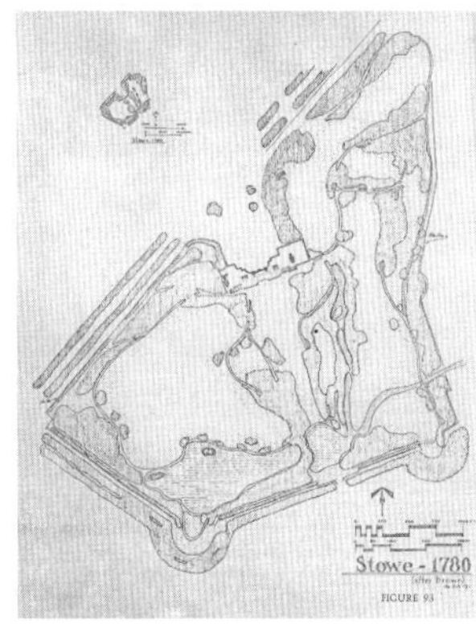

[그림 9-2-41] 스토 가든
: 브라운의 수정

(출처: A History of Landscape p.132,134,272, 한국조경학회편(2005) p.271-272 재인용)

[그림 9-2-42]
스투어헤드의 오벨리스크
(출처: Great Gardens of Britain p.103. 한국조경학회편(2005) p.274 재인용)

Keyword 11 영국의 공공공원

1) 개관

17세기 후반, 와트(J. Watt)의 증기기관 발명으로 시작된 산업혁명은 근대의 서막을 열었다. 기계공업에 의한 대량생산체제는 인류문명의 변혁을 가져온 동시에 많은 역기능도 가져왔다. 즉 산업화의 진전은 급속한 도시화를 가져왔고 도시에는 인구가 폭발적으로 증가하게 되었다. 도시에는 이제껏 경험한바 없는 환경문제를 비롯해 주택, 위생, 범죄, 노동 등 각종 사회문제들이 대두되기에 이른다. 이 시기에 도시 노동자들의 비참한 삶을 고발한 찰스 디킨스의 「올리버 트위스트」(oliver twist)라는 소설이 유명하다.

이러한 사회상을 배경으로 조경의 주요 대상이 왕족 또는 귀족 위주의 사적(private) 시설에서 일반대중을 위한 공공적(public) 시설로 전환되게 되었다. 조경의 역할도 왕과 귀족, 부호를 위한 것으로부터 일반대중을 위해 봉사하는 전문분야로 바뀌게 됨을 의미한다.

2) 공공공원의 형성과정

18세기 영국에서는 런던의 성 제임스 공원(St. James Park), 하이드 파크(Hyde park), 그린 파크(Green Park), 리젠트 파크(Regent Park) 등 왕실 소유의 정원이 일반인들에게 개방되기 시작한다. 그러나 이러한 공원의 개방은 일반대중의 공공적 이용을 일반화하지는 못했다. 급속한 도시화의 진전으로 공원에 대한 도시민의 욕구는 계속 증대되었다.

마침내 1830년대에 새로운 의미의 공공공원(public park)이 탄생하게 되고, 공공공원에 대한 개념이 정립되기 시작했다. 이러한 과정을 동한 인식의 변화와 사회적 요구에 의해서 조성된 공원이 바로 버컨헤드 공원(Birkenhead Park)이다.

이 공원은 조선소가 위치한 리버풀에 위치한다. 1833년 도시 확장을 위한 법안이 확정되었고 이에 대해 사회개혁가들은 전시민이 이용할 수 있는 공원의 필요성을 주장하였다. 이 주장은 1843년 선거법 개정안의 통과로 실현될 수 있었고 버컨헤드 공원이 조성되기에 이른다.

이 공원 설계는 조셉 팩스턴(Joseph Paxton)이 담당했다. 전체 225에이커의 대지 중 100에이커는 택지로 분양함으로써 얻은 수익금으로 나머지 125에이커에 일반대중을 위한 공원을 조성하였다. 이러한 방식의 공원 조성은 재정적으로나 사회적으로 크게 성공하였다. 따라서 이 공원을 역사상 최초로 시민의 힘과 재정으로 조성된 공공공원이라고 한다. 공원 내부에는 운동경기를 할 수 있는 넓은 면적의 초지, 완만한 곡선의 마찻길, 호수, 산책로, 수림 등으로 구성되었고 공원의 외주부에는 공원을 향해 배치된 주택단지가 있다.

버컨헤드 공원은 미국의 젊은 조경가인 프레드릭 로 옴스테드(Fredrick Law Olmsted)의 공원개념 형성에 큰 영향을 주었다. 또 영국의 많은 도시는 물론 미국 대륙에까지 영향을 미쳐 본격적인 공공공원의 시대가 열리게 되는 계기가 되었다.

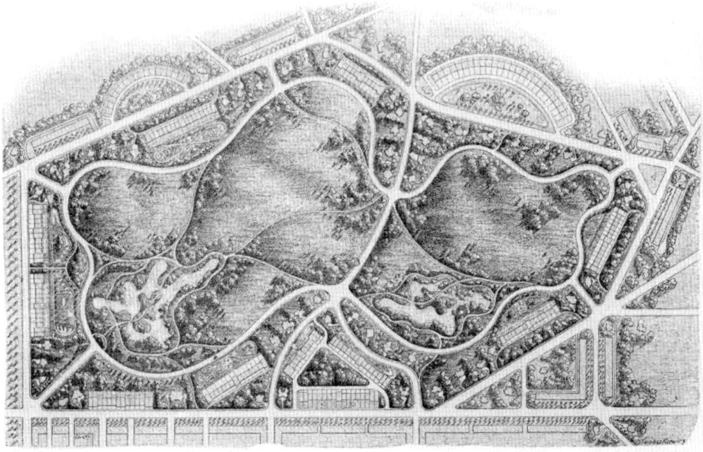

[그림 9-2-43] 버컨헤드 공원
(출처: The Landscape of Man, p.270, 한국조경학회편(2005) p.288 재인용)

Keyword 12 미대륙

1) 식민지 시대 – 1850년대

영국에서의 박해를 피해 일단의 청교도들은 1620년 메이플라워호를 타고 신대륙으로 이주하게 된다. 이후 18세기 초까지 미국 동해안 일대에 영국 식민지가 건설되었다. 1775년에는 미국의 독립전쟁이 발발하였다. 프랑스 등의 지원을 받은 독립군은 요크타운에서 큰 승리를 거두자 영국은 미국의 독립을 인정하게 된다. 19세기 초에는 전쟁과 서부개척을 통해 미국의 영토가 확장된다. 1860년부터 5년간의 남북전쟁을 치른 후 미국은 자주국가로서의 위치를 확고히 하게 되었다.

식민지 시대의 대표적 정원으로 마운트 버논(Mount Vernon)을 들 수 있다. 마운트 버논은 미국의 초대 대통령인 조지 워싱턴(George Washington)의 생가로 포토맥 강변에 위치한다. 전체적인 배치는 주축선이 중심 건물과 정문을 연결하고 있고 좌우 대칭의 구성을 이루며 보울링 그린과 채소원이 조성되어 있다. 미국의 제 3대 대통령인 토마스 제퍼슨(Thomas Jeperson)은 건축가이자 조경가로서 활동도 했다. 그가 설계한 작품으로 버지니아대학 캠퍼스와 몬티첼로(monticello) 정원이 있다. 이들은 영국과 프랑스적인 양식이 절충된 모습을 보인다.

19세기 초에 활약한 중요한 인물로 다우닝(Andrew Jackson Downing)이 있다. 그는 원예학에 조예가 깊었고 아름다운 경관조성에 관심이 많았다. 그는 많은 논문과 저서를 발표했는데 특히 정원예술에 관한 논문과 공공공원 도입의 필요성을 주장한 글들이 큰 주목을 받았다. 영국의 건축가 캘버트 보(Calvert Vaux)를 미국으로 오게 한 것과 도시위생과 전원미화 등에 관한 광범위한 문필활동이 그의 중요한 업적이다.

[그림 9-2-44] 마운트 버논
(출처: 한국조경학회편(2005) p.305)

2) 프레드릭 로 옴스테드

1848년 프랑스의 2월 혁명의 영향은 전 유럽에 그 영항을 미쳤다. 유럽의 혼란한 상황을 피해 뉴욕에는 이민자가 급증하게 되며, 다우닝 등이 주장한 공공공원의 필요성이 큰 호응을 받게 된다. 1851년 뉴욕 주 의회에서 최초의 공원법이 통과되었고, 1857년에는 프레드릭 로 옴스테드(Frederick Law Olmsted)가 공원감독관으로 임명되었다.

대규모 공공공원 소성을 위해 뉴욕 공원위원회가 주최한 공원설계 공모에 총 43개의 안이 응모했다. 여기에서 옴스테드와 보는 공동작업으로 '그린스워드(greensward)' 라는 제목의 설계안으로 당선하게 된다. 1858년 5월 공원위원회는 옴스테드에게 모든 공사를 총괄하는 책임을 맡긴다.

이렇게 탄생한 뉴욕의 센트럴 파크는 오늘날까지 가장 우수한 공원개발의 사례로 평가된다. 낭만주의적이며 회화적인 모습의 공원으로 자연스러운 숲과 산책로, 퍼레이드 장소가 되는 넓은 잔디밭, 보트타기와 겨울철에 스케이트장으로 이용되는 넓은 호수, 교육적인 화단과 수목원 등이 도입되었다. 센트럴 파크와 함께 브루클린의 프로스펙트 파크, 보스턴의 프랭클린 파크는 그들의 3대 공원으로 불린다.

옴스테드는 워싱턴 수도 개조작업에도 참여했고 도시공원의 설계개념을 주거단지에 적용하여 리버사이드단지(riverside estate)를 계획하기도 했다. 1881년 이후에는 그의 조카이며 양자로 입양한 존 찰스 옴스테드(J. C. Olmsted)를 제자로 양성했고, 1883에는 찰스 엘리어트(C. Eliot)를 받아들인다. 1893년에는 옴스테드 부자와 엘리어트가 세 사람 공동이름의 사무실(The firm of Olmsted, Olmsted, and Eliot)을 운영한다. 이후 엘리어트는 역사상 최초로 보스턴 메트로폴리탄 녹지체계(Metropolitan Park System) 수립하였고, 이는 미국의 국립공원 지정에도 영향을 주었다. 엘리어트는 1897년 37세로 요절한다. 당시 하버드대의 총장이었던 그의 부친은 체계적인 조경교육과 연구를 위해 1900년 하버드대학에 최초로 조경학과를 설립하였다. 이와 함께 1899년에는 미국조경가협회(ASLA : American Society of Landscape Architect)가 창립됨으로써 사회적 수요에 대처하는 새로운 전문분야로서의 위치를 확고히 하게 된다.

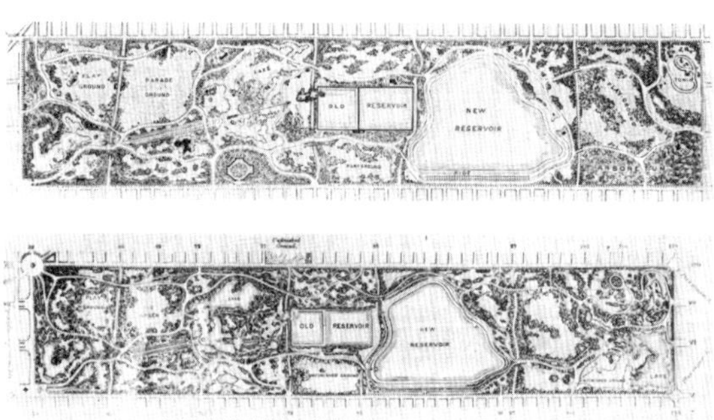

[그림 9-2-45] 센트럴 파크
(출처: 한국조경학회편(2005) p.311)

[그림 9-2-46] 프로스펙트 파크

제 3 절 더 알아야 할 개념

4. 현대조경의 새로운 시도와 경향

Keyword 13 현대조경의 새로운 시도와 경향

20세기 초와 중엽에는 2차례의 세계대전을 치른다. 전쟁기간과 전쟁 후에 많은

제 10 강

동양조경사

신상섭

제1절 서론: 사상적 배경

제2절 핵심개념

1. 궁궐 및 민가조경

Keyword 1 한국의 궁궐조경

Keyword 2 한국의 민가조경

2. 별서조경 및 누정

Keyword 3 한국의 별서조경

Keyword 4 한국의 누정

3. 사찰, 서원 및 능원

Keyword 5 한국의 사찰조경

Keyword 6 한국의 서원조경

Keyword 7 한국의 능원

제3절 더 알아야 할 개념

4. 중국 및 일본의 전통조경

Keyword 8 중국의 조경문화

Keyword 9 일본의 조경문화

제 10강

동양조경사

신상섭

제 1 절 서 론: 사상적 배경

동양의 조경양식에 작용된 문화적 배경을 보면 산수진경한 자연환경을 기반으로 자연계의 섭리를 종교와 사상으로 승화시킨 선천적 대의성을 들 수 있다.

음양설과 오행설은 발생을 달리하는 사상이었으나, 중국 전국시대 말기 융합되어 음양오행사상으로 발전했다. 음양설은 음양이기(陰陽二氣)로 만물의 생성과 변화를 설명하는 사상이며, 오행설은 생활에 필요한 민용오재(民用五材)의 목화토금수(木火土金水), 즉 앞에 있는 것에서 뒤에 있는 것이 생긴다는 오행상생(五行相生), 그리고 토목금화수(土木金火水), 즉 뒤에 오는 것이 앞의 것을 이긴다는 오행상승(五行相勝)의 원리이다. 음양오행사상은 생활문화에 다양하게 파급되었으며, 공간조영 원리로 깊숙이 작용되었다. 조선시대 때 성행한 방지원도(方池圓島)형 연못은 네모난 연못에 둥근 섬을 쌓아올려 땅과 하늘 즉, 음양의 결합에 의한 만물의 생성원리를 표현한 것이다. 하늘은 둥글고 땅은 네모지며 사람은 삼각을 이룬다는(天 = 陽 = ○, 地 = 陰 = □, 人 = 中庸 = △) 상징적 의존관계로 파악한 천 · 지 · 인의 삼재사상과 맥을 같이한다. 특히, 인간을 자연에 순응하는 존재로 인식하여 전통조경에 작용되는 환경설계 밑그림으로 원(圓) · 방(方) · 각(角) 및 주 · 종 · 첨의 원리로 작용되었다.

신선사상은 중국 주(周)나라 말기(B.C. 3세기 전후)에 선인(仙人)을 동경해서 현세를 초월하고 불로불사약을 얻어 천지와 시종(始終)하고 하늘을 나는 등 행동과 생활의 실현을 염원하는 사상을 일컫는다. 〈사기〉에 삼신산(三神山)은 봉래(蓬萊) · 방장(方丈) · 영주(瀛州)이고, 풍파가 심해서 다가가기 어려운 곳인데, 선인이 살고 불사약이 있다고 기록하였다.

노자(老子)와 장자(莊子)의 학설을 계승 · 발전시킨 도가사상은 천도자연관(天道自然觀)을 기반으로 인간이 무위자연(無爲自然)의 도를 본받아야 함을 강조하여 도는 천지(天地)의 시작이며 만물의 어머니로서 우주의 생성원리이자 대원칙이라고 하였다. 만물은 본질적으로 평등하며 차별이 없다 하여 유가의 인의도덕(仁義道德)을 부정하고 존재론적 관념으로서 도와 덕을 제시하였다.

신선사상이나 도교사상이 유입되기 이전부터 우리나라는 천계(天界)와의 관련성을 중요시하며 교훈을 이끌어내고 개인생활의 품위를 높이려는 기저사상이 전개되었다. 그 후 7세기 초 종교적인 도교가 유입됨에 따라 한국의 토속적 신선사상과 습합하여 이상향의 유토피아관으로 자리매김하였다. 삼신산, 십장생 등은 불노장생을 염원하는 상징경관으로 동양의 조경문화에 많은 영향을 주었다. 누정과 같은 정원시설에 삼신산 관련 명칭을 부여하거나 연못에 섬을 두고 십장생을 소재로 한 경물의 도입 등 신선사상의 영향을 곳곳에서 찾을 수 있다. 한편 도가사상은 은일적 자연관으로 발전하여 조경문화에 깊숙이 작용되었는바 관직에서 물러나 유배지에 조영한 사대부들의 별서와 누정 등에서 사례를 발견할 수 있다.

유가사상은 춘추시대 공자(孔子)로부터 유래하는데, 한 무제 때인 B.C. 136년 국교가 된 이래 정교일치(政敎一致)의 학문으로 사회 · 문화 전반을 지배해 왔다. 유가사상은 수기치인(修己治人)의 학문이자 윤리학이며 종교사상인데, 정치는 법률이나 형벌로 규율하는 것이 아니라 도덕적 교리와 언행을 통해 백성을 선도하는 것이며, 먼저 자기 자신을 닦는 것이 요건이 된다. 고려 말부터 일어난 우리나라 유학진흥은 주자의 성리학이 관학적 위치를 차지하였고, 정치체계의 기반이 되었다. 조선의 흥유숭례(興儒崇禮) 정책은 향교와 서원이 보급되는 계기가 되었으며 궁궐, 향교와 서원, 민가 등의 배치에서 남녀유별, 신분상의 위계에 따라 공간 분할이 이루어 졌다. 종법의 준수, 가례의 보급, 가묘의 장려 등 대가족제도의 기초가 되었으며, 동족마을의 경우 종가를 중심으로 양반층과 상민층의 거처가 차별화되는 배치구조로 구성되었고, 사당은 집안의 동쪽에 자리 잡았다. 안살림과 바깥살림을 엄격히 구별하고, 남성과 여성의 공간은 채와 마당단위로 구분되어 상호 출입이 통제되었다.

풍수라는 용어는 중국 동진의 곽박(郭璞)이 쓴 〈장경(葬經)〉의 "바람과 물을 이용하여 기를 얻는 법술"에서 유래한다는 것이 통설이다. 자연환경과 사람의 길흉화복을 연관짓는 풍수지리의 기본논리는 땅속의 생기를 접함으로써 복을 얻고 화를 피하자는 것으로, 지상(地相)을 판단하는 이론이다. 산 · 수(水) · 방위 · 사람 등 4가지 요소를 조합하여 구성하고, 주역(周易)을 준거하여 음양오행의 논리로 체계화되었다. 풍수지리는 도읍이나 군 · 현 또는 마을의 터를 잡는 양기풍수, 집터를 잡는 양택풍수, 묘터를 잡는 음택풍수로 구분되며, 형국론(形局論) · 간룡법(看龍法) · 장풍법(藏風法) · 정혈법(定穴法) · 득수법(得水法) · 좌향론(坐向論) · 길흉론(吉凶論) 등의 원리가 적용된다. 풍수지리는 도성, 사찰, 향교와 서원, 마을과 주택 등의 자리 잡기와 배치는 물론 담장, 연못, 수목의 위치, 인수와 득수 등에 다양하게 영향을 주었다. 뒤뜰의 경사지를 활용한 화계와 연못조영에 기본원리가 되었고 나쁜 환경 조건을 누르는 염승과 허술한 환경을 북돋우는 비보(裨補)라는 경관 짜임을 통하여 보다 나은 환경을 만들게 하는 배경요인으로 작용되었다.

오늘날 풍수지리는 땅과 자연의 이치를 설명하는 전통적 토지이론으로서 인간과 자연의 조화 · 균형 측면에서 볼 때 경관생태학과 같은 환경과학논리에 부합된다 하겠다. 특히 조경학, 지리학, 건축학, 도시학 등 학문영역에서 풍수지리 논리가 땅과의 유기적 관련성을 고려한 합리적인 전통사상으로 평가되고 있으며, 환경문제를 양산하는 현대문명의 대안이 될 수 있다는 견해도 대두되고 있다.

제 2 절 핵심개념

1. 궁궐 및 민가조경

Keyword 1 한국의 궁궐조경(宮闕造景 palace garden in Korea)

기원전 2333년 단군왕검으로부터 시작되는 고조선의 왕궁유적은 아직까지 발견되지 않고 있다. 〈삼국유사〉와 〈제왕운기〉에 의하면 환웅이 3,000의 무리를 이끌고 태백산정 신단수(神檀樹) 아래에 내려 신시(神市)를 열었다는 개국설화가 전해지는데, 이는 천신숭배사상과 수목신앙이 결합된 형태를 나타낸다. 〈수산집〉에 '제천단은 강화도 마니산에 있으니 단군이 혈구(穴口)의 바다와 산의 언덕에 성을 둘러쌓고 단을 만들었다… 하늘은 음을 좋아하고 땅은 양을 귀하게 여기므로 제단은 수중산(水中山)에 만드는 것이요, 위가 네모나고 아래가 둥근 것은 하늘과 땅의 뜻을 세운 것' 이라 적었다. 〈대동사강〉에는 약 3,900년 전 노을왕이 즉위하면서 나라동산인 유(囿)를 만들어 짐승을 키웠다는 기록이 나오는데, 우리나라 최초의 조경관련 기록으로 볼 수 있다. 기원전 590년경에는 의양왕이 청류각을 후원에 세워 군신과 연회를 베풀었으며, 의양왕의 8대손 천로왕은 흘골산에 500丈 높이의 구선대를 쌓았고, 다음 왕인 수도왕은 패강(대동강) 속에 신산을 쌓아 누대를 올렸으며, 기원전 180년경 제세왕 때 궁원에 도리(桃李)화가 만발했다는 기록이 있다.

궁궐 배치는 중국의 영향을 받아 3문3조 형태를 보이는데, 고문(皐門), 응문(應門), 노문(路門)과 외조(外朝), 치조(治朝), 연조(燕朝)가 결합된 구성을 보여준다.

고구려(B.C. 37 ~ A.D. 668)의 궁성은 흘승골성, 국내성, 대성산성, 평양성 등이 있다. 장수왕 때(427년)에 도읍을 평양으로 옮기면서 안학궁을 조성했는데, 대성산성 남쪽 기슭에 방형의 성벽을 쌓아 건립했다. 한 변의 길이가 620여 미터 규모이고 동쪽과 서쪽에 해자를 둔 안학궁의 공간배치는 외전, 내전, 침전이 일직선 축선 상에 대칭으로 자리잡는 건물구조인데, 동서남북의 성문 내에 크고 작은 궁원(宮苑)이 조성되었다. 즉 외전 남궁과 서문 사이에는 조산(造山)한 동산과 연못, 괴석과 정자 등이 놓여졌다. 동궁 남쪽에는 길게 궁원이 펼쳐져 있었고, 북쪽에도 조산한 동산과 정자 등이 후원에 도입되었으며, 동남쪽에는 정방형의 못과 함께 넓은 면적의 궁원이 조성되었다. 한편, 동명왕릉 관련 능원시설로 정릉사와 진주지(眞珠池)를 들 수 있는데, 진주지 안에는 신선사상 영향으로 판단되는 4개의 둥근 섬이 있고 연꽃을 가꾸었을 것으로 추정하고 있다.

백제(B.C. 18 ~ A.D. 660)의 궁성은 풍납토성과 몽촌토성, 위례성과 이성산성, 공산성, 부소산성 등이 있다. 가장 오래된 조경관련 내용으로는 제 15대 진사왕 7년(391년)에 궁실을 중수하는 한편 연못을 파고 가산을 쌓아 진귀한 물새를 키우고 화초를 가꾸었다는 〈삼국사기〉의 기록이 있다. 이곳은 경기도 광주의 동부면 춘궁리 하남 위례성 권역으로 추정하고 있다. 제 23대 동성왕은 공주의 진산인 공산성에 임류각(臨流閣)을 지어 못을 파고 위락을 즐겼다는 기록이 있다. "동사강목" 에 의하면 30대 무왕 때 '신선풍의 궁원을 꾸몄는데, 20여 리 밖에서 물을 끌어들여 궁 남쪽에 연못을 만들어 못 가운데 방장선산(方丈仙山)을 상징하는 섬을 쌓았고 못가에는 능수버들을 심었다' 는 기록이 있다. 부여에 복원된 궁남지(宮南池)는 불노장생을 희원했던 신선사상의 작정기법이 반영된 최고의 조경관련 기록으로 볼 수 있다.

[그림 10-2-1] 백제 무왕 35년조(634년) 기록에 근거해 복원된 부여 궁남지(섬에 포룡정을 두었고 연못가에 버드나무를 심었다)

신라(B.C. 57~A.D. 935)는 금성과 월성에서 1천년 가까운 도읍을 경영했는데, 월성은 경주의 남천 북안 구릉에 자리 잡았고 궁성의 형태가 반달모양이어서 반월성으로 불렸다. 성곽을 쌓고 주위 동·서·북쪽에 해자를 조성하였으며, 남천은 자연의 해자 기능을 하고 있다. 월성의 북서쪽에 계림과 대능원이 자리하고 동북쪽으로 동궁이 배치되었으며, 현존하는 최고의 조경유적 안압지(雁鴨池)가 자리한다. 〈삼국사기〉에 안압지는 674년(문무왕 14년)에 '궁 안에 연못을 파고 산을 쌓아 화초를 심고 진귀한 새와 짐승을 길렀다' 라 하였고, 동사강목에는 '궁내에 연못을 파고 돌을 쌓아 무산12봉(巫山十二峰)을 본뜬 가산을 만들었는데 서쪽에 임해전이 있으며 연못을 안압지라고 부른다.' 라는 기록이 있다. 연못 주위와 3개의 섬 안에는 괴석들이 역동감 있게 심어져 있는데 일본의 축경식 정원과 고산수식 석정에 커다란 영향을 주었을 것으로 판단하고 있다.

[그림 10-2-2] 현존하는 최고의 조경유적 경주 안압지 전경

[그림 10-2-3] 전복모양의 유배거 경주 포석정

경주 남산 서쪽 기슭에 자리한 포석정(鮑石亭, 9세기 이전에 조영되어 정자가 있었을 것으로 추정)은 흐르는 물에 술잔을 띄워 즐겼다는 유상곡수연 유배거(流盃渠)인데, 전복(鮑)처럼 생긴 굴곡진 타원형 수로의 길이 22m, 안쪽에 12개, 바깥쪽에 24개의 돌 짜임으로 조영되었다.

발해(698~926년)의 문왕 대에 축조된 궁궐 상경용천부(현 흑룡강성 영안시 발해진)는 궁성의 북쪽에 위치하는데, 외성 성벽에 붙여 해자를 두었으며 동쪽구역에 연못과 섬, 조산, 팔각정, ㄱ자형 긴 누각 등을 갖춘 궁원이 조성되었다. 발해국지에는 재력가들이 대저택에 연못을 꾸미고 2~300주의 모란을 가꾸었다는 기록이 있다.

고려시대(918~1392)에는 왕도를 결정하는데 〈주례고공기〉에 근거한 궁성의 좌조우사면조(左祖右社面朝) 원칙과 풍수지리에 부합되는 배산임수의 원칙이 고려되었다. 개경의 만월대 왕궁은 전조후침(前朝後寢)의 건물배치 원칙을 따랐으며, 궁원에는 진금기수를 사육하고 누각을 곁들인 동지(東池)가 조성되었다. 모란꽃으로 유명한 사루(紗樓), 청연각의 연못과 석가산, 상춘정의 곡연(曲宴), 팔선전의 화원(花園) 등이 꾸며졌다. 수창궁의 격구장, 수덕궁의 태평정, 관란정, 청자지붕 양이정, 종려지붕 양화정, 석가산을 쌓아 비천(飛泉)을 꾸미고 옥석으로 장식한 관희대와 미성대, 장원정, 중미정, 만춘정, 연복정 등이 조영되었다. 객관인 순천관은 자연지형과 수목을 잘 활용하여 울창한 숲과 계류, 낙빈정, 향림정, 청풍각, 연못과 소정(小亭) 등 자연풍경식으로 가꾸어졌다.

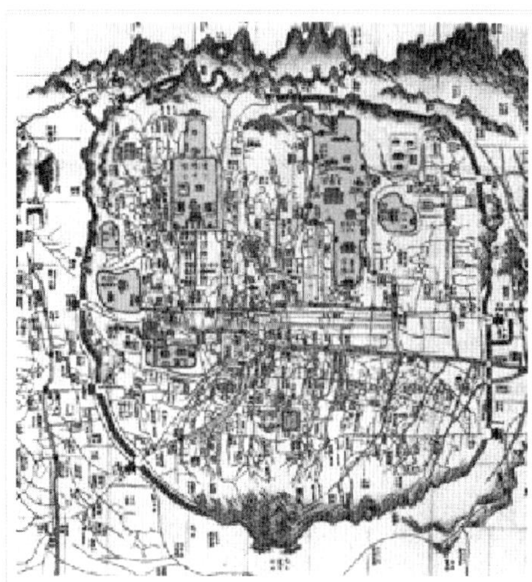

[그림 10-2-4] 조선의 왕도 한양성을 그린 한성부지도, 18C(규장각 소장)

1392년 태조 이성계가 조선의 왕도를 한양으로 정한 데에는 음양오행사상과 풍수지리사상 등이 커다란 영향을 미쳤다. 한양은 풍수적으로 북악을 주산하여 청룡인 낙산과 백호인 인왕산, 명당수인 청계와 객수인 한강, 그리고 안산을 남산으로 설정하여 정궁인 경복궁을 자리 잡았다.

경복궁을 중심으로 왼쪽에 종묘를, 오른쪽에 사직단을 두고 전면에 관청을 두는 왕도배치와 삼문 삼조의 궁궐배치를 따랐다. 경복궁은 큰 행사를 치르거나 왕이 신하들의 조례를 받는 근정전과 일반집무를 보는 사정전을 비롯한 정전과 편전 등이 전면부에 배치되었으며, 후면부에 왕과 왕비의 거처인 침전과 후원이 자리하는 전조후침(前朝後寢)의 구조인데, 엄격한 규범성을 나타내고 있다.

[그림 10-2-5] 삼신선도를 둔 경복궁의 경회루

[그림 10-2-6] 방지원도 형태의 연못을 둔 경복궁의 향원정

[그림 10-2-7] 경복궁 교태전 후원의 화계 아미산원

왕비의 정침인 교태전 후원은 장대석으로 단을 쌓아 선산인 아미산을 상징하는 화계를 조성하여 아름다운 초화를 심었고 괴석, 석지, 물확, 꽃 벽돌로 쌓은 굴뚝, 해시계 등을 두었다. 대비전인 자경전의 꽃 담장에는 거북, 모란, 매화, 국화, 연꽃 문양이 그려졌고 후원 굴뚝에는 십장생 문양이 화전으로 아름답게 장식되었다. 궁내에는 경회루와 향원정이 아름답게 조성되었는데, 경회루의 방형 연못 안에는 세 개의 방형 섬을 두었고, 가장 큰 섬에 경회루를 건립하였다. 방지원도형의 섬 가운데 조영된 육각형 정자 향원정은 주렴계의 애련설에 나오는 향원익청(香遠益淸) 글귀에서 차용한 것인데, 못 속에 연꽃을 심었고 주위에 배나무, 소나무, 느티나무, 회화나무, 단풍나무 등이 수림을 이루었다.

1405년 이궁으로 창건된 창덕궁 후원은 우리나라 궁원의 진수를 보여주는 사례인데, 약 30만㎡ 규모로 비원(秘苑)이라 부른다. 이곳에는 부용정과 애련정, 관람정, 주합루 등 30여 동 이상의 누정과 사대부 민가를 재현한 연경당이 있으며, 곡수거를 둔 옥류천 소요암 그리고 6개소의 연못(5개소는 방지형태)을 두었다. 이곳 정자와 연못가에는 석분에 심은 괴석을 두어 불노장생을 희원하는 경물로 애용했다.

1484년 성종 때 지어진 창경궁에는 통명전 후원의 화계, 서쪽에 인접한 장방형 지당, 춘당지 등의 유구가 있는데, 석난간을 두른 연못 가운데로 석교가 걸쳐있고 못 속에는 석분에 심은 괴석 3개가 놓여있다. 1847년(헌종 13) 후궁 김씨의 처소로 지어진 낙선재는 화려한 후원이 꾸며졌는데, 이곳에는 괴석과 석상 등이 도입되었고, 승화루, 상량정, 취운정 등의 누정, 길상문양과 포도문양이 돋보이는 화문담장과 월문, 화목 등 아름다움을 만끽할 수 있다.

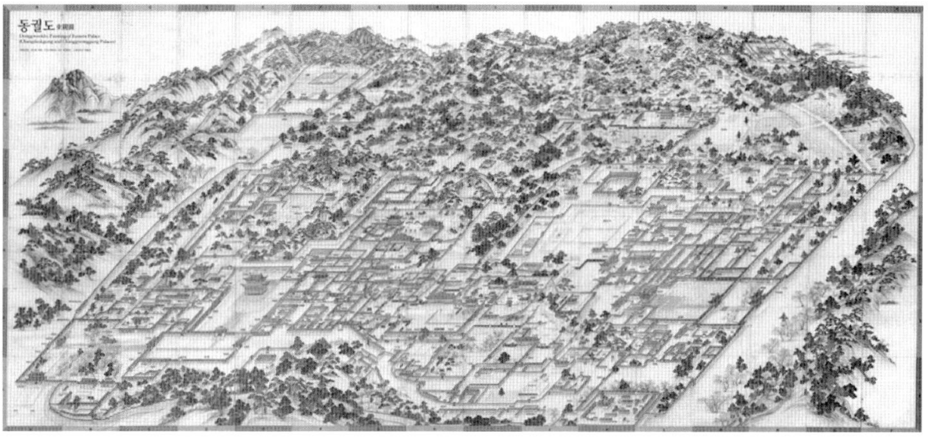

[그림 10-2-8] 경복궁 동쪽에 자리한 창덕궁과 창경궁을 그린 동궐도(東闕圖), 19C 초

덕수궁은 월산대군의 사저로 지어진 것인데, 선조가 1593년 의주에서 돌아와 서궁(西宮)으로 사용했고, 1623년 인조가 즉위하면서 명례궁이라 했으며, 1897년 고종이 환궁하면서 경운궁으로 불렸다. 1909년에 지어진 석조전은 유럽 르네상스식 건물로 최초의 서양식 침상원(枕床園)이 조성되었는바 1906년에 영국인 하아딩(Harding. G. R.)의 설계로 꾸며진 것이다.

한편, 순조 30년(1830) 이전에 도화서 화원들이 그린 것으로 추정되는 동궐도(東闕圖)는 당시 창덕궁과 금원, 창경궁을 잘 표현하고 있는데, 연못과 누정, 괴석과 식물요소 등 귀중한 조경 사료로서의 가치를 지니고 있다.

[그림 10-2-9] 창덕궁 후원(비원)의 부용정과 주합루

[그림 10-2-10] 낙선재 후원의 화계

Keyword 2 한국의 민가조경(民家造景 residential garden in Korea)

선조들은 사계절이 뚜렷하고 아름다운 풍광을 간직한 풍토환경 속에 순응하며 산악과 평지 사이 물길이 어우러진 비산비야(非山非野)의 양지바른 조건을 편안한 삶터로 보았다. 삶터 즉, 마을(동네, 村, 洞)은 촌락(村落), 부락(部落), 취락(聚落) 등의 의미를 갖는데, '외부로부터는 은폐되고 골(谷)을 테두리로 같은(同) 물(水)을 쓰며(洞) 공동체 생활을 하기에 편리한 자족적, 행정적 단위공간' 을 말한다. 신분에 따라 반촌(班村), 중인계층, 그리고 서리 · 향리들이 모여 사는 중인촌(中人村), 서민들의 민촌(民村), 또는 동성동본의 씨족들로 이루어진 동족촌과 다른 성씨들이 모여 사는 각성촌(各姓村) 등으로 구분된다. 마을의 입지와 공간구성에는 민간신앙과 음양오행사상, 풍수지리와 정치사회구조 등이 작용되었는데, 풍수지리는 유교의 조상숭배 관념 등과 부합되어 설득력 있는 환경설계 규범으로 받아들여지고 있다.

마을과 살림집의 자리 잡기(擇里, 相地) → 토지이용과 환경계획(規劃, 卜築) → 삶터 가꾸기(營建, 營造) 과정은 주거환경의 질을 높이는 방식으로 실천되었는데, 이중환(1690~1752)은 〈택리지〉 '복거총론' 에서 다음과 같이 기술했다.

"첫째 지리가 좋아야 하고 생리가 좋아야 하며, 다음으로 인심이 좋아야 하고 아름다운 산과 물이 있어야 한다. 이 가운데 하나라도 모자라면 살기 좋은 땅(樂土)이 아니다. 즉 지리가 좋아도 생리가 모자라면 오래 살 곳이 못되고 생리는 좋더라도 지리가 나쁘면 또한 오래 살 곳이 못 된다. 지리와 생리가 함께 좋으나 인심이 좋지 않으면 후회할 일이 있게 되고 십 리 거리나 반나절 되는 가까운 곳에 마음 내키는 대로 감상할 만한 산수가 없으면 정서를 화창하게 하지 못 한다."

마을의 토지이용은 주거지, 배후지, 경작지로 구성된다. 배후지는 주거지를 둘러싼 후면의 산이 되는데, 방풍림과 풍치림 역할은 물론 묘 자리와 신앙영역이 되며 생활재료와 땔감의 제공, 물을 공급받는 실용공간이 된다. 주거지는 시야가 답답하지 않은 완경사지에 자리하여 여름에는 시원한 바람을 받아들이고 겨울에는 차가운 북풍을 제어하며 외부경관을 자연스럽게 조망하면서 다른 집들과의 사생활 보호를 고려하였다. 경작지는 문전답과 바깥들로 구분되는데, 문전답에는 부식용 작물이 재배되며 너른 바깥들에는 하천을 끼고 수용성 작물인 벼가 주로 재배된다. 마을길은 물길과 어우러지고 완만한 상승감과 위계에 따라 바깥길, 어귀길, 안길, 샛길 등으로 분절된다.

바깥길은 마을영역을 인식시켜 주며, 어귀길은 마을에 진입하는 분절영역이 되고, 안길에는 정자나 쉼터 등이 연계된다. 샛길은 공동우물이나 빨래터, 공동작업장 등이 접속되며 살림집들의 연결고리 역할을 겸하였다. 공동체 시설로 신앙의례시설(삼신당과 성황당, 장승과 솟대, 비보 숲, 효자열녀비, 선정비, 묘지 등), 강학시설(향교, 서원, 서당 등), 휴양시설(정자, 연못 등), 생활편익시설(우물, 빨래터, 목욕터, 마을마당 등) 등이 자리한다.

[그림 10-2-11] 설화산을 등지고 풍수적 명국 터에 자리한 아산 외암마을 전경

살림집은 채 1棟과 마당 1庭이 결합된 구조인데, 동쪽에 바깥주인 영역인 사랑채+사랑마당을 두고 북쪽에 최상의 위계를 나타내는 사당이 배치된다. 서쪽에는 안주인 영역인 안채+안마당을 두었고, 하인영역인 행랑채 + 행랑마당 등이 바깥쪽에 자리한다. 살림집 뜰 가꾸기에는 생토에 의미를 부여하여 자연과 조화를 이루는 순응적 방식으로 지나친 기교와 인위를 싫어하는 대의성이 작용되었다. 신앙과 자연관, 상징적 세계관 등을 반영하여 수심양성의 장을 구축코자 하였으며, 불노장생의 희구, 지조와 은일 등 상징적 표현을 곁들였다. 내정(內庭)과 외정(外庭), 내원(內園)과 외원(外園)을 가꾸었고, 정자와 수경시설, 화오(花塢)와 화계 등이 애용되었다. 의장재료 및 색조에서 자연과의 동질성을 추구하고 낙엽수와 유실수 위주로 상징성과 풍

수적 측면이 고려된 재식이 되었다. 자연경관을 감상하는 차경법과 경관 속에서 노니는 유경법이 활용되었고, 경물의 사진틀 효과, 선별적이며 은유적으로 경관을 취하는 태도, 가주의 품격이나 윤리관을 반영한 의미경관의 반영 등이 강조되고 있다.

[그림 10-2-12] 운조루를 그린 옛 그림, 全羅求禮 五美洞家圖(18C)

[그림 10-2-13] 사대부 저택 강릉 선교장의 바깥뜰 활래정(18C)

2. 별서조경 및 누정

Keyword 3 한국의 별서조경(別墅造景 byeolseo landscape garden in Korea)

별서(別墅)는 관직에서 물러나 초야에 묻혀 은둔생활을 하고자 하는 목적으로 꾸며 놓은 시골집을 일컫는데, 번거로움 없이 지내려는 피세의 보금자리였다. 산수경관이 수려한 곳에 자리하며, 살림집과 어느 정도 떨어져 절제된 생활을 할 수 있는 초막을 두었고, 계류와 자연지형을 활용한 뜰이 가꾸어졌다. 뜰에는 방지형태의 연못이 꾸며지며 화계를 일구어 매화, 복숭아나무, 대나무 등으로 운치를 돋우었다.

별서와 관련한 최초의 기록으로 삼국사기에 의하면 최치원은 난세에 실망하여 세상에 뜻을 버리고 경주 남산, 지리산 쌍계사 계곡, 마산 등 산천과 해안을 찾아다니며 대(臺)를 쌓고 松竹을 심어 소박한 보금자리를 꾸미고 책 속에 묻혀 살았다는 기록이 있다.

전남 담양의 소쇄원(瀟灑園)은 1530년대 양산보(1503~1557)가 은거하며 조성한 별서이다. 소쇄원도 목판본(1755년)에는 김인후가 당시 소쇄원의 정경을 읊은 48수의 시제가 새겨져 있다. 소쇄원의 공간구성은 대숲으로부터 전개되는 전원(前園), 5곡 계류 중심의 계원(溪園), 제월당 중심의 내원 등으로 구분된다. 전원은 대봉대와 상하지(上下池), 물레방아, 애양단으로 이루어지며, 계원은 오곡문 담장으로부터 오곡암 폭포와 계류 중심부에 자리한 광풍각, 광풍각 대하(臺下)의 석가산 등으로 꾸며졌다. 내원에는 제월당과 오곡문 사이 2단 화계인 매대(梅臺)가 일구어 졌는데 매화, 동백, 산수유 등이 심어졌다. 오곡문 옆으로 자라바위인 오암이 있고, 광풍각 뒤편에 복숭아나무가 심어진 도오(桃塢)가 꾸며졌다.

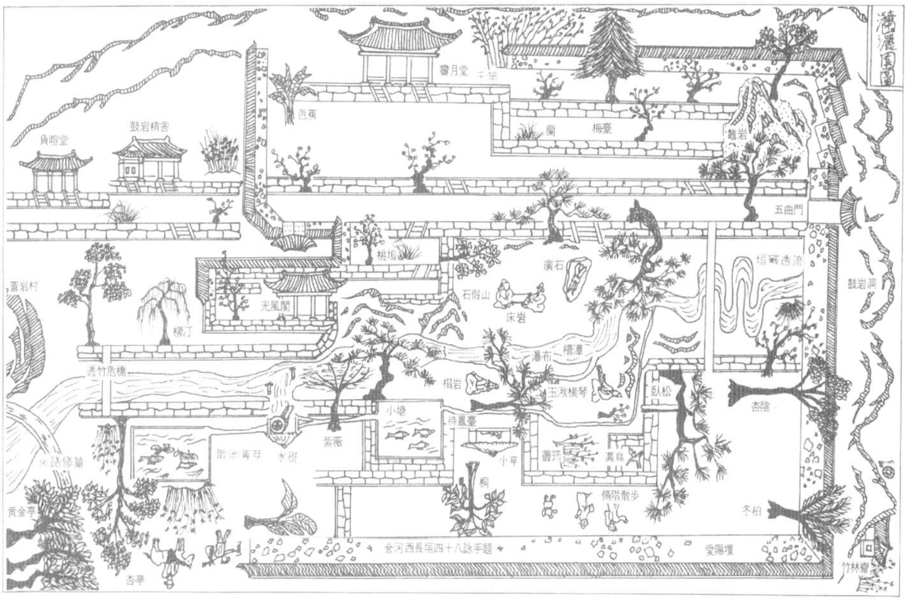

[그림 10-2-14] 16C에 별서로 조성된 담양 소쇄원의 목판본 소쇄원도(瀟灑園圖)

고산 윤선도(1587~1671)가 51세 때인 인조 15년(1637)에 왕이 남한산성에서 청나라에 항복했다는 소식을 듣고 은둔을 위해 제주도로 향하던 중, 아름다운 섬을 발견하고 터를 잡은 곳이 해남의 보길도이다. 산세가 피어나는 연꽃을 닮았다 하여 부용동(芙蓉洞)이라 이름 짓고, 섬의 주봉인 격자봉 밑에 낙서재와 무민당을 지어 거처를 마련했으며, 세연정과 곡수당 등을 지었고 오우가, 산중신곡, 어부사시사 등 자연을 노래한 많은 시를 남겼다. 곡수당에는 초당, 석가산, 평대, 연지, 다리, 화계, 월하탄 등을 조성하였고, 곡수당 옆에 서재를 두어 후학들을 강학했다. 1칸 규모의 동천석실은 낙서재 건너편 바위산에 자리 잡았는데, 석담, 석천, 석폭, 석대 및 희황교 등을 두어 책을 읽고 사색하며 신선처럼 소요하던 은자의 처소였다. 부용동 입구 세연정 권역은 연못과 계담, 판석제방, 동대와 서대, 옥소대, 칠암, 비홍교와 동백나무, 대나무, 소나무 숲이 울창하게 어우러진 절경지이다. 유상곡수를 행하던 장소로 알려진 낭음계, 용이 승천하는 승룡대, 연정이 있었던 조산과 여름에도 한기를 느낀다는 하한대, 고향을 그리워하며 임금이 계신 궁궐을 바라보던 혁희대, 석전, 미산 등 기발한 착상과 절묘한 자연과의 조화미를 체감할 수 있게 된다.

한편, 서울의 석파정과 성락원, 충청지방의 남간정사와 암서재, 영남지방의 서석지, 호남지방의 다산초당과 명옥헌 등이 조선시대 때 조영된 대표성을 띠는 유구들이며, 순조의 장인인 김조순(1765~1832)의 별서를 그린 옛 그림 옥호정도(玉壺亭圖)가 전해진다.

별서에는 일반적으로 네모난 형태의 연못을 만들어 중앙에 둥근 섬을 두었고 연꽃을 많이 심었는데 송나라 주돈이의 애련설(愛蓮說)과 관련 있는 것으로 판단된다. 한편 매화나무, 소나무, 국화, 대나무 등을 심어 군자의 변치 않는 절개를 은유적으로 표현하거나 벽오동, 대나무, 배롱나무 등을 심어 태평성대를 염원하기도 했다.

[그림 10-2-15] 여름철 배롱나무 꽃이 무릉도원을 연상케 하는 담양의 명옥헌(鳴玉軒, 17C)

[그림 10-2-16] 옥호정도(19C 초, 서울 삼청동)

Keyword 4 한국의 누정(樓亭 Korean pavilion)

한국의 누정(樓亭 : 2층으로 된 다락집과 높은 곳에 세운 허창한 집)은 중국과 일본에 비해 양식적인 측면이나 공간특성, 취경기법 등에서 차이점을 보인다. 중국의 경우 추녀선이 하늘로 치켜 올라가고 붉은 칠을 한 기둥, 난간, 의자식 평면구조 등에 차이가 있고, 일본의 경우 추녀선이 지면을 향하고 다실(茶室)에서 좁은 내부지향적 경관을 즐기는 경향을 볼 수 있다. 고려 말 이규보(1168~1241)는 누를 2층으로 된 집(重屋)이라 풀이했고 정자는 개방되어 허창(虛敞)한 느낌을 주는 곳이라 하였다.

누정은 경관이 빼어난 곳에 자리하여 자연을 즐기면서 정신을 수양하는 수심양성의 장소가 되고 후학을 가르치는 교육의 장이 되며 문인들의 시문학을 위한 산실이기도 했다. 누정 관련 최초의 기록은 475년과 488년인데, 백제 궁실에 대사누각(臺榭樓閣)을 장려하게 지었다는 기록과 신라 소지왕 10년(488년)에 천천정(天泉亭)으로 거동하였다는 기록이다. 정자는 사대부 계층에 의해 대부분 조영된 반면 누는 지방 관아의 수령들이 많이 조영하였다.

누정의 이름을 정할 때 고려 말 문신 이색(1328~1396)은 아름다운 자연경관을 취하거나 선을 권장하고 악을 경계하는 내용이거나 선조들이 남기신 것 가운데 후손들이 잊어서는 안 되는 교훈으로 정한다고 하였다. 누와 정은 약간의 용도 차이를 보이는데 누는 공적으로 이용한 반면 정자는 사적으로 이용된 경우가 많았다. 평면구조의 경우 누는 장방형이 많은 반면 정자는 장방형을 비롯하여 +자, ㄱ자, 6각, 8각, 원형, 부채꼴 등 다양하게 만들어 방을 곁들이는 경우도 많았다. 경관처리기법으로는 경관을 한 점에 모아 즐기는 취경(聚景), 아름답고 다양한 경관을 즐기는 다경(多景), 주변의 아름다운 경관을 두루 즐길 수 있는 환경(環景), 자연경관을 누정 속으로 끌어들여 즐기는 읍경(揖景) 등이 활용되었다. 누정은 경관이 수려한 강이나 계류 옆, 연못주위, 강변 절벽이나 암반이 좋은 곳, 강이 휘어져 돌아가는 곳의 절벽 위와 언덕 위에 많이 놓여졌다.

한편, 경관관찰점인 누정 등 특정지역의 아름다운 경관을 선정하여 즐기며 시인묵객들이 풍류처가 되기도 한 팔경문화가 전승된다. 중국 북송대의 송적(宋迪)이 그린 소상팔경도(瀟湘八景圖)를 원류로 하는 팔경문화는 고려시대 이래 봄·여름·가을·겨울의 경치를 계절마다 2폭씩 8폭에 그린 사시팔경도를 비롯하여 송도팔경, 관동팔경, 한양팔경, 단양팔경 등이 그림으로 그려지고 명명되었다. 대표적 사례인 관동팔경은 평해 월송정, 통천 총석정, 강릉 경포대, 고성 삼일포, 삼척 죽서루, 양양 낙산사, 간성 청간정, 울진 망양정을 일컫는다.

누의 대표적인 사례로는 남원 광한루를 들 수 있는데, 1418년 황희가 광통루를 세운 이후 1444년(세종 26) 관찰사 정인지에 의해 광한루라 불리게 되었는데, 달 속의 선녀가 사는 월궁 광한전의 '광한청허부(廣寒淸虛府)'에서 따온 것이다. 1584년 송강 정철에 의해 수리될 때 봉래·방장·영주의 삼신산을 연못 속에 축조하므로 광한루, 오작교와 더불어 월궁과 같은 선경을 상징하게 되었다.

[그림 10-2-17] 삼신선도를 상징하는 연못을 둔 남원 광한루원

3. 사찰, 서원 및 능원

Keyword 5 **한국의 사찰조경**(寺刹造景 buddhist temple landscape in Korean)

한국사찰의 입지유형은 첫째, 왕경의 평지에 자리하는 형태로 초기 불교 수용의 주체가 되는 왕실 중심의 사찰이 대부분 해당된다. 둘째, 왕경 외각의 산록에 자리하는 형태로 통일신라 이후 교리를 배경으로 한 사찰이 해당된다. 셋째, 지방의 산지에 자리하는 형태로 통일신라 후기에 성행한 선종의 영향과 정치·사회적 혼란 속에서 백성들의 지지기반을 얻기 위해 지방호족들이 불교와 관련을 맺게 되면서 사찰입지가 산속으로 정해졌는데, 영지(靈地)신앙으로서의 산악숭배 그리고 풍수지리사상 등이 영향을 끼쳤다.

공간배치는 금당과 탑의 배치를 기준으로 탑 중심형, 탑·금당 병립형, 금당 중심형의 세 유형으로 구분된다. 탑 중심형은 탑이 중심이 되어 사찰의 전체 공간구조가 결정되는 형식이고, 탑·금당 병립형은 중문, 금당, 강당이 남북 축선 상에 위치하며, 금당 전면에 동탑과 서탑이 남북축으로 동일한 거리에 배치되는 구성이다. 금당 중심형은 삼문과 누문을 지나 중심공간에 이르는 진입체계를 갖는데, 중심공간은 주요 건물에 의해 둘러싸인 방형을 이루며 통일신라 후기 이후 완성되었다.

사찰의 공간구성에는 자연환경과의 조화, 계층적 질서 추구, 공간 상호간의 연계성, 인간적 척도의 유지 등 원칙이 작용되었고, 사찰이 입지한 지형적 특성과 공간규모, 성격에 따라 남북방향을 중심축으로 설정하는 방식이 강조되었다.

산지에 입지한 사찰은 주 공간에 도달하기 위해서 일주문으로부터 누문에 이르는 선적 전이공간을 통과하게 된다. 전이공간에는 몇 개의 산문이 위치하고 주공간과의 사이에 누문이 위치하여 몇 개의 단위공간으로 분절되는데, 대부분 3~4개의 석단 위에 세워져 점승형 전이방식이 된다. 산지에 입지한 사찰의 대부분은 계류를 끼고 있어 일주문은 계류 너머에 위치하게 되는데 이는 성(聖)과 속(俗)을 구분하는 상징적 의미를 내포하며, 극락세계의 못물을 상징하는 연못을 방형 또는 타원형으로 조성하여 연꽃을 가꾸었다.

불교에서 가장 귀중하게 여기는 세 가지 보물로 부처님(佛寶), 부처님의 가르침(法寶), 부처님의 제자(僧寶)를 든다. 이들 삼보의 본찰을 삼보사찰(三寶寺刹)로 일컫는데, 부처님의 진신(眞身) 사리와 가사를 봉안한 통도사를 불보사찰로, 부처님의 법인 팔만대장경을 봉안한 해인사를 법보사찰로, 훌륭한 스님을 가장 많이 배출한 송광사를 승보사찰로 일컫는다.

[그림 10-2-18] 순천 조계산 기슭에 자리한 승보(僧寶)사찰 송광사

Keyword 6 **한국의 서원조경**(書院造景 seowon landscape in Korean)

한국에서 서원(書院)의 설립은 유종(儒宗) 및 유학교육에 공헌한 선인을 추모하는, 즉 예를 숭상하는 취지에서 출발했으며 유학사상과 이념을 교육하자는 데 목적이 있었다. 16세기 후반에 도입된 서원은 조선 초 이전 서재의 전통을 잇는 것이었으나, 서재가 안거강학(安居講學)의 장소였던 데 반해 서원은 선현을 제향하는 사묘(祀廟)와 함께 엄격한 학규로 운영되는 특징을 가졌다. 최초의 서원인 백운동서원은 1543년(중종 38)에 풍기군수 주세붕이 세운 것으로 안향을 제향하고 남송의 주희(주자, 1130~1200)가 세운 백록동서원의 학규를 본받았다. 그 후 1550년(명종 5) 퇴계 이황

이 풍기군수로 재직하면서 백운동서원의 사액을 실현시킴으로써 서원발전에 크게 기여했다. 서원은 봉향자의 연고지를 택하여 음양오행설과 풍수지리사상에 부합되게 향을 정하여 상단부에 사묘를 짓고, 하단부에 강학을 위한 당재(堂齋)를 배치하는 형식인데 남쪽에서부터 정문 · 강당 · 사당을 일직선상에 두고 양쪽에 동재와 서재를 배치하여 위계에 따른 경의를 나타낸다.

서원은 공간구성 · 배치수법이 문묘나 향교와 유사한데, 선현에게 제사를 지내는 사당, 교육을 담당하는 강당, 유생들이 공부하며 숙식하는 동재 · 서재 등으로 나누어진다. 문집이나 서적을 펴내는 장판고, 서책을 보관하는 서고, 서원의 관리 및 유생들의 식사준비 등 생활전반을 뒷받침해주는 고직사, 제사에 필요한 기물을 보관하는 제기고 등의 부속채가 있다. 동선은 바깥길에서 안길을 거쳐 홍살문을 지나 서원으로 진입하는 체계인데, 축선을 고려하여 외삼문과 누, 내삼문을 거쳐 사우(祠宇)에 도달하도록 설정되었으며, 강학공간에서 고직사와 장서각으로 통하는 길은 협문을 거쳐 들어가도록 하여 영역을 강조하였다.

[그림 10-2-19] 도산과 낙천을 배산임수하여 자리한 안동 도산서원

조경식물은 학자수로 불리는 느티나무, 회화나무, 은행나무, 그리고 제향을 위한 향나무, 배경을 형성하는 송림과 죽림 등 상징성과 실용성을 고려하여 도입되었다. 외삼문 가까운 거리에는 아름다운 계천이 자리하는 경우가 많으며 수심양성을 도모

하기 위한 방형의 연지(蓮池)를 당재 영역에 조성하였다. 한편, 야간조명을 위한 정료대, 손을 씻는 관세대, 제물을 품평하기 위한 생단, 석등과 석연지 등이 도입되었다.

대표적인 사례로는 논산 돈암서원, 영주 소수서원, 안동 도산서원과 병산서원, 경주 옥산서원, 정읍 무성서원, 장성 필암서원 등을 들 수 있다.

[그림 10-2-20] 죽계구곡(竹溪九曲)의 제1곡 취한대와 인접하여 白雲洞 敬이란 글이 암각되었고, 반대편에 최초의 사액서원 영주 소수서원과 경렴정이 있다.

Keyword 7 한국의 능원(陵園 royal tomb landscape in Korean)

토장이나 지석묘로 시작되는 분묘형태는 삼국시대 말에 이르러 왕족들을 중심으로 능원형태를 갖추었고, 고려시대에는 풍수지리의 음택이론이 묘지를 선정하는 기본이론으로 작용되었으며, 조선시대의 왕릉은 고려 공민왕릉의 예에 따라 계승 발전되었다.

고구려 왕릉은 외형에 따라 석총(石塚)과 토총(土塚)으로 구분되는데, 석총은 평면이 방형이며 냇돌 또는 괴석을 이용하여 계단상으로 쌓았다. 토총은 괴석 또는 장대석으로 석실을 구축하고 봉토를 덮어 평면은 원형이고 입면은 반구형으로 만들어졌다. 중국의 "삼국지 위서동이전"에 '고구려는 돌을 쌓아 봉분을 만들었는데 주위에 소나무, 잣나무를 심어 울창하다' 라 하였다. 백제 왕릉은 시대에 따라 천장가구형식(天障架構形式)이 차이를 보이는데 전축분의 특성이 잘 나타난 사례는 무령왕릉이다. 신라의 분묘는 봉토분(封土墳)이고 왕가의 능묘는 석실묘로 축조되었다. 통일신라시대의 능묘는 봉분 기부에 요석을 두르고 우주공간과 시간의 한계를 상징하는 십이지신상을 배치하며 석난간을 둘렀다. 특이한 예로 바다 속 대왕암 바위에 수중릉을 둔 문무왕릉(경주 감은사 동해 앞바다)을 들 수 있다.

고려시대의 왕릉은 산을 등지고 주산의 지맥이 좌우를 둘러싸며, 명당수와 객수가 전면에서 합류하여 흐르는 풍수적 자리 잡기 구조를 보여준다. 여러 층의 단상 상단부에 자리한 분(墳)은 약 5m 높이로서 호석으로 위요하고 전면에 석상을 두었으며 좌우에 망주석을 대칭시키고 2층 단에는 장명 등을 두었으며, 3층 단 좌우에 문인석과 무인석을 한 쌍씩 두었다. 조선시대의 능역은 풍수지리설과 유교의 제의(祭儀)

[그림 10-2-21] 조선 4대왕 세종의 여주 영릉(英陵) 정자각(丁字閣)과 봉분

가 깊숙이 관련되었으며 고려의 왕릉제도를 계승하고 있다. 능원의 경관구조는 풍수적 관점에서 제시하는 형세와 유사한 양상이다. 산을 등지고 산 중턱 혹은 기슭에 능원(陵園)을 두어 봉분을 쌓았는데, 청룡과 백호 지맥의 세가 조밀하게 주위를 둘러싸고, 남쪽으로는 멀리 조산이 자리하며, 능역의 주위와 봉분 뒤에 봉황이 너울거리는 숭산(崇山)의 상징성을 갖는 소나무를 밀생시켜 탁월한 경관 짜임을 시도하였다.

제 3 절 더 알아야 할 개념

4. 중국 및 일본의 전통조경

Keyword 8 중국의 조경문화(中國 造景文化 Chinese landscaping culture)

고대 중국의 원림조경은 주(周, B.C. 11세기 ~ B.C. 249)의 문왕 대에 연못을 파고 흙을 쌓아 영대(靈臺)를 만들었으며, 혜왕 대에 포(圃)를 징발하여 유(囿)로 삼았고 무공 조에 녹유(鹿囿)를 두었다는 기록이 있다. 후한시대에 발간된 "설문해자(說文解字)" 에는 과(果)를 심는 곳을 원(園), 채소를 심는 곳을 포(圃), 금수를 키우는 곳을 유(囿)라 했다. 중국을 최초로 통일한 진(秦, B.C. 249 ~ 207)의 시황제는 수도를 함양으로 삼으면서 아방궁을 건설했는데, 동서 500보, 남북 50장(丈) 규모의 거대한 궁궐 누상에는 1만 여명이 앉을 수 있었고, 누하에 장대한 연못을 두어 선인이 산다는 봉래산(蓬萊山)과 거대한 고래의 조각상이 있는 난지궁(蘭池宮)을 만들었다.

한(B.C. 206 ~ A.D. 220)무제 때는 건장궁에 태액지(太液池)를 파고, 못 속에 영주

(瀛州), 봉래(蓬萊), 방장(方丈) 섬을 축조하였으며, 청동과 대리석으로 만든 조수(鳥獸)와 용어(龍漁) 조각을 배치했다. 진대의 상림원을 다시 꾸며 70여 개의 이궁을 짓는 한편 각지에서 헌납된 화목 3,000여 종을 가꾸었고 많은 짐승을 사육하여 사냥터로 이용했다. 곤명호 등 여섯 개의 대호수가 원내에 만들어졌는데, 천체의 설화에 근거하여 하늘의 강인 은하수를 모방하고 동서 양쪽 물가에 견우와 직녀의 석상을 세웠다. 산 모양의 토단(土壇)을 쌓아 높이 지어진 건물을 대(臺)라 하였는데, 통천대와 신명대가 있었다. 신명대는 무제가 건장궁 안에 지은 것으로 천로(天露)를 받는 옥배(玉杯)인 승로반(承露盤)을 들고 있는 동으로 만든 선인상이 있었다고 한다. 이것은 신선사상과 우주관을 표현한 것으로써, 이상향적 상상세계를 재현하고 구체화하였다.

조경 관련 인물로는 죽림칠현(완적, 혜강, 산도, 향수, 유령, 완함, 왕융)과 왕희지, 도연명 등을 들 수 있다. 진(晉)나라 왕희지(307~365)의 "난정서(蘭亭敍)"에는 당시 난정에서 즐겼던 유상곡수연(流觴曲水宴) 풍류문화를 엿 볼 수 있으며, 도연명(365~427)은 벼슬을 물러나 안빈낙도(安貧樂道)하는 전원생활과 자연미를 노래한 "귀거래사(歸去來辭)"로 유명한데 후대 동양의 조경문화에 많은 영향을 끼쳤다.

[그림 10-2-22] 멍내 문징멍의 그림, 〈난성(蘭亭)의 모임〉

[그림 10-2-23] 왕희지의 유배거 난정(蘭亭, 절강성 소흥시)

당(唐, 618~907) 대에는 항주의 서호16경 같은 명승지가 많은 시인묵객들의 사랑을 받아 묘사되었고 이백(701~762)과 두보(712~770), 왕유(701~761)와 백거이(772~846) 등의 활동이 두드러졌다. 백거이의 '백모란(白牡丹)'과 '동파종화(東坡種花)' 같은 시는 조경문화 발전에 크게 기여하였고, 이덕유(787~849)의 평천산장, 왕유(699~759)의 망천별업 등은 대표적인 산수화풍 정원들이다. 금원으로 장안궁원, 대명궁원, 서내원, 동내원, 대흥원 등이 있었고 이궁인 흥경궁과 화청궁, 구성궁 등이 경영되었다. 화청궁은 여산의 산기슭에 위치한 청유지인데 당 태종이 염립덕에게 명하여 개설한 후 고종 때 온천궁으로 불렸으나, 현종 때(747년) 화청궁으로 개칭되었다. 화청궁은 현종이 양귀비를 총애하면서 한층 호화로워졌고, 밤낮을 가리지 않고 환락을 즐겼음을 백거이의 「장한가」에서 찾을 수 있다.

송(宋, 960~1279) 대의 원림은 남방의 온화한 풍경이 주요 소재가 되었는데, 귀족들은 물론 일반서민들의 민가에까지 확대되는 경향을 나타낸다. 북송 말기에 저술된 이격비의 「낙양명원기」에는 사마온공의 독락원, 백낙천의 고택 대자사원, 노송으로 알려진 오씨원, 모란으로 유명한 천왕원화원과 인풍원, 수경관으로 이름난 동원, 매화가 아름다운 대은원 등 20여 개소의 명원이 소개되었다. 한편, 호남성의 동정호 남쪽 소수(瀟水)와 상강(湘江)이 합류하는 뛰어난 경치(8개처)를 소재로 북송의 송적(宋迪)이 1078년에 그린 '소상팔경도' 로부터 유래하는 팔경문화가 동양 3국에 전승된다. 석양빛, 가을 달, 밤비, 저녁 무렵의 눈 등 승경을 읊은 산시청람(山市靑嵐)·어촌석조(漁村夕照)·소상야우(瀟湘夜雨)·원포귀범(遠浦歸帆)·연사만종(烟寺晩鐘)·동정추월(洞庭秋月)·평사낙안(平沙落雁)·강천모설(江天暮雪) 등 팔경이 그것이다.

조경에 관심이 많았던 휘종은 산수화에 심취하였고 수산의 간악을 건립하였는데, 이곳에 아름다운 전원풍경과 계곡, 연못, 매화 등을 즐길 수 있도록 수많은 누정을 세웠다. 특히 강남의 기이한 돌(태호석)을 수집하여 교량과 제방을 끊고 임금의 거소까지 배로 운반하였는데, 이를 역사상 악명 높은 화석강(花石綱)이라 일컫는다. 북송의 주돈이(1017~1073)가 지은 "애련설(愛蓮說)" 은 동양의 많은 시인묵객들로부터 회자되며 조경문화에 지대한 영향을 끼쳤다. 휘종의 아들 강왕이 남경에서 즉위한 이후를 남송(南宋, 1127~1279)이라 하는데, 양쯔강을 중심으로 남부지역 일대는 태호, 동정호 등 경관이 수려한 명산이나 호수가 즐비하여 차경효과를 극대화한 수경기법이 정원의 특징으로 나타난다.

주밀(周密)의 「오흥원림기」에는 30여개소의 명원을 소개하고 있는데, 유자청의 석가산원 같이 가산(假山)이나 태호석(太湖石)의 도입이 일반화되었으며, 모란과 국화, 연 등이 애용되었고, 과실수가 많이 심겨졌다. 한편, 남송 때 성리학의 집대성자인 주희(朱熹:주자, 1130~1200)가 복건성 무이산 계곡의 아홉구비(九曲) 경치를 노래한 '무이구곡가' 가 원림문화로 전승된다. 주자는 이곳 제 5곡에 무이정사(武夷精舍)를 짓고 구곡가를 지었는데, 아름다운 산과 물의 경치를 묘사함은 물론 도학(道學, 성리학)을 연마하는 단계적 과정을 담고 있다.

명(明, 1368~1644) 대에는 강남 각지에 수많은 명원이 조성되었는데, 오흥, 소주, 양주 지방 등이 대표적이다. 왕세정(1528~1593)의 「유금릉제원기」, 계성(1582~1644)의 「원야(園冶)」, 문진향(1585~1645)의 「장물지」 등은 당시 원림문화를 판단하는데 중요한 저술서인데, 「유금릉제원기」에는 산악이나 하천의 경관이 수려한 남경의 원림 36개소가 수록되어 있으며, 「원야」에는 원림의 지형을 다룬 상지(相地), 땅가름(地割), 입기(立基), 차경(借景) 등 원림조성법이 기술되었다. 원야에는 차경을 원차(遠借), 인차(隣借), 앙차(仰借), 부차(府借), 응시이차(應視而借) 등으로 나눠 설명하고 있다. 한편 미만종(米萬鐘)이 북경 해정에 조영한 작원(勺園)은 당대 물을 교묘히 잘 이용한 정원으로 이름 높았는데 「작원수계도」가 남아있어 면모를 파악할 수 있다.

[그림 10-2-24] 중국 강소성 소주지방의 4대 명원 중 대표적 사례인 졸정원

[그림 10-2-25] 소주의 명원 환수산장(環秀山莊)

소주지방에는 많은 사가 정원이 조성되었는데 졸정원(拙政園)과 사자림(獅子林), 유원(留園), 창랑정(滄浪亭) 등이 오늘날 명원으로 회자되고 있다. 세계문화유산인 졸정원은 1513년경 왕헌신에 의해 대굉사 터에 조영되었는데 면적의 3/5를 차지하는 수경기법이 돋보인다. 시정화의(詩情畵意)를 느낄 수 있고 심원(深遠)을 형성하며 경관의 대비, 차경미를 엿볼 수 있으며, 연꽃이 어우러진 연못 곳곳에 북산정, 하풍사면정, 부채꼴 모양의 정자 여수동좌헌, 소비홍다리 등 아름다운 조경요소들이 즐비하다.

원나라 때인 1342년에 조영된 사자림은 천여선사가 절강성의 사자봉에 살고 있는 스승 중봉선사를 위해 세운 보리사가 시초가 된다. 원내에는 커다란 연못을 중심으로 사자를 연상시키는 수많은 태호석을 쌓아올린 석가산이 미로처럼 연결되어 있으며, 호심정, 견산루, 진취정, 비폭정, 선자정 등의 누정이 자리한다. 창랑정은 오월(吳越)의 광릉왕(廣陵王) 개인 정원이었는데 북송 때 시인 소순흠이 사들여 창랑정을 지은 데서 비롯되었다. 창랑은 전국시대 굴원의 시 '창랑지수(滄浪之水)' 에서 따온 글귀인데, 산과 물의 조화가 뛰어난 정원으로 알려져 있다. 축산으로 이루어진 봉우리 암석과 푸른 대숲 속에 정자를 두었으며 담장 밖의 계류가 어우러져 독특한 산수경관을 품격 있게 표현하고 있다. 유원은 구성이 치밀하고 경관변화가 풍부하며, 조경 요소들이 조화를 이루어 격조 높은 명원으로 평가되고 있다. 동서중북의 네 부분으로 나뉘는 공간구성은 중앙부의 경우 연못과 가산이 주를 이루고, 동부는 건물이 중심을 이루고 있다. 원내의 누각은 긴 회랑으로 연결되었으며, 화창(花窓)을 통해 바라보는 바깥풍경은 그림을 보는 듯하다. 유원은 소주지방에서 가장 화려한 건물배치, 허와 실, 명과 암 등 변화무쌍한 공간처리와 유기적 연속성 등이 돋보인다.

[그림 10-2-26] 소주 유원의 中園(연못, 정자, 태호석, 화창)

청(淸, 1616~1912)의 강희, 건륭 황제 대에는 사회가 안정되고 영토가 확장되면서 원림조경도 발전하는 계기가 되었다. 강희제는 강남지방의 원림에 매력을 느껴 원명원(圓明園)을 조성하여 아들 윤진(옹정제, 제5대 황제, 1722~1735)에게 하사하는 등 많은 관심을 기울였으며, 황손인 건륭제까지 이어졌다. 건륭제는 원명원에 해기취와 해안당 등 서양식 건물 앞에 분천과 같은 동양 최초의 프랑스식 정원을 꾸몄는데, 1860년 제2차 아편전쟁 때 영불 연합군에 의해 불에 타 폐허가 되었다. 이 시기 북경의 만수산 청기원(이화원), 옥천산 정명원, 향산정 명원, 원명원, 상춘원은 명소 삼산오원(三山五園)으로 회자되었다.

[그림 10-2-27] 승덕의 피서산장 호수구(湖水區)에 조영된 수심사(水心榭)

황제의 여름 피서지인 승덕 열하의 피서산장(避暑山莊)은 560만㎡ 규모로 1703년부터 1790년에 걸쳐 조성되었는데, 강희제와 건륭제는 각기 아름다운 명승 36경을 명명하였다. 궁전구, 호수구, 평원구, 산구 등 4개 권역으로 나뉘는데, 전체면적의 4/5는 기복이 있는 산과 총림으로 구성된 산구에 해당된다. 동남쪽 권역은 평지인 평원구와 호수구가 펼쳐지는데, 이곳은 강남지방의 아취를 모방한 연우루, 문원사자림, 금산정 등이 돋보이며, 북쪽의 산장 밖에는 금색으로 빛나는 外八廟가 아름다운 차경의 대상으로 펼쳐져 있다.

원명원 서쪽에는 만수산이궁, 즉 이화원(頤和園)이 자리한다. 이화원은 건륭제가 전각을 세우고 정원을 꾸밈으로써 비롯되었는데, 1860년 제2차 아편전쟁 때 화재를 입었으나 서태후(慈禧皇太后, 1835~1908)가 재건했다. 290ha 규모로 인수전과 낙수당 같은 웅장한 건물군이 어우러진 궁전구와 풍치구로 구분된다. 곤명호에 떠 있는 듯한 석방(石舫)과 17공교(孔橋), 전통적인 채색화가 선명한 장랑(長廊) 등이 독특하게 펼쳐지는 이화원은 멀리 서산과 옥천산이 배경을 이루고 인접한 만수산, 곤명호 수경 등이 잘 어우러져 한층 변화 있는 풍광을 보여준다.

역대 저명한 조경가로는 당의 염립덕, 송의 주면, 원의 예운림, 명의 미만종, 문진향, 계성, 청의 석도, 이어 등을 들 수 있다. 특히, 암석을 쌓아 산의 형태를 재현한 석가산 기법의 대가로 청의 과유량이 있고, 명의 장연(張漣)은 그림은 물론 석가산을 쌓아올리는 기술에 능하여 명사들의 정원을 많이 축조하였다 하며, 그의 아들 장연(張然)은 청나라 초기 영대(瀛臺), 왕천(王泉), 창춘원 등 아름다운 금원을 계획하였다.

[그림 10-2-28] 북경의 곤명호와 이화원 권역, 만수산, 석방(石舫)

Keyword 9 일본의 조경문화(日本 造景文化 Japanese landscaping culture)

일본은 부족국가 형태를 갖춘 상고시대(彌生, 古墳期)에 불교와 유교가 전파되는 사회적 영향 속에서 조경문화가 싹트기 시작하였다. 3개의 부족국가가 형성되는 고대(飛鳥, 白鳳, 奈良) 시기에는 A.D. 538년 백제로부터 불교와 상류문화의 전래, 그리고 백제와 중국과의 교역확대 등 조경문화에도 크게 작용되었다. B.C. 300년 시기까지 거슬러 올라가는 상고시대에는 자연환경 조건에 충실하면서 조상신의 제례를 목적으로 하는 신지(神池)와 암좌(岩座)가 있었던 것으로 추정되는데, 신지는 지천정(池泉庭)의 원형으로, 암좌는 석조 조경의 원형으로서 종교적 상징물로부터 출발하여 관상을 겸한 뜰의 요소로 발전하는 양상을 보여준다. 「일본서기」에 아스카(飛鳥, A.D. 503~709)시대에 주목할 만한 기록으로는 추고천황 20년(612년)에 백제에서 귀화한 노자공(路子工)이 궁궐 남정에 수미산과 오교(吳橋)를 만들었다 한다. 수미산은 불교적 성산을 나타내는 상징적 석조물로 추정된다. 한편 620년, 626년에는 섬 대신(섬 : 뜰을 의미) 소아마자(蘇我馬子)의 뜰에 연못을 파고 섬을 쌓았다는 관련기록이 나타나는데, 소아가문은 백제계 후손으로 알려져 있다.

[그림 10-2-29] 아스카시대 유물로 부처님의 세계관을 표현한 정원분수시설 수미산 석조(須彌山 石彫)

나라(奈良, 710~792)시대는 천무천황 10년(682년)에 황태자의 저택 귤도궁에 주방국에서 헌상한 붉은 거북을 놓아주었다는 기록이 있는데, 폭포 그리고 바위와 돌이 어우러진 바닷가의 모습으로 꾸며졌다는 것을 「만엽집」을 통해 알 수 있다. 평성궁에는 남원(南苑) 중심의 연못이 꾸며졌으며, 성무천황 5년(728년)에 도지(島池)에서 곡수연을 행했다는 기록이 있다.

긴 세월 동안 정치, 문화의 중심지였던 교토를 중심으로 귀족계급의 안정을 이루었던 헤이안(平安, 793~1185)시대에는 일본 전통조경의 정체성이 발견된다. 금원 역할을 했던 신천원(神泉苑)은 연못과 섬, 여러 개의 정원석 등 자연적인 경관과 입석의 조화로 후기 침전형 정원의 원류인 주유(舟遊) 지천(池泉)식 정원의 특성을 잘 보여주고 있다. 814년 차아천황의 이궁으로 조성된 차아원(嵯峨園)은 대택지(大澤池)에 국도(菊島)와 천신도(天神島)를 두었고 바닥에 심은 정호석 등 입석과 경석이 특징적이다.

헤이안시대 중기 이후에는 순화미의 침전조 건물이 완성되고 침전조 정원문화가 뿌리를 내리는 계기가 되었다. 침전조정원은 가마꾸라 시대까지 이어졌는데 침전을 중앙에 두고 남쪽에 정원을 조영하였다. 이곳에는 연못을 두고 섬을 만들었으며 남북으로 다리를 두었고 남쪽에 축산을 동서방향으로 축조하고 동쪽에 폭포가 떨어지게 만들었다. 대표적 사례인 동삼조전은 중앙에 자리 잡은 침전조 건물 앞에 아름다운 남정이 펼쳐진다. 헤이안시대 후기에는 수미산과 정토계를 구현하려는 불교사상의 영향으로 극락정토풍의 정원이 많이 조영되었다. 금당과 아미타당을 중심으로 앞에 연못을 두어 연꽃을 심으며 화원을 꾸몄는데, 평등원, 정유리사, 칭명사, 모월사 등이 대표적이다. 모월사(毛越寺) 대천지(大泉池)는 정토신앙과 주유지정(舟遊池庭)이 융합된 전형으로 당시 정원술을 판단하는 좋은 사례가 되는데, 의장적 특색은 귤준망(1028~1094)의 「작정기」와 잘 부합된다고 한다. 작정기는 침전조 정원의 형태와 의장관련 기술서로서 땅가름, 연못과 섬, 입석, 작천(作泉) 등을 상세히 기록하고 있다.

가마꾸라(鎌倉, 1185~1392)시대 초기에는 헤이안 시대와 같은 정토식 지천(池泉)정원을 계승하는 양상인데, 지천주유식이 점차 회유식으로 바뀌었다. 중기에 정토신앙이 약해지면서 인간성 회복을 위한 이상주의가 선종과 조화되어 서민적이며 사색적인 분위기의 조경이 무로마치시대에까지 이어졌다. 가람배치도 총문, 산문, 불전, 법당, 침당이 일직선상에 배치되는 형식을 보여준다. 사원 앞뜰은 좁고 길며, 정형적인 평면구성을 보이는데 연못이 본당 안쪽에 자리하여 사적인 정원으로서의 성격이 강화되었다. 선종사원은 배후에 구릉이 있는 지형에 자리 잡았는데, 평지에 정원을 꾸몄던 전 시대와 달리 입체감과 음영요소가 곁들여져 조경기술의 발달을 촉진시켰다. 정토정원은 종교적인 이상향을 지상에 구현시키려는 의도로 전체가 경관과 관련을 맺고 있으나, 선원(禪院)은 일상의 종교생활과 밀접한 관계를 갖는 장소로 계획되었다.

가마꾸라시대에는 석조조경이 발달하였는데 각도와 선이 강한 돌 짜임이 풍미했다. 후기에는 몽창국사(夢窓疎石, 1275~1351)의 눈부신 작정활동으로부터 시작된다. 그는 헤이안시대에 발전했던 정토사상의 토대 위에 선종의 자연관을 덧붙여 수많은 정원을 작정했는데, 서방사(西芳寺)나 천룡사(天龍寺) 등에는 헤이안풍의 곡선미는 물론 요소요소에 긴장감 있는 석조기법을 보여준다. 1345년에 작정된 서방사는 상원, 하원으로 나뉘는데 아래쪽에는 해안풍의 지선(池線)을 꾸민 심(心)자형 황금지를 두어 배를 띄울 수 있는 지천주유식으로 꾸몄다. 위쪽의 고산수식(枯山水式) 정원은 입체감 있게 짜인 석조 사이로 역동감이 흐르고 독특하게 선사상이 표현되었다. 서방사의 이러한 특징은 녹원사, 금각사와 자조사, 은각사 등에도 나타난다.

[그림 10-2-30] 다도해풍의 정토식 정원인 교토의 금각사와 경호지

무로마찌(室町, 1392~1568)시대는 선종의 융성과 함께 선원식 고산수정원이 확립된 시기이다. 고산수식은 자연석이나 모래 등으로 산수자연을 상징적으로 표현한 축경형 기법을 의미하는데, 축산(築山)고산수식과 평정(平庭)고산수식으로 분류된다. 전자가 자연석을 쌓아 폭포나 산을 형상화하였다면, 후자는 평지에 모래와 경관석으로 초감각적인 무(無)의 경지를 표현했다. 고산수식은 선(禪)사상을 보여주는 일본의 대표적인 정원양식으로 자연경관의 상징화 또는 추상화를 표현하고 있는데, 암석으로 폭포나 섬을 형상하거나 동물의 움직임을 나타내기도 하고, 모래 무늬로 물의 흐름 또는 바다를 형상화하였다. 교토의 대덕사 대선원(大仙院) 석정(石庭)과 용원원, 용안사(龍安寺)의 방장(方丈)정원 등이 고산수식의 대표적인 사례이다. 대선원 석정은 폭포를 중심으로 심산유곡의 대 풍경을 100여 ㎡ 공간에 석조와 모래, 소나무 등으로 원근감 있게 표현하였는데, 폭포를 표현한 입석에는 관음석, 부동석 등의 명칭

을 부여했다. 하단부에는 보물선으로 불리는 경석이 흰 모래 가운데에 놓여있어 출범하는 모습을 연상한다.

수묵산수화의 풍경화를 구상적으로 묘사한 고산수식의 진수 대선원에서 표현하고자 한 의도는 정토세계와 영겁의 번영을 희원하는 신선경의 추구이다. 용원원은 이끼와 석조의 짜임이 특징인데, 사각형 모래판 중앙에 경사진 자연석을 두고 좌우에 작은 돌들을 위치시켜, 바라보는 위치, 각도 등에 따라 다양한 해석이 나오도록 함축적으로 표현했다. 용안사의 방장정원은 평정고산수식의 완성형으로 동서 약 25m, 남북 약 10m의 크기를 갖춘 장방형으로, 전면과 좌우가 유토(油土)벽으로 둘러싸여 있고 수목군을 차경하고 있다. 이곳에는 식물소재를 사용하지 않았고 흰 모래를 깔아 물결모양으로 손질하였으며 15개의 경석을 5군(5, 2, 3, 2, 3)으로 배치하여 강렬한 상상력과 선의 이상세계를 초감각적으로 표현했다. 무로마치시대의 고산수식은 대선원 석정의 꾸밈새로부터 용안사 방장정원의 석정형태로 도달됨으로써 집대성되었다.

[그림 10-2-31] 일본 고산수식 정원의 대표적 사례인 교토의 용안사 방장정원

[그림 10-2-32] 교토의 대선원 석정

모모야마(桃山, 1568~1615)시대에는 전란이 평정되고 국운이 안정됨으로써 집권무인들을 중심으로 대 저택의 건립이 두드러지면서 호화로운 정원이 나타나기 시작하게 되는데, 땅 가름이나 석조기법이 호방하고 화려한 양상을 나타내었다. 풍신수길(1536~1592)이 직접 관여하여 사후에 완성된 삼보원(三寶院)은 연못의 확장과 개·보수, 700여 개의 정원석과 수천 그루의 식물, 현정 등 정원사의 활약으로 1624년에 완성되었다.

삼보원은 돌이나 식물 등 소재가 과도하게 사용되어 자연에 순응하지 못한 디자인의 과잉이라는 평가를 받고 있기도 하다. 덕천가강이 조영한 이조성의 니노마루정원은 어전에 위치한 지천회유식 정원인데, 못의 형태가 복잡하고 폭포를 중심으로 모양과 색채가 화려한 크고 작은 석조의 조합으로 권위를 과시하고 있다. 모모야마시대 이러한 화려한 정원과는 달리「와비」의 이념(가난함이나 부족함 속에서도 아름다움을 찾아내어 검소하고 한적하게 삶)과「사비(寂)」의 이념(이끼 낀 정원석에서 枯淡과 閑雅를 느낌)을 분위기로 초암을 둔 자연풍의 다정(茶庭, 露地)을 완성하게 된다. 다실(茶室)은 다도를 즐기는 자리로, 그곳에 이르는 길과 좁은 뜰에 꾸며지는 정원 즉, 다정은 자연의 단편을 취하여 교묘하게 대자연의 운치를 연상시키고 있다. 노지(露地) 기법은 디딤돌이나 쓰꾸바이(蹲踞, 물통), 세수통, 석등 등 소재를 더불어 발전시켰으며, 식물재료로는 다도의 와비와 사비를 느끼게 하는 상록수가 애용되었다. 이러한 기법은 에도시대에 접어들면서 더욱 발달되었다.

에도(江戸, 1615~1867)시대에는 모모야마시대의 호화롭고 화려했던 정원수법이 이어졌고 평정고산수식 그리고 다정과 같은 간결하고 소박한 형태의 정원양식 확립, 의도적인 차경법(借景法) 고려, 회유식 정원의 완성 등 다양한 형태의 정원이 풍미했다. 에도시대 전기에는 교토를 중심으로 정원문화가 발달하였으나, 중반 이후부터는 가강 막부가 지배권을 강화하기 위하여 지방의 유력한 다이묘(大名, 가마꾸라시대 때 대 영토를 가진 무사, 에도시대 때 1만석 이상의 농토를 가진 영주)들을 에도지방에 머물도록 하는 정책으로 다이묘들은 에도지방에 호화로운 정원을 꾸미기 위해 많은 비용을 투자했다. 에도시대에는 지천회유식 정원이 독자적으로 경관을 형성하는 것과 건축에 종속되어 보조적인 역할을 하는 것으로 대별된다. 회유식 정원은 에도시대 초기 다도의 대가 소굴원주(小堀遠州)에 의해 확립되었는데 뜰에는 독립된 연못과 섬, 산을 만들고 다리와 원로를 통해 동선을 연결시켰으며, 다정을 배치하여 몇 개의 노지가 연결되도록 하였다. 계리궁, 선동어소, 수학원이궁, 동본원사, 섭성원, 소석천 후락원, 강산의 후락원, 성취원, 현궁원 등이 대표적 사례이다.

지충천황이 1642년 재정비한 교토 계리궁(桂離宮)은 소굴원주 취향이 많이 나타난 회유식 정원으로 연못호안을 따라 조영된 축산, 수류(水流), 모래언덕, 석조와 신선도, 봄의 상화정, 여름의 소의헌, 가을의 월파루, 겨울의 송금정 등 세부적인 의장이 돋보이고 변화무쌍한 경관을 즐길 수 있다. 한편, 주 건물에 종속된 형태의 정원은 실내에서 관상하기 알맞도록 회화식으로 꾸며졌는데 지천관상식 또는 평정원(平庭園)으로 불린다. 평정원은 지천을 만들지 않고 평탄한 땅에 입석하여 배치한 정원을 말하는데, 이조성, 삼천원, 대덕사 고봉암, 남선사, 금지원 등이 있다. 정원의 꾸밈새는 신선사상이 계승되어 봉래 · 방장 · 영주의 삼신선도를 뜻하는 '삼도일연(三島一

[그림 10-2-33] 음양화합의 짜임새와 상징성을 갖는 교토 금지원(金地院) 학구(鶴龜)의 정원

[그림 10-2-34] 대표적인 자연풍경식 차경원(借景園) 사례가 되는 교토의 무린암

連)의 정원'이 축조되었다. 이와 함께 신선도의 영겁성은 학을 동적인 양으로 보고 정적인 거북을 음으로 보아, 금지원의 사례와 같이 음양화합의 짜임새를 나타내는 학도(鶴島)와 귀도(龜島)의 수법 등 음양석을 두는 수법으로 거듭나게 되었다.

에도시대에는 다정이 정원구성에 중요하게 작용되었고 차경법이 발달하였다. 다정은 관상 위주의 고산수식 정원 그리고 지천회유식 정원의 구성이나 국부 처리에 큰 변화를 주었다. 석등이나 세수통 등이 정원 속에 놓이기 시작하였는데, 석등은 야간조명이라는 목적 이외에 점차 정원의 풍치를 돋우는 목적으로 다루어졌다. 차경법은 아름다운 자연풍광을 뜰에서 바라보는 경관구성의 일부로 이용하는 수법을 말하는데 대표적인 예는 원통사가 있다. 이 시기에 조영된 수호의 계락원(階樂園), 금택의 겸육원(兼六園), 강산의 후락원(後樂園)은 일본의 3대공원으로 일컬어지고 있다. 한편, 인쇄술의 발달로 많은 정원서가 보급되었는데 제국다정명적도회(諸國茶庭名跡圖會)에는 노지정과 서원정을 예로 들면서 유명 작정자로 천리휴, 고전직부, 소굴원주 등을 언급하였다. 1735년에는 북촌수금제가 저술한 축산정조전(築山庭造傳)이 발간되었다. 이도헌추리는 1828년에 축산정조전 후편을, 1780년에는 도명행도회전(都名行圖會傳)과 제국명소도회(諸國名所圖會)를, 1799년에는 도림천명승도회(都林泉名勝圖會) 등을 출간하여 정원취미를 확대시킨 공헌이 지대하다.

1867년 메이지(明治)시대로 접어들면서 서구적인 건축물과 정원수법이 작용되었는데, 초기에는 프랑스 정형식 정원과 영국 자연풍경식 정원의 영향을 받아 화단이나 암석원 등이 도시공원에 도입되었다. 한편, 전통성을 기조로 사실적 자연풍경을 묘사한 정원이 나타났는데, 교토의 무린암(無隣菴)이 대표적이다. 산현유붕(山縣有朋)의 지휘를 받아 식치(植治)가 시공한 무린암은 냇물에 인접한 삼각형 부지를 교묘히 활용하여 동산을 차경했고, 3단 폭포와 넓은 잔디밭, 좁거나 넓은 시냇물 등 밝은 분위를 고조시키고 있다. 나라에 위치한 의수원(依水園)은 약초산과 동대사의 남대문을 정원의 일부로 받아들인 대표적 차경원으로 알려져 있다. 한편, 메이지 말기를 거쳐 대정(大正)초기에 이르러서는 인습적인 대정원이나 서구 모방시대는 지나가고, 보다 실용적인 현대정원이 나타나기 시작했다.

III PART 조경설계과정의 이해

제 11 강

조경계획

김남춘

제1절 서론

제2절 핵심개념

1. 조경계획의 과정

Keyword 1 조경계획 과정

2. 현황조사 및 분석

Keyword 2 자연환경분석

Keyword 3 토양분석

Keyword 4 식생분석

Keyword 5 수질분석

Keyword 6 경관분석

Keyword 7 인문환경분석

3. 기본구상

Keyword 8 현황종합

Keyword 9 이용객 추정

Keyword 10 도입시설 규모

Keyword 11 대안평가

4. 기본계획 및 설계

Keyword 12 기본계획도

Keyword 13 기본설계

제3절 더 알아야 할 개념

5. 이용후 평가와 환경영향평가 등

Keyword 14 이용후 평가

Keyword 15 환경영향평가

Keyword 16 사전환경성 검토

제 11 강

조경계획

김남춘

제 1 절 서 론

조경계획(landscape architectural planning)은 프로젝트 수행과정상 계획, 설계, 시공, 관리로 구분되는 분류이다. 즉 제반자료를 수집, 분석, 종합, 대안의 작성을 통한 계획안 혹은 설계안을 적성하는 과정에 대한 분야이다. 여기서 이야기하는 조경계획분야는 지역규모의 친환경적 토지이용계획을 주로 뜻하는 조경계획 혹은 경관계획(landscape planning)과는 구별되기도 한다. 이때 'landscape planning'은 경관생태학 등에 기초하여 넓은 지역의 지속가능한 토지이용계획과 관리기준을 도출하는 것을 의미한다. 이에 비해 일반적으로 'landscape architectural planning'은 일정 장소의 옥외공간을 창조하는 것을 의미한다.

일반적으로 조경계획과정은 프로그램, 자료수집 및 분석, 종합, 기본계획, 기본설계 및 실시설계, 설계평가의 순으로 진행된다. 이러한 조경계획의 일반적 과정은 변화하지 않으나 접근방식에서는 시대별로 차이가 나타난다. 조경학의 도입 초반에는 미적 측면이, 80년대에는 행태적 측면에 이어 최근에는 생태적 측면에 관심이 높아지고 있는 것이 사실이다. 특히, 지속가능한 발전이라는 큰 틀 속에서 기후변화협약과 생물다양성 보전을 위한 국가간의 협약을 통해 환경성 검토가 중요한 이슈로 부각되었으며, 토지이용계획과 경관계획에서 자연환경분석이 중요한 계획요소가 되고 있다.

조경계획은 물리 · 생태적 분석, 사회 · 행태적 분석, 시각 · 미학적 분석을 통한 현황종합분석을 거쳐 적지분석을 하여 토지이용계획의 근거를 마련하는 과정이다. 현황조사과정에서는 생태학, 지리학, 수문학적 지식이 요구되고, 분석과정에서는 자연과학과 인문과학적인 정보처리능력을 필요로 한다. 기본계획과 기본설계 과정에서는 다양한 표현기법과 합리적인 사고능력을 요구하며, 주민참여 혹은 전문가 자문에 의한 의사결정과정을 거쳐 최종안을 확정하게 된다. 조경계획은 사전환경성 검토 및 환경영향평가를 위한 정보를 제공하며, 조경계획의 친환경성은 개발사업의 성패를 좌우하는 중요한 평가항목으로 작용한다.

조경계획은 국토의 효율적인 이용과 보전을 위해서도 매우 중요하다. 과거에는 경제성 위주의 개발사업을 무리하게 추진하다 극심한 환경갈등을 유발시키는 사례가 빈번하였다. 조경계획은 개발과 보전의 균형을 이루게 하고, 지속가능한 발전을 통한 생활환경의 질적 개선에 이바지하고 있다. 생태도시 건설에서 더욱 발전하여 유비쿼터스-에코시티(유비에코시티)를 건설하여 지속가능한 발전을 도모하려는 국가의 발전전략에서 조경계획분야의 역할은 더욱 증대될 것이다.

제 2 절 핵심개념

1. 조경계획의 과정

Keyword 1 **조경계획 과정**(造景計劃 過程 landscape planning process)

조경계획론(1986)에서는 조경계획의 일반적인 계획과정으로서 1. 조사분석단계 : 기본전제, 대지분석 및 기능분석 2. 종합단계 : 대안작성 및 기본계획의 수립 3. 발전단계 : 부문별계획과 실시설계 및 시행으로 구분한다.

조사분석단계에서는 기본적 필요성과 욕구의 파악, 목표 및 프로그램 설정, 대지분석 및 기능분석을 통한 적지분석이 이루어진다.

종합단계에서는 대안비교 검토에 의한 기본계획안 도출이 이루어지며, 발전단계에서는 부문별 계획과 실시설계 및 시행이 이루어진다. 이러한 조경계획과정은 의사결정과정과 피드백 과정을 거치면서 나선형으로 점진적으로 발전되면서 최종안에 이르게 된다.

2. 현황조사 및 분석

Keyword 2 **자연환경분석**(自然環境分析 analysis of natural environment)

조경계획을 위해서는 대상지 및 대상지 주변의 자연환경을 조사·분석함으로써 계획에 반영할 사항을 도출하는 과정을 거쳐야 한다. 자연환경은 대기환경, 수환경, 토양환경, 동·식물환경으로 구분되며, 이들의 총체인 생태계와 자연경관을 포함할 수 있다.

조경계획을 위한 자연환경조사와 분석은 자연생태계를 구성하는 대기, 수, 토양, 동·식물, 자연경관 등을 대상으로 하고 그 분석의 결과를 해석함으로써 조경계획에 필요한 정보와 고려사항을 도출한다.

Keyword 3 **토양분석**(土壤分析 analysis of soils)

대상지 전반의 토양 특성을 사전에 파악하기 위해서는 개략토양도와 정밀토양도(농촌진흥청), 간이산림토양도(산림자원조사연구소)가 있다.

조경계획에서는 특히 토양도, 토양단면도, 침식현황도, 배수도, 토양영양상태, 산도, 토양깊이 등에 대한 정보를 파악하여 반영하여야 한다.

1: 50,000축척으로 작성되어 있는 개략토양도는 개괄적인 계획의 수립 시 활용되며 주요 지형과 대표 토양의 특성으로 토양군(soil association)을 알 수 있도록 제작되어

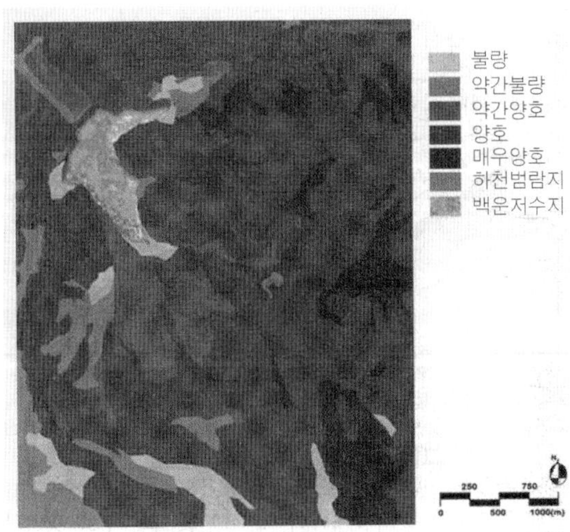

[그림 11-2-1] 배수능력도- 백운저수지

있다. 정밀토양도는 전국토의 일부분만 작성되어 있으며 1:25,000축척이고 토양군, 토양통(soil series), 토양구(soil type), 토양상(soil individual)으로 토양을 분류하고 있다. 간이산림토양도는 1:25,000 축척이며 임지의 잠재생산능력 급수를 5급으로 나누어 표현하고 있고 암석지, 농경지, 조사불능지, 요사방지, 방목지 등이 표시되어 있다.

대상지 토양의 물리성과 화학성 분석은 식재수종의 선정에 중요하다. 토양의 산도와 토성은 식재지반의 개량 필요성을 결정하는데 중요한 변수가 되기도 한다. 조경계획은 대부분 지표면이 변경된 지역을 대상으로 하지만 양질의 토양은 보존한 다음 재활용하는 계획수립이 요망된다.

Keyword 4 식생분석(植生分析 analysis of vegetation)

1) 방형구조사법(quadrat method)

식물조사는 조사구의 모양에 따라 방형구조사법, 접선법, 대상접선법 및 거리법으로 구분되며 방향구조사법이 가장 많이 사용된다. 조사대상 지역의 부지 내에 1㎡, 16㎡, 25㎡ 및 100㎡의 면적을 가지는 방형구를 설치하고 그 안의 수종, 군락의 종류, 개체의 수, 개체의 크기, 빈도 등을 파악한다. 방형구조사법의 변형인 중복방형구조사법(nest quadrat method)은 작은 방형구를 기초로 큰 방형구를 겹쳐서 조사하는 방법이다. 방형구 조사법은 식물군집을 대표하는 식분(stand, 植分) 내에서의 방형구 배치방법에 따라 무작위 방형구법과 주관적 방형배치법으로 구분된다.

2) 접선법(line intercept)

일정 길이의 선상에 출현하는 식생을 조사하는 방법으로 식물의 이름을 기록하여 빈도를 계산하고 각 종별 접선의 길이를 기록하여 피도를 계산한다. 초지식생조사에 주로 이용될 수 있으며 군집의 종류에 따라서 조사의 크기를 설정하되 상층수관은 50m, 하층 및 중층은 10~15m를 하나의 조사구로 하여 빈도, 피도, 밀도 등을 계산한다.

3) 대상접선법(belt transect method)

기준선에 따라서 일정한 폭을 가진 띠 모양의 표본구를 조사하는 방법이다. 조사선을 다수의 구로 분할하여 전구간을 조사하거나 혹은 등간격마다 조사할 수도 있다. 입지조건의 점진적 변화에 따른 식생의 변화 혹은 군집경계의 결정에 유리한 방법이다. 지형의 고저차에 따른 식생분포나 하천 횡단선상의 식생분포상태를 조사할 때 적용한다. 설정선의 길이는 100m로 설치하며 폭은 보통 목본에 대해서 4~10m, 초본에 대해서는 1m 이내로 취한다. 수종, 위치, 직경, 수고 및 수관투영면적 등의 조사항목을 측정하여 목본류의 경우 수종, 직경, 수고는 측면도에 위치와 수관투영면적은 평면도에 각각 표시한다.

식생분석은 식생조사와 식물상 조사로 구분된다. 식물상 조사에서는 출현종중에서 법적보호종, 멸종위기종, 외래종, 귀화종의 경향을 조사하여 보전가치가 있는 지역을 선정하는데 활용된다. 중요한 종의 서식처는 보존하는 방안을 우선 고려한다.

식생조사는 군집의 식생구조를 파악하는 것이다. 자연림에 가까운 식생은 보전하는 방안을 우선 모색하여야 한다. 식생조사를 통해 잠재자연식생을 파악할 수 있으며, 개발이 예상되는 지역에서는 이식하여야 할 중요한 종을 파악하는데 도움을 준다. 특히, 다층구조의 식재가 필요한 지역에서는 식생조사결과가 중요한 정보를 제공한다. 현존 식생 중 우수한 지역은 식재설계의 모범 사례가 될 수 있다. 식생분석자료는 현존 식생도를 작성하는 기초가 된다.

Keyword 5 **수질분석**(水質分析 analysis of water quality)

대상지내 수환경이 있을 경우 필요시 수질환경 기준항목과 저질 등의 현황농도를 조사한다. 지하수 산출상태와 그 분포, 지하수 이용현황, 수문, 수자원 이용현황, 오염원, 처리시설 현황, 우수 유로 현황 등을 조사 · 분석한다. 측정 조사항목 외의 사항은 기존 자료나 현지 확인 등을 통해 조사한다. 조사결과로써 수질현황도, 지하수등고선도, 수문현황도, 수환경종합분석도(수자원 이용상황, 오염원 상황, 처리시설 현황 등) 등을 작성하여 계획에 반영할 수 있도록 한다.

물은 일상생활 및 건강과 밀접한 관련이 있으므로 용도에 따라서 수질기준을 법으로 정하여 엄격하게 관리하고 있다. 수원지 즉 하천, 호소, 지하수, 해역 등에 따라 수질등급을 별도로 정하고 있으며, 음용수, 하수 및 폐수처리시설의 방류수 수질기준도 별도로 정하고 있다.

우리나라에서는 하천수인 경우에 수소이온농도(pH), 생물학적 산소요구량(BOD), 부유물질량(SS), 용존산소량(DO), 대장균수에 의한 기준을 정하고 있으며, 호소수인 경우 하천수 기준에 총인(T-P)과 총질소(T-N)에 대한 기준을 추가하고 있다.

Keyword 6 **경관분석**(景觀分析 analysis of visual landscape)

보전가치가 높은 경관자원으로써 지형 · 지물, 식생, 역사 및 문화자원, 특정 지역, 배후 산지의 스카이라인, 역사건조물 등을 조사하고 경관자원 목록을 작성한다. 경

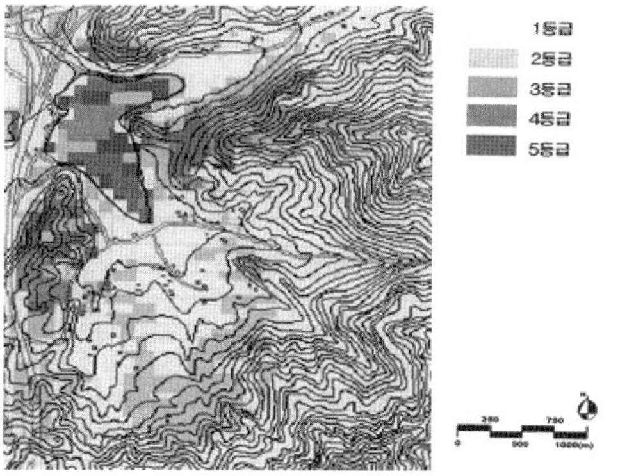

[그림 11-2-2] 경관가치 평가도- 백운저수지

관자원 목록 중에서 우선 보전하거나 복원 및 활용해야 하는 경관자원 순위를 부여하고 경관자원으로의 조망과 관리현황 등을 분석한다. 경관자원의 분석을 위해서는 경관을 바라보는 조망점의 선정이 중요하다. 인구가 밀집한 지역이거나 이동이 많은 곳, 주요 결절점 등 피조망 대상이 되는 경관자원으로의 조망빈도와 조망량이 상대적으로 많은 지점을 조망점으로 선정한다. 필요시에는 경관자원에서의 가시권역을 분석하고 시각영향지역을 확정하고 이 지역에서의 경관시뮬레이션을 거쳐 조망점들의 위치를 확정하고 분석하는 기법을 활용한다. 보전해야 할 경관자원을 배려하고 보다 나은 경관자원을 창출할 수 있는 조경계획이 수립될 수 있도록 기초적인 경관자원 자료로써 활용할 수 있는 조사와 분석이 되도록 한다.

경관분석은 관찰자의 주관에 따라 좌우되며 객관적인 분석에 어려움이 많으므로 세밀한 주의를 기울이지 않으면 안 된다. 일반적으로 경관이라고 할 때 도시 및 자연을 포함하는 것은 물론이다. 인공적인 요소가 지배적인 도시경관과 자연적인 요소가 지배적인 자연경관의 특성은 여러 가지 측면에서 대비된다.

도시경관은 중간 혹은 높은 정도의 복잡성을 갖는 데 비하여 자연경관은 낮은 혹은 중간 정도의 복잡성을 갖는 게 보통이다. 시각적 선호의 측면에서 보면 일반적으로 중간 정도의 복잡성일 경우에 높은 선호도를 보인다. 이에 따라 복잡성이 높은 도시경관보다는 중간 정도의 복잡성을 갖게 되는 자연경관에 대한 선호도가 높다.

경관요소로서는 점 · 선 · 면적인 요소, 수평 · 수식적인 요소, 닫혀진 · 열려진 공간, 랜드마크, 전망과 비스타, 질감, 색채, 주요 경사의 개념들이 복합적으로 사용되고 있다.

경관단위는 동질적인 성격을 가진 비교적 큰 규모의 경관을 구분하는 것으로서 주로 지형 및 지표상태에 의하여 좌우된다. 경관단위는 시각자원의 개발과 관리, 보존의 방침을 설정하여 계획안 작성에 기초가 된다.

경관에 대한 반응은 중요한 계획요소가 된다. 선호도와 식별성, 경관가치평가의 결과는 경관미의 도면화에 도움을 주며, 대안을 비교평가하거나 연속적 경험이나 랜드마크적 설계의 계획요소를 제공한다.

Keyword 7 **인문환경분석**(人文環境分析 analysis of human environment)

인문환경의 분석은 조경계획의 대상과 주 목적에 따라 분석대상, 분석방법, 분석의 정밀도 등이 달라진다. 다양한 인문환경분석 사항 중에서 해당 계획의 목적에 부합하는 사항을 선택하여 집중 조사 및 분석하는 방법을 택하는 것이 바람직하고 계획을 위한 시사점과 반영해야 할 사항 등을 도출하여 계획과 연계하는 과정을 거쳐야 한다.

조경가는 자연을 인간의 사회적 가치 및 행태의 측면에서 분석하여 인간행동을 적절하게 수용할 수 있는 환경을 조성하여야 한다. 자연생태계의 질서와 인간의 사회적 가치체계의 조화를 이룩함은 조경계획 및 설계의 가장 기본적인 목표가 된다.

정주패턴과 주민구성 등 사회형성과정에 대한 분석과 토지이용현황, 물리적 흔적의 관찰, 인터뷰, 설문조사, 인간행태분석 등의 결과는 영역성 확보, 보행행태를 고려한 가로설계, 범죄예방을 위한 조거단지설계, 만족도가 높은 공원설계의 중요한 정보를 제공한다.

최근 조경계획에서 주제가 있는 공간계획은 인문환경분석 자료에 근거하는 경우가 많다. 전통적인 자연관과 풍수지리적인 특성, 지명과 관련한 역사문화적인 정보는 테마를 정하는데 유용하게 활용된다.

3. 기본구상

Keyword 8 **현황종합**(現況綜合 synthesis)

기본 구상단계에서는 수집, 분석된 자료를 토대로 현재 대상지가 가지고 있는 문제점과 잠재력을 고려하여 이상적인 계획안을 작성하는 것이 가장 커다란 목표라고 할 수 있다. 따라서 기본 구상단계에서는 분석된 자료를 종합적으로 파악할 수 있도록 현황종합분석단계를 거치게 된다.

자료종합분석단계에서 주로 사용하는 방법은 자료들을 항목별로 기회요소와 제한요소로 구분하여 표로 정리하는 종합분석표를 작성하는 방법과 이를 도면화하여 종합분석도를 작성하는 방법이 가장 흔하게 사용된다. 종합분석표로는 대상지 여러 가지 특성을 일목요연하게 정리할 수 있어 매우 편리하지만, 대상지의 특성에 대한 위치정보를 표시할 수 없기 때문에 이를 보완하기 위하여 종합분석도를 함께 작성하는 것이 바람직하다.

이러한 종합분석표와 종합분석도를 통하여 대상지의 특성을 정확히 이해하여야 합리적인 계획안을 도출할 수 있다.

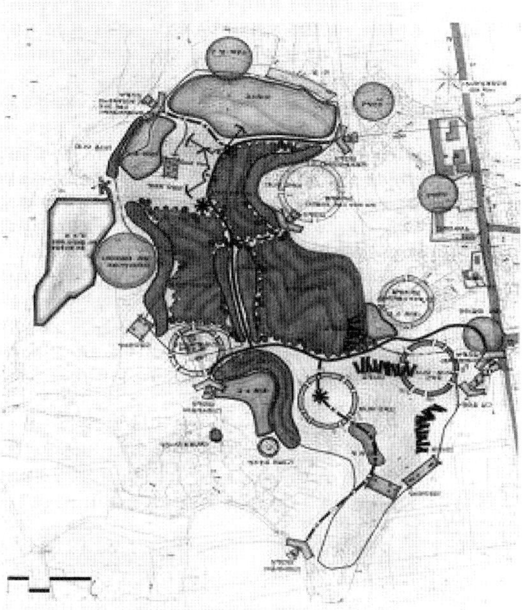

[그림 11-2-3] 현황 종합분석도의 예
(출처: 김해시(2000) 김해 도예촌)

현황종합분석단계에서는 모든 자료의 단순한 합이 아니고 계획·설계의 목표에 맞도록 필요한 자료들을 상호 관련지어 분석하며, 각 자료의 상대적 중요성을 검토하여 기본구상의 기초가 되는 자료를 제공하는 것이다. 기본구상은 계획 및 설계의 기본골격을 짜는 단계로서 주로 토지이용과 동선을 중심으로 이루어진다. 따라서 토지이용 및 동선구성에 관하여 기본목표에 적합한 개념들을 도출해 내며, 이 개념들을 계획구역 내에 적용하여 대안을 만들고 각각의 장단점을 검토하여 최적의 안을 선정하는 과정을 거치게 된다.

프로그램 작성은 계획의 방향 및 내용이라고 할 수 있다. 프로그램의 주요 내용으로는 도입시설과 규모, 적정이용객 추정 등을 들 수 있다. 프로그램은 사업의 성패에 직접적인 연관을 맺고 있다.

기본구상 및 대안 작성을 통해 계획안의 물리적·공간적 윤곽이 서서히 드러나기 시작하며 주요 문제점 및 이의 해결방향에 대한 개념은 서술적으로 표현될 수 도 있으나, 다이어그램으로 표현하는 것이 의뢰인의 이해를 돕는데 유리하다. 대안평가는 기본계획 작성의 기초가 된다.

Keyword 9 **이용객 추정**(利用客 推定 estimation of the number of user)

이용객 추정은 조경계획을 수립하는데 있어서 가장 기본적인 지표를 제공해 준다. 기본적으로 세 가지의 측면에서 고려된다. 첫째로는 대상지역의 물리적 · 생태적 여건이 얼마만큼의 이용객을 수용할 수 있느냐하는 것이고, 둘째는 사회적 · 지역적 여건으로 보아 얼마나 많은 이용객들이 대상지역에 몰리게 될 것인가 하는 것이고, 셋째로는 이상의 두 가지를 고려할 때 얼마의 이용객수가 계획을 위한 적정수인가 하는 것이다.

이용객의 규모에 따라서 토지이용 패턴, 시설물의 종류 및 규모가 달라진다. 적정 이용객 추정은 생태적 수용능력과 사회적 수요를 감안한 후 적정이용객수를 추정하게 된다. 실제 이용자수에 대한 정확한 추정은 어렵다. 하지만 최대일 이용자수를 연간 이용자수에다 계절별 이용률을 감안한 최대일률을 곱하여 산정하고, 최대시 이용자수는 최대일 이용자수에다 회전율을 곱하여 산정하면 그 지역의 특성에 맞는 이용자수를 추정하는데 도움을 준다. 회전율은 시설에 따른 평균체제시간에 따라서 달라진다. 평균체재시간이 길면 최대시 이용자수가 늘어나며, 평균체재시간이 짧으면 최대시 이용자수가 줄어든다.

Keyword 10 **도입시설 규모**(導入施設 規模 areas of introduced facilities)

시설규모 설정의 방법은 2가지 유형이 있는데, 첫째 방법은 수요를 추정하여 수요에 맞는 적정한 개발규모를 결정하는 방법이고, 둘째 방법은 공급에 의해 수요를 창출하는 방법이다. 관광지 개발에서는 공급에 의해 수요를 창출하는 둘째 방법을 사용하지만, 공공시설로 조성되는 공원의 경우에는 수요 추정에 맞는 적정 개발규모를 결정하는 것이 타당할 것이다.

수요예측에 따른 시설규모 산정은 연간 총 이용객수에 자원 및 시설유형분류에 부합하는 공급지표(계획일률, 동시체제율, 원단위)를 적용하여 산정한다.

피크닉장, 야영장 등 시설물 중심인 지역에 대하여는 시설가능지를 1인당 소요면적(원단위)으로 나누어서 최대 동시인원을 산정한다.

Keyword 11 **대안평가**(代案評價 evaluation of alternatives)

대안들을 작성하는 데 있어서는 기본적인 측면에서 상이한 안을 만드는 것이 바람직하다. 대개의 경우 대안선택의 문제는 계획 · 설계의 기본적인 방향을 결정짓는 경우에 발생하며 계획·설계의 흐름을 바꾸지 않는 사소한 점들은 세부설계과정에서 더욱 다듬어지고 검토되어진다.

[표 11-2-1] 대안평가기준

항 목	기 준
토지이용구상	① 시설 및 행위 공간들 간의 상충성 유무 ② 전 계절 공원이용을 전제로 계절별 이용공간 사이의 합리적 전용 가능성 여부 ③ 경관자원의 보호 난이성 ④ 주요 시점에서의 전망 확보
동선체계구상	① 제 행위공간 간의 기능적 연결성 ② 동선체계의 합리성 ③ 보행자의 안전성, 쾌적성 확보 및 미적 감흥의 유발 가능성
개발조건	① 토지 획득의 난이도 ② 기존 주택의 철거 및 이주대책

(출처: 서울시(1980) p.49)

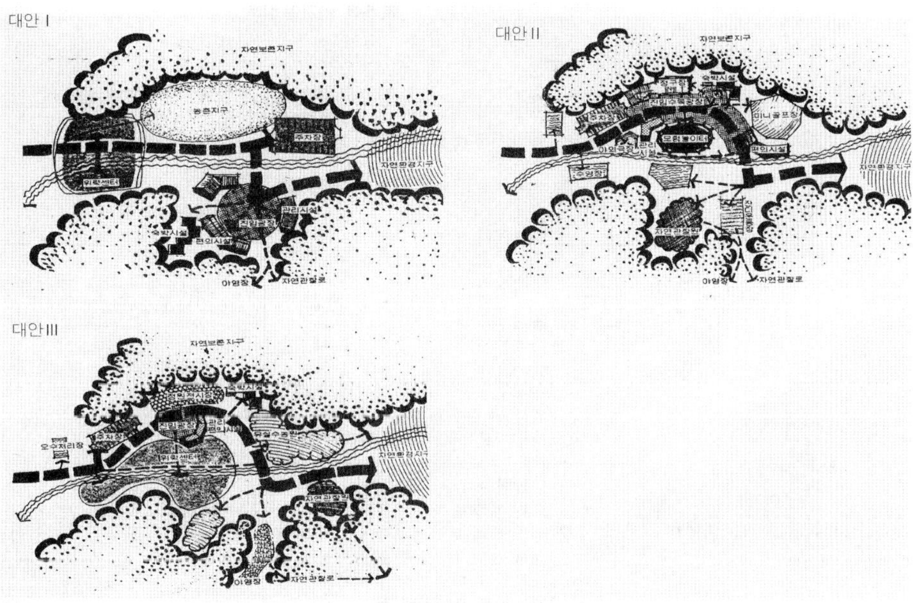

[그림 11-2-4] 대안의 실례(출처: 서울시(1980) p.49)

대안을 선택하는 과정에서는 어느 한 개의 안이 그대로 받아들여지기보다는 몇 개의 안들이 상호 보완되어 최종안으로 확정되는 경우가 많으므로, 각 대안의 강점을 가능한 최대로 부각시키는 방향으로 대안을 작성하는 것이 바람직하다. 기본구상에 따른 대안을 작성하게 되면, 대안평가기준을 세우고 이에 따라 장단점을 비교하여 의뢰인과 함께 최종대안을 결정한다.

4. 기본계획 및 설계

Keyword 12 기본계획도(基本計劃圖 master plan map)

최종적으로 선정된 대안은 기본계획안(마스터플랜)이 된다. 대안작성 시에는 보통 한 장의 도면 위에 토지이용, 동선 등 모든 관련사항이 표현된다. 그러나 일단 확정된 안은 부문별로 나누어져서 기본계획안을 보다 구체적으로 설명한다.

기본계획안은 보통 토지이용계획, 교통동선계획, 시설물배치계획, 시설계획, 하부구조계획, 집행계획 등의 부문별로 나누어서 별도의 도면에 표현한다.

[그림 11-2-5] 기본계획도(master plan)의 예(출처: 신구자원식물원)

토지이용계획은 토지이용별 적지분석과정을 거쳐 가용지에 대한 기회성과 제한성의 분석과정의 결과를 반영한 것이며, 교통·동선계획은 통행량 조사결과를 토대로 한 교통·동선의 체계를 구축하는 작업을 한다. 교통·동선계획은 가급적 단순하게 하고 보행의 안전성을 최우선으로 고려한다. 시설물배치계획에서는 시설물의 위치와 향, 면적, 층수, 구조, 재료, 형태, 색채, 비용 등에 대한 개요를 나타내게 되면 기본설계 및 실시설계에서 보다 구체화한다. 식재계획에서는 수종선택과 배식의 원리를 구체화하는 작업을 하게 되며 녹지체계를 구축하는 것이 우선 고려되어야 한다. 하부구조계획에서는 전기, 전화, 상·하수도 등 공급처리시설에 관계되는 계획을 수립한다. 마지막으로 집행계획에서는 투자예산과 법규검토를 하고 유지관리계획을 완성한다.

Keyword 13 **기본설계**(基本設計 master design)

기본계획에서 제시된 사항들을 중심으로 부분별로 구체적으로 발전시킨다. 구체적인 전개과정에서 기본계획의 모순점이 드러나게 되면 이를 수정하게 되는 경우가 생기나 이는 어디까지나 기본방향을 크게 해치지 않는 범위 내에서 이루어지게 된다. 기본설계에서는 공간의 배치 및 규모가 구체적으로 확정되는 단계이므로 정확한 축적을 사용하여 자세하게 도면을 작성한다.

설계원칙의 추출 → 공간구성 다이어그램 → 입체적 공간의 창조 (설계도 작성)

[그림 11-2-6] 기본설계과정

기본계획안이 수립되고 의뢰인과의 동의가 이루어지면 부분별로 더욱 세밀하게 발전시킨다. 일반적으로 설계단계는 기본설계와 실시설계로 구분된다. 기본설계는 기본계획을 상세하게 구역별로 발전시키는 것을 말하며, 실시설계는 기본 설계의 내용을 더욱 구체적으로 발전시켜 실제 공사에 필요한 각 부분의 정확한 시공방법 및·치수를 포함하는 공사용 실시도면과 내역서 및 시방서를 작성하는 것을 말한다.

제 3 절

더 알아야 할 개념

5. 이용후 평가와 환경영향평가 등

Keyword 14 **이용후 평가**(利用後評價 post occupancy evaluation ; POE)

이용후 평가는 프로젝트가 시공된 후 일정 이용기간을 거친 후 계획 및 설계 등 프로젝트 전반적인 내용에 대해 실시되는 평가를 의미한다. 따라서 이용후 평가를 통해 분석하고자 하는 주요 사항은 계획·설계의 의도가 그대로 반영되고 있는지 혹은 이용자의 행태적 반응이 좋은 설계공간에는 어떠한 것인지 등을 진단해 내는 것이다. 이용후 평가는 평가를 통해 축적한 결과를 기존 프로젝트 혹은 미래의 유사한 프로젝트에 다시 환류시켜 적용하는데 관심을 두고 있다.

William H. Whyte는 최근의 설계행위가 초래한 결과를 관찰하고, 과거의 경험으로부터 체계적으로 배우기 위해 설계평가를 조경과 교과과정으로 포함할 것을 미국조경가협회에 제안하였다. "완성된 작품의 체계적 분석 및 평가는 전문적 또는 실무적인 업무수행에 있어서 필수적인 일종의 자료와 지식을 얻는데 많은 도움이 된다. 여기서의 평가결과는 근본적인 기초정보를 제공함으로써 계획·설계에 관한 의사결정의 영향을 예측할 뿐만 아니라 교육프로그램의 개선에도 도움을 주는 것이어야 한다." (Friedmann, A, 1978)

이용후 평가는 설계가의 의도와 이용자의 이용행태 사이의 차이를 좁히기 위해 이용행태를 조사하여 이를 설계환경의 질적 향상에 기여하는 데 그 목적(Min Kantrowitz & Richard Nordhaus, 1980)이 있다. 따라서 이용후 평가는 현재 설계과정에 있어서 과거의 경험과 정보를 재활용할 수 있게 돕는 매우 유용한 과정이다.

이용후 평가의 목표는 다음과 같다.(Preiser W. F. E, 1988)

첫째, 이용후 평가는 당면한 문제의 해결을 위해서 평가된 설계작품을 평가하고 그 결과를 다시 설계작품의 개선에 환류시키는 데 있다.

둘째, 이용 전에 예상치 못했지만 이용 후에 나타난 문제들을 해결하는 데 이용된다.

셋째, 지속적인 환류로 작품과 이용간의 조화를 이루는데 사용한다.

넷째, 평가결과는 설계작품의 실행, 즉 예를 들어 공간활용계획 등의 연구 시 필요자료로 활용되게 된다.

다섯째, 설계작품 시행의 성공과 실패에 대한 기록을 통해 새로운 시공법을 검증하거나 작품을 개선하는 데에 사용된다.

그리고 마지막으로 이용후 평가 정보를 바탕으로 기존 설계기준과 설계지침서의 기술수준 개선과 향상을 도모한다.

Keyword 15 환경영향평가(環境影響評價 environmental impact assessment ; EIA)

환경영향평가는 개발계획을 수립하고 시행하는 과정에서 사업자 스스로가 여러 가지 사업계획을 구상하고, 당해 사업의 경제성, 기술성뿐만 아니라 환경관계를 종합적으로 비교 검토하여 환경적으로 건전한 사업계획안을 모색하는 과정이다. 사업자가 이러한 과정을 거쳐 작성한 평가서에 대해, 환경관서에서는 이의 적정여부를 검토하여 미비한 사항에 대한 보완의견 또는 추가 저감방안 등을 사업자와 사업승인기관에 통보하여 사업계획에 반영하도록 함으로써, 사업시행 전에 미리 환경보전 측면에서 충분한 배려를 확보하는데 그 의의가 있다.

1) 환경영향평가는 계획기법이며 의사결정의 도구이다.

환경영향평가는 사업자가 개발사업의 계획수립과정에서 사업의 효율성, 경제성, 기술적 가능성 등만을 계획결정 요인으로 하던 종래의 의사결정체계에서 전환하여 사업시행으로 인한 환경에의 나쁜 영향을 최소화 할 수 있는 방안을 강구한 최선의 사업계획안을 선택할 수 있도록 환경측면의 배려를 의무화 하는 하나의 계획기법이며, 의사결정도구라고 할 수 있다. 이미 조경계획, 생태적 조경계획의 현황조사에서 환경평가가 실시(오버레이 기법 등)되어 왔다(이안 맥하그의 이론 등). 따라서 독일에서는 조경계획이 바로 환경영향평가 과정이었으며, 90년대에 와서야 '환경영팡평가법' 이 제정되었다.

2) 환경영향평가는 사업계획에 수반된 계획과정의 일환이다(사업계획과 분리된 절차가 아님).

개발계획의 입안과정에서 사업의 효율성, 경제성, 기술적 가능성 등과 함께 환경상의 영향을 의무적으로 배려하기 때문에 다른 계획결정 요인과 병행 검토되는 것이므로, 사업계획의 수립 및 승인(인허가)절차에 수반된 일련의 계획과정이라고 볼 수 있다. 독일의 환경영향평가법에서도 환경영향평가의 기본성격을 사업계획의 승인(인허가)과정에 수반된 절차로서 명문화하고 있다.

환경영향평가는 환경영향평가 대상사업의 사업계획을 수립함에 있어 당해 사업의 시행으로 인하여 환경에 미치는 해로운 영향을 미리 예측·분석하여 환경영향을 줄일 수 있는 방안을 강구하는 것을 말한다. 환경영향평가의 대상사업은 도시개발, 산업입지 및 공업단지 조성, 에너지 개발, 항만건설, 도로건설, 수자원개발, 철도건설, 공항건설, 하천이용 및 개발, 매립 및 개간사업, 관광단지 개발, 체육시설 설치, 산지개발, 특정 지역 개발, 폐기물처리시설 및 분뇨처리시설 설치, 기타 환경에 미치는 대통령령이 정하는 사업으로 하고 있다.

환경영향평가는 자연환경, 생활환경 및 사회·경제 환경분야에 대하여 실시하며, 사업의 유형에 따라 스코핑제도를 통해 평가서 작성의 중점항목을 정하고 있다. 환경영향평가제도는 개발사업을 수립·시행함에 있어 환경적 배려를 의무화함으로써 환경오염을 사전에 예방하고 환경관련 투자와 확충을 가져오는 한편 개발과 보전의 조화라는 이념을 실현하는 중요한 수단이 된다.

Keyword 16 **사전환경성 검토**(事前環境性檢討 prior environmental review)

사전환경성검토제도는 각종 개발계획이나 개발사업을 수립·시행함에 있어 계획의 초기단계에서부터 환경친화적인 계획이 수립될 수 있도록 하고 주변환경과 조화될 수 있는 입지를 선정하고 있는지를 검토함으로써 환경에 미치는 영향을 사전에 예방할 수 있는 개발이 되도록 유도하고자 도입된 제도이다.

본 제도는 계획단계에서부터 환경성을 검토한다는데 의의를 가지고 있었으나 계획이 모두 수립된 이후단계에서 협의가 된다는 문제점 등을 보완하기 위해 2006년 6월 전략환경평가 개념을 도입한 사전환경성검토제도로 변화를 거듭하였다. 사전환경성검토제도의 기능은 첫째, 지속가능한 개발이념의 실현, 둘째, 사전입지의 타당성검토로 합리적 대안 제시, 셋째, 환경영향평가의 효율성 제고로 요약할 수 있다.

제 12 강

지형경관 및 부지조성계획

이은희

제1절 서론

제2절 핵심개념

1. 지형경관 및 경관계획기법

Keyword 1 지형경관

Keyword 2 경관계획기법

2. 부지조성 및 정지계획

Keyword 3 정지계획

Keyword 4 성토와 절토

Keyword 5 마운딩

Keyword 6 옹벽

Keyword 7 배수

Keyword 8 표면배수

3. 부지조성을 위한 기본 도면

Keyword 9 지형도

keyword 10 지질도

Keyword 11 등고선

keyword 12 지형단면도

Keyword 13 경사도

제3절 더 알아야 할 개념

4. 부지조성계획을 통한 환경복원계획

Keyword 14 표토보전

Keyword 15 주연부

Keyword 16 완충대

Keyword 17 하천코리더

Keyword 18 잠재자연식생

Keyword 2 **경관계획기법**(景觀計劃技法 technique of visual landscape planning)

도시경관계획 기법은 보전 및 형성인데 비해 자연경관의 경우는 보전 및 복원이 중심적이다. 주요한 자연경관의 유형별 관리계획의 기본방향은 다음과 같다,

산림은 대형건축물 개발로 인한 스카이라인의 단절을 방지하고 건축 토목시설 등의 규모나 형태 등은 주변경관과의 연속성이 필요하다. 산 능선의 도로개발은 가급적 절개방식이 아닌 터널방식으로 건설하고, 절개방식일 때는 생태통로를 설치하여 개발로 인한 생태계 단절을 지양하도록 한다.

하천의 경우는 하천변 경관완충지역의 설치가 필요하고 수원지 및 합류부는 경관적으로 잠재력이 많은 곳으로 적극적인 보전이 중요하다. 가급적 직강화는 피하고 이미 형성된 곳은 친자연형 하천으로 복원하는 것이 필요하다. 하천의 제방도 자연적 경사를 갖도록 하고 하천을 가로막는 수중보 등 구조물은 배제한다.

해안 및 도서지역은 기존의 자연적 해안선 및 백사장을 유지하고 이를 위한 완충지역을 설정한다. 인접한 숲과 습지의 보전을 통해 종 다양성을 유지시킨다.

호수 및 습지는 수변의 골격을 유지하는 수생식물대를 유지하기 위해 호안의 자연적인 단면을 유지시키고 다양한 식물이 서식할 수 있는 공간을 조성한다.

택지개발사업 토지구획정리사업은 지형훼손을 가급적 피하고, 특히 부지 내 구릉지의 일률적인 평탄화를 지양하고 부지 내 지형을 살려 사업부지내 절성토 사면이 발생하지 않도록 지형을 최대한 활용하는 것이 중요하다.

2. 부지조성 및 정지계획

Keyword 3 **정지계획**(整地計劃 grading plan)

정지계획은 지형을 개조하는 기술로서, 조경설계와 시공 및 구조에서 중요한 항목 중의 하나이며 기능적인 목적과 미적인 목적을 완수하기 위해서 수행되어지는 것이다(그림 12-2-2).

정지계획의 기능적인 목적(functional purposes)은 다음과 같다.

자연배수를 위한 배수로와 하수도의 위치를 계산하고, 방음벽 · 방풍벽 등을 첨가하기 위한 토양 깊이를 재며, 운동장 · 건물 · 노단 등과 같은 시설을 위한 적절하고 평평한 땅을 고른다. 또한 골짜기 · 산봉우리 · 급경사 지역 등과 같은 불만족스러운 지형을 교정하고, 보도나 도로와 같은 순환도로를 제안, 시설물을 위한 적절한 지하

상태를 조성하기도 한다.

미적인 목적을 위해서 만족할만한 시계는 유지하고 그렇지 않은 경우는 차단하며, 구조물과의 조화를 이루게 한다. 공간의 크기나 모양을 착각하게 하여 미적인 연출을 늘리며, 지형과 수원을 연결하고, 순환로를 강조하거나 조절하기도 한다.

정지계획을 위해서는 대지의 급경사나 완경사를 보여줄 수 있는 경사 분석도를 준비한 뒤 배수도를 준비한다. 자연적 그리고 인공적인 배수로, 침수지역, 습지, 지하수위, 실존하는 우물 등을 보여주는 지도를 만드는 것은 배수로 개념을 결정하는데 중요하다. 그 다음으로 지질도를 준비한다. 토양형태, 지층, 암석노출, 지하 및 지표의 지질을 알 수 있다. 이 다음 단계로 준비할 것은 식생현황도이다. 실존하는 수목의 크기, 종류와 상태 등을 보여주는 도면으로서 어떤 나무들을 유지하거나, 이식하는가를 결정하는 데 중요한 지침이 된다. 마지막으로 문화적인 지도를 마련한다. 이 지도는 모든 인공적인 인공물과 설비물, 즉, 도로 · 건물 · 설비구조물 · 지역권을 보여주는 역할을 한다.

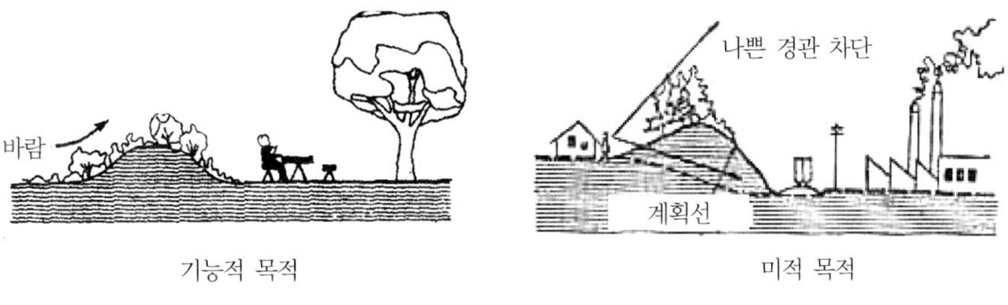

[그림 12-2-2] 정지계획(출처: 최기수(2002) p.36, 37)

정지계획에서는 고려해야 할 대지요소가 있다. 대지설계의 기계적인 기술의 이해는 경사변경을 배우는 것의 첫 단계이고, 경사변경에 대한 제약요소(constraints)와 이러한 문제를 만족시키는 설계방법(design methods)을 발견하기 위해서는 다음과 같은 사항을 고려해야 한다.

① 유지시키거나 이식, 제기되어야 하는 것을 기존 수목에서 결정하여야 한다.
② 기존구조물의 마감, 바닥의 고저가 고정되어 있으면 제안된 경사변경은 적절한 배수를 보증하도록 해야 한다.
③ 기존도로의 마감바닥은 제약요소를 형성하고 유지되어져야 하며, 제안된 경사와 만나야만 한다. 공공도로의 경사는 개인개발업자에 의하여 변경될 수 없다.
④ 기존의 지형 중 어느 정도의 변화가 정당화되는가를 경사도나 침식의 점에서 알아야 한다.

⑤ 소유지의 범위는 제한요소를 형성한다.

⑥ 기존의 설비나 지하구조물은 일반적으로 변경되지 말아야 한다.

⑦ 암석노출 · 지하수 · 습지 · 곤란한 토양형태 등 표면이나 지하의 지질적인 요소들은 철저히 기술적인 실행성으로 조사되지 않는 한 피하여야만 한다.

⑧ 기존 배수모양 · 수로 · 유역은 자연적으로 가능하도록 유지해야 한다. 경사변경에 의해 원인이 된 어떤 변화는 자연적인 배수로의 계속적인 작용을 확인할 수 있게 주의 깊게 조사되어야만 한다(최기수, 2002).

Keyword 4 **성토와 절토**(盛土 切土 land fill & cut)

가파른 경사지에 부지를 조성하는 과정은 절토, 성토와 절성토 3가지 방법이 있으며, 각각의 방법은 장단점이 있다(그림 12-2-3).

성토는 평지로 조성하기 위해 경사지로부터 흙을 긁어모으는 작업으로서 성토할 흙을 구해야 하고 토지의 낭비, 침식 및 건물구조의 불안정 등의 여러 가지 문제점이 있다.

절토는 경사지로부터 흙을 파내어 평지를 조성하는 방법으로서 평지는 기존의 안정된 기반 위에 형성되어 침식이 감소되지만 경사는 더 급해지며 공사비와 흙의 처리가 문제시된다.

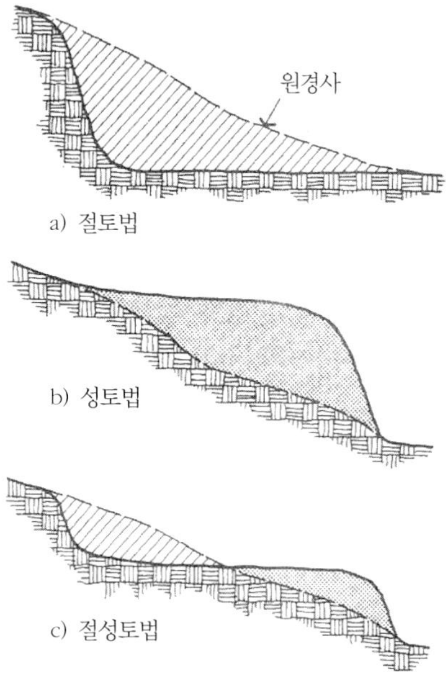

[그림 12-2-3] 경사지 부지조성법(출처: Leroy Hannebaum(1990) p.83)

절성토 겸용(cut and fill)은 중간적인 성격으로서 경제적인 해결책이다. 구조물이 절토부에 위치하고 주차장, 도로 또는 다른 활동을 위한 시설들이 성토부에 위치할 경우 균형 있는 정지계획이 이루어지므로 가장 바람직한 방법이다.

Keyword 5 **마운딩**(mounding)

마운딩은 주변 지역의 토지이용현황, 토량확보, 마운딩 대상지역의 폭원 및 조성 목적 등을 종합적으로 고려하여 안정성을 검토한 다음 단면과 형태를 결정하며, 주변과 경관적으로 조화를 이루도록 설계한다(그림 12-2-4).

소음차단에 목적을 둔 방음둑 마운딩은 음원과 수음점과의 거리를 크게 하고 음원쪽 마운딩을 높게 하며, 마운딩 위에 식재할 수 있는 공간을 확보하도록 설계한다.

마운딩이 높은 경우에는 조성하는 지형이 물리적 환경여건에 안정성과 내구성을 지닐 수 있도록 지반의 안정성을 고려한다.

마운딩의 바닥은 노체다짐(90%)으로 하며, 지표에서 1.5m까지는 식재를 위하여 비다짐으로 설계한다. 다짐 없이 흙을 쌓아올리는 경우에는 침하를 고려하여 더 쌓기를 반영한다(조경학회, 2002).

[그림 12-2-4] 마운딩 사례(출처: Hannebaum(1990) p.102)

Keyword 6 **옹벽**(擁壁 rctaining wall)

옹벽은 지형이 경사진 경우 부지정리를 하면서 생긴 벽으로 평평한 곳에 세워지는 담과는 달리 한쪽 면이 경사면의 절단면과 접하고 있는 벽이다(그림 12-2-5). 최근 들어 경사면에 주텍지 등을 계획시 기급적 지연지형을 살려서 게힉하고 옹벽이 높지 않도록 설계하도록 하고 있다.

옹벽 도입 시 도로와 접하지 않은 옹벽은 높이고 도로에 접한 부분의 옹벽은 낮춘다. 또한 택지의 고저차를 이용한 매립형 주택과 단차형 주택의 기법을 적용함으로써 대지의 고저차를 가능하면 주택 내부에서 소화하도록 한다.

옹벽의 식재는 옹벽 자체에 하는 방법과 옹벽의 높이를 억제한 후 경사면의 상부에 식재하는 방법이 있으며, 이를 혼합하여 사용할 수도 있다.

옹벽의 종류는 토압에 저항하여 그 붕괴를 방지하도록 축조되는 구조물에 따라 크게 중력식 옹벽, 반중력식 옹벽, 역T형 옹벽, L형 옹벽, 부벽식 옹벽으로 분류된다.

옹벽에 작용하는 토압은 주동토압, 수동토압, 정지토압으로 구분되며 옹벽배면의 지표면에 하중이 놓여있는 경우와 하중이 없는 경우로 구분하여 [축조물기초설계기준] '옹벽에 작용하는 토압' 에 따라 토압을 계산한다. 옹벽배수공과 필터 등 배수시설이 없거나 있어도 기능을 발휘하지 못할 경우의 수압을 동시에 고려한다. 이 수압은 토압과 함께 옹벽에 횡방향력으로 작용한다.

석축 및 조적식 옹벽은 그 몸체가 배면의 토압에 의한 모멘트에 저항하는 데 충분한 강성이 없으므로 낮은 옹벽으로 사용한다. 다만, 배면에 있는 사면 자체가 급한 기울기로 안정되어 있다면 석축이나 블록쌓기의 높이를 크게 할 수 있다. 벽돌조적조 옹벽은 토압을 받는 부분의 높이가 2.5m를 초과해서는 안 되며, 1.2m 이내일 경우 옹벽두께를 15~19cm 이상으로 하고 1.2m 초과 2.5m 부분은 직상층 벽두께에 10cm를 가산한 두께 이상으로 한다(조경학회, 2002).

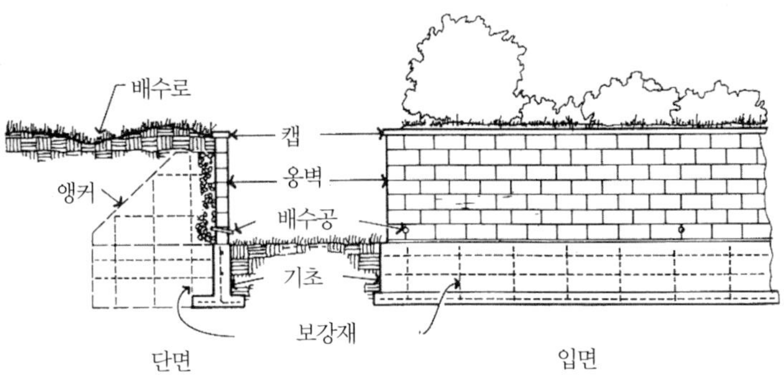

[그림 12-2-5] 옹벽 (출처 : Hannebaum(1990) p.88)

Keyword 7 배수(排水 drainage)

유역내 배수는 지표수의 흐름에 의하여 형성되어 수자원 활용을 위해서는 배수로 지역의 개발은 피해야 할 것이다. 또한 지표피복의 변경 또한 배수의 영향을 미친다.

배수는 표면배수와 심토층 배수로 나눌 수 있다. 표면배수란 지표에서 물의 관리·조절·운반·저장 및 처리를 다루는 것이며, 심토층 배수란 지하수의 관리·조절·보호를 다룬다.

우수배수란 강우로부터 표면배수의 원인이 된 과도란 표면수를 모으고, 유도하고, 그리고 처리하는 것을 의미한다. 흐르는 물은 침식의 가장 중요한 원인이 되므로 배수체계를 통해 물의 유속과 유량을 감소시켜 침식에 대한 보호와 홍수피해를 방지하고, 부지조성으로 생긴 토양의 지내력을 증진시켜 대지의 건축기능을 증진시키고 토양의 포화상태를 감소시켜 수목의 좋은 생장을 유도한다. 강우는 모든 다른 복합된 요소보다 대지의 표면특징을 바꾸는 데 주원인이 된다. 강우가 제거되는 데는 일반적으로 표면유출, 심토층배수, 증발, 증산의 4가지 방법에 의한다.

Keyword 8 **표면배수**(表面排水 surface drainage)

우수는 건물의 외부공간 표면으로부터 흘러내려 어떤 집수장까지 배수로를 만들면서 운반되어진다. 일반적으로 배수구(도랑)와 배수습지로(swale)라는 두 가지 형태의 표면배출로가 존재한다. 배수구는 경사면이 일반적으로 60cm 내지는 그 이상인 반면, 배수습지로는 얕으나 매우 넓고 때때로 포물선 모양의 단면을 가진다.

외부에 노출된 많은 외부공간은 아주 평탄한 것으로 보이나 실제로는 물이 흐르도록 균등하게 경사된 표면이다. 운동장, 주차장 그리고 테라스 등이 이에 속한다.

실제적으로 모든 설계도는 건축물로부터 물을 흐르게 하여 수로에 의하여 집수장으로 모으는 경사변경을 말한다. 표면배수를 다루는 가장 일반적인 방법은 지형에 따라 방축을 만들어 물을 한 곳으로 모아 집수점으로 흐르도록 배수습지로를 만드는 것이다. 만일 배수습지로가 사용되지 않으면 어떤 직선적인 집수장, 즉 도로, 배수구와 하수도에 의하여 처리하는 방법 등이 있다. 도로의 배수를 위한 배수패턴은 도로, 보도 그리고 순환로에 대한 경사변경은 모든 계획에서 가장 중요한 부분이다. 연석과 측구를 가진 도로와 배수의 목적으로 배수측과 측경사를 가진 도로의 패턴을 살펴보면 도로가 폭으로는 평행되고 길이로만 경사지게 하는 방법이다. 이것은 결국 어느 지점에서 집수되지만 도로의 길이방향으로, 면으로 물이 흐르며 적은 강우가 예상되는 지역에서는 만족스러울 수 있다.

횡단구배의 방법은 도로의 중앙에 횡단구배의 형성에 의하여 도로의 양쪽으로 물을 흐르게 하여 쉽게 집수할 수 있다. 횡단구배는 양면교통을 분리할 수 있다. 세 번째 방법은 쉽사리 한 방향으로 집수하기 위해 한편으로 도로를 경사지게 하는 것이다. 이 방법은 도로가 등고선을 따라 조성될 때 등고선에 평행하게 만드는데 유용하다. 마지막 방법은 집수할 수 있도록 측면에서 중앙으로 경사지게 하는 체계이다. 이 방법은 배수구조물을 최소화 할 수 있으나 도로를 청결하게 유지하거나 운전하기에는 다소 어려울 것이다.

3. 부지조성을 위한 기본 도면

Keyword 9 지형도(地形圖 topographic map)

지형도에는 평면도에 없는 고저관계가 표시되어 있기 때문에 기술자들에게는 필요한 도면이다. 이것을 지형도의 작성 작업상의 축적으로 구분하면 대축적은 1:1,000 이상, 중축적은 1:1,000~1:10,000이며, 소축적은 1:10,000 이하로 구분하고, 보통 공사용으로는 대축적이나 중축적을 많이 사용하며 넓은 지역의 지형도는 소축적이다. 우리나라의 기본 지형도는 1:5,000과 1:25,000 및 1:50,000의 것이 있으며, 1:50,000지형도 한 장에는 과거에는 위도 10°, 경도 15° 가 수록되었으나 근래에는 위도와 경도가 같이 15°씩 수록되고 있다(최기수, 2002).

부지계획을 위해서 사용되는 실제적인 축적은 거의 계획하려는 사업의 복잡성, 예산 그리고 개인적인 설계가들의 기호에 따른다. 경사변경을 위해 흔히 쓰이는 축적은 1:300, 1:600 또는 1:500, 그리고 1:1,200 또는 1:1,000이다.

keyword 10 지질도(地質圖 geologic map)

지각을 구성하는 각 지층을 그 종류 · 연대 · 암상 등에 따라 구분하여 그 분포상태와 정합 · 부정합 등의 상호관계, 습곡 · 단층 등의 지질구조 등을 표시한 지질현상도를 말한다. 일반적으로 지질도에는 지질주상도와 지질단면도가 붙어 있다. 넓은 뜻에서는 지질주상도와 지질단면도를 모두 포함하여 지질도라고도 하나, 좁은 뜻으로는 지질평면도만을 가리킨다.

지질주상도는 어떤 지역의 지층의 층서 · 두께 · 암상 · 함유화석 등을 주상으로 표시한 것이다. 주상도의 높이는 각 지층의 두께와 비슷하게 작도된다. 지층이 경사진 경우는 진후도로 고쳐 표시한다. 이것은 지층의 대비, 화석의 산출층 등을 표시하는데 사용된다. 특히 이것을 이용하면 탄층의 지역적 변화를 잘 알 수 있다.

지질단면도는 지표지질의 조사자료에 따라 지하의 암석분포, 각종 암석의 상호관계, 지질구조 등을 표시한 단면도이다. 지질도는 여러 분야에서 그 이용도가 높은데, 석탄 등 광물자원 탐사에 절대 필요한 자료인 것은 물론, 저수지 · 도로 · 항만 건설공사의 기초자료가 되고, 산사태 예방이나 토양분포 연구에도 밀접한 자료가 된다. 이러한 지질도를 작성하기 위해서는 먼저 그 지역의 지질조사가 충분히 이루어져야 한다. 지질도는 지표의 표토층이 운반퇴적물을 제거한 것이기 때문에 암층의 연결성이나 지질구조를 잘 파악하여야 한다.

한국의 지질도는 축척 1:50,000의 지형도를 기본으로 하여 전 국토 350매의 지질도폭으로 되어 있다.

Keyword 11 등고선(等高線 contour)

등고선은 알려지거나 추측되어진 참조점(reference point)이나 면 위나 밑으로 동등한 고저의 모든 점을 연결하여 평면 위에 그려진 선을 말한다. 따라서 등고선 위의 모든 점은 같은 고저를 가진다. 등고선은 표면조정을 나타내고, 그들의 변화는 지형의 변화를 말한다(최기수, 2002).

등고선은 다른 정보를 같이 나타낼 수 있기 때문에 널리 사용된다. 지형을 표시하는 데 기본이 되는 곡선은 주곡선이고, 땅의 모양이나 상태를 명시하고 표고의 읽음을 쉽게 하기 위하여 주곡선 5개마다 굵게 표시한 곡선은 계곡선이다. 그밖에 간곡선, 조곡선이 있는데 주곡선 간격의 1/2의 거리로 산정이나 균배가 고르지 못한 완경사지나, 그 위에 주곡선만으로서는 땅의 모양을 명시할 수 없는 장소에 세곡선으로 표시되는 곡선이 간곡선이며, 그 간곡선 간격의 1/2의 거리로도 충분히 표시할 수 없는 불규칙한 지형을 표시할 때 사용되는 곡선이 조곡선이다. 지형의 변화가 많은 기복지 혹은 완경사지에서는 좁은 간격을 취하고, 지형의 변화가 적은 급경사지의 산지 등에서는 넓은 간격을 사용한다.

keyword 12 지형단면도(地形斷面圖 landform in section)

지형도는 주로 등고선에 의하여 지형을 평면적으로 표현하지만, 지형단면도는 지형도 위의 특정지역을 일정한 방향에 따라 직선으로 잘라 그 기복을 연작단면으로 표현한다(그림 12-2-6). 대축적의 지형도에서 단면을 나타내려는 방향으로 선을 그어, 횡축으로는 수평거리를, 종축에는 해발고도를 잡아 각 등고선마다 점을 찍고 그 점을 부드럽게 연결하여 지형단면도를 작성한다. 수평거리와 수직거리의 비는 기록이 심한 산지지형에는 1:5 정도, 평탄한 지형에서는 1:15~1:20 정도로 표현한다. 몇 개의 지형단면을 병렬로 그려서 하나의 지형에 대하여 장소적인 변화를 표현하기도 한다.

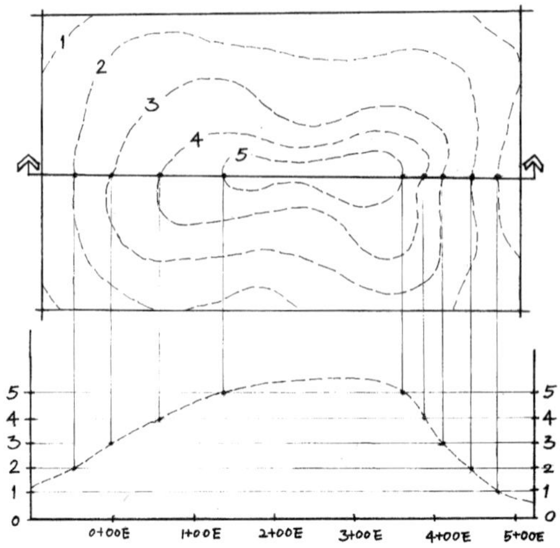

[그림 12-2-6] 지형단면도

Keyword 13 경사도(傾斜度 gradient)

경사도는 설계의 마감높이, 토양의 안정성, 침식에 대한 민감성, 식재의 용이, 유지관리 기능과 순환로의 형태와 같은 제약요소에 의해 결정된다. 설계높이는 시계조절과 구조물의 마감높이 등과 같은 미적·기능적인 요구에 의해 결정된다. 일반적으로 견고한 재료이면 경사도는 더욱 수직적으로 만들 수 있다. 경사도는 수평단위당 높낮이를 의미하므로 백분율로 표현된다. 비율로도 표현되는데 3:1인 경우는 수평거리 3에 수직거리 1을 의미한다. 건축물 주위의 경사도, 인접한 대지의 경사도, '도로의 경사도, 표면배수의 경사도 등을 고려해야 한다.

제 3 절 더 알아야 할 개념

4. 부지조성계획을 통한 환경복원계획

Keyword 14 표토보전(表土保全 preservation of top soil)

건강하고 살아있는 땅은 식물, 동물, 그리고 인간의 생활가능을 위한 기본조건이다. 살아있는 동물에 의해 의지하고 있는 땅 부스러기는 겨우 20~30cm 정도이다.

그래서 무엇보다도 이 얇은 토층을 건강하고 결실을 맺을 수 있게 유지해야 한다. 표토는 녹지 등의 식재용토로 활용한다. 현황조사 시 조사된 보전대상 표토에 대한 위치별 채집물량 및 배분계획을 결정한다.

표토 채집 및 보관을 할 때에는 표토 채집 대상지의 여건에 따라 채집방법, 채집두께, 장비를 결정한다. 또한 채집표토의 일시적인 적치가 불가피할 경우에는 적치높이를 결정한다.

표토는 오랜 생성과정 중 최상층으로서 유기물과 토양 미생물 등 다양한 식물생장에 필요한 요건을 갖춘 토양으로, 부지정지나 용도변경이나 재건축 등으로 자연토양이 재거되는 과정에서 일정기간 저장하고 부지조성이나 건축 등이 완성된 후에 다시 재활용하는 것이 필요하다. 토양중의 유기물은 식물, 동물재료의 부식으로 생겨난다. 이들 흑갈색 물질은 탄수화물과 유기물이 결합된 질소를 가지고 있다. 유기물은 식물에게 영양물질, 개선된 물, 공기, 양분공급 등을 개선하여준다. 중요한 유기물질의 분해 생성할 때 중요한 역할을 하는 것은 수많은 토양동물이다. 토양 속에서 그들의 활동을 통해 영양물질이 분해되고 식물의 생장에 필요할 때 쓰게 한다. 토성이나 토립이 변경되거나 토양미생물들이 살 수 있도록 보전기간 동안 메마르지 않도록 덮어주도록 한다(그림 12-3-1).

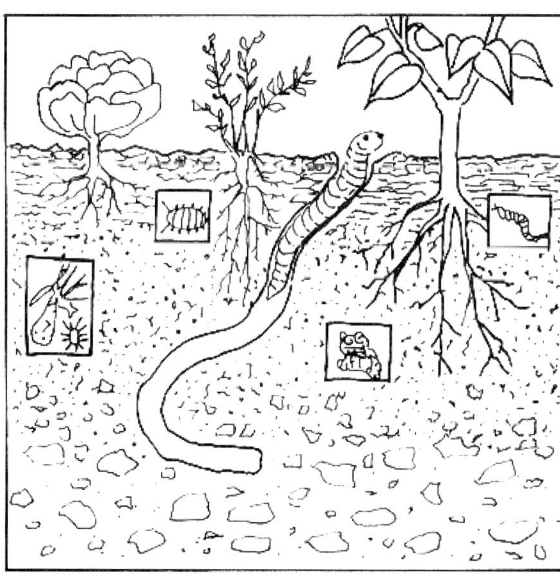

[그림 12-3-1] 표토층의 거주자

Keyword 15 주연부(周緣部 ecotone)

부지정리 등을 통해 한 지역의 변형을 가져왔을 때는 주연부의 세심한 배려가 필요하다. 주연부는 2개 이상의 서식처 유형이 만나는 지형이나 천이단계상의 다른 식물군집이 서로 만나는 경우를 말한다. 또한 한 식물군집 내부에서 토양 등의 식생조건의 차이로 인해 이질성을 나타내는 선형의 이행부를 말하며, 이렇게 형성된 주연부의 영향권 내에 있는 지역을 전이대(ecotone)라고 한다. 전이대에는 주연효과, 즉 가장자리효과(edge effect)가 발생하며, 가장자리 종은 전이대에 서식하며 내부 종은 가장자리(경계)에서 멀리 떨어져 산다.

주연부는 다양한 식생으로 야생동물의 개체수가 매우 풍부하고 쉽게 이동할 수 있는 여건과 다양한 서식환경을 제공해 준다. 또한 식생의 다양성이 높고 풍부한 먹이자원, 다양한 유형의 은신처가 존재한다. 동물들에게 다양한 서식처환경을 제공해 주므로 다른 인근지역에 비해 생물 종 다양성과 개체군 밀도가 증가하게 되며 총연장길이가 길수록 동물들에게는 좋은 서식환경이 된다.

단위면적당 총연장길이가 긴 주연부일수록 좋은 서식환경이 되며 길이가 길고 폭이 클수록 넓은 면적의 전이대를 가지며 다양한 서식처가 조성된다. 주연부는 비정형적 또는 불규칙한 형태로 조성되며 초본, 관목, 교목의 순으로 주연부를 처리하여 삼림으로의 연결성을 높인다.

주연부 효과, 즉 가장자리효과란 두 공간 사이의 경계지역, 예로 산림과 들판이 인접해 있을 때 산림과 들판의 경계에서 산림과 들판의 내부보다 더 많은 종이 발견되는 현상을 말한다.

특히 물(수생태계)과 육지 사이의 전이지대에서 생물다양성이 높은데, 이를 보전 및 복원설계에 응용하면 생물종 다양성을 높이는데 유용하다. 한편, 가장자리가 확대되면 내부공간이 줄어들어 내부 종 서식에는 불리할 수 있으므로 주의해야 한다.

Keyword 16 완충대(緩衝帶 buffer zone)

완충대란 특성이 다른 두 지역의 중간에 위치하여 양측의 특성을 공유하거나 완충하는 지대를 말하며, 수변완충대란 육상과 수중의 양측 생태계가 능동적으로 상호작용함으로써 가장자리 효과가 나타나고 종다양성이 높은 추이대의 역할을 한다. 수변완충대는 완충대의 기능인 공급원과 수용처, 서식처, 여과, 통과, 장벽의 기능을 식생과 자연재의 구조를 이용한 하천코리더로서 작용한다. 또한 오염물질이 발생하는 지역과 수자원 사이에 위치하여 수자원의 오염 정도를 경감하고 다양한 생물종이 머무는 서식처기능을 한다. 주로, 선형 대상의 코리더로 존재하므로 명확한 구역의 이분법적 해석보다는 전이대적 역할의 가장자리효과를 가장 잘 가진 서식처 유형이라 할 수 있다. 수변완충대의 효과는 수질정화와 수량확보, 야생동물의 서식처, 이동통로의 역할, 재해방지. 양서파충류 등의 서식 및 우입으로서의 수용처와 공급처, 경관향상 등을 들 수 있다.

Keyword 17 **하천코리더**(river corridor)

하천변은 다른 주변 지역과는 다른 생태적 특성을 갖는데 선적인 하천을 따라 독특한 식생대를 가진다. 이러한 하천과 주변식생대를 포함하여 하천코리더라 한다. 하천코리더는 흐르는 물, 습하고 비옥한 땅, 잘 발달한 식생이 특징이며, 동적인 환경을 갖는다. 하천코리더의 생태적 건강성은 보통 상류로부터의 침전물, 유기물, 기타 물질의 유입에 의해 결정된다.

하천코리더는 육지와 수계의 경계부이며 오염물질을 흡수 또는 흡착하고 수생생태계에 필수적인 물질을 공급하는 기능이 있으며, 하천의 흐름을 완화하여 물의 이용가능성을 증대하고, 홍수를 조절하기도 한다. 하천코리더의 식생은 물의 흐름이나 침식에너지를 감소시켜 뚝이나 충적지의 침식을 완화하고 그늘을 만들어 수온을 조절하며, 많은 수생동물의 서식에 중요한 기능을 한다.

하천코리더는 운송과 농업, 생활하수의 저장소, 산업폐수의 저장조, 홍수조절을 위한 댐 및 전력생산, 농업 및 생활용수 제공, 다양한 생물의 서식처 제공, 레크리에이션 지역으로 이용 등 인간에게 유익한 장소를 제공한다. 그러나 과도한 이용으로 인하여 하천변 산림과 수생서식처의 감소, 레크리에이션 지역으로 인한 오염물질 유입, 하천코리더의 파편화로 인한 연결기능의 감소와 동물이동의 저해를 가져오기도 한다.

하천코리더의 서식처를 보호하고 수질을 유지하기 위해 하천변 식생을 보호하고, 훼손된 하천코리더의 복원이 필요하다.

하천코리더의 두 가지 기본적인 특징은 최고수위와 최저수위로 물이 흐르고, 항상 변하는 물리적 요인에 종속(물의흐름, 제방의 침식, 침전물의 퇴적에 반응)되어 있다는 점이다. 하천코리더는 보통 다양한 습지를 포함한다. 하천습지는 독특한 수문학적 특성을 갖고, 독특한 식생을 포함하며, 하천주변 육상으로부터 물과 물질이 하천으로 유입되기 전에 거쳐 가는 생태계이다.

Keyword 18 잠재자연식생(潛在自然植生 potential natural vegetation)

잠재자연식생은 어떤 대상지에 가해진 인공적인 요인을 완전히 제거했을 때 그 장소에서 종국적으로 확보되는 자연식생이라 할 수 있다. 잠재자연식생은 대상지가 생물공간을 지지하는 잠재능력을 자연식생의 식물군락으로 표시한 것이기 때문에 생태적 요인을 가장 정확하게 나타낼 수 있다. 또한 잠재자연식생을 지도상에 나타낸 잠재자연식생도를 작성함으로써 녹화대상 공간의 전체의 생태적 요인을 나타낼 수 있다.

잠재자연식생의 구성종 안에서 가장 적절한 식물들을 선별하여 식재함으로써 자연식생을 기조로 한 이상적인 녹화를 행할 수 있다. 잠재자연식생은 몇 단계의 대상군락을 계열로 나눌 수 있기 때문에 대상군락의 구성종 안에서 적절한 식물을 선택함으로써 잡목림이나 반자연초지 등과 같은 대상군락을 기조로 한 자연스런 녹화가 가능하다. 녹화대상지의 생태적인 요인에 있어 잠재자연식생을 이용하여 이해하는 방법은 대상지역의 토양이나 지형 등과 같은 자연환경이 현저하게 변화를 받지 않은 경우에 적용되는 것이다. 도시 내에서 자연환경이 크게 변형된 장소를 비롯하여 지형을 인공적으로 변화시킨 녹지조성지에서는 식생의 생육기반인 토양이 거의 없기 때문에 잠재자연식생을 추정하기 어렵고 이 방법을 적용하기가 불가능하다.

우리나라가 속해 있는 온대지역에서는 기후적, 토지적 모든 환경조건을 총화한 극상림으로 대표되는 자연림이 잠재자연식생이라 할 수 있다. 너도밤나무과 참나무속의 신갈나무, 졸참나무, 굴참나무, 갈참나무, 상수리나무, 물참나무 등이 어우러진 낙엽활엽수림은 전형적으로 우리나라의 잠재자연식생이라 할 수 있다.

잠재자연식생에 관한 구체적인 연구는 현재 파괴된 녹지를 복원하고 재창조하는데 그 모형을 제시할 수 있다. 보다 정확한 잠재자연식생의 파악은 대상지역에 있어서의 제반환경요소에 대한 종합적 분석을 통해 성취되며, 결국 입지의 수용능력에 대한 올바른 평가를 통해 이루어질 수 있다.

제 13 강

도시녹지 및 식재계획

이은희

제1절 서론

제2절 핵심개념

1. 도시환경과 도시공원녹지

Keyword 1 도시물순환

Keyword 2 열섬현상

Keyword 3 오픈 스페이스

Keyword 4 도시공원

Keyword 5 녹지

2. 도시림과 도시녹지확대

Keyword 6 도시숲

Keyword 7 환경림

Keyword 8 가로수

Keyword 9 옥상녹화

Keyword 10 벽면녹화

Keyword 11 용기녹화

3. 식재식물과 식재계획

Keyword 12 교목과 관목

Keyword 13 잔디와 초화류

Keyword 14 수생식물

Keyword 15 식재

Keyword 16 정형식재

Keyword 17 자연풍경식 식재

Keyword 18 자유식재

Keyword 19 군락식재

제3절 더 알아야 할 개념

4. 녹시율과 그린 네트워크 등

Keyword 20 녹시율

Keyword 21 그린 네트워크

Keyword 22 인공지반

Keyword 23 도시하천

제 13 강
도시녹지 및 식재계획

이은희

제 1 절 서 론

현대화된 도시들은 '형태는 기능을 따른다(form follows function)'는 모토 하에 국제적인 건축양식과 함께 도시의 기능을 중요시하며 지금까지 이어져온 생태적인 측면보다는 단편적인 이미지를 중요시함과 동시에 넓은 잔디밭, 깨끗한 광장과 화단 등의 인공식재와 분수 등 곱게 다듬어지고 길들여진 경관에 익숙해져 있다. 이러한 형태가 유지되기 위해 계속적인 에너지 투입 요구, 특정한 장소의 고유성을 무시한 설계 등으로 도시는 생물종 다양성이 감소되고 있다. 또한 무엇보다도 주거단지와 도로 등의 건설로 녹지의 중요성이 간과되고 일률적인 조경식재 등으로 생물종 다양성이 결여되고 녹지의 기능을 무시된 결과로 도시의 열섬효과와 도시사막화와 도시홍수 등 회색공간이 도시를 지배하고 있다.

이처럼 도시는 물론 농촌까지도 인위적인 경관들이 지배하고 있고 인간이 기술에 의지하고 자연생태계를 무시한 결과로 생물종다양성이 결여되고 있어 현대는 생태적 재난(ecological disaster)의 시기로 일컬어지기도 한다.

좋은 경관이란 생태적으로 건강한 경관으로 생태적 원리(ecological principles)를 준수하며 그 지역의 자연특성(natural features)이나 그 지역에 적합한 방식으로 식물을 선택하고 배치하고 식재하고 유지관리하여야 한다. 이를 위해서는 식재설계, 시공, 유지관리를 위해 종합적 접근이 필요하다. 또한 도시녹지의 확대를 통해 도시의 어메니티(Amenity)를 높여주는 것이 필요하다. 어메니티는 쾌적성 표면적인 공간적, 물리적 쾌적성뿐만이 아니라 사회적, 정신적 쾌적성을 포함하는 의미한다.

제2절 핵심개념

1. 도시환경과 도시공원녹지

Keyword 1 도시물순환(都市水循環 urban hydrological circulation)

물의 순환이란 강우, 유출, 저장, 증발을 통해 물이 장소를 이동하는 것과 상태를 변경하는 것을 의미한다. 이러한 순환을 통해 물은 수입(강우)과 지출(유출, 증발)의 균형을 이룬다. 총 수량의 수지를 보면 지출부문에서는 크게 4가지 경로로 나눌 수 있다. 그 4가지 경로는 식물에 의한 증산과 땅이나 물체표면상에서의 증발, 지하로의 침투(지하에서의 유출, 지하수), 강이나 지천으로의 유출(지표수)이다.

위와 같은 물의 수지는 다음과 같은 식으로 나타낼 수 있다.

$$P = R + E + G + \triangle S$$

여기서 P = 강수량, R = 유출량, E = 증발산량, G = 지표 및 지하 침투량, △S = 토양수분 증감량을 나타낸다. 이와 같은 물 수지는 어느 지역에서나 평형관계에 있으나 도시와 자연상태 등에 의해 지역에 따라 강우의 분배 면에서 차이가 있다. 즉 자연상태인 산림, 밀집한 식물군, 늪시 등은 물의 함유능력이 높아 침투를 유리하게 해주고 높은 증산량으로 유출을 적게 한다(그림 13-2-1).

특히 도시에서는 도시화로 인하여 주거지, 공장부지, 도로, 상업지역과 또 그에 수반되는 기간 시설 등 인위적으로 건설된 부분의 비율이 높고, 산림훼손 및 토지이용의 변경, 하천의 직강화, 강 주위의 주거지 건설과 하천변, 늪지의 메움 등으로 자연이 크게 변형되있다. 따라서 도시에서는 지표면의 봉합화현상과, 또 토시이용의 변경으로 인하여 빗물의 순환체계가 환경에 불리하게 변형되었다.

무엇보다도 끊임없는 녹지면적의 감소와 지속적인 건설 및 도로포장 등으로 지표면의 봉합화가 커지게 되어, 빗물은 급속하게 우수거가 설치되어 있는 곳에서는 우수거를 통해 강으로 유출된다. 반면 녹지면적의 감소로 인해 증발 또는 증산량은 줄어들고 지하침투 또한 지표면의 봉합화로 줄어들고 있다[그림 13-2-1]. 이와 같은 도시에서의 물의 순환체계의 특징은 첫째, 지표면의 변형으로 인한 빠른 유출은 특히 지표면의 포장, 고결화, 치밀화와 답압에 기인한다. 둘째, 적은 양의 유보, 셋째, 감소된 녹지면적으로 인한 증발산량 감소, 넷째, 지하침투량의 감소를 들 수 있다.

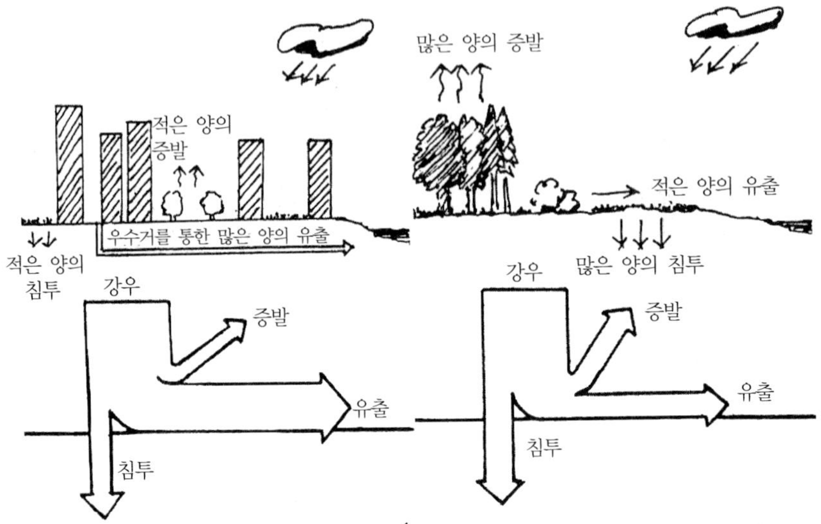

a) 도시에서의 빗물의 순환체계　　b) 자연상태에서의 순환체계

[그림 13-2-1] 도시와 자연상태에서의 빗물순환체계 비교

Keyword 2 열섬현상(heat island effect)

높은 건물과 포장도로가 밀집한 도시에서는 열을 보유하는 비열이 높아 낮에는 외곽지역보다 태양에너지 흡수열을 많이 보유한다. 열 배출량도 외곽지역보다 많아 전체적으로 외곽지역보다 대기의 온도가 높게 된다. 그 결과 도시지역의 따뜻한 공기는 오염물질을 동반상승, 팽창하여 도시 변두리 지역으로 흐르면서 냉각되며 도시 외곽의 찬 공기가 도시 중심부분으로 흘러 들어오게 된다(그림 13-2-2).

도심이 먼지로 심하게 오염되었을 경우, 이 열섬효과로 인해 먼지 지붕(dust dome)이 생기게 되어 태양에너지의 지표가열을 방해함으로써 공기의 수직흐름이 감소되고 도심오염은 심화된다.

도시열섬효과는 고기압의 영향으로 하늘이 맑고 바람이 약할 때 더 잘 발생하는데, 특히 밤에 심하고 여름부터 초가을에 걸쳐서 많이 발생한다.

열섬현상의 원인은 크게 다음 세 가지로 나눌 수 있다. 첫째는 도시지역 인구집중에 따른 인공 열 발생 증가이고, 둘째는 건물 등 구조물에 의한 거칠기 변화와 표면의 열적 성질의 차이, 마지막은 지표면에서의 증발잠열의 차이이다.

[그림 13-2-2] 도시의 열섬현상(출처: 신용석 외 역(1995) p.46)

Keyword 3 오픈 스페이스(open space)

오픈 스페이스는 녹지를 포함하여 건축물에 의해 점유되지 않은 모든 토지를 의미하며, 여기에는 공원과 놀이터와 같은 전형적인 공원녹지공간은 물론 도로, 보도, 개인정원, 주차장 등도 포함된다. 더욱이 오픈 스페이스는 구조물이 들어서지 않은 공간만을 의미하는 것이 아니라 사용됨으로써 사람들에게 즐거움을 줄 수 있는 영역을 포함한다.

도시공간에 있어서 오픈 스페이스는 공기, 물, 개방감의 확보를 통한 쾌적성의 제공, 용수의 공급, 야생동물의 보호 등을 통한 물적 자원의 향상, 그린벨트, 공원녹지 등의 복합적 기능을 갖는다. 한편, 주택단지의 오픈 스페이스는 다음과 같은 주거생활의 질적 향상에 기여하는 기능을 한다(김철수, 2003).

오픈 스페이스는 크게 세 가지 기준으로 나룰 수 있는데, 그 첫째 기준으로 사용자의 요구에 따라 위락적 오픈 스페이스, 서비스 오픈 스페이스, 형태 · 이미지 창조를 위한 오픈 스페이스로 나누고, 두 번째 기준인 소유권에 따라 공적 오픈 스페이스, 반공적 · 반사적 오픈 스페이스, 사적 오픈 스페이스로 나눌 수 있다. 마지막 위계기준으로 오픈 스페이스는 커뮤니티 오픈 스페이스, 근린주구 오픈 스페이스, 주호군 오픈 스페이스로 나눌 수 있다(그림 13-2-3).

주호군 오픈 스페이스 → 근린주구 오픈 스페이스 → 커뮤니티 오픈 스페이스

[그림 13-2-3] 오픈 스페이스의 위계

Keyword 4 도시공원(都市公園 city park)

도시에서 공원은 도시계획구역 안에서 자연경관의 보호와 시민의 건강, 휴양 및 정서생활의 향상에 기여하기 위해 설치되는 오픈 스페이스이다.

공원은 생활권 공원과 주제공원으로 분류되는데, 생활권 공원은 소공원, 어린이공원, 근린공원으로 나누고, 주제 공원은 역사공원, 문화공원, 수변공원, 묘지공원, 체육공원, 그 밖에 특별시·광역시·특별자치시·도 또는 특별자치도의 조례로 정하는 공원으로 나뉜다(표 13-2-1).

[표 13-2-1] 공원의 분류

생활권 공원	소공원
	어린이공원
	근린공원
주제 공원	역사공원
	문화공원
	수변공원
	묘지공원
	체육공원
	그 밖에 특별시·광역시·특별자치시·도 또는 특별자치도의 조례로 정하는 공원

(출처: 도시 공원 및 녹지 등에 관한 법률, 일부개정 2011.9.16)

Keyword 5 녹지(綠地 green area)

녹지는 초기에는 생산재로서의 역할을 많이 하였지만, 최근 들어 환경오염이 늘어남에 따라 공학적인 기능을 가진 기능재로서의 역할이 부각되고 있으며, 생활수준 향상과 더불어 복잡한 도시생활에 시달리는 도시인들에게 특히 서비스재로서 기능으로 인간에게 많은 효능을 제공하고 있다. 녹지는 도시의 자연환경을 보전하거나 개선하고 공해 및 재해를 방지하여 양호한 도시경관의 향상을 도모하기 위해 국토계획법 규정에 의하여 설치된 것으로 규정하고 있다.

녹지는 양호하고 경관이 수려한 지역을 보강할 수 있는 위치에 설치하며, 특히 연결녹지는 다음 기능을 고려하여 설치해야 한다. 비교적 큰 숲으로 이어지거나 하천을 따라 조성되는 상징적인 녹지축은 생태통로가 되도록 하고, 주요 공원 및 녹지는 주거지역, 상업지역, 학교, 기타 공공시설과 연결하는 망이 형성되도록 할 것, 세 번째는 산책 및 휴식을 위한 소규모 가로공원이 되도록 하는 것이다(그림 13-2-4).

녹지의 경계는 가급적 식별이 명확한 지형, 지물을 이용하거나 주변의 토지이용에 있어서 확실히 구별되는 위치로 정해야 한다. 도시공원 및 녹지 등에 관한 법률(일부개정 2011. 9. 16)에 의하면 녹지는 완충녹지, 경관녹지 및 연결녹지 세 가지로 구분된다(표 13-2-2).

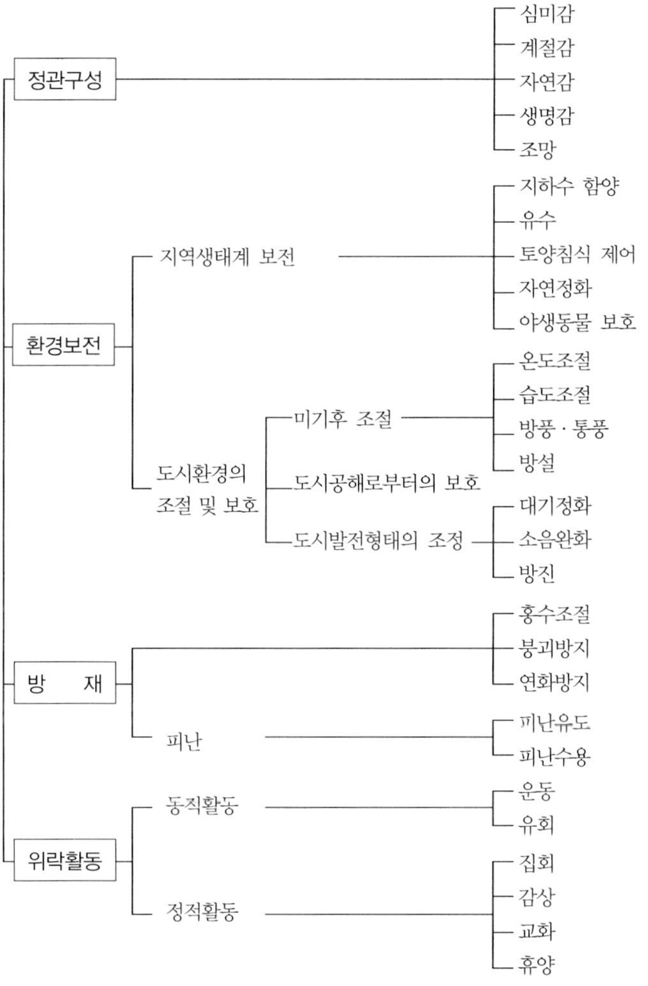

[그림 13-2-4] 녹지의 기능재료로서의 효용(출처: 김철수(2003) p.250)

[표 13-2-2] 녹지의 종류와 그 역할

녹지의 종류	역 할
완충녹지	대기오염, 소음, 진동, 악취, 그 밖에 이에 준하는 공해와 각종 사고나 자연재해, 그 밖에 이에 준하는 재해 등의 방지를 위하여 설치하는 녹지
경관녹지	도시의 자연적 환경을 보전하거나 이를 개선하고 이미 자연이 훼손된 지역을 복원 · 개선함으로써 도시경관을 향상시키기 위하여 설치하는 녹지
연결녹지	도시 안의 공원, 하천, 산지 등을 유기적으로 연결하고 도시민에게 산책공간의 역할을 하는 등 여가 · 휴식을 제공하는 선형(線型)의 녹지

2. 도시림과 도시녹지확대

Keyword 6 도시숲(都市林 urban forest)

도시숲은 자연산림에서 행해지고 있는 생태적 관리기술이 도시환경에서도 적용될 수 있다는 가능성을 내재하고 있다. 도시숲은 자기유지적인 경관을 창출해야 한다는 목적에 기초하고 있다. 재조림(reforestation)은 자연환경, 즉 토양, 지형, 기후, 기타 관련된 환경조건 등과 생태적 조화를 이룰 수 있는 다양한 식물군집을 조성하는데 있다. 또한 그 목적은 토양경화, 표토제거, 생산력 및 영양물질의 감소 등으로 훼손된 자연경관을 복구시키는데 있다.

삼림조성의 철학은 자연 천이의 원칙에 기초하고 있는데, 이는 다음과 같은 기능을 발휘할 수 있다.

식재 초기에 빨리 자라고 많은 광량을 요구하는 선구식물을 도입함으로써, 초기에 식생피복을 이루게 하여 토양 배수조건을 개량시키고 질소고정을 촉진시킨다. 이와 더불어 토양미생물의 활동이 활발해짐으로써 다음 천이단계에서 나타날 식물들을 위한 양호한 미기후조건이 형성된다. 선구식물들이 정착하게 되면, 곧 극상수종 전단계의 중간단계 수종으로 대치된다. 수명이 길고, 성장속도가 느리며, 내음성이 강한 식물들이 우점하는 극상단계에 이르게 되며, 이러한 다단계적 식재는 동시에 시도되거나 삼림발달단계에 따라 순차적으로 도입된다. 삼림 초기 및 후기의 종 조성, 그 특성과 용도 등은 천이발달 정도에 따라 큰 차이를 나타냄으로써 식재 초기부터 다양하고 유용한 경관을 제공한다. 또한 생명감 넘치는 느낌을 인식하도록 해준다.

Keyword 7 환경림(環境林 environmental forest)

급격한 도시화, 산업화로 도시의 모습은 원래의 자연성을 회복할 수 없는 단계에 도달하였으며, 각종 공해로 쾌적한 도시환경을 저해하고 있다. 이에 따라 녹지의 기능을 살리며 생태적 특성을 살린 환경림을 조성하여 자연성을 회복하는 것이 시급하다. 도시 환경림은 공단지역, 기타 오염된 자연환경에 대한 개선이 필요한 지역 안에 조성하는 숲이며, 자연환경의 보호, 복원 대기오염, 수질오염, 소음, 진동, 악취 등 환경오염 저감 및 재해방지 목적으로 조성되는 다층구조의 숲이다(그림 13-2-5). 차단녹지의 개념과 유사하나 차단녹지는 예방보다 처방의 개념이 강하다. 환경림의 특징은 대규모의 평지에 집단화한 수목에 의해 조성된다는 것이다. 조성목적에 따라 ① 녹음림, ②경관림, ③풍치림, ④차폐림, ⑤완충림 또는 공해방지림으로 구분할 수 있다(안영희, 2001).

현재 도시 환경림의 대부분이 자생종보다는 새로운 수종이 식재되었으며 대부분 치산녹화 수종인 현사시, 아카시아가 주종을 이루고 있다. 이는 기존 토양환경을 무시한 무작위 개발방식으로 조성되었기 때문이다. 식재수종이 조성지에서 생태적 적

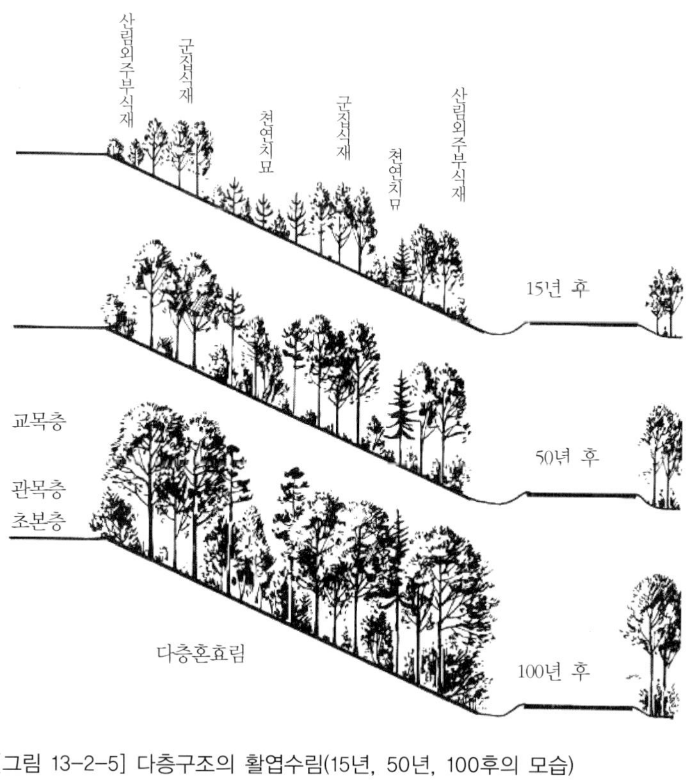

[그림 13-2-5] 다층구조의 활엽수림(15년, 50년, 100후의 모습)

응력이 떨어지고, 경제적인 면에 치우쳐 하예작업을 함에 따라 생물종 다양성을 떨어뜨리고 있다.

도시 환경림의 조성 및 관리는 우선 조성대상지의 식물군집구조분석, 토양분석에 기초하여 생태적 특성 및 잠재자연식생을 파악한 후 그 다음 생태천이 단계의 목표를 설정하고 조성단계에 들어가도록 한다.

Keyword 8 가로수(街路樹 roadside trees, allee)

국민들의 거주환경으로서 녹색공간을 확대하고, 보행자와 운전자에게 쾌적하고 안전한 이동공간을 제공하며, 국토 녹색네트워크의 연결축으로서 가로수가 그 기능을 충분히 발휘토록 하기 위해 가로상에 식재되는 수목이다(그림 13-2-6). 도시의 수식과 녹음의 제공 및 방화, 방재, 방진 등의 목적으로 가로상에 식재되는 것도 있다. 가로수의 장애요소로는 공기의 오탁, 토지의 불량, 지상의 여러 가지 장해, 지하의 여러 가지 장해, 토양의 고결화를 들 수 있다.

수종 선택은 녹음제공 및 거리의 수식, 향토성, 생태성, 내공해성 등 고려하고 심을 장소의 환경, 즉 생육장소의 불리한 조건에 적합한 수종을 고른다. 그밖에도 수식상으로 수형이나 수간 및 수관의 형태와 색채가 아름다운 나무나 여름에는 녹음, 겨울에 햇볕을 가리지 않는 나무를 선택하기도 한다(표 13-2-3).

가로수의 식재위치는 도로와 보도의 폭, 도로 주변의 장애물 등 주변여건에 따라 보행자와 운전자의 안전과 도로의 구조에 지장이 없는 범위 내에서 하고, 배식은 차도에서부터 일정거리 이상 떨어져 식재하는 것이 바람직하며 건물로부터 5~7m 떨어져 심는 것이 바람직하다. 또한 수간거리는 수목이 충분히 성장했을 때, 그 수관이 옆의 나무와 접촉을 하지 않을 정도(6~8m)로 한다.

[그림 13-2-6] 가로수와 중앙 녹지대

[표 13-2-3] 지역별 적합한 식재수종

지 역		수 종
전국공통수종 (제주, 남해도서지방 제외)		가중나무, 계수나무, 노각나무, 느릅나무, 느티나무, 단풍나무, 메타세쿼이아, 백합나무(튤립나무), 벚나무, 산딸나무, 서어나무, 수양버들, 쉬나무, 스트로브잣나무, 아카시나무, 야광나무, 은행나무, 이태리포플러, 이팝나무, 일본목련, 자귀나무, 자작나무, 층층나무, 칠엽수, 팽나무, 플라타너스(양버즘, 버즘나무), 피나무, 회화나무
지역수종	추풍령이북	잣나무, 마가목, 화백
	추풍령이남	개잎갈나무(히말라야시다), 배롱나무(목백일홍), 벽오동, 참중나무
	제주, 남해도서지방	가시나무, 곰솔, 구실잣밤나무, 녹나무, 담팔수, 동백나무, 먼나무, 비자나무, 후박나무

Keyword 9 옥상녹화(屋上綠化 rooftop greening)

옥상녹화란 인공적인 구조물 위에 인위적인 지형, 지질의 토양층을 새롭게 형성하고 식물을 주로 이용한 식재를 하거나 생물서식공간으로서의 공간을 만들어서 생태공간을 조성하는 것을 말한다. 따라서 인공지반상의 녹화는 자연적인 식재환경이 아닌 곳에 조성되는 만큼 일반녹화와는 달리 식물을 도입할 때 여러 가지 보완적인 공법과 지속적인 유지관리가 병행되어야만 성공적인 녹화공간이 될 수 있다.

그러나 건축물위인 인공지반에 조성되는 특수한 상황인 만큼 하중과 바람, 배수 등의 제한점을 잘 파악한 후 적합한 식생을 도입하는 것이 중요한 관건이다. 최근 옥상녹화 및 인공지반녹화의 새로운 기술과 공법들이 많이 소개되고 정부나 지자체 차원의 지원이 활기를 띰에 따라 녹화면적이 많이 확대되고 있다. 곳곳에서 확대 시행되고 있는 실정이다. 특히, 도시생태 개념이 중요해짐에 따라 옥상녹화는 야생조류의 유치 등 생물서식처로서 중요한 기능을 할 수 있는 것으로 알려지면서 도시생태복원 및 보전을 위해 필요한 공간으로 인식되고 있다. 즉 도시생태계 내에서 옥상녹화는 건조 비오톱으로서의 생태적 기능과 녹지총량의 증대라는 측면에서 중요성이 강조되고 있다.

옥상녹화, 즉 인공지반녹화의 녹지기능은 도시환경의 중요한 녹지로서의 여러 가지 환경기능을 가지고 있다. 일반적인 녹지 기능 외에도 건축물 위의 휴식공간 등 공공적인 공간창출, 건물의 이미지 향상, 도시경관 향상 기여 외에도 에너지 절감효과, 도시열섬현상의 완화, 도시 내 동·식물의 서식공간 제공 등의 중요한 의의를 지닌다. 또한 최근 고밀도와 불투수면적 증가에 기인하는 도시우수 유출 증가를 저감시키는 주요한 역할을 통해 도시홍수의 위험을 감소시켜주고 있다.

옥상녹화는 손쉽게 유형을 분류하면 관리 정도에 따라 다음과 같은 세 가지로 분류할 수 있다.

관리집약적 옥상녹화(Intensive Rooftop Greening)는 식생 및 시스템의 내구성에 대한 지속적이고 집약적인 관리가 요구되며, 일반적으로 사람의 이용이 전제된 공간에 적용되는 유형이며 이용공간 주변에 부분녹화를 주로 적용하고 식물 소재 사용에 크게 제한을 받지 않는다. 조경에서 많이 사용하는 식물들을 옥상에 사용하기 때문에 열악한 옥상조건에서도 잘 자랄 수 있도록 하기 위해서 지속적인 관수, 시비 등의 유지관리가 필요하다. 이것은 인간이 이용하기 위하여 휴식적, 미적, 감상적 측면 등에 역점을 둔 것이다(이은희, 2001).

단순관리 옥상녹화(Simple Intensive Rooftop Greening)는 일반적으로 전면적인 옥상녹화를 하는 것으로, 집약적인 옥상녹화에 비해 다양한 식물 이용에 제약을 받으므로 물과 영양공급적인 측면에서 낮은 요구도를 갖고 있는 식물들이 이용된다. 이를 통해 유지관리 요구도를 최소화한 유형이다.

관리 조방적 옥상녹화(Extensive Rooftop Greening)는 사람의 이용보다는 녹지의 보상을 고려한 녹화유형으로 자연에 가까운 순환체계를 갖는 녹화방법이다(그림 13-2-7). 따라서 일반적으로 옥상의 환경조건에 적합한 자생 초화류, 지피류 위주의 식생이 적용된다. 또한 자연상태에 녹화시스템을 맡기므로 시스템 안에서 자체순환체계를 가진다(이은희, 2001). 이 녹화방법은 열악한 조건, 즉 강렬한 태양, 건조, 얇은 표토층, 바람에서도 잘 견디는 식물을 선택하여 관리를 거의 하지 않고 자연상태에 맡겨 스스로 자연에 적응하게 하는 방법이다. 관수와 시비 또는 절초는 가급적 하지 않는 것을 원칙으로 하지만, 다만 가뭄이 오래 지속되는 경우 등 상황에 따라 약간의 관수를 해주면 좋다. 이러한 옥상녹화는 도시에서 거의 볼 수 없는 건조 비오톱(biotop)을 창출해 낼 수 있다. 다년생인 초화류, 특히 세덤류나 삭시프라가류(기린초류, 둥근 잎 꿩의 비름, 땅채송화, 바위취 등등) 등을 이용하면 악조건에서도 잘 견디며 살아남아 자연적으로 번식, 고사하면서 안정된 생태계를 유지할 수 있게 된다. 이러한 공간들은 또 벌과 나비들의 서식처로 이용되므로 관리 조방적인 옥상녹화가 생태학적 측면에서 높게 평가되고 있다.

옥상녹화의 구성은 크게 건물 또는 구조물의 외피, 식재기반, 식생층으로 식재기반은 방수층, 방근층, 배수층, 토양 여과층, 토양층으로 구성된다(그림 13-2-8). 그리고 모든 구성요소가 일체화되어 하나의 옥상녹화 시스템을 이루게 된다.

또한 옥상녹화는 토양층과 식물뿌리에 의해 기계적, 생물학적 정수기능을 동시에 지닌다. 특히 공기 중의 미세분진을 제거하는 데는 효과가 뛰어나다. 그러나 토양층의 특성에 따라 토양속의 유기물이 우수에 용해되어 유출되는 경우도 있으므로 주의해야 한다. 옥상녹화의 식생의 유지관리도 필요한데 초기 1~2년간은 주기적인 관리가 필요하며, 특히 우기를 전후해서는 배수로 및 배수구의 관리가 필요하다.

[그림 13-2-7] 관리조방적 옥상녹화의 예시/서울여대

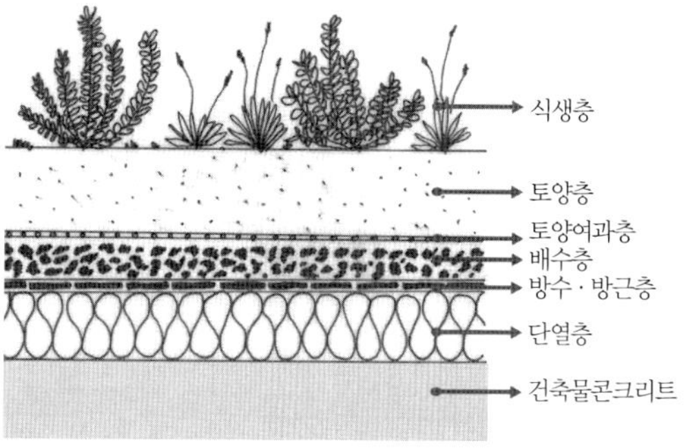

[그림 13-2-8] 옥상녹화의 단면

Keyword 10 벽면녹화(壁面綠化 wall planting, facade greenery)

벽면녹화는 도시공간에서 끊임없이 건설되는 수많은 건축물의 벽면을 비롯하여 담, 석축, 도로변에 설치된 방음벽, 콘크리트 옹벽, 고가구조물 또는 각종 다리의 교각과 같은 대형 콘크리트 기둥 등의 회색빛 구조물 벽면을 활용하여 녹화하는 것을 의미한다. 이와 같은 구조물들은 미적 측면이나 도시민들의 정서적 측면에서도 불량한 경관일 뿐만 아니라, 벽면으로서 반사되는 열 또는 빛 등은 도시의 쾌적성을 저해하는 요인이 되기도 한다. 최근 옥상녹화와 더불어 도심지 녹지 확충방안의 일환으로 떠오르고 있는 것이 벽면녹화이며, 이는 작은 식재공간의 확보도 시각적으로 효과가 큰 수직적 녹지를 조성할 수 있다는 점에서 큰 장점이 있다. 이러한 벽면녹화는 주로 덩굴성 식물에 의한 단순한 등반형 녹화방법부터 최근 들어 벽면에 플랜터나 패널을 장착하는 장착형, 그리고 하수형, 베란다를 이용한 방법이 있고 외국에서는 과수 등의 나무를 활용한 에스펠리어형도 있다(그림 13-2-9). 또한 등반보조물 등의 구조물을 세우는 방법 등 최근 다양한 신공법이 소개되고 있다.

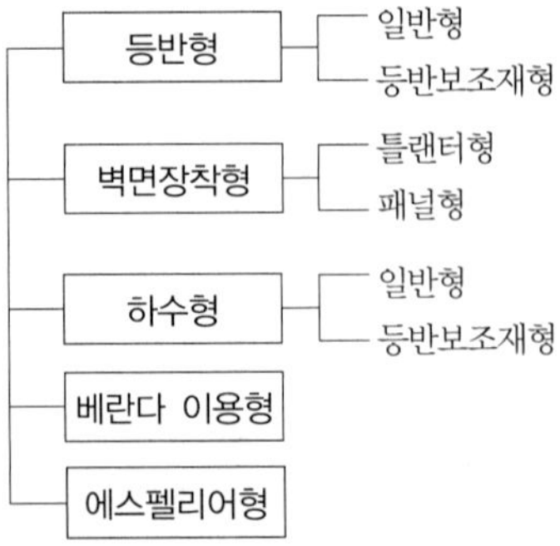

[그림 13-2-9] 벽면녹화의 유형

벽면녹화의 효과는 관상가치가 있는 다양한 수종으로 벽면을 장식하는 조경적인 효과뿐만 아니라 반사광 방지효과나 에너지 절약적 측면에서도 중요한 역할을 한다.

덩굴성 지피식물로 건축물의 벽면을 적절히 녹화하면 벽면의 표면온도 및 일교차, 계절에 따른 온도차이를 줄일 수 있으며, 빗물이 직접 벽면에 닿지 않기 때문에 콘크리트 표면의 부식 및 균열을 줄일 수 있어 벽면의 내구성을 높일 수 있다. 또한 덩굴성 식물은 도시에서 사라져 간 덤불의 역할을 하여 다양한 소동물의 서식처 제공 역할을 할 수 있다. 벽면을 덩굴성 식물 등으로 녹화하게 되면 벽면의 온도가 급격하게 변화하는 것을 막아 여름철에는 냉방비용, 겨울철에는 난방비용을 줄여주는 효과가 있다.

벽면녹화식물로는 담쟁이 아이비, 왕모람 등이 있고, 등반보조재에 의해 감아 올라가는 덩굴성 식물은 으름, 다래, 키위, 인동덩굴, 노박덩굴, 마삭줄 등나무 등이 있다.

Keyword 11 **용기녹화**(容器綠化 container planting)

용기녹화라 함은 포트와 플랜터 등의 용기에 심겨진 식물을 이용해서 실시하는 녹화수법으로, 대지에 뿌리를 내릴 수 없고, 용기를 근권으로 해서 생육할 수 있는 식물을 이용하여 꽃과 녹음의 제공을 시도하는 녹화기술이다.

용기녹화의 가장 큰 특징은 시간적, 공간적 제약이 있는 곳에 녹화를 이룰 수 있는 가반성(可搬性)과 가설성(假設性)이다. 그렇기 때문에 통상적으로 문제가 되는 대형수목 굴취 시의 단근, 거기에 수반되는 가지자르기, 낙엽에 의한 식물의 품질저하를 가져올 염려가 없고, 용기에 식재된 상태로 설치해서 그 직후부터 완성된 상태로 이용할 수 있다(그림 13-2-10). 또한 용기에 설치한 다음에도 이동이 용이하다. 이

뿐 아니라 용기식재 식물에는 가반성이 있기 때문에 계절과 자연환경의 제한이 있는 장소에서도 이용 가능한 식물의 범위를 넓힐 수 있다(그림 13-2-11).

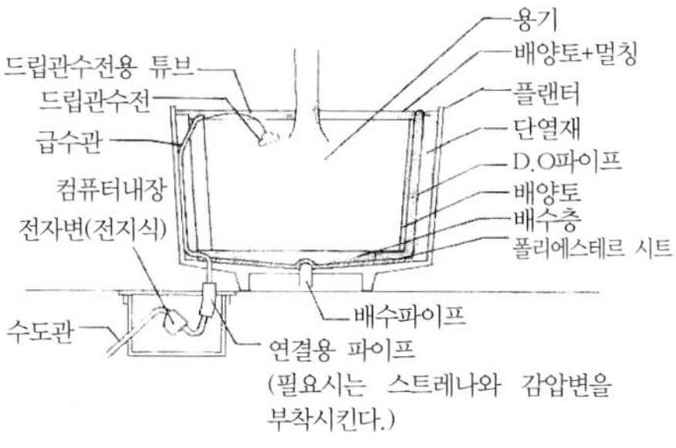

[그림 13-2-10] 용기재배 수목의 플랜터 식재방법 시안 (출처: 박용진, 이기의 역 (1992) p.276)

[그림 13-2-11] 컨테이너식물을 이용한 옥상녹화

3. 식재식물과 식재계획

Keyword 12 교목과 관목(喬木 灌木 tree & shrub)

교목은 키 큰 나무라고도 하는데 다년생 목질인 곧은 줄기가 있고 줄기와 가지의 구별이 명확하며 중심 줄기의 신장생장이 뚜렷한 수목이다. 형태와 계절적 특성에 따라 낙엽(deciduous)과 상록(evergreen), 입의 형태에 따라 침엽(conifers)과 활엽(broadleaf)으로 나뉜다(그림 13-2-12).

교목은 기본적으로 [수고(m)×흉고직경(cm)]으로 표시하며, 필요에 따라 수관폭, 수관의 길이, 지하고, 뿌리분의 크기, 근원직경 등을 지정할 수 있다. 흉고직경이란 가슴높이(1.2m)에서의 지름을 의미한다. 줄기가 흉고부 아래에서 갈라지거나 다른 이유로 흉고부의 크기를 측정할 수 없는 수목은 [수고(m)× 근원직경(cm)] 또는 [수고(m)×수관폭(m)×근원직경(cm)]으로 표시한다. 주로 상록성 침엽수로서 가지가 줄기의 아랫부분부터 자라는 수목은 [수고(m)×수관폭(m)]으로 표시한다. 덩굴성 식물과 같이 수고 외의 수관폭이나 줄기의 굵기가 무의미한 수목은 [수고(m)]로 표시한다.

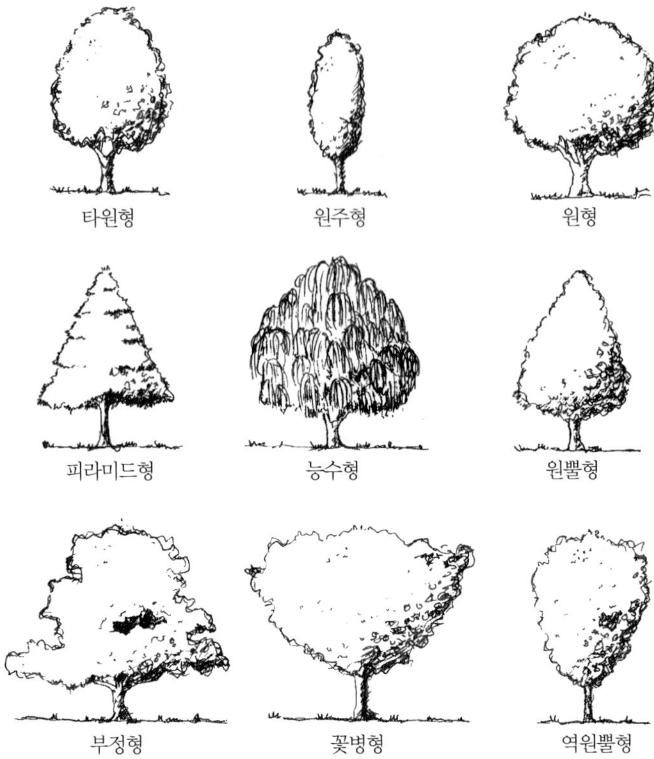

[그림 13-2-12] 교목류의 형태별 분류

관목은 키 작은 나무라고도 하는데 교목보다 수고가 낮고 일반적으로 곧은 뿌리가 없으며, 목질이 발달한 여러 개의 줄기를 이루는 수목으로서 줄기는 뿌리목 가까이 또는 땅속에서 갈라지며 주립상 또는 총상을 이루거나 중심 줄기가 땅에 대고 기는 것 같은 포복상의 수형을 하고 있다(그림 13-2-13).

관목 군식의 식재밀도는 최소기준으로 다음의 기준을 적용하며, 식재공간의 성격과 식재목적에 따라 설계자가 조정할 수 있다. 피복식재를 할 경우에는 표준 겹침률 20%를 적용하되, 건물주변 등 중요한 지역에는 겹침률을 40%까지 상향 적용할 수 있다. 생울타리용 관목의 식재간격은 0.25~0.75m, 2~3줄을 표준으로 한다.

[그림 13-2-13] 관목류의 형태별 분류

Keyword 13 잔디와 초화류(lawn & herbal plants)

잔디는 나지의 피복을 위해 식재되는 초화류로서 지면피복성(ground cover), 내답압성(tolerance to traffic injury), 재생력(regrowth)이 있는 식물이어야 잔디로 이용 가능하다. 잔디로 피복되어 있는 잔디밭을 turf panel이라 하고 잘 관리된 잔디밭을 lawn이라 한다.

잔디는 정원의 중요한 경관요소로서 다음과 같은 기능을 한다. 화단, 분수·소삭물 등의 아름다움을 높여주며, 푸르름을 제공해주고, 피로와 스트레스를 완화해주는 보건·휴양적 기능을 가진다. 또한 여름철 복사열 막아주며 증산작용에 의해 공중습도 조절의 기능을 갖는다. 바람에 의한 흙먼지 날림을 방지하고, 빗물에 의한 토양의 유실방지의 효과가 있다.

잔디는 원산지에 따라 한국잔디와 서양잔디, 생육온도에 따라 한지형 잔디와 난지형 잔디, 생육형에 따라 완전포복형, 불완전포복형 및 주립형으로 구분한다. 잔디면 피복방법은 종자파종, 뗏장심기 및 포복경심기로 구분한다. 품종별 특성과 피복도달기간, 조성 초기의 품질, 경제성 등을 고려하여 적합한 방법을 결정한다. 한국잔디류 가운데 금잔디 및 비로드잔디는 뗏장심기 또는 포복경심기로 하며, 한지형 잔디는 종자파종 또는 뗏장심기로 설계한다.

난지형 잔디는 겨울철 따뜻한 기후조건을 좋아하기 때문에 난지형이라 하는데 우리나라 잔디 대부분이 여기에 속하며, 생육적온은 25-35℃이며, 호광성 식물로서 겨울철 휴면을 한다. 관리가 용이하고 고온·척박한 토양에서 잘 견디며 산성토양을 좋아한다. 한국잔디 외에 서양잔디로는 버뮤다그라스, 버펄로그라스가 이에 속한다.

한지형 잔디는 목초로 재배하던 것을 잔디로 조성한 것으로 더위와 병충해에 약한 상록성 식물이며, 추위에 견디는 힘이 강하다. 생육적온은 15~25℃이고, 밟기와 음지에 견디는 힘이 강하다. 생장속도 빨라서 자주 깎아주어야 한다. 캔터키블루그라스, 벤트그라스, 톨페스큐, 라이그라스가 이에 속한다.

초화류는 화단, 평탄지 또는 비탈면 등의 피복 및 미화의 목적을 위하여 열식 및 군식하여 사용하는 일년초, 숙근초 및 구근류, 지피류 등을 말한다.

지피류는 뿌리 발달이 좋고 지표면을 빠르게 피복하는 것으로서, 파종 적기의 폭이 넓고 종자발아력이 우수하여야 한다. 가급적 주변경관과 쉽게 조화를 이룰 수 있는 향토 초본류를 채택한다. 초화류는 분얼·포기 등으로 표시하며, 단위면적당 피복에 필요한 수를 산정하여 설계에 명시한다.

Keyword 14 **수생식물**(水生植物 water plants)

수생식물은 생육특성에 따라 연못의 각 구간에 식재하는데, 크게 삽수식물/정수식물, 부유식물, 부엽식물, 침수식물의 4종류로 구분 지을 수 있다(그림 13-2-14).

- 삽수식물 혹은 정수식물(挺水植物, emerged plant : 수중의 토양에 뿌리를 지탱하고 줄기와 엽병이 수면 위로 생장하는 식물로 갈대, 줄, 부들, 세모고랭이 등이 이에 속한다. 줄이나 갈대, 부들류는 대표적인 삽수식물로 보통 근경을 뻗어나가면서 세력을 확장시켜 군락을 이루게 된다.
- 부유식물(浮游植物, floating plants) : 한 곳에 정착하지 않고 완전히 수표면에 떠서 생활하거나 간혹 다른 식물과 엉켜서 살기도 한다. 개구리밥, 큰개구리밥, 생이가래 등이 여기에 속하게 되는데, 굳이 인위적인 식재를 하지 않아도 자연적으로 발생하는 경우가 많다.
- 부엽식물(浮葉植物, floating leaf plants) : 부유식물과는 달리 근경을 수중 토양에 내리고 줄기와 엽병을 신장시켜 잎과 생식기관이 수면 위로 나오게 하는 식물로 수심 1m 이내에서 생육한다. 특히 번식시기가 되면 생식기관은 수면 위로 뜨거나 공기 중에 완전히 노출된다. 노랑어리연꽃, 어리연꽃, 수련, 순채, 마름류 등

이 이에 속하는데 어류의 산란이나 치어의 생육장소의 역할을 한다.

- **침수식물(沈水植物, inundation plant)** : 수중의 토양중에 근경을 내리고 식물체 전체가 수중에서 생활한다. 말즘, 검정말, 나사말, 가래류 등이 이에 속한다(표 13-2-4).

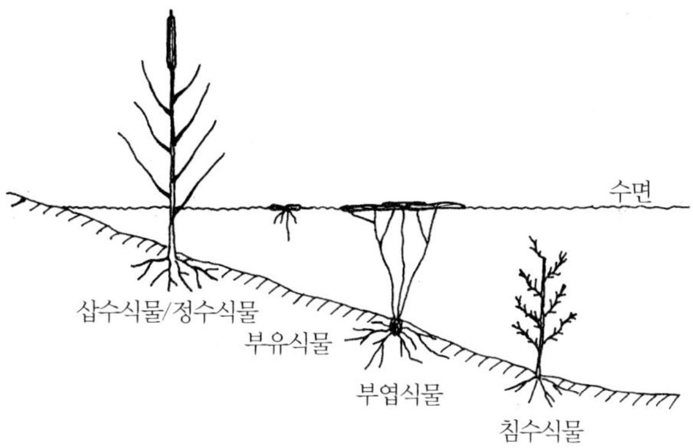

[그림 13-2-14] 생육특성에 따른 수생식물의 분류

[표 13-2-4] 수생식물의 생육특성별 분류

종류		생육특징	식재장소
삽수식물 · 정수식물	갈대, 줄, 부들, 세모고랭이	· 수중의 토양에 뿌리를 지탱하고 줄기와 엽병이 수면 위로 생장 · 보통 근경을 뻗어나가면서 세력을 확장시켜 군락을 이룸.	· 수면높이의 변화에 따라 건조되기도 하는 평수위지역(연안대)에 식재 - 다양한 식물 종 생육 가능 - 전반적인 수변경관 골자 형성
부유식물	개구리밥, 큰개구리밥, 생이가래	· 한 곳에 정착하지 않고 완전히 수표면에 떠서 생활하거나 간혹 다른 식물과 엉켜서 살기도 함.	· 군이 인위적인 식재를 하지 않아도 자연적으로 발생하는 경우가 많으므로 연못조성 시 식재계획에서 제외시켜도 무관함.
부엽식물	노랑어리연꽃, 어리연꽃, 수련, 순채, 마름류등	· 부유식물과는 달리 근경을 수중토양에 내리고 줄기와 엽병을 신장시켜 잎과 생식기관이 수면 위로 나오게 하는 식물 · 수심 1m 이내에서 생육 · 번식시기가 되면 생식기관은 수면 위로 뜨거나 공기 중에 완전히 노출됨. · 어류의 산란이나 치어의 생육장소의 역할을 함.	· 부유식물과 함께 심수위 지역에 식재 · 연못 성 시 직접 수중토양에 식재하거나 용기에 담아 식재
침수식물	말즘, 검정말, 나사말, 가래류 등	· 수중의 토양 중에 근경을 내리고 식물체 전체가 수중에서 생활	· 부유식물, 부엽식물과 함께 심수위 지역에 식재 · 연못조성 시 직접 수중토양에 식재하거나 용기에 담아 식재

Keyword 15 식재(植栽 planting)

식재를 통해 다양한 기능을 유도하는 것으로 경계식재, 유도식재, 지표식재, 경관식재, 차폐식재 등 다양한 식재의 종류와 특징, 적합한 식물의 사례는 다음 표와 같다(표 13-2-5).

[표 13-2-5] 식재의 종류

종류	특징	예
경계식재	지엽이 치밀하고 전정에 강하며 생장이 빠르지만 유지관리가 쉬운 상록수	향나무, 서양측백, 화백, 사철나무, 호랑가시나무, 광나무
유도식재	지엽이 치밀하고 수형이 정돈되는 수종	은행나무, 회화나무, 독일가문비, 메타세쿼이아
지표식재	수형 단정하고 꽃, 열매, 단풍들이 특징적으로 의미 있어 식별성이 좋은 수종	계수나무, 주목, 구상나무, 금송, 솔송나무, 피나무
경관식재	꽃, 열매, 단풍 등이 아름답고 수형이 단정한 수종	칠엽수, 후박나무, 목련, 백합나무, 소나무, 구상나무, 주목
차폐식재	지하고가 낮고 지엽 치밀, 아래가지가 고사하지 않고 전정관리가 용이한 수종	주목, 서양측백, 화백, 꽝꽝나무, 사철나무
녹음식재	지하고가 높고 병충해나 공해가 강한 수종	가중나무, 느티나무, 회화나무, 칠엽수, 참느릅나무, 벽오동나무
방풍식재	지엽이 치밀하고 지가고가 낮으며 심근성을 가진 상록수종	해송, 향나무, 잣나무, 동백나무, 후박나무
방음식재	치밀한 잎이 수직방향으로 자라고 지하고가 낮은 상록교목	광나무, 사철나무, 돈나무, 목서, 식나무
방설식재	줄기, 가지가 단단하고 심근성인 상록교목	독일가문비, 잣나무, 소나무, 개잎갈나무(히말라야시타)
방화식재	잎이 얇고 두꺼우며 밀생, 함수량이 많은 수종	은행나무, 식나무, 호랑가시나무, 사철나무
지피식재	키가 작고 생장이 왕성하며 답압에 견디는 수종	눈향나무, 철쭉, 꽝꽝나무, 회양목
경사면식재	맹아력이 강하고 생장이 빠르며 건조지, 척박지에서도 잘 자라는 수종	붉나무, 병꽃나무, 보리수나무, 싸리나무, 인동덩굴
임해배립지 식재	내염성, 내조성이 있고 척박한 토양에 잘 자라는 수종	해송, 리기다소나무, 향나무, 태산목, 동백나무, 사철나무, 해당화, 칠엽수

Keyword 16 정형식재(整形植栽 formal planting)

- 단식식재 : 가장 중요한 위치, 예를 들면 건물의 현관 중앙이나 직교축의 교점 등 중요한 지점에 양감이 있는 정형수를 독립적으로 1그루 심는 경우이다.

- **일대식재** : 축의 좌우에 상대적으로 동형, 동종의 것을 심는 것으로서, 좌우대칭이며 정연한 질서를 부여할 수 있다.
- **일렬식재** : 동형, 동종의 것으로 일정한 간격으로 일렬로 심는 것이다. 간격이 좁으면 수목 상호간의 관련성이 있어 보이고 후방의 차폐효과도 높아진다. 수관이 접하도록 심으면 폐쇄성이 최대가 된다. 서로 다른 수형이나 수종의 것을 엇갈아 심는 것도 리듬이 있다.
- **교호식재** : 등 간격으로 엇갈리게 심는 것이다. 열식의 변형으로서 수열의 폭을 증가시킬 때 사용된다.
- **집단식재** : 집단적으로 심는 방식으로서 매스로 하여 양감을 부여할 수 있다(그림 13-2-15).

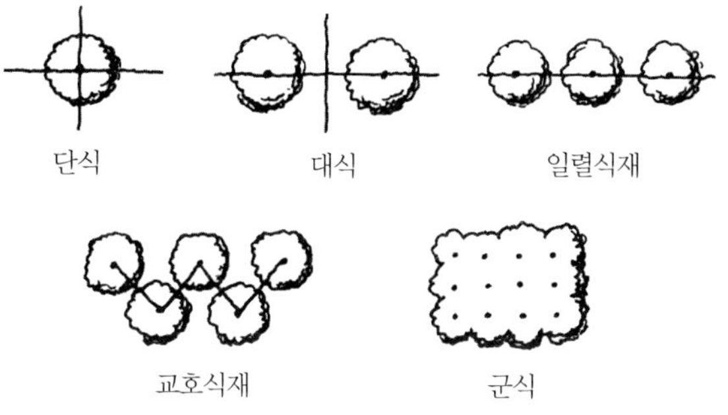

[그림 13-2-15] 정형식 식재유형

Keyword 17 자연풍경식 식재(自然風景植栽 landscape planting)

- **부등변삼각식재** : 크고 작은 3그루의 수목을 상호 부등 간격으로 식재하는 것으로, 부등변 삼각형의 정점 위치에 1그루 또는 식물군, 나머지 2그루 또는 식물군이 저변의 선을 이루도록 배치하여 자연스럽게 통일을 이루도록 한다.
- **랜덤식재** : 형상, 규격 또는 식재 간격이 일직선으로 나란히 되지 않도록 무작위로 식재하는 방법으로서, 부등변삼각형 식재를 기본으로 하여 그 삼각네트를 순차적으로 확대하는 것이 좋다. 이렇게 크고 작은 수목이 모두 부등 간격으로 식재되며, 그 수관은 불규칙적인 스카이라인을 형성하게 된다(그림 13-2-16).
- **기식** : 4그루 이상의 나무로 하나의 식재구성 단위를 만드는 수법이다.
- **군식** : 기식을 여럿 모아서 집단형으로 식재한 형태를 말한다.
- **주목** : 그루 수에 상관하지 않고 경관의 중심적 존재로서 경관을 지배하는 수목

을 주목이라 한다. 주목을 명확하게 하는 것은 경관의 성격을 특징짓게 된다.

- 배경식재 : 배경을 구성하는 식재로서 주목을 더욱 돋보이게 하는데 사용되는 기법이다.

[그림 13-2-16] 자연풍경식 식재유형

Keyword 18 **자유식재**(自由植栽 informal planting)

자유형식으로 뚜렷한 형식이 있는 것은 아니지만 비교적 자주 사용되는 기본패턴은 폐쇄형, 루바형, 번개형, 아메바형과 절선형 등이 있다(그림 13-2-17).

[그림 13-2-17] 자유형 식재유형

Keyword 19 **군락식재**(群落植栽 planting for community making)

조경식재에 있어서 기후, 토양 등의 생태학적인 기초를 토대로 식재하는 것을 군락식재 또는 생태식재라고 부른다. 물론 조경용 식물과 환경과의 관계는 이전부터 연구되어 왔으나 그것은 개체의 고려에 그쳤다. 식물에 대한 환경작용이라든가 식물로부터의 환경형성 작용은 개체 레벨과 군락레벨의 환경요인에 대한 취급방법이 다르다. 이와 같은 사고방식은 인간의 이용이 많은 정원과 소공원 같은 좁은 면적의 경우보다도 삼림공원 또는 자연공원과 같은 넓은 면적의 경우, 자연환경의 보전적 측면이나 생태복원적 측면을 활용한 식물 사회학적인 접근방법으로 가능하다.

제 3 절

더 알아야 할 개념

4. 녹시율과 그린 네트워크 등

Keyword 20 **녹시율**(綠視率 ratio of visual greenmass)

도로의 녹량을 표현함에 있어 사람의 눈에 비치는 즉, 인식되는 녹의 양이 중요한 지표이다. 녹시율은 '일정지점에 서있는 사람의 시계 내에서 식물의 잎이 점하고 있는 비율' 이다(조용현, 2003). 그 식은 다음과 같다.

$$녹시율(\%) = 100 \times \frac{사진에서\ 식물\ 잎의\ 면적}{가로경관\ 사진\ 면적}$$

녹시율 측정방법은 가운데 차선의 운전석 지점에서 운행방향을 향하여 높이 약 1.5m에서 카메라를 수평으로 놓고 촬영한다(그림 13-3-1).

녹시율 기준점에 대한 명확한 기준은 없으나, 푸르름을 느끼는 대상은 운전자, 보행자, 근린주민이고, 이들 각자의 입장을 모두 대표하여 얻는 지점은 없다. 그러나 횡단보도 중앙의 경우 보행자가 몸의 방향을 변화시켜서 도로 연장선을 보아야 하는 문제점은 있으나, 운전자로부터 녹시율과 일치하여 가장 바람직하다.

추가되는 푸르름을 모델화함으로써 시뮬레이션이 가능하고 가장 효율적인 것으로 수목의 녹량을 육면체로 표현하여 모델화하는 것이다.

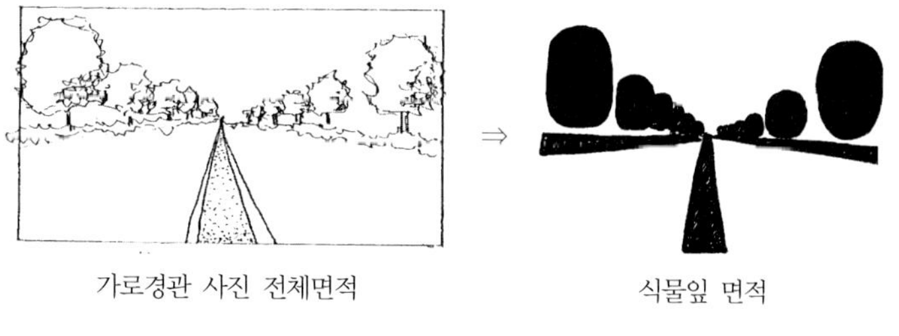

[그림 13-3-1] 녹시율 측정 개념

Keyword 21 **그린 네트워크**(green network)

지역 전체를 네트워크화 하는 것으로 도시 주변의 산으로부터 도심까지 연결하거나 교외의 농촌에서의 시가지 중심부까지, 또 하천, 늪지, 습지 및 초원 등 핵(核) · 선(線) · 거점(據點) · 점(点)과 생태통로 등에 네트워크화 하는 것으로 지역 전체의 네트워크화 산 · 도시 · 하천 · 농지 각각의 네트워크의 구성을 함께 고려하게 한다(그림 13-3-2).

이 중 핵(核, core)은 그린 네트워크에 있어서 생물다양성의 원천이 되는 유전자의 공급원이 되어야 할 큰 규모의 자연공간으로, 서울의 경우에는 북한산, 관악산 등이 이에 해당되지만 국토 전체의 경우에는 생태적으로 단절되지 않은 5대 산맥 또는 그와 연계된 일부로서의 국립공원 등이 해당된다.

거점(據點, spot)은 도시의 소규모 산, 큰 공원 및 농촌지역의 큰 농장, 늪, 및 해상의 작은 섬 등이 이에 해당하는데, 자연적 또는 인위적으로 조성된 중 · 소규모의 생태적 공간을 말한다. 핵과 점을 연결하는 공간이 되며 보통 생태적으로 중간 위치에 있는 생물이 서식한다.

점(点, point)은 도시 내의 정원, 녹화된 옥상, 가로수, 화분 등이 이에 해당되며 나비 및 작은 새 등이 사는 곳으로 식물의 종류를 다양화하면 다양한 생물이 날아온다.

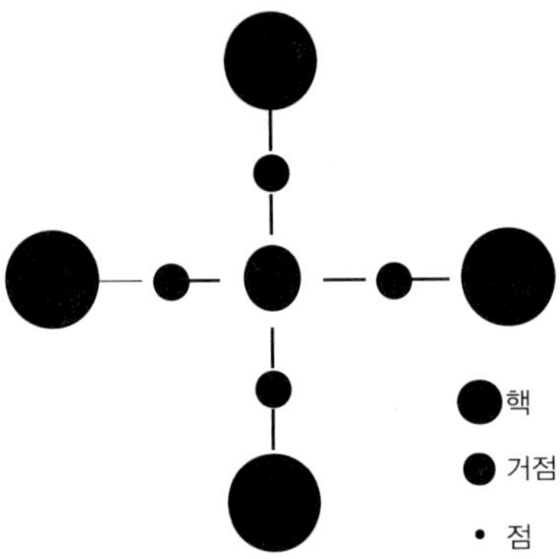

[그림 13-3-2] 「그린 네트워크」 개념도

Keyword 22 **인공지반**(人工地盤 artificial ground)

인공지반은 자연지반과는 달리 토목 · 건축구조물에 의해 생겨난 공간으로 토지와 직접적인 연결이 없이 인공적으로 구축된 지반이다.

인공지반은 도시의 발달과 팽창에 따른 고밀한 토지이용의 결과로서 발생하였고, 현재 대부분 건축공간의 녹지는 지하주차공간 위인 인공지반 위에 조성되어 있다. 인공지반 녹화의 초기형태는 옥상녹화였으나 건축술이 발달함에 따라 다양한 인공지반이 나타나게 되었다. 녹화기술이 발달하고 축적됨에 따라 기존의 무미건조하였던 공간이 녹화의 대상으로 되었고, 나아가서 녹화의 기술이 그 대상공간을 넓히게 되었다. 건물의 옥상이나 내부, 건물의 바깥부분 등이 녹화의 대상이 된다.

인공지반의 유형은 다음과 같다. 건물과 일체화된 것으로 건물의 위나 건물의 표층에 조성된 인공지반으로 옥상정원이 발전된 것, 지하철이나 철도역의 재개발 같은 곳에서 볼 수 있듯이, 고가광장과 같이 인공지반이 독립하여 존재하는 경우, 몇 층의 인공지반 위에 녹지나 건축시설 등의 도시시설을 설치할 때 볼 수 있다.

인공지반녹화용 토양은 건물에 하중을 줄이기 위해 가벼워야 하고, 구조물 자체가 쉽게 열을 받기 때문에 수분증발이 빠르므로 물 부족 현상에 대비해 보수성이 좋아야 한다. 그러나 보유하는 수분이 과할 경우 건물에 하중으로 작용할 수 있기 때문에 배수처리가 잘 되는 토양이어야 한다.

Keyword 23 도시하천(都市河川 urban river)

도시하천이란 하천 주변의 토지이용성에 따른 분류로 도시지역 내에 있는 하천으로서 도시의 기능 및 발전에 밀접한 연관을 맺고 있다.

도시하천의 특징으로 유역은 협소하고 토지이용 강도가 높으며, 도시하천의 범람원인 홍수터는 도시화로 사라지고 제방으로 되어 있다. 직강화로 홍수 도달시간이 짧고 많은 토사가 하류로 운반되어 퇴적됨으로써 고수부지가 많이 발달된다. 상수도 정비에 의한 취수량 증가, 도로 포장률 증가에 의해 지하침투 수량의 감소, 하수로 정비에 의한 차입으로 평상시 수량이 감소한다. 또한 하수도 정비가 미흡한 지역에서는 생활하수의 유입에 의해 수질이 약화된다. 도시하천의 생물은 자연적 하천에서와는 다르게 어디서나 볼 수 있는(Ubiquitous) 종인 망초, 개망초, 돼지풀, 강아지풀, 도꼬마리와 환삼덩굴 등이 주를 이루고 있다. 이러한 원인 중의 하나는 하천정비의 문제점으로 하도의 직강화, 횡단구조물 또는 하천유역의 개발 및 산업화가 주된 원인으로 꼽힌다(김혜주, 2005).

이러한 도시하천이 최근 들어 자연형 하천이나 친수공간으로 조성되어 도시인이 산책하고 휴식하고 생태학습을 하는 공간으로 변모하고 있다.

제 14 강

조경도면과 표현기법

홍형순

제1절 서론

제2절 핵심개념

1. 그래픽과 디자인 프로세스

Keyword 1 디자인과 그래픽

Keyword 2 프레젠테이션 그래픽과 프로세스 그래픽

Keyword 3 디자인 프로세스와 그래픽

2. 프리핸드 도면과 평면표현

Keyword 4 프리핸드 도면 작성

Keyword 5 제도

Keyword 6 평면 표현

3. 단면도와 투시도 등

Keyword 7 단면도와 입면도

Keyword 8 입면도 · 투시도 사용심벌

Keyword 9 투시도

Keyword 10 모형

제3절 더 알아야 할 개념

4. 컴퓨터 그래픽

Keyword 11 컴퓨터 그래픽

제 14 강

조경도면과 표현기법

홍형순

제 1 절 서 론

인간은 사회적 동물이며 누구나 의사소통을 하며 살아간다. 언어는 물론 표정과 몸짓까지도 의사소통(communication)을 하는 수단이다. 우리는 모두 이러한 의사소통방법에는 익숙해 있으나 조경설계자에게는 여기에 더해 독특하고 새로운 의사소통방법이 요구된다.

조경설계는 설계자가 독창적인 아이디어를 발상하고, 이를 발전시키고 구체화시키는 일련의 창조적 과정이다. 이 과정에서 설계자 자신은 물론 의뢰인(client)과 건축, 토목 등 다양한 관련 전문가들에게 자신의 설계안을 이해시키고 설득해야만 한다. 또 대부분의 경우, 설계도서를 바탕으로 현장에 구체적인 결과물로 구현하는 일은 설계자가 아닌 시공자의 몫이다. 따라서 설계자에게 자신의 의도를 명확하게 담은 설계도서를 작성하는 능력은 매우 중요하다.

시각적 의사소통(visual communication)의 기본형식은 글(written word)과 그래픽 이미지(graphic image)이다(VanDyke S. 1982: 77). 또 이 둘은 유사한 구조적 법칙을 갖는다. 즉 예를 들어 "나는 당신을 사랑합니다"(I love you)라는 문장은 3개의 단어(word)가 모여 한 문장(sentence)이 구성된다. 이러한 문장이 여러 개 모여 문단(paragraph)을 이루고 또 이들이 모여 한편의 글(writing)이 된다. 여기에는 문법, 문장

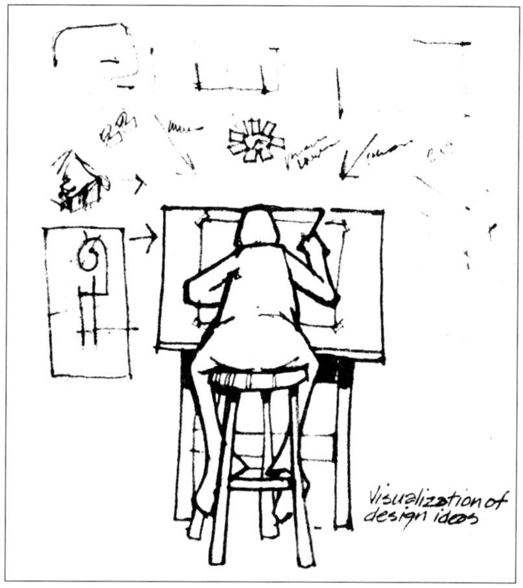

[그림 14-1-1] 디자인 아이디어의 시각화 작업
(출처: VanDyke, 1982)

작성법 등 일정한 법칙이 있다. 또 이 글을 작성한 사람을 작가(writer)라 한다.

이에 반해 설계과정에서는 단어를 대신하여 심벌(symbol)이 사용된다. 즉 교목과 관목, 석재, 벽돌, 물 등 다양한 소재와 구성요소를 상징하는 부호가 기본 구성단위가 된다. 이러한 심벌이 모여 설계자의 아이디어를 도해한 그래픽(graphic)이 된다. 또 이 그래픽들이 제도기법 등 정해진 규정에 따라 정리되어 설계도면(drawing)이 된다. 여기에도 글쓰기와 마찬가지로 도면작성법 혹은 제도 및 표현기법이라 칭하는 일정한 법칙이 적용된다. 또 이를 작성한 사람을 설계자(designer)라 한다.

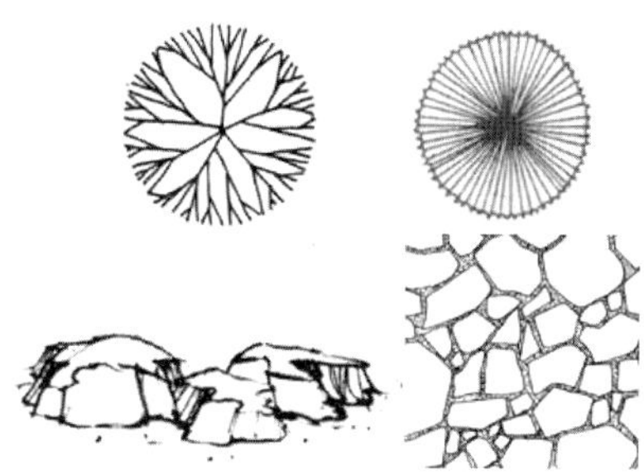

[그림 14-1-2] 도면을 구성하는 기본단위는 심벌이다. 각 심벌은 낙엽교목, 침엽교목, 자연석, 바닥 포장을 나타낸다.

저자가 글을 통해 표현하고자 한 내용이 명쾌하게 전달되며 아름답기까지 한 명문이 있다. 반면 난해하고 조잡한 글도 있다. 마찬가지로 설계도면에 있어서도 설계자의 아이디어와 설계의도가 명확하게 전달되는 도면이 있다. 여기에 개성적이고 독창적인 표현으로 아름다움까지 더할 수 있으면 좋다. 반면에 설계의도가 제대로 전달되지 않는 난해한 도면은 의뢰자의 신뢰를 얻을 수 없다. 또 이러한 설계도로는

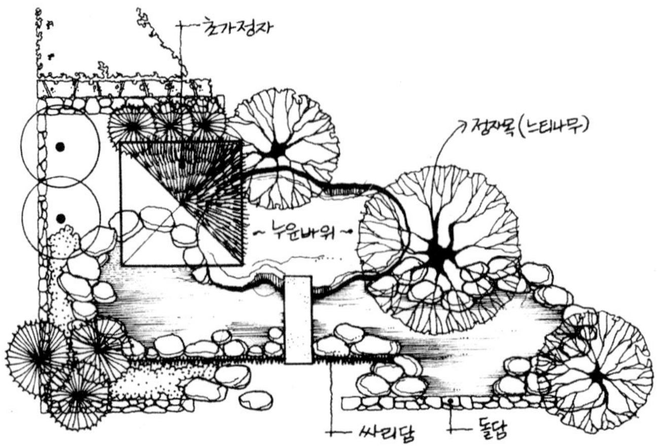

[그림 14-1-3] 여러 개의 심벌들이 모여 설계자의 아이디어를 도해한 그래픽(graphic)이 된다.(출처: 김승환 등(2001) p.51)

시공자에게 효과적인 시공 결과물을 기대할 수 없다.

좋은 글을 쓸 수 있는 능력은 풍부한 어휘력과 표현력이 바탕이 된다. 이를 위해 좋은 글을 많이 읽고 쓰는 습작과정을 거쳐야 한다. 마찬가지로 좋은 도면을 작성할 수 있는 능력을 배양하기 위해서 좋은 도면을 많이 보고, 느끼고, 따라 그리는 습작과정을 충실히 거쳐야만 한다.

제 2 절 핵심개념

1. 그래픽과 디자인 프로세스

Keyword 1 **디자인과 그래픽**(design & graphic)

설계자는 자신의 아이디어와 그 내용을 표현하기 위해서는 그래픽을 사용한다. 설계에 포함된 복잡한 여러 문제, 주제 등은 그래픽을 통해 간단하게 설명할 수 있다. 모든 설계자에게는 자신의 생각을 효과적으로 표현할 수 있는 그래픽 능력이 필수적이다.

설계자의 아이디어는 신속하고도 효과적으로 표현해 낼 수 있어야 한다. 이를 위해 각종 심벌(symbol)과 그래픽(graphic)을 이용한 시각적 의사소통방법이 사용된다.

이때는 다이어그램(diagram), 평면도와 입면도, 개략적인 스케치 등의 다양한 시각적인 매체가 사용된다.

설계는 문제를 해결해가는 과정(problem solving)이다. 이 과정은 초기단계의 아이디어를 평가하고, 이들을 종합하고 정리해 나가는 순차적이고 점진적인 과정으로 진행된다. 즉 설계는 간단한 정보를 입력하고 즉시 해결책을 얻는 단순한 작업이 아니라 창조를 위한 노력이 수반된다. 이러한 과정을 통해서만 좋은 디자인이 만들어진다. 또 좋은 디자인이란 명확한 개념들이 잘 구성됨으로써 이루어진다.

그래픽이란 설계의 초기 개념부터 마무리 단계에 이르기까지 전 과정의 아이디어를 시각적으로 표현한 것이다. 그래픽을 작성함으로써 설계자 스스로가 자신의 아이디어를 평가하고 종합하고 정리해 나갈 수 있다. 따라서 여러 단계로 이루어지는 설계과정에서 다양한 수준의 그래픽이 사용된다.

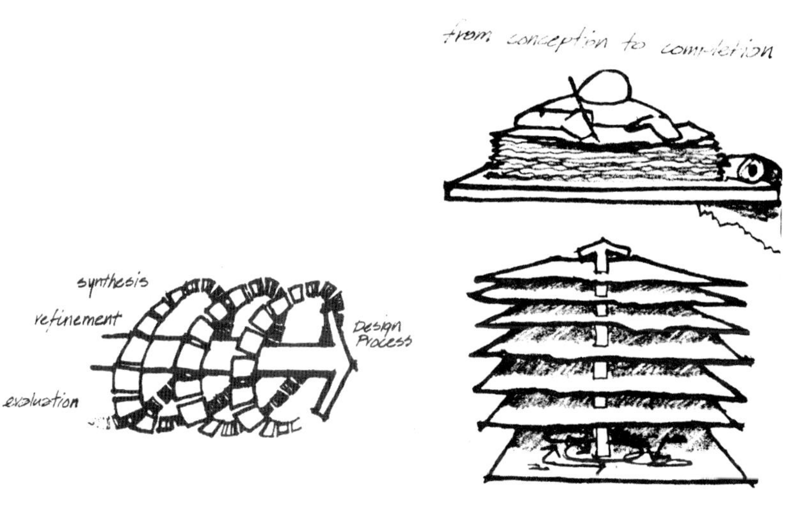

[그림 14-2-1] 설계과정(출처: VanDyke, 1982)

Keyword 2 **프레젠테이션 그래픽과 프로세스 그래픽**(presentation graphic & process graphic)

설계의 시작부터 분석, 구상 등 설계진행과정에서 그려지는 여러 가지 도면을 모두 프로세스 그래픽(process graphic)이라 할 수 있다. 설계과정이 마무리되어 최종설계안을 의뢰인(client)이나 관계자들에게 설명을 하거나 일반인들에게 발표 또는 전시를 목적으로 만들어지는 도면을 프레젠테이션 그래픽(presentation graphic)이라 한다.

일반적으로 처음 조경설계를 접하는 사람들은 화려한 프레젠테이션 그래픽에만 흥미를 갖는 경우가 많다. 또 제도와 표현기법을 배우고 연습하는 과정에서도 이런 경향은 계속되기도 하는데, 보기 좋은 그림을 그리는 연습에만 치중하는 것은 잘못된 방법이다. 표현기법을 공부하는 이유는 단지 보기에 좋은 그림만을 그리는 것이 아니라 자신의 생각을 잘 표현하기 위한 것이다. 처음 시작하는 단계에서는 그래픽에 대한 선입견을 바꿀 필요가 있다. 특히 이러한 설계과정에서 그려지는 그림들은 설계자의 경륜에 따라 매우 개성적인 방법으로 표현되는 경우가 많다.

일반적으로 좋은 디자인이 훌륭한 그래픽으로 작성되어 제시되는 경우가 많다. 그러나 세밀하게 잘 그려진 그래픽이 반드시 잘된 디자인은 아니다. 마찬가지로 훌륭한 아이디어임에도 불구하고 부족한 표현능력으로 인하여 채택되지 못하는 경우도 있다.

또 중요한 점은 실제적인 설계과정에서 프로세스 그래픽과 프레젠테이션 그래픽의 차이점 자체가 모호하다는 점이다. 그래픽의 용도나 목적은 보는 이에 따라 바뀔 수도 있다. 즉 설계 초기에 설계자는 자신의 아이디어를 정리하기 위해 빠르고 거친 도면들을 작성한다. 이 도면들은 설계안을 발전시키기 위해 작성된 도면으로 최종안과 다를 수도 있다. 그러나 최종 설계안에 대한 확신을 주기 위해 프레젠테이션용으로 사용될 수도 있다. 즉 설계과정에서 만들어진 모든 도면은 필요에 따라 프레젠테이션에도 효과적으로 사용될 수 있다.

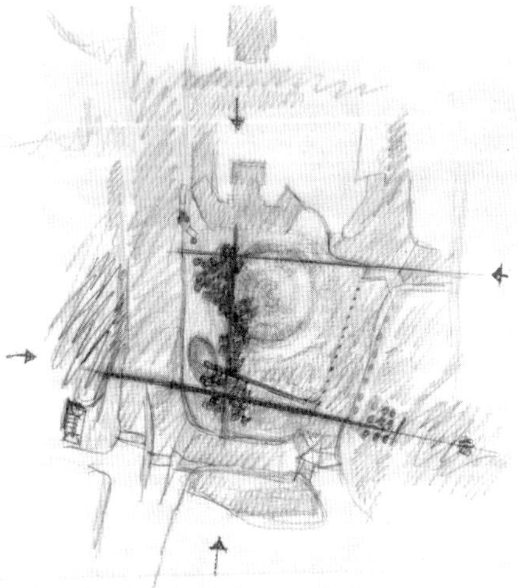

[그림 14-2-2] 프로세스 그래픽: 서울시청 광장 현상공모 출품안(출처: (주)신화컨설팅, 2002)

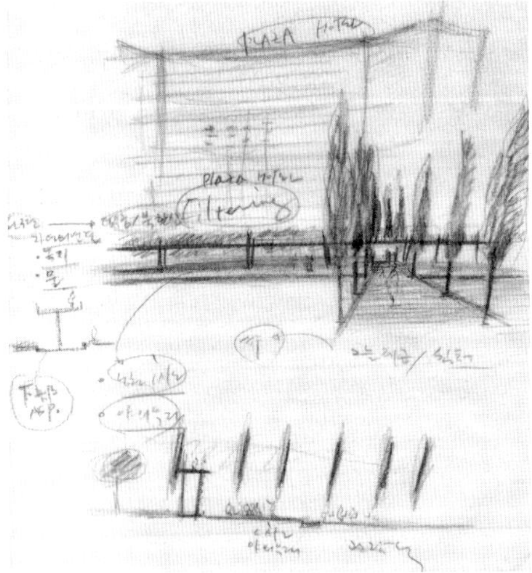

[그림 14-2-3] 프로세스 그래픽: 서울시청 광장 현상공모 출품안(출처: (주)신화컨설팅, 2002)

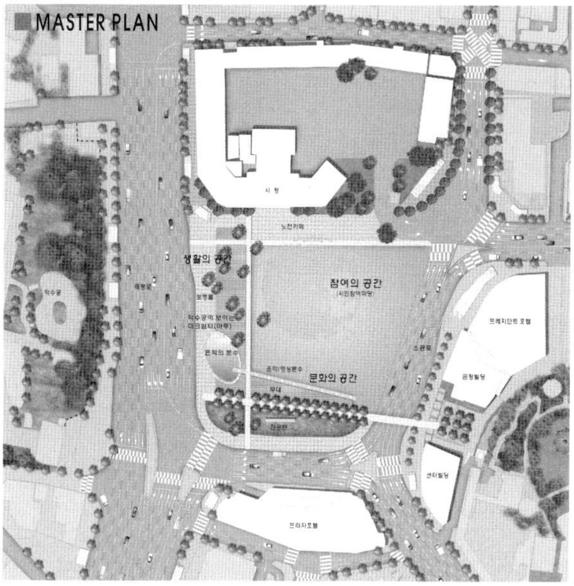

[그림 14-2-4] 프레젠테이션 그래픽:
서울시청 광장 현상공모 출품안
(출처: (주)신화컨설팅, 2002)

[그림 14-2-5] 프레젠테이션 그래픽 :
서울시청 광장 현상공모 출품안
(출처: (주)신화컨설팅, 2002)

Keyword 3 **디자인 프로세스와 그래픽**(design process & graphic)

일반적인 디자인 과정은 프로그램의 개발로부터 현황조사와 분석, 개념적인 디자인(conceptual design), 디자인 발전(design development), 실시설계(construction document) 등의 단계로 이루어진다. 실제의 설계과정에서는 각 단계는 생략되거나 중복되어 진행되는 경우도 있다. 그러나 설계과정의 순서에 의해 진행함으로써 논리적인 디자인을 얻을 수 있다. 따라서 각 단계별로 필요로 하는 그래픽의 성격과 내용, 표현방법을 충분히 이해하고 숙달할 수 있어야 한다.

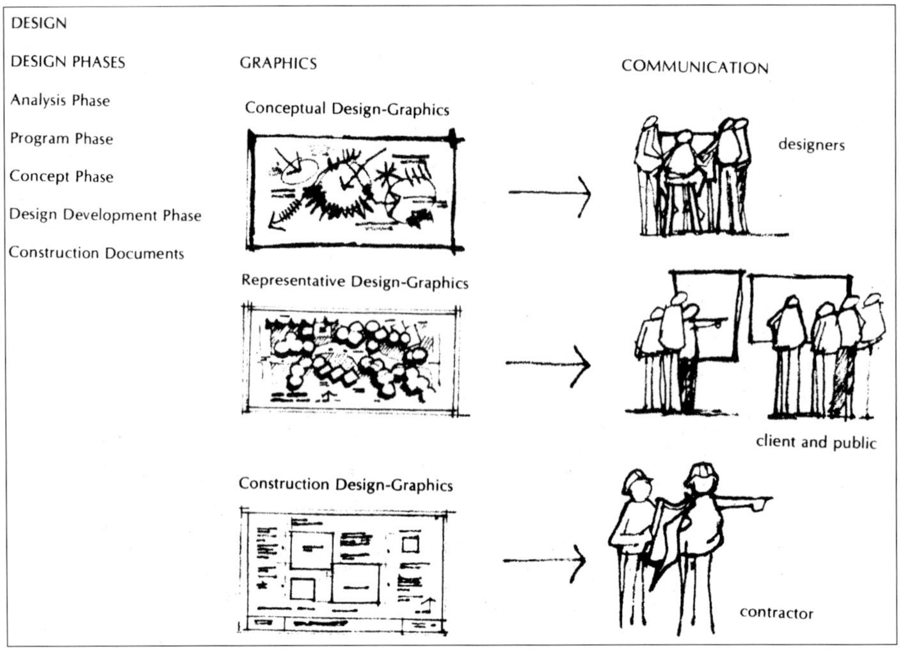

[그림 14-2-6] 디자인 프로세스(design process)와 그래픽(graphic)(출처: VanDyke, 1982)

1) 프로그램(program) 개발

프로그램 개발은 의뢰자(client), 운영주체, 이용자 등으로부터 정보를 수집하고 이를 디자인에 반영하기 위한 자료로 가공하는 작업이다. 프로그램의 내용과 성격은 설계의 규모와 특성에 따라 달라진다. 프로그램은 설계에 반영되고 해결되어야 할 사항들을 함축시킨 것으로 일반적으로 그래픽으로 처리되지는 않는다.

2) 현황조사와 분석도(analytical drawing)

조사와 분석단계에서 설계자는 대상지의 물리적·사회적 특성에 관한 자료를 조사하고 기록한다. 물리적 특성에는 지형, 식생, 토양, 기후, 경관 등 다양한 요소들이 있다. 사회적 특성에는 부지경계, 토지이용현황, 문화재, 교통체계 등 다양한 요소가 있다. 대상지에 대한 객관적 자료를 수집하는 것을 이 조사라 한다. 또 이 정보들이 의미하는 잠재력과 문제점 혹은 기회요소와 제한요소 등으로 주관적인 가치판단 과정을 분석이라고 한다. 프로그램과 함께 현황분석 자료는 디자인을 위한 기본 지침이 된다.

이 단계에서의 그래픽을 통칭하여 현황분석도라고 한다. 분석도의 주제와 내용에 따라 지형분석도, 식생분석도, 경관분석도 등 다양한 주제도로 구분된다. 일반적으로 평면도가 많이 사용되나, 높낮이 등을 표현하기 위해서는 단면도와 입면도가 효과적인 경우도 있다. 이 단계의 그래픽은 비교적 형식에 구애받지 않고 자유롭게 그려진다. 프리핸드(freehand)에 의한 선(soft line)과 제도에 의한 선(hard line) 등을 모두 사용할 수 있다. 사용재료도 부지의 규모에 따라 연필, 사인펜, 마커(maker) 등을 자유롭게 선택할 수 있다.

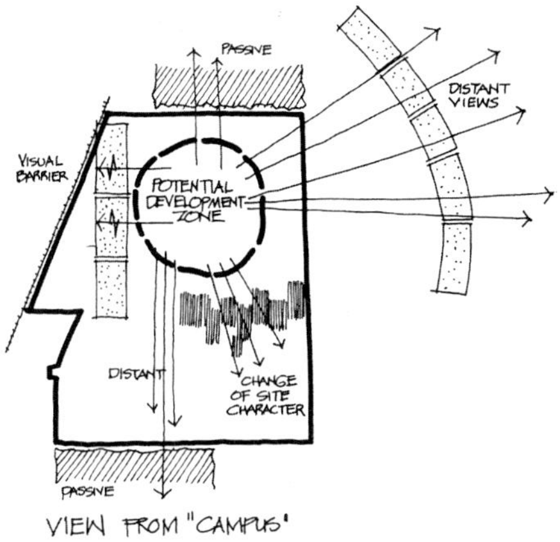

[그림 14-2-7] 현황 분석도(analytical drawing)(출처: Wang(1996) p.20)

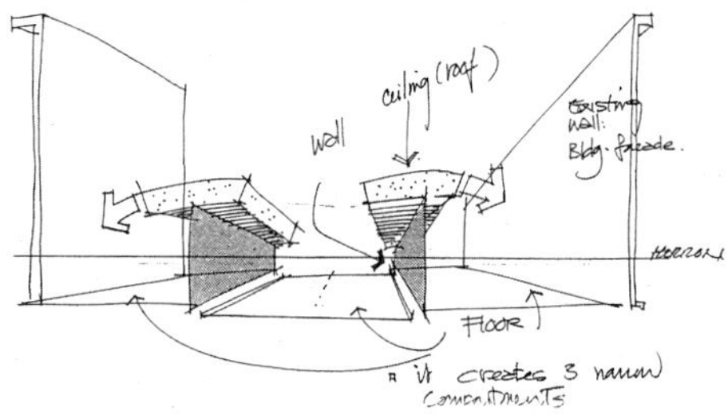

[그림 14-2-8] 현황 분석도(analytical drawing)(출처: Wang(1996) p.23)

3) 개념도(concept drawing)

개념도는 설계 초기단계의 아이디어를 빠르게 표현한 그래픽이다. 특히 '빠른 속도'가 필요한 이유는 순간적으로 떠오르는 아이디어를 놓치지 않고 그려낼 수 있어야 하기 때문이다. 개념도를 통해 설계자 자신의 아이디어를 구체화시키며 발전시켜 나갈 수 있다. 또 다른 공동설계자나 의뢰인에게 아이디어를 설명하기 위해 사용되기도 한다. 개념도는 토지이용, 차량과 보행자 동선, 공적공간과 사적공간 등 다양한 주제별로 그리지기도 한다.

개념도 역시 특정한 형식이 없이 자유롭게 그려진다. 초기의 개념도는 마치 낙서처럼 산만하고 개략적이나, 아이디어의 개발과 문제해결을 위한 잠재력을 담아야 한다. 개념도는 보통 평면도의 형식으로 표현되나 입면도나 단면도, 스케치와 같이 3차원으로도 그려지기도 한다. 용지와 필기구 등 재료의 선택도 자유롭다. 일반적으로 연습지라 불리는 트레이싱지(yellow tracing paper)가 많이 사용되며 연필, 사인펜, 마커(maker) 등을 자유롭게 선택할 수 있다.

개념도는 축척도 없으며 단순하고 다소 추상적인 간단한 그래픽이다. 그러나 이 그림은 앞으로 디자인의 발전 가능성을 함축하고 있다. 개념도는 설계자의 개성, 경륜과 능력에 따라 특유의 표현방식을 갖는다.

- 버블 다이어그램(bubble diagrams) : 마치 풍선 모양의 버블 다이어그램은 디자인 과정에서 설계자의 개념을 정리하기 위해 사용된다. 다소 추상적이므로 다른 사람의 이해를 돕기 위한 설명을 표기해야 한다.
- 개념 다이어그램(conceptual diagrams) : 버블 다이어그램에서 한 단계 발전된 형태이다. 이것 또한 아주 함축적인 기호로 표현된다.
- 개념도(conceptual maps) : 초기 개념들이 정리되어 기본도 위에 표현된다. 이러한 개념도에는 부지특성이 반영된다.

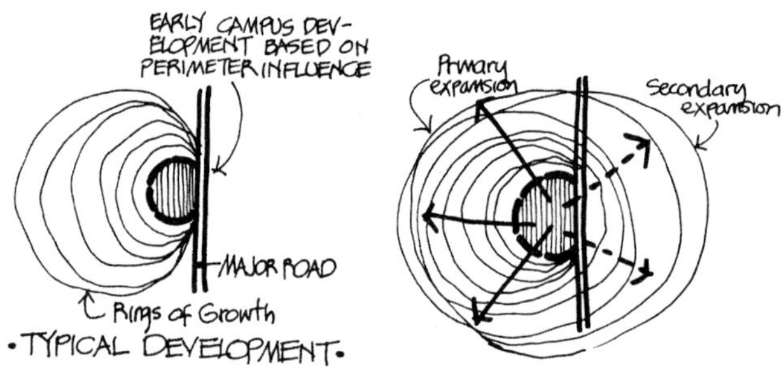

[그림 14-2-9] 버블 다이어그램(bubble diagram)
(출처: Wang(1996) p.26)

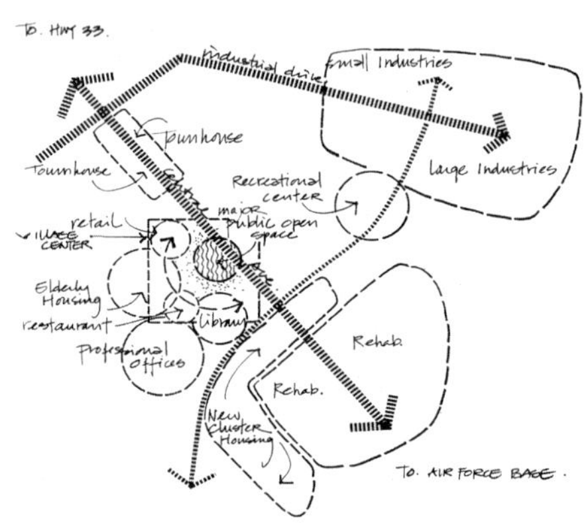

[그림 14-2-10] 개념 다이어그램(conceptual diagram)(출처: Wang(1996) p.27)

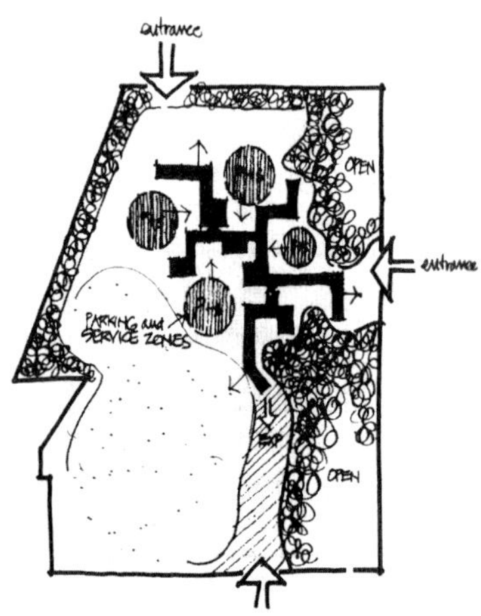

[그림 14-2-11] 개념도(conceptual map)(출처: Wang(1996) p.30)

4) 디자인 드로잉(design drawing)

디자인 드로잉은 디자인 발전(design development) 단계에서 설계자의 아이디어를 구체화한 그래픽이다. 따라서 설계자의 초기 아이디어 중에서 버려야 할 것, 추가할 것, 변경할 것 등에 대한 고려와 조정과정을 통해 그래픽으로 옮겨진다. 이 과정의 그래픽은 preliminary-design maps, final-site development plan, illustrative site plan 등이 있으나 설계자에 따라 개성적으로 표현되며 그 차이를 명확하게 구분하기 어렵다. 일반적으로 디자인 드로잉은 마스터플랜(master plan)으로 정리된다.

정리된 아이디어는 보다 구체적이고 사실적인 그래픽으로 표현되어야 한다. 설계안이 가지고 있는 기능과 미적 특징, 공간구성 등의 내용이 잘 표현되어야 한다. 이를 위해 축척에 맞추어 폭과 길이 등 규모, 재료와 형태, 수목의 배치 등이 설명적으로 그려져야 한다. 경사지, 수변공간 등 부지특성에 따른 설계안을 효과적으로 전달하기 위해 평면도 외에도 입면도, 단면도, 투시도 등 다양한 도면형식이 추가되기도 한다.

이 단계 그래픽은 설계안을 설명하는데 사용되며 보관할 필요도 있으므로 비교적 질이 좋은 용지를 사용한다. 프리핸드(freehand)기법과 제도가 함께 사용될 수도 있다. 흑백(black & white) 혹은 채색이 가능하며 잉크, 색연필, 사인펜, 마커(maker) 등 설계자의 개성을 표현할 수 있는 재료가 자유롭게 선택될 수 있다.

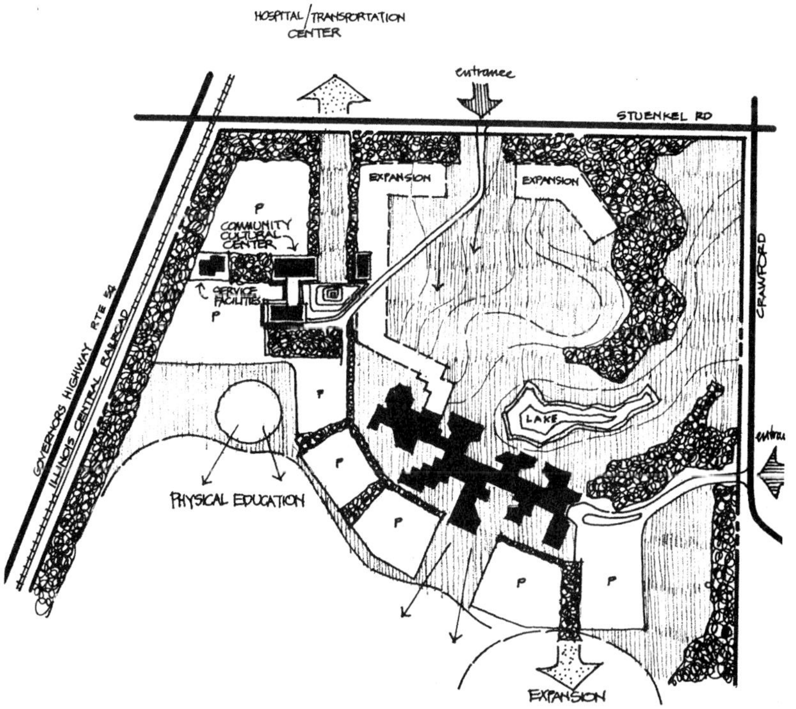

[그림 14-2-12] final site-development plan(출처: Wang(1996) p.33)

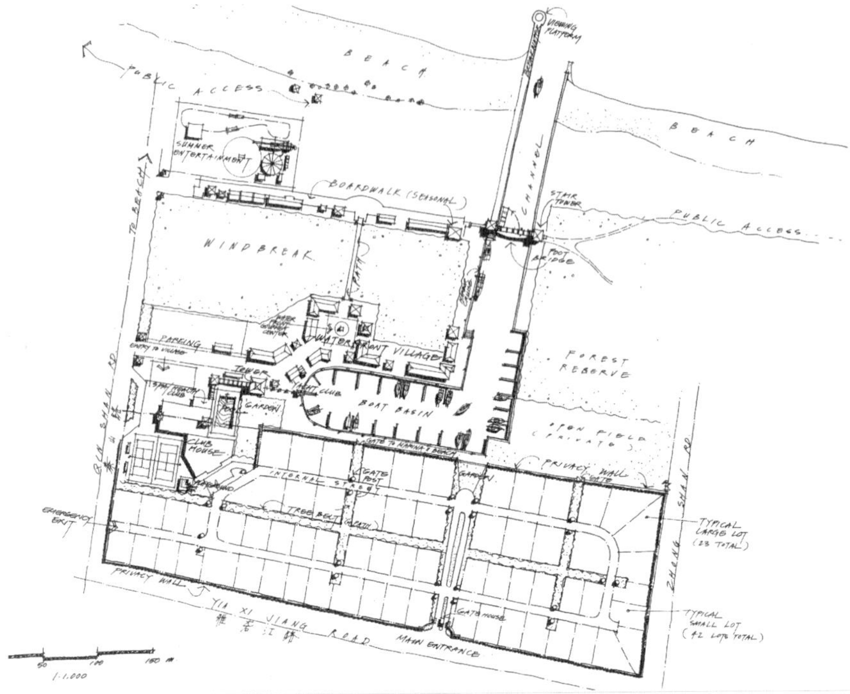

[그림 14-2-13] schematic plan(출처: Wang(1996) p.36)

5) 실시설계도(construction design)

일반적으로 조경관련 프로젝트들은 설계자와 시공자로 그 역할이 구분되어 있다. 의뢰인(client)이 납득하고 승인한 설계자의 아이디어는 실시설계도(construction design)로 작성된다. 실시설계도는 위치, 형태, 크기, 재료, 시공방법 등 설계의도를 그래픽으로 표현한 중요한 도면이다. 이 설계도면과 함께 상세한 설명을 부가하기 위한 각종 시방서, 설명서 등이 추가되는데 이 모든 것을 설계도서(construction document)라 한다. 시공자는 이 설계도서에 의해 프로젝트의 시공을 하게 된다.

조경시공을 위한 도면에는 정지도, 배치도, 식재설계도, 각종 구조물과 시설물 상세도 등이 있다. 이러한 각각의 도면들은 평면도, 입면도, 단면도, 상세도 등을 통해 사용재료, 규격, 수량, 형태, 구조, 접합방법, 마감방법 등을 표기해야 한다. 실시설계도는 일정하게 정해진 제도규칙에 따라 정확하게 작성되어야 한다.

어느 시공자에게 프로젝트가 맡겨지더라도 정확한 시공이 가능할 수 있어야 하므로 실시설계 도면은 쉽고 명확하게 이해할 수 있어야 한다. 일반적으로 트레이싱지(tracing paper)를 사용하여 원도를 작성하며, 이것을 이용해 여러 부의 청사진 복사본을 만들어 사용한다.

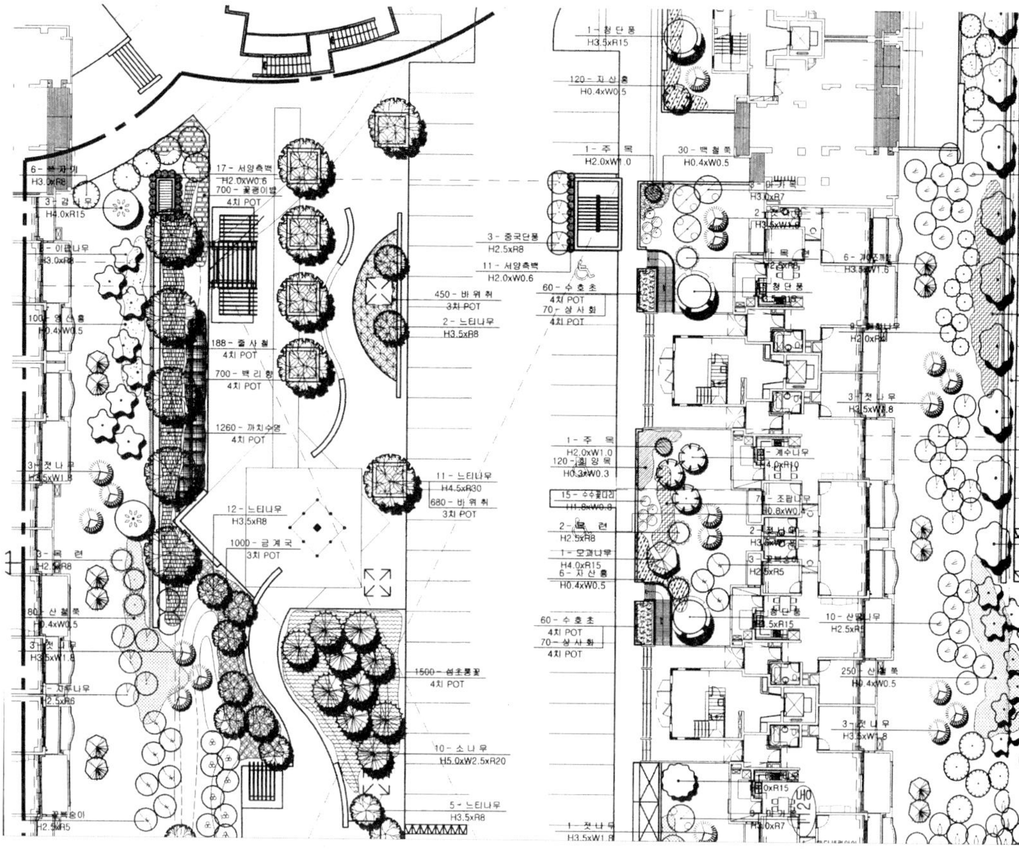

[그림 14-2-14] 실시설계도(식재설계도, 부분)(출처: 자·오 조경기술사사무소, 2003)

2. 프리핸드 도면과 평면표현

Keyword 4 프리핸드 도면 작성(freehand drawing)

설계 초기단계에서의 아이디어는 프리핸드로 표현하는 것이 매우 효과적이다. 또 이 단계에서의 작업은 컴퓨터에 의한 그래픽 작업보다도 프리핸드 작업이 효율적이다.

조경설계의 특성상 자를 이용한 정확한 선(hard line)에 비해 프리핸드에 의한 자유롭고 부드러운 선(soft line)이 사용되는 경우가 많다. 프리핸드 도면은 개념도, 간략한 스케치, 초기 디자인 아이디어를 표현하는데 효과적이다. 이러한 그래픽을 이용하여 자신의 아이디어를 자유롭고 과감하게 표현할 수 있어야 한다. 훌륭한 조경설계자로서 역량을 갖추기 위해서는 프리핸드로 표현할 수 있는 기량을 갖출 필요가 있다.

프리핸드 도면 작성에 사용되는 도구는 연필, 사인펜, 마커 등을 자유롭게 선택할 수 있다. 또 이들을 이용해 다양한 직선과 곡선, 심벌, 레터링(lettering) 연습이 필요하다.

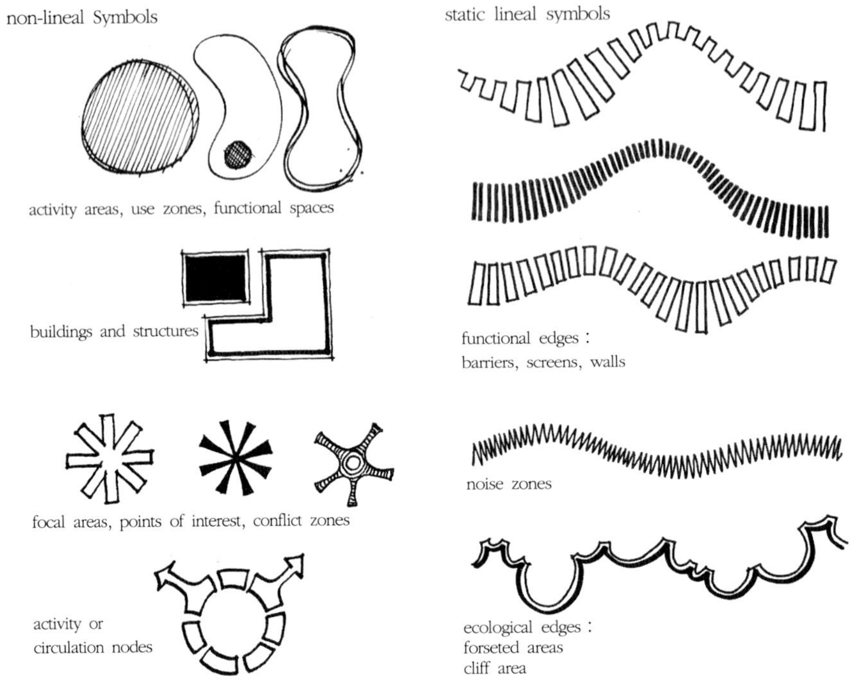

[그림 14-2-15] 프리핸드 도면 작성(출처: Reid(2002) p.49)

Keyword 5 **제도**(drafting)

인간의 행위에 있어서 '그리기'는 많은 의미를 함축하고 있다. 일상생활에서도 단순한 낙서로부터 예술적 표현에 이르기까지 다양한 그래픽을 접하게 된다. 이런 그래픽 중에서도 '조경제도기법' 등과 같이 정해진 통칙에 따라 설계도를 작성하는 일을 제도(製圖, drafting)라 한다. 또 제도를 통하여 작성된 도면(drawing)을 통칭하여 설계도라 한다. 조경설계도는 설계자의 의도를 정확하게 제 3자에게 전달하는 중요한 수단이므로 제도능력을 충실히 연습하여야 한다.

제도를 위해서는 제도용구와 사용법을 익히고 기초적인 도학연습이 필요하다. 또 축척과 방위표시, 표제란(title block) 등 도면작성기준 등을 숙지해야 한다. 또 도면에 사용되는 각종 선, 부호(symbol), 재료별 표시법 등을 적절히 사용할 수 있어야 한다. 도면에 표기하는 선과 레터링(lettering)도 필요하다.

과거에는 제도작업을 위해 제도대(drafting board), T자, 삼각자 등이 필수적이었다.

또 설계내용을 정확하고 쉽게 전달하기 위해 많은 시간과 정성이 투자되었다. 오늘날에는 대부분 컴퓨터를 활용한 CADD(Computer-Aided Design and Drafting) 작업으로 대체되었다. 다만 조경설계에 입문하는 단계에서는 제도연습을 충실히 할 필요가 있다. 제도의 기초를 연습함으로써 설계자가 갖추어야 할 감각을 키울 수 있다. 또 조경제도의 기본을 충분히 이해하여야만 CADD 작업도 효율적으로 해낼 수 있다.

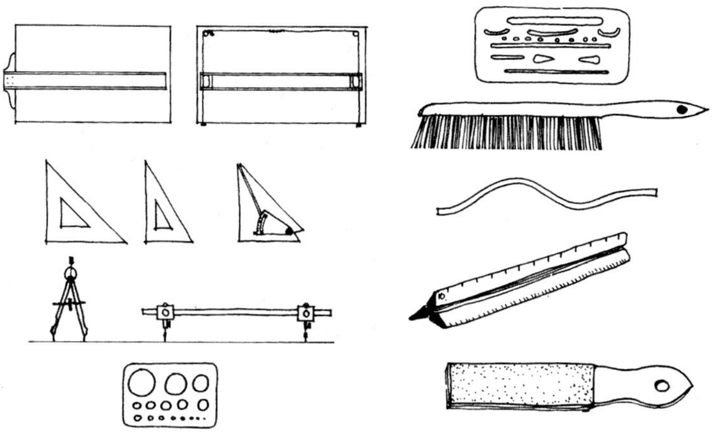

[그림 14-2-16] 제도용구(출처: Reid(2002) p.57-59)

Keyword 6 **평면 표현**(presentation plan)

설계안을 발전시켜 나가는 조경설계과정에서 평면도가 널리 사용된다. 또 최종 설계안은 축척에 정확히 맞추어 평면도로 표현된다. 평면도에서는 설계대상지 내의 건물과 구조물, 수목 등의 사물과 공간의 수평적 관계를 표현한다.

평면도는 사물이나 대상부지를 공중에서 내려다 본 그림이다. 건축설계에서는 일반적으로 바닥에서 1.2~1.8m 부분의 절단면을 위에서 내려다 본 그림으로 표현한다.

조경설계에 도입되는 여러 요소와 재료들은 각 심벌(symbol)로 표현된다. 또 도면의 성격에 따라 채색을 하거나 음영을 표현하여 사실감과 입체감을 강조하기도 한다. 다음과 같이 일반적으로 많이 사용되는 심벌들은 자유자재로 구사할 수 있도록 충분히 연습할 필요가 있다.

- **수목의 표현** : 템플릿(template)을 사용하거나 프리핸드로 표현할 수 있다. 설계 초기단계에 사용되는 단순하고 빠른 표현방법과 최종설계안에 표현되는 세밀하고 사실적인 표현도 있다. 침엽수, 낙엽수, 독립수, 수목군락, 상록관목, 낙엽관목, 산울타리, 지피류, 초화류 등 식물재료에 대한 다양한 평면 표현이 있다.
- **지형의 표현** : 평면도상에 평탄지와 경사지, 높은 지역과 낮은 지역 등 지형적 특

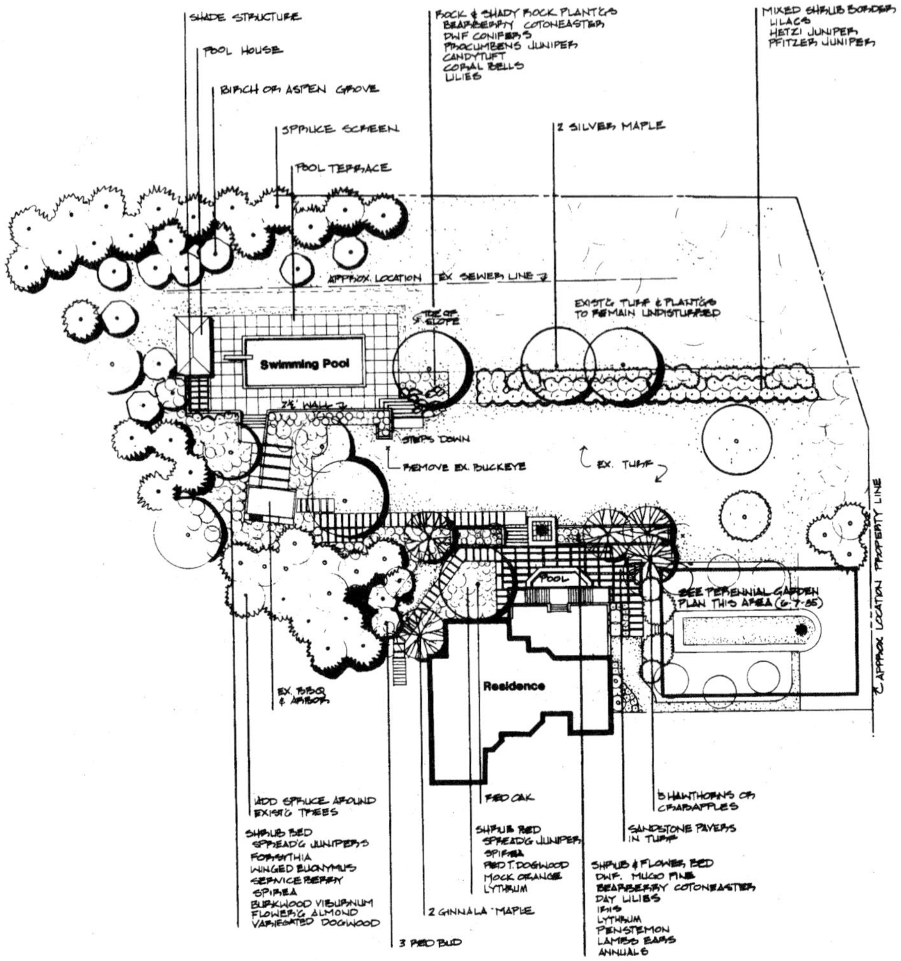

[그림 14-2-17] 여러 가지 심벌로 표현된 평면도(출처: Reid(2002) p.79)

성을 표현한다. 일반적으로 평면도에 표시된 등고선에 선 혹은 점을 이용한 그래픽 처리로 급경사지와 완경사지 등을 구분하여 표현할 수 있다.

- **바위, 자연석 등의 표현** : 바위로 이루어진 지형이나 설계를 통해 도입되는 자연석 등을 표현한다.
- **물의 표현** : 자연에 존재하는 호수, 연못, 계류 등과 인공적인 분수, 풀(pool) 등의 표현한다. 또 흐르는 물과 고요히 정지된 물 등을 구분하여 표현한다.
- **포장(paving)의 표현** : 벽돌, 판석, 블록, 판석 등 다양한 포장재료별 표현이 있다.
- **건물의 표현** : 조경공간과 건축물과의 관계를 평면도상에 표현한다. 지붕형태(roof type)나 외곽선으로 표현할 수 있다.
- **차도와 보도** : 차량동선, 주차장 등과 보행동선을 구분하여 표현한다.

• 기타 표현 : 사람, 자동차 등을 평면상에 표현하기도 한다. 이러한 요소의 표현은 축척에 맞추어 축소된 평면도에 공간규모를 짐작할 수 있게 한다.

3. 단면도와 투시도 등

Keyword 7 단면도와 입면도(斷面圖 立面圖 section & elevation)

평면도만으로는 표현할 수 있는 한계가 있다. 또 위에서 내려다 본 평면도는 실제 우리가 보는 모습과 다르게 그려진다. 따라서 일반인들이 설계내용을 이해하기 어렵다.

이에 반해 단면도와 입면도는 평면도보다 현실적이며 이해하기가 쉽다. 위에서 본 모습이 아니라 대상물이 서있는 모습으로 그려지기 때문이다. 따라서 우리가 실제 공간과 사물을 보는 모습과 유사하게 그려진다. 또 계단이나 옹벽에 의한 단 차이, 지형의 변화 등 수직적인 요소 등은 단면도나 입면도로 쉽게 표현할 수 있다.

설계자 자신에게도 평면도만으로 설계 아이디어를 발전시켜 나가는데 한계가 있다. 수평적인 부분과 함께 수직적 차원에 대한 검토와 보완으로 디자인의 완성도를 높일 수 있다. 이러한 이유에서 단면도와 입면도가 필요하다.

단면도는 평면도상에 특정 부분을 절단한 모습으로 그려진다. 주로 옹벽, 테라스 등과 같이 지형변화가 있는 곳이나 수변과 접하는 부분을 상세하게 보여줄 수 있다. 절단된 선(cut line)은 평면도상에 표시하여 보는 사람의 이해를 돕는다. 일반적으로 종단면도, 횡단면도 2개의 단면도를 그리는 것이 일반적이나 설계안의 수준이나 복잡성에 따라 여러 개의 단면도가 준비되기도 한다.

입면도는 사물의 외관을 표현하기 직당한 그래픽이다. 건물이나 구조물의 수직적 규모, 형태, 재질 등을 사실적으로 보여주므로 이해하기 쉽다. 조경설계에 있어서는 각 공간과 시설물, 수목들과의 관계, 수목 매스(mass)의 크기 등을 설명하기 위해 그려진다. 일반적으로 정면도, 좌측면도, 우측면도, 배면도 등으로 구분된다.

[그림 14-2-18] 평면도
(출처: Reid(2002) p.116)

[그림 14-2-19] 단면도

Keyword 8 **입면도 · 투시도 사용심벌**(graphic symbol for section and perspective)

앞서 서술한 평면도 사용되는 심벌은 위에서 내려다 본 모습으로 사람들이 보는 실제 모습과는 큰 차이가 있다. 입면도와 투시도에서는 이러한 심벌들이 실제 보이

[그림 14-2-20] 입면 심벌과 투시도의 예
(출처: Reid(2002) p.13-155 필자 편집)

는 모습으로 표현된다. 여기에서는 각 요소들 간의 크기와 위치, 앞과 뒤의 위치, 밝은 곳과 어두운 곳 등 상호관계를 이해하며 표현되어야 한다. 또 그래픽의 용도와 목적을 감안하여 세밀한 표현이 필요한 경우도 있고 외곽선만으로 빠르게 그려내는 경우도 있다.

입면도, 단면도와 투시도 등에 필수적으로 사용되는 수목요소, 화훼류, 지피류, 물, 포장, 자동차, 사람 등을 익숙하게 표현하도록 연습이 필요하다.

Keyword 9 투시도(透視圖 perspective)

투시도는 조경설계안의 특징을 효과적으로 강조하여 실제 완성된 모습을 가상하여 그린 도면이다. 투시도는 소점의 개수에 따라 1점 투시도, 2점 투시도, 3점 투시도 등으로 나뉜다. 특히 시점을 높여 공중에서 본 모습을 그린 것을 조감도(bird's eye view)라고 한다. 투시도를 그리는 목적에 따라 다음과 같이 구분된다.

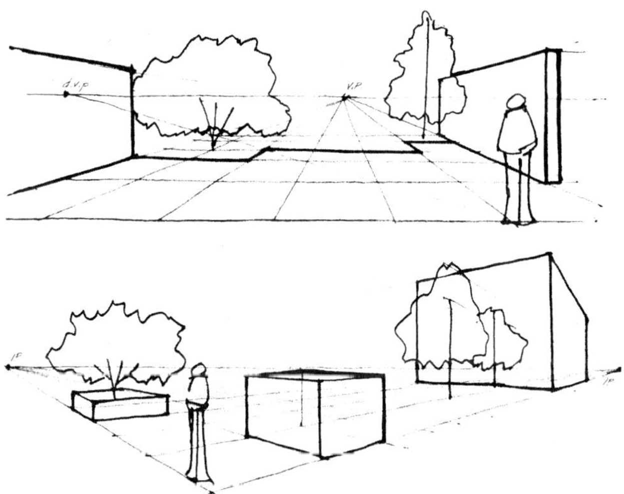

[그림 14-2-21] 1점 투시도와 2점 투시도의 원리
(출처: VanDyke(1982) p.64-66)

1) 설계사고(design thinking)를 위한 투시도

설계자의 이미지나 아이디어를 정리하기 위한 그림이다. 일반적으로 개략적인 스케치(rough sketch)라고 하기도 하듯이 거칠지만 빠르게 그려내는 그림이다. 이런 그림들을 통해 자신의 이미지를 확인하고 설계안 발전(design development)을 모색한다. 따라서 이러한 투시도는 제 3자에게 보여주기 위한 것이라기보다는 설계자 자신의 생각을 다듬기 위해 그려진다.

[그림 14-2-22] 설계안 발전과정의 투시도(출처: (주)신화컨설팅, 1992)

2) 프레젠테이션(presentation)용 투시도

설계안이 실현되어 완성된 모습을 이해시키기 위하여 작성된다. 특히 비전문가들은 이차원적인 설계도면만으로는 설계안의 구체적인 내용을 이해하기 어려우므로 이러한 투시도가 효과적으로 사용될 수 있다. 또 설계자의 독창적인 설계의도를 효과적으로 표현하여 작품전 등 전시용 목적으로 제작되기도 한다. 최근에는 컴퓨터를 이용한 컴퓨터 그래픽(computer graphic)을 이용한 투시도가 널리 사용되고 있다.

[그림 14-2-23] 프레젠테이션용 투시도(출처: (주)신화컨설팅, 1992)

Keyword 10 모형(模型 model)

조경설계과정에서는 대상지 혹은 설계내용을 포함한 축소모형을 제작하기도 한다. 모형제작의 필요성은 3차원적 공간을 구성하는데 있어서 2차원적인 도면작업만으로는 한계가 있기 때문이다.

모형을 제작함으로써 설계자는 자신의 설계안이 갖는 특징을 확인할 수 있으며, 도면에서는 확인할 수 없는 오류를 찾아낼 수도 있다. 또 모형을 통해 도면에 대한 이해가 부족한 비전문가에게 설계안을 쉽게 이해시킬 수 있다. 일반인들에게는 평면도나 입면도보다는 투시도가 이해하기 쉬우며, 특히 3차원적인 축소모형은 실제적인 공간감으로 보다 현실적인 미래의 모습을 예상할 수 있게 한다. 조경설계과정에서 제작되는 모형은 다음과 같이 구분할 수 있다.

1) 연구용 모델(study model)

설계과정의 진행 중에 설계안을 발전시키거나 자신의 설계안에 대한 확신을 얻기 위해 제작되는 모델이다. 특히 대규모의 부지를 대상으로 설계가 이루어지는 경우 지형에 대한 이해와 활용방안을 모색하기 위하여 지형모델이 작성되기도 한다. 비교적 작은 부지를 대상으로 하는 경우에는 주변 건물과 구조물 등과의 비례, 수직적이고 입면적인 관계 등을 파악하기 위해 개략적인 매스모형(massing model)이 제작되기도 한다.

[그림 14 2 24] 스터디 모델(출처: (주)신화컨설팅, 1994)

2) 프레젠테이션 모형(presentation model)

완성된 설계안을 의뢰인 등 관계자에게 효과적으로 설명하기 위하여 제작되는 모형이다. 설계 대상지의 공간적 질 등 완성된 모습을 최대한 현실적으로 표현하기 위하여 많은 시간과 노력이 투자된다. 이를 위해 정확한 축척이 사용되며 각 세부공간과 구성요소의 형태, 질감, 색채가 현실적으로 표현되어야 한다.

[그림 14-2-25] 프레젠테이션 모형(부분)
(출처 : Architectural Resource Consultants(1990) p.149)

제 3 절

더 알아야 할 개념

4. 컴퓨터 그래픽

Keyword 11 **컴퓨터 그래픽**(computer graphic)

컴퓨터로 모든 것이 처리되고 있는 오늘날 T자와 삼각자, 연필을 사용하는 조경제도가 무슨 의미가 있는가에 대한 의문이 있을 수 있다. 오늘날 조경설계 실무에서는 더 이상 수작업(hand drawing)으로 설계도면을 작성하지 않는다. 제도대와 T자, 삼각자 등 전통적 제도용구들이 설계실에서 사라진 지 오래다. 이를 대신하여 설계도면의 작성, 수정, 보관 등에 있어서 훨씬 빠르고 유용한 컴퓨터 프로그램이 널리 사용되고 있다. 이러한 현상은 거스를 수 없는 시대적 추세이므로 잘 적용할 수 있어야 한다. 컴퓨터를 활용한 그래픽 관련 프로그램들을 자유롭게 활용할 수 있는 능력의 배양이 필수적이다. 다만 유능한 조경설계자가 되기 위해서 이것이 전부는 아니라는 점도 간과해서는 안 된다.

과거와는 달리 기본도면(base map)으로 대부분은 수치지도(numerical map)가 사용된다. 또 이전에 수행되었던 많은 프로젝트에 대한 디지털 데이터가 축적되어 있다. 이 자료들은 언제든지 빠르고 쉽게 가공하여 새 프로젝트에 적용할 수 있고 이를 다시 자료화 하여 컴퓨터에 쉽게 저장할 수 있다. 무제한 복사와 전달이 가능하며, 이를 이용하는데 장소와 시간에 구애받지 않는다. 또 앞으로 이러한 응용분야의 발전 가능성은 무한하다고 할 수 있다.

그러나 아직 컴퓨터 그래픽 기술이 아직 미치지 못한 부분도 있다. 설계 초기단계의 아이디어 발상과 발전, 분석과 개념적 다이어그램을 작성하는 단계가 그것이다. 이 부분은 설계자의 감성과 감각에 크게 의존하는 부분이다. 기계적이고 단순한 수치와 데이터에 의존하기 어렵다. 설계자의 개성과 경륜에 따라 작업이 진행되는 경우가 많다.

건축, 토목분야의 설계와 시공에 주로 사용되는 재료들은 벽돌, 블록, 판재, 각재 등 규격화된 대량생산품이다. 조경 프로젝트에서도 이러한 대부분의 재료를 공유한다. 그러나 다른 분야와는 달리 유독 조경 프로젝트에서는 수목, 초화류 등 생물을 다루는 경우가 많으며 자연석 등 비규격화된 천연소재가 많이 도입된다. 이러한 이유로 조경설계에 컴퓨터를 활용하는데는 심벌의 다양성 등 한계가 있다. 따라서 정확한 설계의도를 컴퓨터 그래픽으로 표현하는 점에 있어서도 한계가 따른다. 예를 들어 모든 수목을 수종, 규격, 수형별로 이미지를 스캔하여 데이터베이스화하는 것은 현실적으로나 기술적으로 불가능하기 때문이다. 컴퓨터 그래픽을 통해 실제적인 모습(실사)을 능가하는 표현이 가능하지만 이것이 만능은 아니라는 점에 주목할 필요가 있다.

기능의 충족과 아름다움에 더해 자연성을 추구하는 조경의 궁극적 목표를 감안할 때 바람직한 컴퓨터 그래픽 작업의 핵심은 그를 만드는 설계자의 안목과 심성, 즉 감각이라고 할 수 있다. 이러한 감각(sense)은 단순한 기계적 작업으로 얻어지는 것은 아닐 것이다. 자신의 생각을 손으로 그려내고, 그리는 과정에서 아이디어를 다듬고 발전시키는 훈련은 앞으로 일상적으로 사용하게 될 CAD 작업에 큰 도움을 줄 것이다.

제 15 강

조경설계

홍형순

제1절 서론: 디자인(design)이란?

제2절 핵심개념

1. 조경설계과정과 설계주제

Keyword 1 조경설계

Keyword 2 설계과정

Keyword 3 설계방법

Keyword 4 설계주제

2. 설계원리와 부문별 조경설계

Keyword 5 조형요소와 설계원리

Keyword 6 형상과 형태

Keyword 7 게슈탈트

Keyword 8 공간과 지각

Keyword 9 부문별 조경설계

제3절 더 알아야 할 개념

3. 조경설계와 작품집

Keyword 10 조경설계와 작품집

제 15 강

조경설계

홍형순

제 1 절 서 론: 디자인(design)이란?

인간을 '도구를 만드는 동물' 로 정의하듯이 인간의 디자인 행위는 도구를 만들고 사용하는 것으로부터 시작되었다. 디자인이란 용어는 '지시하다', '표현하다', '계획을 세우다', '성취하다' 의 뜻을 갖는 라틴어의 데시그나레(designare)에서 유래한다. 즉 디자인의 기본적 의미는 '계획' 혹은 '설계' 라고 할 수 있는데 이는 특정한 목적을 추구하는 마음가짐으로부터 이를 실현을 위하여 세우는 일련의 행위라고 할 수 있다. 따라서 디자인은 특정한 관념(이미지)을 실체화하는 과정으로 파악할 수 있다.

디자인의 넓은 의미는 심적 계획(mental plan)으로 우리들 정신 속에 싹이 터서 실현으로 이끄는 계획 및 설계를 의미하고, 좁은 의미로는 보다 사용하기 쉽고 안전하며, 아름답고 쾌적한 생활환경을 창조하는 조형행위를 의미하기도 한다. 일반적으로는 좁은 의미의 디자인 즉 "사람이 만들려고 하는 목적물을 머리에 계획하고 그 이미지를 구체적으로 실현하려고 하는 행위" 로 사용된다(통상산업부, 1997).

디자인의 목적으로 ① 여러 요소들을 통일된 전체로 구성, ② 사물과 인간 사이의 갭(gap)을 채움, ③ 주변의 물질적인 것들로 인간의 환경을 개선, ④ 한 아이템(item)의 창조와 유지에 필요한 경비를 절감, ⑤ 사물의 사용효율 제고, ⑥ 시간과 재료를 절약하고 최적의 효용성 제공, ⑦ 의사소통을 효과적으로 하는 수단으로 작용 등을 들 수 있다(꾸밈편집실 역, 1984: 60)

산업혁명 이후에 초기 디자인은 순수미술로부터 파생된 미술적 요소를 산업분야에 응용하는 그림 디자인(pictorial design) 정도만으로 간주되었다. 19세기부터는 과학과 기술의 진보로 따른 대량생산과 기능주의 철학에 입각한 새로운 개념의 디자인이 전개되기 시작하였다. 특히 바우하우스(Bauhaus, 1919-1933) 시대의 디자이너들은 예술은 기술과 통합될 수 있다고 생각했다. 이들은 기계적 수단에 의해 미적인 만족을 주는 물건을 만들 수 있다고 믿었다(꾸밈편집실 역, 1984: 65). 바우하우스 운동은 독일에서 시작되어 빠른 속도로 전파되었다. 이후 디자인에서 추구되어온 미적인 것(미의 절대성)과 기능적인 것(미의 공리성)은 오늘날까지도 디자인에 있어서 중심과제이며 가치규범이기도 하다.

이렇듯 디자인은 사람들의 생활의 질을 향상시키기 위해 만들어 내는 총체적 행위로서 그 대상은 작은 핀으로부터 가구, 대형 선박, 항공기는 물론 건축물과 도시, 환경에 이르기까지 다종다양하다. 디자인은 대체로 다음과 같이 3분야로 나눌 수 있다. 첫째, 필요한 정보와 지식을 보다 신속·정확하게 전달하는데 관심을 기울이는 시각디자인(visual design) 분야로 사람들이 '보고 읽는 것' 을 디자인 한다. 둘째, 일상생활을 영위하는데 필요한 도구와 제품의 생산에 관심을 갖는 제품디자인(product design) 분야로 사람들이 '사용하는 것' 을 디자인한다. 셋째, 주택으로부터 도시, 업무와 레저 등 다양한 생활공간에 관심을 갖는 환경디자인(environment design) 분야로 사람들이 '생활하는 곳' 을 디자인한다.

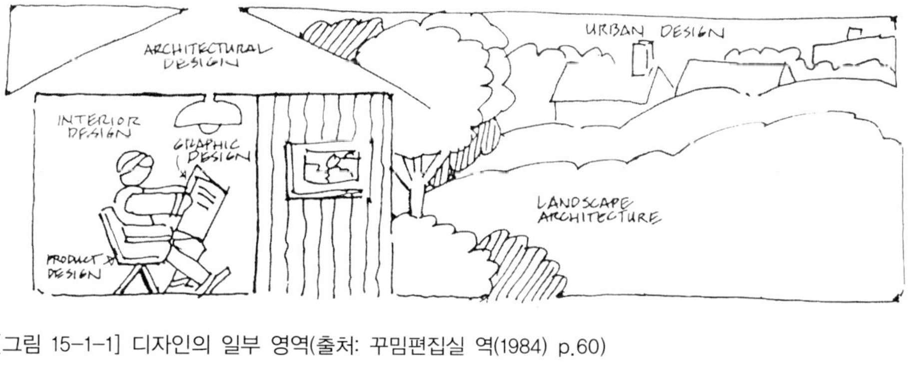

[그림 15-1-1] 디자인의 일부 영역(출처: 꾸밈편집실 역(1984) p.60)

이러한 디자인의 결과물은 사람들의 사고능력과 창조행위의 결과이며 한 시대와 지역의 문화를 표현한다. 따라서 디자인은 문화를 창조하는 행위로 파악되기도 하며 그 결과물은 특정 집단이나 국가의 문화수준을 가늠할 수 있는 척도가 되기도 한다.

제 2 절

핵심개념

1. 조경설계과정과 설계주제

Keyword 1 조경설계(landscape design)

근대조경의 선구자인 옴스테드는 조경직(造景職)을 자연과 인간에게 봉사하는 분야로 보았다. 또 미국조경가협회(ASLA : American Society of Landscape Architecture)는 조경은 "인간의 이용과 즐거움을 위하여 토지를 다루는 기술" 이라고 정의한바 있다. 조경에 관한 이러한 정의는 시대적 상황과 수요에 따라 변해왔는데 근래에는 "자연환경과 인공환경의 연구, 계획, 설계, 관리 등으로서 예술적, 과학적 원리를 적용하는 전문분야" 로 정의하고 있다. 따라서 조경가는 "자연적이거나 인간적인, 혹은 이미 건설된 자원의 관리와 보전을 위하여 토지상의 자연적 요소와 건설된 요소들의 계획적 배열에 있어서 창의적이고 기술적인 기법과 과학적이자 문화적, 정치적 지식을 적용한다. 그 결과인 환경은 유용하면서 미적이고 안전하면서 즐거운 목적에 기여한다" 는 것이다. 이상에서 보듯이 조경은 토지와 그 경관을 대상으로 한다(김영대, 1999: 11-12).

조경설계는 과학적 합리성과 예술적 창의성을 동시에 추구한다는 관점에서 건축설계와 유사하다. 조경설계의 결과물은 편리성, 안전성, 구조적 안정성을 갖추어야 하는 동시에 미학적으로 즐거움을 줄 수 있어야 한다. 이러한 측면에서 인간과 자연, 예술과 과학, 미와 기능, 문화와 땅 등 거의 모든 차원에서의 조화야말로 가장 보편적인 조경설계 원리의 하나이다(김영대, 1999: 13).

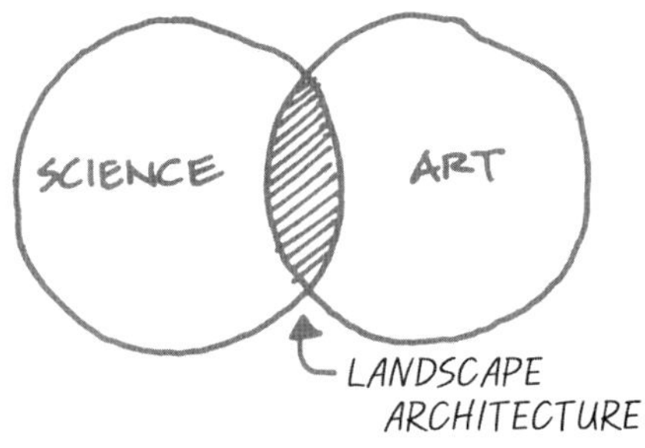

[그림 15-2-1] (출처: 꾸밈편집실 역(1984) p.12 필자 편집)

조경설계란 환경설계의 한 분야이다. 인간의 생활환경을 조성한다는 측면에서 건축설계 등 인접분야와 공통점을 갖고 있으나 조경설계는 옥외공간을 대상으로 한다는 측면에서 차별화된다. 또 조경설계는 주택정원으로부터 도시의 공원과 녹지, 리조트 단지, 지역규모에 이르는 광범위한 영역을 대상으로 한다는 특징을 갖는다.

조경설계의 세 가지 요소는 기능(function)과 미(beauty)와 환경(environment)을 들 수 있다. 즉 조경설계의 대상이 되는 토지와 공간을 보다 기능적으로 편리하고 유용

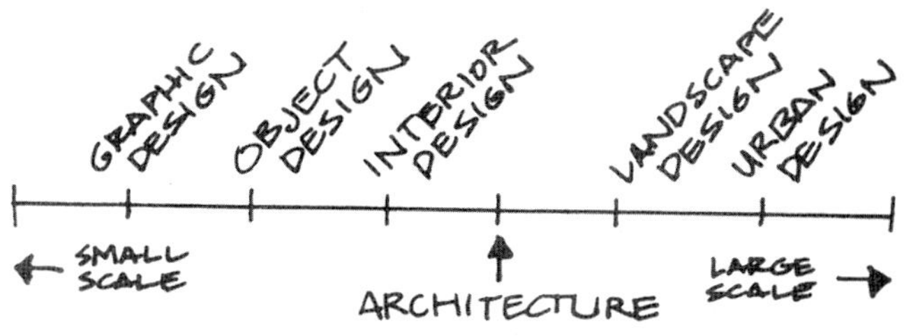

[그림 15-2-2] (출처: 꾸밈편집실 역(1984) p.12)

하게 만들며, 아울러 창출되는 새로운 형태와 경관이 보다 아름답고 높은 예술적 가치를 이루며 생태적으로 보다 건강하고 건전한 환경을 만드는 것이다(김영대, 1999: 12). 이를 위해 조경설계자는 여러 전문분야를 통합, 조정하는 종합자(generalist)로서의 능력이 요구되며, 동시에 전문가(specialist)로서 특정 전문분야에 정통한 지식이 요구된다.

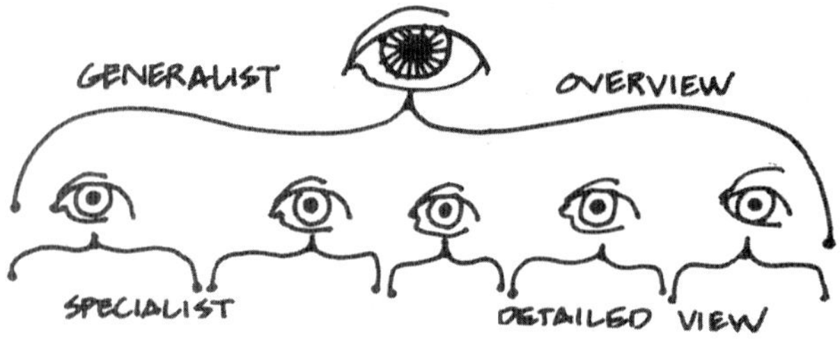

[그림 15-2-3] (출처: 꾸밈편집실 역(1984) p.13)

Keyword 2 **설계과정**(design process)

설계과정은 분석적이고 창조적인 일련의 사고단계(thinking steps)이다. 또 설계과정은 설계자로 하여금 모든 설계요소들이 프로젝트의 요구사항에 종합적이고 효과적으로 합치하도록 하며 미적으로 만족시킬 수 있도록 한다. 전형적인 설계과정은 다음과 같다(조동범역, 1993: 282-305).

1) 프로젝트 수수 : 의뢰인(client)은 설계자를 선정하여 프로젝트를 의뢰하게 된다. 이 둘 사이에는 설계기간, 설계비(design fee), 설계범위 및 성과 등의 내용을 포함하는 계약이 체결된다.

2) 조사 및 분석(research and analysis)

① 기본도 작성(base map preparation)

② 부지조사 및 분석(site inventory and analysis)

③ 의뢰인 인터뷰(client interview)

④ 프로그램의 발전(program development)

3) 설계(design)

① 개념적 기능 다이어그램(ideal functional diagram)

② 부지상의 기능 다이어그램(site-related functional diagram)

③ 개념도(concept plan)

④ 형태구성 검토(form composition study)

⑤ 예비설계(preliminary design)

⑥ 기본계획 초안(preliminary master plan)

⑦ 기본계획(master plan)

⑧ 도해적 설계(schematic design)

⑨ 설계의 발전(design development)

4) 실시설계(construction design)

① 배치계획(layout plan)

② 정지계획(grading plan)

③ 식재계획(planting plan)

④ 구조물 상세(construction details) 등

이러한 설계단계가 완료된 후, 시공(implementation), 시공후 평가 및 관리(post-construction evaluation and maintenance) 등의 단계로 진행된다. 상기와 같은 설계과정이 갖는 의의는 첫째, 설계안을 창조하기 위한 논리적인 틀(framework)이 되며, 둘째, 결정된 설계안이 적합하리라는 확신을 주는데 도움이 되며, 셋째, 대안들을 비교, 검토함으로써 의뢰자를 위한 최선의 토지이용을 결정하도록 하고, 넷째, 의뢰자(client)에게 그 설계안을 택하게 된 이유를 설명하는 근거가 된다.

이와 같은 설계과정의 단계들은 하나의 이상적인 예로서, 많은 단계들이 서로 중복되거나 혼합되어 진행되기도 하며, 어떤 단계들은 생략되기도 한다. 또 설계자의 특성이나 경력에 따라 그 과정이 각기 다를 수도 있다. 설계자의 작업을 체계화하는데 설계과정이 차지하는 비중이 매우 크므로, 각 단계를 철저히 거쳐 보는 것이 설계초보자에게는 반드시 필요하다(조동범 역, 1993: 167).

Keyword 3 설계방법(design method)

일반적으로 '계획(planing)'을 문제 도출(problem seeking) 과정이라고 하고 '설계(design)'는 문제해결(problem solving)과정이라고 한다. 설계는 남다른 아이디어를 통해 문제를 해결하는 일련의 창조적 과정이다. 이런 의미에서 설계를 지적 게임(intellectual game)이라고 하기도 한다.

일상생활에 있어서도 수시로 닥치는 문제들을 대처하고 해결하는 데는 각 개인의 개성과 연륜에 따라 문제해결방법이 달라진다. 또 처한 상황에 따라 대처방법이 달라질 수도 있다. 설계에 있어서도 설계자의 능력과 경륜에 따라 각기 다른 설계방법이 사용된다. 또 프로젝트의 규모와 성격에 따라 달라질 수 있다. 이루 헤아릴 수 없을 만큼의 다양한 설계방법이 있을 수 있으나 다음과 같은 두 개의 유형으로 나누어 볼 수 있다. 조경설계를 시작하는 단계에서는 두 방법에 모두에 대한 충분한 이해와 적용이 필요하다.

1) 직관적 방법(intuitive method)

이른바 '암흑상자 디자인(black box design)'이라고도 하는 방법이다. 이 방법은 속이 보이지 않은 마술상자에 비유하듯이 설계방법이나 그 과정을 명확히 보여주거나 설명하기 어려운 방법이다. 오직 설계자의 직관, 즉 반짝 떠오르는 아이디어에 의해 문제를 해결하는 방법이다.

이 방법은 미리 준비된 틀과 같은 제한조건이 없으므로 기성화 되지 않은 잠재력과 융통성이 있을 수 있다(김영대, 1999: 22). 예술가가 작품을 창작하는 방법으로 예술적이고 창조적인 특성이 강한 반면 논리적인 근거를 제시하기 어렵다. 따라서 논리적인 설명이나 객관적인 평가가 어렵다. 또 설계자의 경륜에 따라 결과물의 질이 좌우된다.

2) 합리적 방법(rational method)

이 방법은 '유리상자 디자인(glass box design)' 이라고도 한다. 마치 투명한 유리상자와 같이 분석, 구상, 평가과정을 거쳐 최종 결과물이 나오기까지의 과정을 보여줄 수 있다. 설계과정의 여러 단계별 결과가 다음 단계로 이어져 최종결과를 얻는다.

이 방법은 미리 준비된 설계과정의 틀이 필요하다. 비교적 큰 규모의 프로젝트를 합리적으로 진행하는데도 효과적일 수 있다. 논리적이며 과학적인 방법이므로 설득력과 객관성을 확보하기에 유리하다. 그러나 경직된 설계의 틀로 인해 창의성이나 융통성이 결여될 수 있다.

Keyword 4 **설계주제**(design theme)

조경설계는 특별한 가치를 추구하는 작업이며 외부공간에 의미를 부여하는 작업으로서 단순한 장식(decoration)이나 수식(ornamentation), 미화(beautification) 작업과 구분된다. 조경을 통해 추구되는 기본 가치는 '기능'과 '아름다움'과 함께 생태적 건강성 등을 들 수 있다. 또 조경설계자는 외부공간에 구현될 조경작품을 통해 자신의 메시지(message)를 전달하고자 한다. 설계자가 전달하고자하는 메시지는 장소성일 수도 있으며 특별한 상징성일 수도 있으며 또 순수한 아름다움일 수도 있다. 설계자의 의도가 명확히 읽혀질 수 있는 설계가 좋은 설계라고 할 수도 있다. 설계안은 단순히 보기에 아름다움 그림 이상이다.

이러한 관점에서, 설계주제는 설계 전반에 일관하는 '중심사상'으로서 설계작품을 통하여 표현하려는 근본적인 사고체계이다. 설계주제는 하나의 '구'(句)처럼 언어적으로 표현할 수 있어야 바람직하다. 또 설계는 공식적인 과제의 명칭에 더하여 그 독특한 개념을 의도하고 시사하는 제목을 이루기도 한다(김영대, 1999: 30).

설계주제를 설정하는 것 자체부터 설계자의 독창적인 창의성이 요구된다. 이를 통해 설계자 자신이 추구하는 가치, 즉 남과는 다른 생각과 독특한 아이디어가 작품을 통해 표현되어야 한다.

또 설계주제는 주어지는 경우도 있다. 예를 들어 '제 3회 대한민국 환경조경대전'의 주제는 '도시+재생'(regeneration and revitalization of urban spaces)이라는 주제로 진행된다. 즉 이 공모전의 운영위원회는 각종 재개발지, 공장 이적지, 쓰레기 매립지, 방치된 오염지, 폐기된 대형 토목구조물, 버려진 도시공간 등을 대상으로 '도시 재생'에 대한 문제의식을 조경설계에 접속시켜 전략적 · 실험적 작품을 요구하고 있다(대한민국 환경조경대전 운영위원회, 2006).

설계주제는 일반적으로 추상적이고 간단한 문구로 표현될 수 있다. 설계자는 이를 명확히 규명하고 나름대로 해석을 통해 뚜렷한 설계개념(design concept)과 설계어휘(design vocabulary)로 표현할 수 있어야 한다. 예를 들어 '사랑'이나 '자연' 등을 주제로 쓰인 수많은 시와 소설이 있다. 이들은 같은 주제라 하더라도 각기 다른 작가의 체험과 철학, 서술방식과 구성, 사용된 어휘로 인하여 개성적인 작품으로 표현된다. 설계주제를 설정하고 이를 명확히 해석하여 설계개념으로 발전시키는 것이야말로 독창적인 조경설계를 할 수 있는 첫 단계라 할 수 있다.

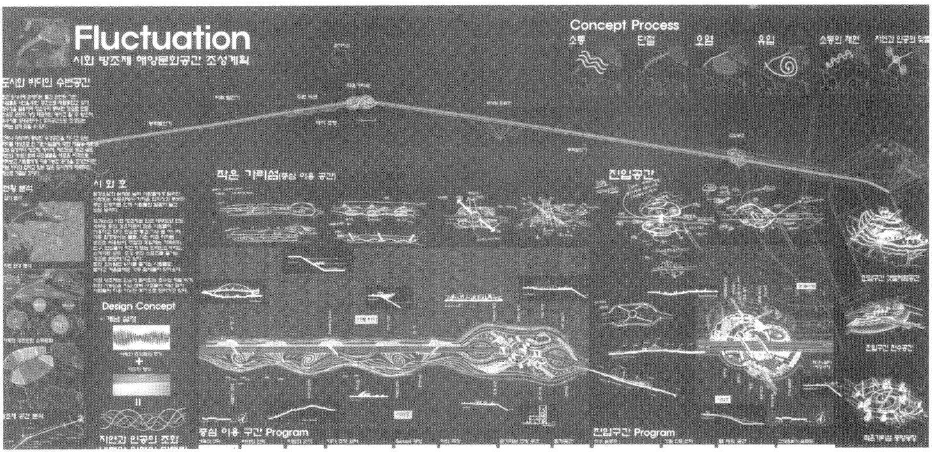

[그림 15-2-4] 제4회 늘푸른 환경조경설계 공모전 최우수상(부분), (서울시립대학교 기경석 외 2명) 공모전의 주제는 '물과 도시환경'이었다. 작품은 시화방조제 해양문화공간을 대상으로 'fluctuation'이라는 설계주제를 표현하고 있다.

2. 설계원리와 부문별 조경설계

Keyword 5 **조형요소와 설계원리**(shaping elements & design principles)

1) 조형의 구성요소

형태를 구성하는 기본적 구성요소는 점, 선, 면과 함께 이들이 이루는 볼륨(volume)이 있다. 기하학적 의미에서 점은 위치를 표시한다. 이 점들이 모여 선을 이룬다. 다시 선들이 모여 2차원적인 면을 이루고 면은 3차원의 볼륨을 이룬다.

점, 선, 면, 볼륨이 만들어내는 실체는 형상(shape), 형태(form), 크기(size), 질감(texture), 색채(color), 명암(value), 방향(direction), 착시(optical illusion)적 요소들을 가지며 이로 인해 보는 이로 하여금 특별한 느낌을 주게 된다. 이러한 느낌을 시각적 특성이라고 한다. 따라서 설계자는 설계주제, 공간의 기능과 성격, 기타 설계자의 의도를 표현하기 위해 조형의 구성요소를 선택하고 조절한다.

예를 들어, 작은 주택의 마당에 몇 그루의 수목을 식재한다고 가정해 보자. 평면적 관점에서는 이 수목들은 몇 개의 점이므로 가장 적절한 위치를 선정해야 할 것이다. 또 이 점들이 연결되어 수목들이 이루는 직선 혹은 부드러운 곡선을 형성할 수 있음을 고려해야 한다. 또 각 수목들의 수종에 따라 다양한 형태, 크기, 질감, 색채 등 무궁무진한 조형적 선택의 여지가 있다. 최선의 선택을 할 수 있는 것이 설계자의 역할이며, 이때 도움을 주는 것이 구성원리(design principles)라고 할 수 있다.

2) 조형의 구성원리(design principles)

다른 디자인과 마찬가지로 조경설계에도 기본적인 설계원리(design principles)가 있다. 설계원리는 기본적인 형식원리로서 이들을 잘 이해함으로써 공간의 특성과 기능에 따라 다양하게 적용할 수 있다.

- 조화(harmony) : 조화는 서로 다른 둘 이상의 요소가 모여 미적 통일감을 나타내는 것을 의미한다. 또 대비, 대조 등 여러 구성원리들 간의 상호관계에서 느껴지는 통일감으로부터 조화의 효과를 얻을 수도 있다.
- 대비(contrast) : 전혀 다른 성격의 요소가 병치되어 있어 서로의 특성을 강조하므로 전체적으로 강력한 느낌을 주는 것을 대비라 한다. 하나의 시각범위 내에서의 대비효과를 공간대비라 한다. 또 서로 다른 성격의 자극이 시간차를 두고 주어지는 경우 시간대비라 한다. 시간대비는 주로 음악에서 많이 느낄 수 있다. 조경설계의 경우 단위공간의 공간대비와 함께 움직임에 따른 시간대비의 개념도 적용될 수 있다.
- 통일(unity) : 다양한 여러 요소들이 통일된 전체로 느껴질 때 통일감을 느낄 수 있으며 정서적 안정감을 준다. 그러나 지나치게 안정적이면 단조로움을 줄 수 있으므로 적절한 변화가 필요하다.
- 반복(repetition) : 속성이 비슷한 요소가 일정한 시간 또는 공간적 간격을 가지고 되풀이되는 것을 반복이라고 한다. 대표적인 예로 도로변의 가로수, 가로등 등이 있다.
- 리듬(rhythm) : 리듬은 반복과 유사하나 단순반복이 아니라 일정한 질서와 강, 약, 균형 등이 조화를 이룬 것을 말한다.
- 균형(balance) : 균형이란 서로 상대되는 두 개의 요소가 시각적 평형상태를 이룬 것을 말한다. 균형은 정적균형과 동적균형으로 구분된다.
- 균제(symmetry) : 균제란 균형이 완벽한 상태를 이룬 것으로 대칭이라고도 한다. 균제에는 항상 축이나 구심점이 존재한다.
- 비례(proportion) : 폭과 길이, 높이 등 규모로 인해 발생하는 상대적인 관점에서 발생하는 아름다움의 질을 비례라 한다.
- 점진(gradation) : 조화의 일종으로서 일정한 질서와 규칙을 지닌 변화 에너지를 표현하는 아름다움을 말한다. 명암, 질감, 색채 등의 점진효과가 있을 수 있다.

Keyword 6 **형상과 형태**(shape & form)

형상(shape)과 형태(form)는 모두 사람들이 사물을 인식할 수 있는 외관과 관련된 개념이다. 즉 이 둘은 모두 우리에 눈에 읽혀지는 모양을 나타내는 용어이므로 때로는 전문가들까지도 그 사용에 오류를 보이는 경우가 있다. 이 두 용어는 엄연히 다른 의미를 가지며, 특히 조경설계자의 입장에서는 이 두 개념을 명확히 이해할 필요가 있다.

형상은 입체의 그림자나 평면의 윤곽을 말한다. 즉 형상은 2차원적인 평면의 개념으로 파악할 수 있다. 기하학적으로 가장 기본적인 형상은 원, 삼각형, 사각형이다. 원은 안정적이며 스스로 중심을 향하는 내향적 존재이며 구심성을 갖는다. 또 삼각형은 안정성을 가지며, 사각형은 순수하고 정적이며 중립적이다(황연숙 역 , 1998: 36-41). 형태는 3차원 매스(mass)에 관한 개념이다. 이들은 각기 폭과 길이, 높이가 있으며 명암을 갖는다. 기본적인 형태로 구, 원통, 원뿔, 피라미드, 육면체 등을 들 수 있다.

[그림 15-2-5] 형상과 형태(출처: 황연숙 역(1998) p.36)

형상과 형태는 모두 배경이 있어야만 인지될 수 있다. 형상이나 형태가 하나의 이미지로 읽혀지기 위해서는 그 바탕이 되는 요소가 필요한데 이러한 관계는 도(圖, figure)와 지(地, ground)의 관계로 설명된다. 즉 시지각에 있어서 대비(contrast)는 사물을 볼 수 있게 하는 기본법칙이다.

형상과 형태는 모두 기하학적인 것(geometric form, geometric shape)과 유기적인 것(organic form, organic shape)이 있다. 기하학적인 형상과 형태는 뚜렷한 질서를 가지며, 규칙적이며 과학적이고 단순명쾌한 조형적 감정을 갖게 한다. 유기적 형상과 형

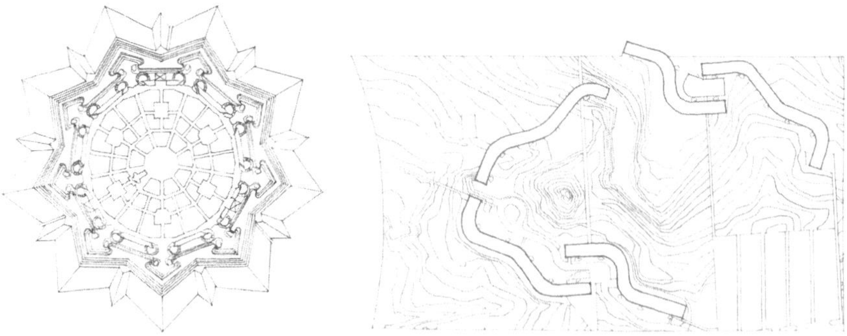

[그림 15-2-6] 기하학적 형상과 유기적 형상(출처: 황연숙 역, 1998)

태는 자연계에 존재하며 자연의 법칙에 따른 모양으로 시각적으로 유동적인 쾌감을 준다(이현택, 2000: 51).

대부분의 건축설계에 있어서는 건물의 평면면적보다 입면면적이 차지하는 비율이 높기 때문에 입면설계의 비중이 크다. 반면에 대부분의 조경설계는 대상물의 입면면적이 평면면적에 비해 작다. 따라서 조경설계에 있어서는 입면적 사고보다는 평면적 사고가 중시되는 경우가 많다(진양교, 1999: 116). 이러한 관점에서 조경설계는 형상(shape)에 관심이 크고 건축설계는 형태(form)에 관심을 갖는다는 차이점을 찾을 수 있다.

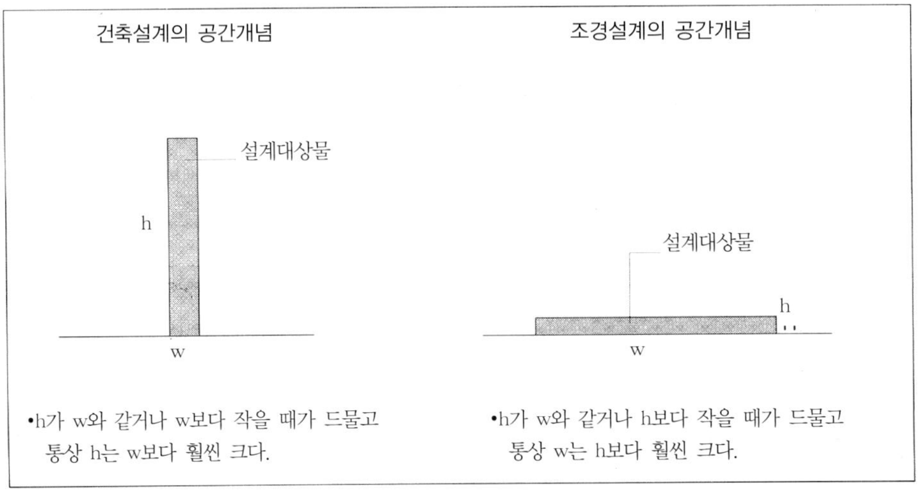

[그림 15-2-7] 조경설계와 건축설계의 상대적 공간개념(출처: 진양교(1999) p.116)

[그림 15-2-8] 조경설계와 건축설계의 관심분야
판교지구 공동주택 설계경기(부분), 건원건축+신화컨설팅(출처: 환경과 조경, 2004.11)

Keyword 7 게슈탈트(gestalt)

1900년대 독일과 오스트리아를 중심으로 한 형태심리학들은 사람들이 형태를 어떻게 지각하는가를 연구한 결과 일정한 '형식을 추구하는 경향'이 있음을 발견했다. 이를 바탕으로 발전된 형태심리학적 개념들을 게슈탈트 이론이라고 한다. 게슈탈트(gestalt)라는 말은 '형태 혹은 모습을 지닌 독자적 특성을 띤 실체(entity)'를 의미한다(Koffka, 1963: 682, 임승빈, 1996: 57에서 재인용).

게슈탈트 이론의 주요내용은 첫째, 하나의 시각적 이미지의 각 부분들은 서로 구별되는 구성요소로서 분리되고 분석되며 평가될 수 있으며, 둘째, 하나의 시각적 이미지의 전체는 그것의 각 부분들을 합한 것과 다르며 더욱 크다는 것이다. 예를 들어 하나의 풍경사진을 볼 때, 이 사진 속에 보이는 호수, 하늘, 숲과 나무, 산과 언덕 등 각 부분은 따로 떼어서 보아도 아름답다. 그러나 이 여러 요소들이 합해짐으로써 통합된 하나의 전체로서 형성된다. 마찬가지로 한 장의 포스터는 표제, 본문, 일러스트레이션 등으로 구분될 수 있으나 이 요소들이 통합됨으로써 서로를 강화시키고 효과적인 시각적 의사전달효과를 달성한다.

게슈탈트의 주요 원리는 다음과 같다(꾸밈편집실 역, 1983: 114-115).

1) 도(圖, 畵像, figure)와 지(地, 背景, 바탕, ground)의 원리

이미지를 '읽게끔' 해주는 지각의 기본법칙이며, 대비(contrast)로 인하여 가능해진다. 도(화상)는 두드러진(positive) 요소로 바탕 위에 생긴다. 바탕은 배경, 백색공간 혹은 후퇴공간(negative space)으로 이미지를 담고 있는 포맷(format)을 말한다.

2) 균형(equilibrium)의 원리

심리학적으로 모든 시각적 요소는 모두 질서, 균형, 최대한의 효율 등을 추구한다. 마찬가지로 중력, 열, 압력 등의 자연현상의 영향을 받는 형태는 보통 '폐쇄적(closed)' 이며 '간결(compact)' 해진다.

3) 동질적 조응(同質的 照應)의 원리

시각적 형태의 구조적 특징과 그에 반응하는 인간의 행태 간의 관계를 설명한다. 즉 인간의 경험은 물리학적이건 심리학적이건 특정한 시각적 이미지에 의해 환기되거나 촉발된다.

4) 폐쇄의 원리

폐쇄된 형태는 폐쇄되지 않은 형태보다 시각적으로 더 안정감이 있다. 우리의 시각은 틈새를 메우고 미완성의 형태는 완성시키려는 경향을 지니고 있다.

5) 근접성의 원리

각 부분은 가까이 있는 정도에 따라 함께 지각된다. 즉 가까이 있는 것들은 시각적으로 통합되어 '무리' 로 인식 된다.

6) 지속성의 원리

지각체계에서는 직선이나 곡선을 따라 시선의 흐름이 이어지며 그것을 넘어서기도 한다.

7) 유사성의 원리

시각적으로 동일한 기본단위들은 다른 여러 가지가 무리를 이루고 있는 데서도 한꺼번에 눈에 들어온다. 유사한 물체는 형태, 크기, 색, 방향 등에 의해 규정된다.

게슈탈트 원리는 심벌, 타이포그래피, 일러스트레이션, 그래픽 디자인 등에 폭넓게 응용되고 있다. 조경설계자는 이러한 시지각의 원리를 이해함으로써 외부공간의 설계에 적용할 수도 있으며, 설계결과물을 표현하는 각종 그래픽 자료의 제작에도 효과적으로 응용할 수 있다.

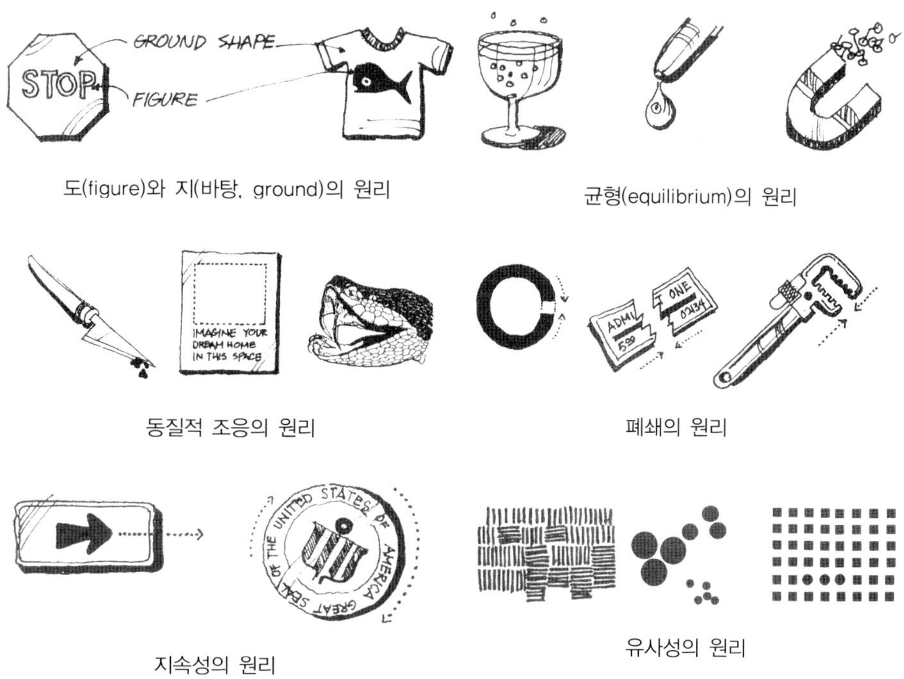

[그림 15-2-9] 게슈탈트 원리(출처: 꾸밈편집실 역(1983) p.114-115)

Keyword 8 공간과 지각(空間 知覺 space & perception)

1) 공간의 형성(creation of place)

공간은 바닥면(ground plane), 수직면(vertical plane), 관개면(overhead plane)으로 형성된다. 즉 실내공간과 옥외공간을 막론하고 공간은 바닥(floor), 벽(wall), 천장(canopy)이 있음으로 해서 공간이 한정되고 이를 지각할 수 있다.

강의실과 같은 실내공간에서는 바닥, 벽, 천장의 재료와 색채, 질감 등은 기능에 맞추어 비교적 단순하게 처리된다. 그러나 보다 아늑한 분위기 요구되는 실내공간에서는 부드러운 질감과 색채의 바닥과 벽, 천장의 높이 등을 세심하게 조절함으로써 요구를 충족시킬 수 있다.

외부공간을 형성하는데 있어서도 기본적인 개념은 실내공간과 동일하다. 바닥처리가 화강석, 흙, 잔디, 물 등 여러 재료에 따라 공간을 한정할 수 있으며 성격이 달라질 수 있다. 또 바닥면에 요철(凹凸)을 도입함으로써 공간의 변화를 줄 수도 있다.

외부공간에서 벽을 형성하는 수직적 요소는 공간을 위요(enclosure)한다. 위요의 정도에 따라 개방감 혹은 폐쇄감, 아늑함과 공허함 등의 공간감을 부여할 수 있다.

141-147).

• 중앙 오픈 스페이스(central open space) : 건물로 위요된 공간이다. 이 공간은 주변환경의 공간적 초점이 되므로 주 공간으로서의 역할을 하며 모임의 장소가 될 수 있다. 중앙 오픈 스페이스를 강조하기 위해 중앙을 향해 계단으로 처리함으로써 요형(凹型)으로 처리하는 방법도 있다.

• 초점 오픈 스페이스(focused open space) : 공간 밖의 경관 특징을 향해 한 방향으로 개방된 공간이다. 이 공간은 강한 방향성을 갖기 때문에 이를 유지하거나 강조할 수 있도록 식물재료나 지형과 같은 다른 요소를 구성에 활용할 수도 있다.

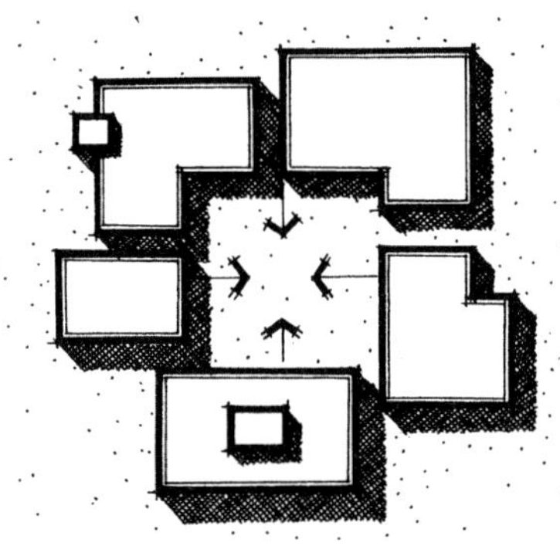

[그림 15-2-15] 중앙 오픈 스페이스
(출처: 조동범 역(1993) p.141)

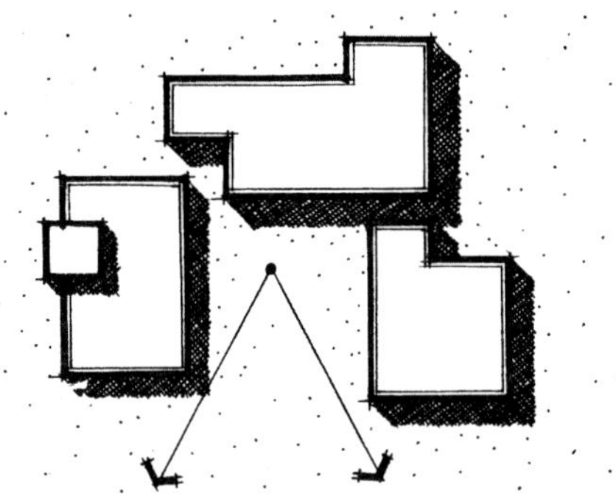

[그림 15-2-16] 초점 오픈 스페이스
(출처: 조동범 역(1993) p.144)

• 통로식 선형공간(channeled linear space) : 집합건물군에 의해 조성되는 외부공간으로서 한쪽 혹은 양쪽 끝이 개방성을 갖는다. 이 공간은 한쪽 끝이 공간의 초점이 되어 움직임을 유도하는 공간이며, 이 경우 조각물이나 건축물 등을 중요한 시각대상물로 활용할 수 있다.

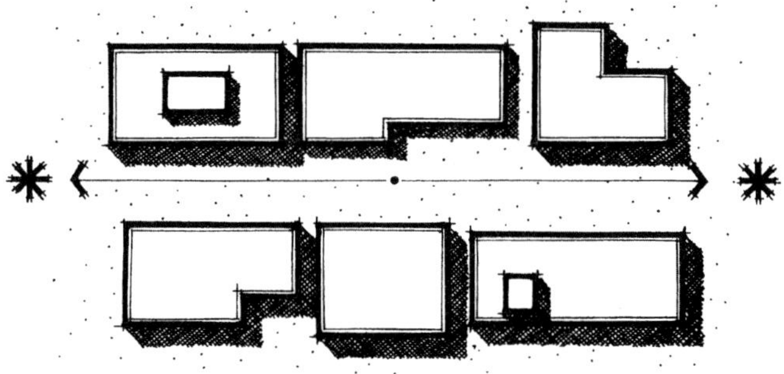

[그림 15-2-17] 통로식 선형 공간(출처: 조동범 역(1993) p.145)

• 유기적 선형 공간(organic linear space) : 통로식 공간과 유사하나 단순하고 직선적인 형태의 공간이 아니다. 유럽의 중세도시의 도로와 우리나라의 전통도시의 골목길 등에서 볼 수 있다. 이러한 형태의 공간은 움직임에 따라 호기심과 흥미를 유발할 수 있다.

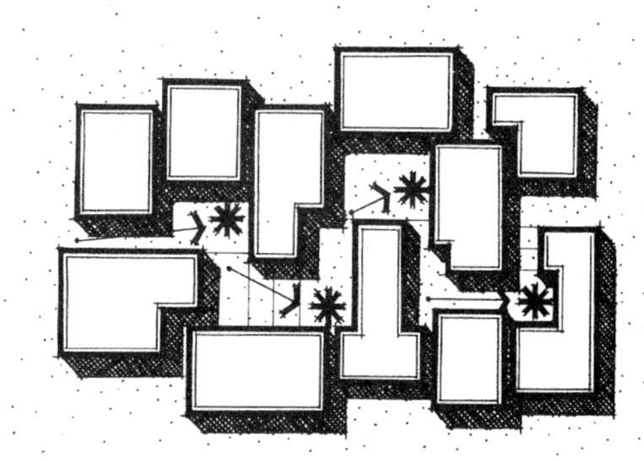

[그림 15-2-18] 유기적 선형 공간(출처: 조동범 역(1993) p.147)

Keyword 9 부문별 조경설계

조경설계는 지형 조작을 통한 부지조성, 식재설계, 조경구조물, 조경시설물, 수경시설, 환경조형물 등 여러 부문을 포함한다. 본 항에서는 다른 장과의 중복을 피해 개략적인 서술을 하고자 한다.

1) 포장설계(paving design)

실내에서 한 단위공간(室, room)은 바닥과 벽, 천장에 의해 형성된다. 이 경우 바닥과 벽, 천장의 재료, 색채, 질감 등과 천장의 높고 낮은 정도에 따라 안락한 느낌을 주기도 하고 공허함, 성스러움, 신비감 등 다양한 감정을 유발할 수 있다. 마찬가지로 외부공간에서도 바닥면(ground plane), 수직면(vertical plane), 관개면(overhead plane)에 의해 공간이 형성되며, 이 세 요소의 구성양상을 통해 다양한 경관을 연출할 수 있다. 사람들이 잔디, 지피류 등의 자연재료로 이루어진 포장면과 콘크리트블록 등 인공재료로 이루어진 바닥면에서 느끼는 감흥은 각기 다르다.

포장설계는 바닥면에 대하여 기능과 아름다움, 환경성을 충족하기 위하여 포장재료의 선정, 조합, 구조적 처리에 관련된 부문이다. 외부공간에서 바닥면은 그 자체가 시각대상이 되는 동시에 각종 수목요소와 조경시설물과 구조물 등이 입지하는 기반이자 배경이며, 아울러 사람들의 활동을 수용하는 그릇이 된다. 즉 바닥면은 여타의 요소들과 도(圖, figure)와 지(地, ground)의 관계를 맺으며 이들을 강조, 보완하거나 방향감을 제공하고 공간을 구획하는 역할을 담당한다(홍형순, 1999: 255-256).

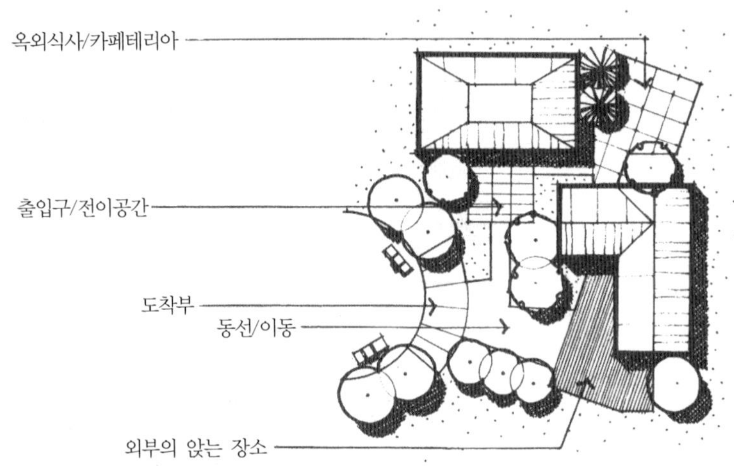

[그림 15-2-19] 상이한 포장재료는 각 옥외공간의 특정기능을 보완하기 위해 사용된다(출처: 조동범 역(1993) p.177).

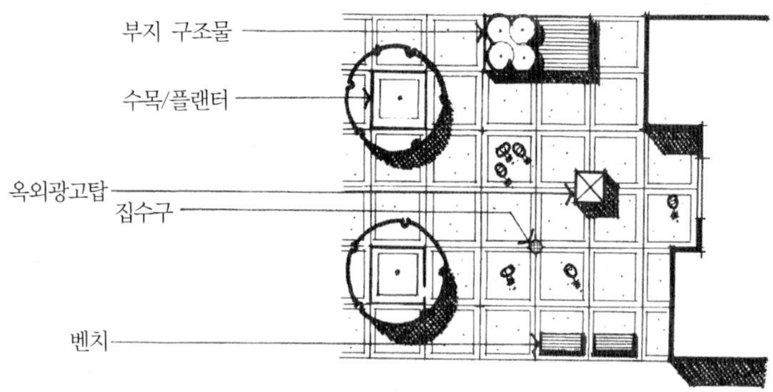

[그림 15-2-20] 포장패턴은 건축물 및 부지 내 요소들과 조화되어야 한다. (출처: 조동범 역(1993) p.183)

포장에 사용되는 재료는 의도된 목표를 충족시키며 내구성 있는 지표면을 조성하기 위해 지면상에 적용되는 모든 자연재료와 인공재료를 총칭한다(조동범역, 1993: 167). 다양한 포장재료는 각기 다른 형태와 질감과 색채를 갖는다. 또 각 재료는 시공에 있어 각기 다른 요구조건과 난이도가 있으며 시공비에 있어서도 큰 차이가 있다. 더구나 이에 대한 이용자들의 취향 역시 다양하므로 적절하고 보편타당한 포장설계가 필요하다.

포장의 기능적 · 구성적 용도는 ① 집약적 이용의 수용, ② 방향 지시, ③ 통행속도 및 리듬 지시, ④ 안정감의 창출, ⑤ 지면의 용도 지시, ⑥ 규모에의 영향, ⑦ 통일성 제공, ⑧ 장(場)의 역할, ⑨ 공간성격의 형성, ⑩ 시각적 흥미 제공을 들 수 있다(조동범 역, 1993: 170-181). 이렇듯 포장설계를 통하여 외부공간의 이용과 유지관리의 편리성 등을 달성할 수 있다.

조경설계자는 포장의 순기능과 함께 포장공간이 갖는 역기능에도 주목할 필요가 있다. 대개의 인공적 포장면은 식물재료보다 복사열과 반사율이 높아 도시의 미기후의 상승과 눈부심을 유발하기도 한다. 또 도시지역의 과도한 포장면은 지하부로 우수의 투과를 저해하기도 하며, 강우시 일시에 많은 지표수(surface runoff)를 발생시켜 홍수나 침식의 원인이 되기도 한다.

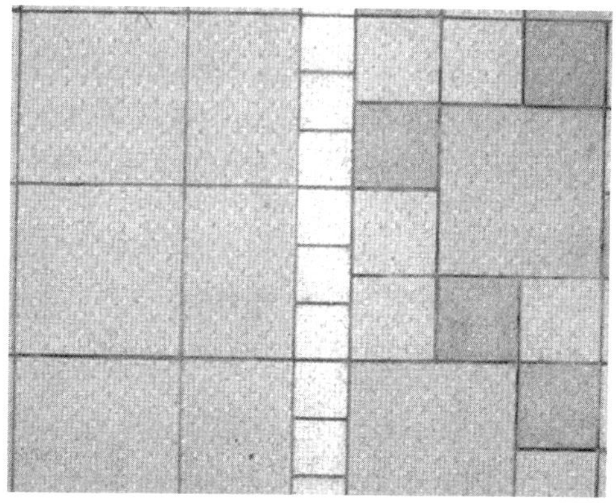

[그림 15-2-21] 모듈이 적용된 화강석 포장의 예
(출처: 진양교(2001) p.100)

포장설계는 조경설계자가 경관을 창조하는데 있어서 적절히 사용할 수 있는 귀중한 도구 중의 하나이다. 지나치게 자극적인 색채와 현란한 패턴만 강조되어 주변 환경과 조화를 이루지 못하는 포장설계는 지양되어야 한다. 포장설계를 통해 단순한 기능의 충족을 넘어 외부공간에 기능과 미, 생태적 건강성을 이룰 수 있는 바닥경관(floorscape)을 형성하여야 한다.

2) 조경구조물(site structure)

조경구조물은 외부공간에서 인간의 행위를 조절, 유도, 보조하기 위해 가로와 공원, 광장 등에 설치되는 영구적인 시설물들이다(조동범 역, 1993: 212). 조경구조물은 다양한 특성과 용도를 지니는 소규모의 건축적 요소와 토목적 요소를 포함한다.

조경의 특성상 조경구조물은 기능과 구조적 안정성을 충족함과 동시에 시각적 질에 대한 고려가 필요하다. 예를 들어 구조적인 대형 옹벽의 경우는 조경의 업무영역이 아니다. 그러나 장식적인 가벽이나 소형 옹벽을 이용해 시선과 움직임을 조절하는 것은 조경설계에서 세심하게 다뤄진다.

조경구조물의 개략적인 종류는 다음과 같다.

- 계단(step) : 표고차가 있는 지형의 경우 보행자가 안전하게 이동할 수 있도록 계단을 설치한다. 경관적으로 중요한 지역에는 계단 측벽, 난간 등 형태와 재료 등에 디자인 개발이 필요할 수 있다.
- 경사로(ramp) : 계단에 비해 모든 사람이 이동할 수 있는 무장애(barrier-free)시설로서 의의가 크다.
- 벽과 울타리(wall & fence) : 공간한정을 한정하는 요소로 사용되거나 상충적

기능의 공간을 분리한다. 바람을 막는 등 미기후를 조절하는 역할도 하며, 높이를 조절함으로써 앉음벽이나 놀이벽으로 사용할 수 있다. 특히 조각물이나 중요한 수목의 배경의 역할 등 시각적 요소로도 활용된다.

- 옹벽(retaining wall) : 조경구조물로서의 옹벽은 구조적인 토목옹벽과 달리 공간을 한정하거나 다른 요소의 배경이 된다. 또 건물과 주변 부지를 연결하거나 그 자체가 미적인 요소로 활용되기도 한다.
- 앉을 수 있는 요소(sitting) : 앉음벽(sitting wall), 플랜터 등의 요소를 통해 휴식, 기다림의 장소 등 다양한 이용을 가능케 한다.

3) 조경시설물(site furniture)

조경시설물(site furniture)은 outdoor furniture 혹은 street furniture라고 하듯이 쾌적한 옥외생활을 가능케 하는 가구라 할 수 있다. 이들은 옥외활동을 풍요롭게 하며 아름다움과 시청각적 정보를 전달한다.

조경시설물은 퍼걸러(pergola), 쉘터(shelter), 야외탁자, 벤치, 스툴, 플랜터, 포트, 트렐리스, 조명등, 안내판, 방향표시판, 울타리, 문주, 음수전, 각종 놀이시설과 운동시설 등 매우 다양하게 도입된다. 이들을 휴게 · 편익시설물, 위생시설물, 놀이시설물과 체육시설물, 안내시설물 등으로 분류한다. 각 시설물별로 전문업체가 있어 디자인 개발을 통해 제품을 생산한다. 이 외에도 환경조형물(environmental sculpture)과 신체장애인 및 노약자를 위한 시설에 대한 고려도 필요하다.

4) 수경시설(water design)

물은 가장 친근한 재료이기도 하며 많은 문화적 의미와 상징성을 지닌다. 세계 각국의 도시에 수경시설이 중요한 랜드마크로 존재하기도 한다. 우리나라도 신라와 백제시대에 이미 훌륭한 수경공간을 조성하였다.

인공폭포, 벽천(cascade), 분수, 연못, 계류 등 다양한 수경시설이 조성된다. 조형물과 함께 도입되기도 하며 분수의 형태가 음악, 조명연출과 함께 컴퓨터로 제어되기도 한다. 기후의 영향으로 운영에 계절적 제약이 따른다.

제3절

더 알아야 할 개념

3. 조경설계와 작품집

Keyword 10 조경설계와 작품집

"설계는 아름답다. 설계를 하는 행위도 아름답고 설계를 하는 사람도 아름답다. 아마도 설계란 것이 아무 것도 아닌 것을 무언가 의미 있는 것으로 바꾸는 작업이기 때문일 것이다"(진양교, 1997: 113)라고 한다. 그러나 처음 설계를 접하는 이들에게 쉽지만은 않을 수도 있다. 설계행위에 대한 내용이 이론화되거나 글로 서술하기 어렵다(진양교, 1997: 114). 또 조경설계에 일관된 설계방법론이 없다. 설계자에 따라 개성적이고 독창적인 방법이 사용된다. 설계교육도 가르치는 이에 따라 다양한 접근이 이루어진다. 조경설계에 입문하여 어느 정도 익숙해지고 설계의 묘미를 알기까지 많은 노력이 필요하다. 그러나 설계가 어렵기만 한 것도 아니다. 남과 다른 독창적인 아이디어를 구상하는 '지적 게임(intellectual game)'이라는 관점에서는 충분히 즐길 수도 있다.

조경은 우리가 살고 있는 도시 등 생활환경을 조성하거나 개선하는 것을 목적으로 한다. 조경학은 응용학문이며 실천학문이다. 조경학과 교육과정을 통하여 공부하는 조경의 이론, 역사, 재료, 수목학 등의 모든 과목의 지식이 설계로 집약되어 꽃을 피운다. 대학과정을 통해 습득한 지식과 기술(skill)의 수준으로 나타난다.

조경설계자는 자신의 작품경력을 관리하고 그것을 제 3자에게 효과적으로 제시하기 위하여 작품집(portfolio)을 제작할 필요가 있다. 이 작품집에는 자신이 수행한 프로젝트의 개요와 관련된 도면, 스케치, 사진 등을 수록하게 된다. 조경설계자는 작품집을 통하여 한 사람의 전문가로서의 경험과 역량을 판단 받는 경우가 많다.

이력서는 한 사람이 해왔던 일을 이야기하는 것이지만 작품집은 그것을 시각적으로 보여주는 것이다(꾸밈편집실 역, 1984: 53). 작품집은 고용주 혹은 의뢰인, 건축 등 인접 분야의 전문가들, 같이 일하게 동료들 등에게 자신이 할 수 있는 일의 실제 모습을 보여주게 된다.

작품집의 목적은 첫째, 잠재적인 의뢰인이나 고용주에게 자신의 존재를 알리며 둘째, 자신의 관심분야와 업무분야를 소개하며, 셋째, 잠재적인 의뢰인이나 고용주에게 자신의 능력을 설명하는 것이다(꾸밈편집실 역, 1985: 5).

조경설계를 공부하는 학생의 경우에는 수업을 통해 진행되었던 프로젝트의 결과물 중에서 훌륭한 것들을 포함시키는 것이 바람직하다. 자신의 경험과 능력을 설명하기 위하여 렌더링, 모델, 프리핸드 도면과 스케치, 컴퓨터 그래픽 자료 등이 포함될 수 있다. 이에 더해 공신력 있는 공모전의 수상작 등의 경력이 포함된다면 신뢰감을 더할 수 있을 것이다. 설계작품집은 진학 시 입학허가서를 받거나 취업을 위해서도 필요하지만, 장기적인 관점으로는 조경전문가로 발전해가는 첫 번째 준비과정이라고 할 수 있다.

제 16 강

조경시공

신상섭

제1절 서론

제2절 핵심개념

1. 공사계약 및 관리

Keyword 1 건설시공 관계법

Keyword 2 건설공사의 계약과 시공방식

Keyword 3 도급금액 결정방식과 공사입찰

Keyword 4 시방서

Keyword 5 시공관리

Keyword 6 공정관리

2. 조경공사의 유형

Keyword 7 토공 및 기반공사

Keyword 8 콘크리트공사

Keyword 9 석재공사

Keyword 10 옥외시설물공사

Keyword 11 조경포장공사

Keyword 12 수목식재공사

Keyword 13 잔디 및 지피식재공사

Keyword 14 비탈면 녹화공사

Keyword 15 생태계 복원 및 생물서식처 조성공사

3. 설계 및 시공과정

Keyword 16 조경설계와 기본계획

Keyword 17 기본설계

Keyword 18 실시설계

Keyword 19 조경계획-설계-시공과정

제3절 더 알아야 할 개념

4. 시공재료와 요구 성능

Keyword 20 조경시공재료와 요구 성능

제 16 강

조경시공

신상섭

제 1 절 서 론

조경이 우리나라에서 전문영역으로 자리 잡게 된 시기는 1970년대 초인데, 대학과 대학원 과정에서 조경학과의 개설, 정부투자기관 등의 조경직제 도입, 전문건설업으로의 영역성 확보 등 조경관련법과 조례의 제정 등이 이루어지면서부터이다.

조경영역을 공간적으로 보면 주거환경과 공원녹지, recreation환경시설, 공공편익시설, 체육운동시설, 유통 및 업무시설, 교육연구시설, 산업시설 등을 비롯하여 도시와 지역규모, 나아가서 국토 전반에까지 이르고, 형질로 보면 원생자연(原生自然)으로부터 도시와 같은 인조환경과 밀접한 관련을 맺고 있다. 이러한 광범위성과 함께 인간과 동·식물이 포함되는 복잡하고 정교하게 얽힌 "생태환경의 조화"라는 명제를 충족시켜야 하는 특성을 가지게 된다.

자연환경과 인조환경을 복합적으로 고려해야 하는 조경은 외부공간을 주 대상으로 한다는 면에서 건축과 구분되며, 심미성을 강조하면서 생태적 관점의 소재를 활용하는 관점에서 설계내용과 시공기법이 토목이나 도시계획과 구분된다. 시각적 미를 다루는 여타 예술분야와는 심미성과 인체의 오감(五感)이 만족되면서 생활환경공간에서 기능적이면서도 효율적인 구조와 실존적 이용을 총체적으로 다루어야 한다는 차이점을 갖는다. 즉 조경은 건축, 토목, 도시계획 등 여타 분야보다는 지속가능한 개발과 보전이념이 반영되면서 토지의 수용력 범위 내에서 자연환경의 보전 및 생태적 건전성에 관심을 두고 있는바 시공관리 내용에도 접근방법과 태도가 다르다.

사회가 발전하고 복잡·다변화되면서 조경의 정의를 포함하는 영역 또한 점차 확대되고 있으며, 활용되는 지식 또한 포괄적이면서도 다양화되고 있다. 조경을 '종합실천과학예술'이라 부르기도 하지만 관련학문 영역은 생태자연요소와 사회적 문화환경요소, 공학적 지식, 설계방법론, 그리고 표현기법과 가치관 등으로 분류가 가능하다.(by M. Laurie) 이러한 분류체계에 근거한다면 조경시공 영역은 공학적 지식의 범주(조경설계·시공의 수행에 필요한 기술로서 식재와 시설물 그리고 구조물의 공법, 급·배수를 포함하는 수경시설, 토공 및 등고선의 조정과 정지, 포장기술, 시공구조학 및 재료학 등)에 포함된다. 그러나 조경가는 물리적 인자와 자연환경에 대한 철저한 이해, 인간에 대한 상세한 관찰, 그리고 생태적·예술적·기능적으로 아이디어를 창출하여 환경에 대한 건전성과 지속가능한 개발(ESSD)을 포괄하는 종합적인 환경관리자로서의 역할이 요구된다.

조경시공은 목적공간을 형태화하기 위하여 필요한 일체의 경제적 및 기술적 수단의 총괄적인 개념으로 미, 구조, 품질, 기능, 생태적 측면 등을 복합적으로 고려하여 목적물을 신속하게 준공시켜야 한다는 당위성을 지닌다. 조경시공에서 규격성을 갖는 시설물이나 구조물은 토목·건축시공과 마찬가지로 품질 여부가 세밀하고 정확한 설계에 의해 좌우되는바, 시공자는 설계도면과 시방서에 충실한 정밀시공을 하게 되면 목적하는 품질이 확보될 수 있을 것이다. 그러나 식물과 돌, 물, 흙 등을 이용하여 등고선 조정을 요구하는 정교하고 비규격적인 부분은 설계도면이나 시방서만으로 결과를 완벽히 표현하기 힘들다. 소재 자체의 생김새가 다양하고, 현장조건에 따라 시공과정에서 조합배치에도 많은 변화의 여지가 있기 때문이다.

[그림 16-1-1] 실시설계 도면, 시공 중, 준공 후 현황

따라서 조경의 품질여부는 설계내용에 비중이 실리는 경우보다는 숙련된 시공자의 기술, 즉 솜씨에 달려있는 경우가 많다. 조경공간에 대한 품질은 설계대로 시공이 이루어졌느냐보다는 시공과정을 충분히 알고 있는 설계인가? 설계의도를 알고 적용

할 수 있는 시공인가? 에 달려 있는바 설계와 시공이 분리되어서는 좋은 품질을 약속 받기가 어려워진다. 즉 설계자와 시공자는 서로를 신뢰하고 의견을 합리적으로 조율하면서 책임을 공유해야 할 선의의 경쟁관계 모색이 필요한 것이다.

조경소재의 대상은 동식물과 같은 생물소재는 물론 건설재료로 사용되는 목재, 석재, 철재, 점토, 합성수지재 등을 비롯하여 기반소재인 토양과 물 등 살아있는 무생물이 포함된다. 즉, 동물과 미생물의 중요성은 물론 무생물도 생태계를 구성하는 요소로서 자연계의 순환을 위해서 살아 움직여야 한다는 전제하에 과학적인 지식의 응용을 통하여 환경과 경관가치를 찾아내고 조경소재를 공간 틀 속에 대입시켜 친환경공간을 창출하는 노력이 요구된다.

조경공사는 토목, 건축, 기계, 전기공사와 병행하거나 후속 공종으로 공정관리를 추진해야 하는 경우가 많은데, 공종의 규모는 상대적으로 작고 다양하며, 연속적이면서도 반복적으로 진행되는 건축, 토목공사와 달리 지역이 넓게 산재되어 시공관리가 어려울 뿐 아니라 식재와 시설물공사(특히 수경시설)의 공종 연계가 까다롭고, 계절별 기상요인이 공정관리에 영향을 주는 측면이 강하다. 한편, 경관 가치에 대한 시공기술의 고려가 중요한데, 수목의 배식이나 조경석의 배석기술, 마운드의 조성, 수경시설의 시공기법, 조경시공재료의 심미적 운용과 현장성에 따른 기법 등에 따라서 질적 수준은 상당한 차이가 발생한다.

그러나 조경시공 영역은 시공관리, 소재생산 유통체계, 기계화, 시설 부품화 측면 등 품질수준 확보 차원에서 체계화를 이루지 못했으며, 전통적 시공기술의 현대적 적용방안 구축, 향토 자생식물과 같은 환경 우월성 소재 생산 및 개발이 미흡한 현실 등 시공방법과 기술 그리고 생산성에 관한 연구가 활발히 진행되어야 할 것이다.

제 2 절 핵심개념

1. 공사계약 및 관리

Keyword 1 **건설시공 관계법**(construction related act)

건설업은 각종 사업수행에 있어서 행정적 인·허가 사항뿐 아니라 계획·설계·시공·관리의 단계별 절차에서도 관계법 규정의 규제를 받게 된다. 관련법규들은 인·허가 조건과 같은 규제를 중심으로 공법적 성격을 갖기 때문에 법체계상 행정법 또는 토지관계공법의 범주에 속하게 되는데, 관련용어 정의는 다음과 같다.

- **건설산업** : 건설업과 건설용역업을 말하는데, "건설업"은 건설공사를 수행하는 업을, "건설용역업"은 건설공사에 관한 조사 · 설계 · 감리 · 사업관리 · 유지관리 등 관련된 용역을 수행하는 업.
- **건설공사** : 토목공사, 건축공사, 산업설비공사, 조경공사 및 환경시설공사 등 시설물을 설치 · 유지 · 보수하는 공사(부지조성공사 포함), 기계설비, 기타 구조물의 설치 및 해체공사 등. 다만, ① 전기공사업법에 의한 전기공사, ② 전기통신공사업에 의한 전기통신공사, ③ 소방법에 의한 소방설비공사, ④ 문화재보호법에 의한 문화재수리공사는 포함하지 아니한다.
- **건설업자** : 법 또는 법률에 의하여 면허를 받거나 등록을 하고 건설업을 영위하는 자.
- **건설사업관리** : 건설공사에 관한 기획, 타당성조사, 분석, 설계, 조달, 계약, 시공관리, 감리, 평가, 사후관리 등에 관한 관리업무의 전부 또는 일부를 수행하는 것.
- **도급** : 원도급, 하도급, 위탁 기타 명칭의 여하에 불구하고 건설공사를 완성할 것을 약정하고 상대방이 그 일의 결과에 대하여 대가를 지급할 것을 약정하는 계약
- **하도급** : 도급받은 건설공사의 전부 또는 일부를 도급하기 위하여 수급인이 제3자와 체결하는 계약.
- **발주자** : 건설공사를 건설업자에게 도급하는 자를 말하는데, 수급인으로서 도급받은 건설공사를 하도급 하는 자를 제외한다.
- **수급인** : 발주자로부터 건설공사를 도급받은 건설업자를 말하며, 하도급 관계에 있어서 하도급하는 건설업자를 포함하는데, "하수급인"이라 함은 수급인으로부터 건설공사를 하도급받은 자를 말한다.
- **건설기술자** : 건설공사에 관한 기술 또는 기능을 가진 자로서 관계법령에서 그 기술이나 기능이 있다고 인정된 자.
- **건설기술용역** : 다른 사람의 위탁을 받아 건설기술에 관한 역무를 수행하는 것을 말하고, "설계 등 용역"이라 함은 건설기술용역 중 다음 역무를 수행하는 것을 의미한다.
  - 건설공사의 계획, 조사, 설계, 설계감리, 안전성검토 및 건설사업관리
  - 시설물의 유지, 보수, 철거, 자문 및 지도
- **발주청** : 건설공사 또는 건설기술용역을 발주하는 국가, 지방자치단체, 국가 또는 지방자치단체가 납입자본금의 2분의 1이상을 출자한 기업체의 장, 기타 대통령령이 정하는 기관의 장.

- 감리원 : 감리전문회사에 종사하면서 책임감리업무를 수행하는 자를 말하고, "설계감리"라 함은 건설공사의 계획 · 조사 또는 설계가 건설공사설계기준 및 건설공사시공기준 등에 품질 및 안전을 확보하여 시행될 수 있도록 관리하는 것을 말한다.
- 책임감리 : 감리전문회사가 당해 공사의 설계도서 기타 관계서류의 내용대로 시공되는 지의 여부를 확인하고, 품질관리, 공사관리 및 안전관리 등에 대한 기술지도를 하며, 발주자의 위탁에 의하여 관계법령에 따라 발주자로서의 감독권한을 대행하는 것을 말하는데, 공사감리의 내용에 따라 전면책임감리 및 부분책임감리로 구분한다.

Keyword 2 **건설공사의 계약과 시공방식**(construction system)

1) 건설공사의 계약

건설공사에서 계약은 수주자(도급자)의 요구와 발주자(시공주)의 승낙으로 성립되는 법률적 행위로서, 합의표시의 합치가 있더라도 사법상의 효과 발생을 목적으로 하지 않는 경우에는 계약이라 할 수 없다. 특히, 국가나 공공기관의 계약은 공익을 목적으로 하여야 하므로 계약행위를 공정 타당하고 일관성 있게 처리함과 동시에 경제성을 확보하기 위하여 일정한 제한과 절차의 기준인, 계약에 관한 회계법규(국가계약법및회계예규 등)를 정하여 준수하게 하고 있다.

계약은 발주자(시공주)에게는 정확한 계약목적물의 완성을, 계약상대자(수급인, 도급자)에게는 계약의 이행에 따른 정당한 대가를 요구하는 것이며, 공사의 이행 중 발생하는 발주자의 계약변경 요구에 대한 대응과 국가 계약법령상의 계약금액의 조정 및 클레임의 제기 등이 포함될 수 있다. 발주자에게는 지급하는 대가에 합당한 계약이행을 보장하며, 계약상대자에게는 최선의 계약이행을 전제로 정당한 이행대가의 수수를 목적으로 하는 것이다.

오늘날 건설시장의 국제개방화 시대에서 발주자로서는 명확한 계약조건의 제시와 정당한 계약내용의 이행요구를 위해 철저한 계약관리가 필요할 것이며(국가 계약법령의 제정기관인 재정경제부 등 국가기관에서 수행), 계약상대자로서는 계약의 성실한 이행에 따른 정당한 대가 요구 등을 위해 정확한 계약관리가 필수적이다.

발주방법의 결정, 입찰, 계약체결 및 이행에 따른 계약절차는 다음과 같다.

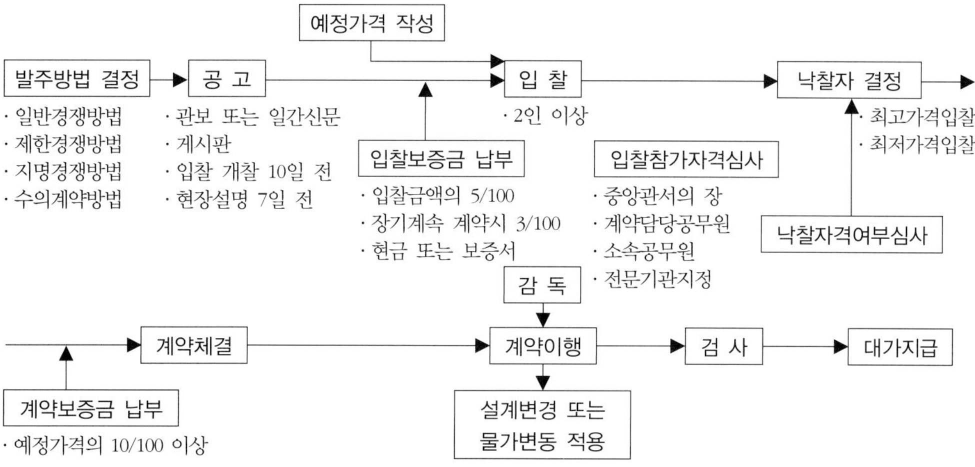

[그림 16-2-1] 공사 계약절차 흐름도

2) 건설공사의 시공방식

건설공사를 발주하는 시공방식에는 시공주인 발주자가 직접 시공하는 직영공사(直營工事: direct management system) 방식, 또는 발주자가 수급인(도급자)에게 시공을 의뢰하여 공사를 완성시키는 도급공사(都給工事: contract agreement system) 방식이 있는데, 공사규모와 경제적, 사회적 조건 등에 따라 합리적으로 채택하게 된다.

직영공사는 시공주(발주자)가 재료를 구입하고 기술인력을 일시적으로 고용하여 시공일체의 실무사항을 직접 처리하고 자신의 감독 하에 실비로 시공하는 방식이다. 공사 중 임기웅변의 대처가 요구되거나 대자본을 필요로 하는 경우, 또는 난공사 조건이거나 중요한 건설공사, 확실한 견적이 곤란한 공사 등에 적용된다. 직영공사의 장점으로는 공사감독이 곤란하거나 입찰경쟁의 폐해를 방지할 수 있고 입찰이니 계약 등 복잡한 행정절차가 필요 없으며, 합리적으로 운용하면 공사비가 절감될 수 있을 뿐 아니라 양호한 품질결과를 가져올 수 있다. 단점으로는 전문성이 부족한 상태에서 계약절차 없이 시공되므로 공정관리상의 차질의 우려가 있을 뿐 아니라 경제관념이 희박해져서 공사비가 예산보다 초과되기 쉽고 업무처리가 번잡하며, 공사 종사원의 능률이 저하되고 공사기간이 지연되기 쉽다.

도급공사는 일식도급 · 분할도급 · 공동도급방식으로 구분되는데, 도급자가 설계도면 · 시방서 · 계약서 및 공사도급규정 등에 따라 공사를 완성할 것을 약정하고, 발주자가 공사의 결과에 대하여 공사비를 지급할 것을 약속함으로써 계약이 성립된다. 도급자가 도급받은 공사를 제3자에게 재도급하는 것(하도급) 또는 공사비 청구권을 제3자에게 양도하는 것은 법률상 금지하지 아니하나, 발주자와 재도급자(하수급인)와는 서로 하등의 관계를 가지지 않으며 계약상의 책임은 원도급자에게 있다.

① 일식도급(一式都給 : general contract)

공사 전체를 도급자에게 맡겨 재료, 노무 및 시공업무 일체를 일괄하여 시행하는 도급방법을 말한다. 공사비가 확정되고 책임한계도 명료하여 공사관리가 용이할 뿐 아니라 가설재의 중복 없이 공사비가 절감되는 장점이 있으나, 도급자의 주관적 해석으로 설계도서의 취지가 충분히 이행되지 못할 경우 공사비 증대가 우려된다.

② 분할도급(分割都給 : several contract)

공사의 내용을 세분한 후 각기 도급자를 선정하여 분할도급계약을 맺는 방식을 의미하는데, ① 전문공종별(專門工種別) 분할도급, ② 공정별(工程別) 분할도급, ③ 공구별(工區別) 분할도급, ④ 직종별 · 공종별 분할도급방식이 있다.

③ 공동도급(共同都給 : joint venture contract)

대규모 공사에 기술시설, 자본능력을 갖춘 몇몇 건설회사가 공동으로 출자하여 한 회사의 입장에서 공사도급 및 시공을 하는 방식으로, 건설업체간의 경쟁완화 수단이 되며 책임을 분담하여 시공하고 이윤은 회사별 출자비율로 배당된다. 장점으로는 공사이행이 확실하며, 기술 · 자본 · 위험부담의 분산과 감소는 물론 기술의 확충, 강화 및 경험의 증대, 공사도급 경쟁 완화, 신용도의 증대를 가져올 수 있다. 단점으로는 한 회사에 도급시키는 것보다 경비가 증대될 수 있으며, 시공과 관련하여 공동출자회사 간 의견차이가 발생할 수 있다.

④ 설계 · 시공 일괄도급(턴키도급 : turn-key base contract)

설계 · 시공 일괄도급은 건설업자(수급자)가 기업, 금융, 토지조달, 설계, 시공, 기계기구 설치, 시운전까지 발주자가 필요로 하는 모든 것을 조달하여 준공 후 인도하는 도급계약방식이며, 새로운 Plant공사와 특정한 대형시설공사 등에 적용한다. 장점으로는 설계 · 시공이 동일업체이므로 공정관리가 용이하고, 경쟁 설계안 중에서 최적안 선택이 가능하며 공사비 절감을 기대할 수 있고 공기단축, 공법의 연구 및 개발, 창의성 있는 설계 유도 및 책임시공에 의한 기술개발을 유도할 수 있다. 단점으로는 설계 · 견적기간이 짧아 계획안이 부실할 우려가 있고, 최저가 낙찰제로 설계내용의 우수성이 반영되지 못하거나, 품질저하 또는 발주자의 의도가 반영되지 못하는 경우가 많고, 제출도면이 불필요하게 많으며 설계지침이 자주 변경될 수 있다. 한편, 몇몇 대형 건설업자만 입찰에 참여하게 되고 최저가 경쟁으로 덤핑의 우려가 있으며, 제도상 대규모 회사에 유리하므로 중소건설업체의 육성을 저해한다는 단점과 응찰사들은 과다한 설계비를 지출하게 되며, 공사비 저감과 연계된 단순 구조물이 되거나 기능 및 심미성 저하가 우려된다.

Keyword 3 도급금액 결정방식과 공사입찰(contract system and bidding in construction)

1) 도급금액 결정방식

공사 계약자(수급인, 도급자) 선정과 관련한 도급금액 결정방식으로는 총액도급, 단가도급, 실비정산 보수가산도급 등이 있다.

총액도급이란 총공사비를 경쟁입찰에 붙여 최저가 입찰자와 계약을 체결하는 방식으로서, 일식 · 분할 및 공사별 · 내역별 도급제도가 병용되는데, 널리 행해지는 제도이다. 장점으로는 경쟁 입찰로 공사비를 절감할 수 있으며, 총공사비가 산정되어 발주자가 원가관리 및 자금 예정을 용이하게 할 수 있다. 단점으로는 공정관리에 노력을 경주하지 않으면 예정한 공정을 수행하기 곤란하고, 설계변경 시 발주자와 도급자 간 의견차이로 분쟁이 일어나기 쉬우며, 입찰 전에 설계도면 · 시방서 등이 완비되어야 하므로 상당한 소요시간이 필요할 뿐 아니라, 최저 입찰가격이 반드시 합리적인 공사가격이 아닐 수 있다.

단가도급(내역입찰도급)은 일정기간 시공과 관련한 재료 및 노력이 요구될 때 재료단가, 노력단가 또는 재료와 노력이 가해진 수량 및 면적, 체적단가만을 결정하여 공사를 도급하는 방식이다. 장점으로는 설계변경에 따른 수량 증감과 공사비 산정이 용이하고 일식도급보다 편리하며, 시급한 공사인 경우 업무적으로 계약을 간단히 할 수 있다. 단점으로는 공사 전체의 총수량 관념이 희박하여 공사비가 상대적으로 증가할 우려가 있으며, 준공 시까지 소요되는 총공사비를 예측하기 힘들다는 점이다. 총액을 기재한 입찰시에 입찰금액의 산출기준이 되는 산출내역서를 첨부하여 입찰하는 방식으로 이를 "내역입찰"이라 한다.

실비정산보수가산도급은 직영 및 도급공사제도의 장점을 취하고 단점을 제거한 방식인데, 발주자, 감독자, 시공자의 3자가 입회하여 공사에 필요한 실비와 보수를 협의하여 결정하고 시공자에게 공사비를 지급하는 방법으로 건설업이 발달한 구미제국에서 많이 활용되고 있다. 시공자는 예상치 못한 손해를 입을 염려가 없으므로 신용을 지킬 경우 우량한 공사가 된다는 장점이 있는 반면, 공사기간이 지연되고 공사비가 증가하기 쉬운 단점을 가진다. 실비는 원도급자의 이윤을 제외한 일체의 소요경비를 가산한 금액, 또는 하도급자가 제시한 견적금액을 의미하는데, 실비정산보수가산도급 방식에서 실비정산에 의한 실비는 전자의 경우를 의미하며, 재료, 노력, 설비 등에 대한 일체의 실비에 일정 비율을 곱한 금액을 보수로 받고, 이 보수에서 인건비, 영업비, 이윤 등 일체를 지출하는 것이다.

2) 공사입찰방법

공사입찰방법으로는 일반경쟁입찰, 제한경쟁입찰, 지명경쟁입찰, 제한적 평균가 낙찰제, 대안입찰, 설계 · 시공 일괄입찰, 수의계약(특명입찰) 등이 있다.

일반경쟁입찰은 관보, 신문, 게시 등을 통하여 일정한 자격(기술능력, 자본금, 시설, 장비)을 갖춘 불특정다수의 공사수주 희망자(일반 및 전문건설업자)를 입찰경쟁에 참가시켜 가장 유리한 조건을 제시한 자를 낙찰자로 선정하여 계약을 체결하는 방법이다. 정부나 지방자치단체, 정부투자기관의 계약은 공개에 의하여 공정성을 확보하고 경쟁에 의하여 경제성을 확보하려는 의도 하에 일반경쟁입찰에 의한 발주를 원칙으로 하고 있다. 저렴한 공사비와 공사수주 희망자에게 기회를 균등하게 주는 장점은 있으나, 과다경쟁으로 인한 참여업체의 난립과 불공정한 덤핑 등 건설업 발전에 저해가 될 수 있고 입찰절차가 복잡하며 낙찰자의 신용, 기술, 경험, 능력 등을 신뢰할 수 없다는 단점이 있다.

제한경쟁입찰은 계약의 목적, 성질 등 필요에 따라 입찰참가자의 자격을 제한할 수 있도록 한 제도로서, 일반경쟁입찰과 지명경쟁입찰의 단점을 보완하고 장점을 취한 중간적 방법이다. 지역을 제한하거나 시공능력 또는 공사실적 등을 고려하여 지방자치단체의 공사계약에 많이 활용되고 있다. 즉, 제한된 공사예정금액을 기준으로 하거나, 특수 장비와 기술 또는 공법에 의한 공사, 특수설비 또한 기술에 의한 제조가 불가피한 경우, 공사현장과 납품지 등을 관할하는 시 · 도에 주된 영업소가 있는 자 등으로 입찰참가자의 자격을 제한하게 된다.

지명경쟁입찰은 자금력과 신용 등에서 적합하다고 인정되는 특정 다수의 경쟁 참가자를 지명하여 입찰 및 낙찰자를 결정한 후 계약을 체결하는 방법이다. 계약은 일반경쟁입찰에 의하는 것이 원칙이나 입찰절차가 번잡하고 불편한 경우가 있으므로, 자금력과 신용이 확실한 자를 지명하여 경쟁케 함으로써 불성실한 자가 경쟁에 참가하여 공정한 경쟁을 방해하는 것을 배제하는 장점이 있다. 그러나 특정업체에게 지명이 고정된다면 민원 야기와 특혜의 문제점이 노출될 수 있으며 불공정한 담합 등이 우려된다. 지명경쟁입찰은 특수한 설비, 기술, 자재, 물품 또는 실적이 있는 자가 아니면 계약의 목적을 달성하기 곤란한 경우, 법적 지정요건을 충족하는 우수시공업자 또는 수의계약에 의할 수 있는 경우에 적용된다.

일명 부찰제로 불리는 제한적 평균가 낙찰제는 중·소규모 공사를 대상으로 일정 예산금액 미만의 낙찰자 결정방법인데, 예정가격의 일정범위 이상 금액으로 입찰한 자(낙찰 적격자)가 1인인 경우는 이를 낙찰자로 하고, 낙찰 적격자가 2인 이상인 경우에는 낙찰 적격자의 입찰금액을 평균하여 평균금액에 가까운 금액으로 입찰한 자를 낙찰자로 결정하는 제도를 말한다. 건설업체의 과도한 경쟁으로 인한 덤핑입찰을 방지하는 효과와 적정이윤을 보장할 수 있으며 중소건설업체의 수주기회 부여라는 장점이 있는 반면, 기술개발 의욕의 위축과 계획적인 수주활동을 불가능케 하며 사행심을 조장하게 되는 단점을 지닌다.

대안입찰은 발주자가 작성한 설계서에서 대체가 가능한 공종에 대하여 원안 입찰과 함께 입찰자의 공사수행 능력에 따른 대안 제출이 허용된 공사의 입찰을 말하는데, 설계·시공상의 기술능력 개발을 유도하고 설계경쟁을 통한 공사의 품질향상을 도모하기 위한 제도이다. 대안입찰시 "대안"이라 함은 설계도서상의 대체가 가능한 공종에 대하여 기본방침의 변경 없이 발주자가 작성한 설계에 대체될 수 있는 동등 이상의 기능 및 효과를 가진 신공법, 신기술, 공기단축 등이 반영된 설계로서 발주자가 작성한 설계서상의 가격보다 낮으며 공사기간을 초과하지 아니하는 범위에서 시공할 수 있는 대안을 의미한다.

설계·시공 일괄입찰(턴키입찰)은 도급자인 건설업자가 대상계획의 금융, 토지조달, 설계, 시공, 기계기구 설치, 시운전까지 발주자가 필요로 하는 설계와 시공내용 일체를 조달하여 준공 후 인도할 것을 약정하는 입찰방식을 의미한다.

일반경쟁입찰방식에 의하여 계약을 체결할 수 없게 된 경우, 또는 특수한 사정으로 필요하다고 인정될 경우 수의계약(특명입찰)에 의하여 계약을 체결할 수 있다. 그러나 수의계약이라 하더라도 계약 상대방과 임의로 가격을 협의하여 계약을 체결하는 것이 아니라, 공사예정 가격을 공개하지 아니한 가운데 견적서를 제출케 함으로써 경쟁입찰에 단독으로 참가하는 방식으로 이루어진다. 수의계약은 소규모 공사와 특허공법에 의한 공사, 신기술에 의한 공사, 준공 시설물의 하자에 대한 책임구분이 곤란한 경우로서 직전 또는 현재의 시공자와 계약을 하는 경우, 작업상의 혼잡 등으로 동일현장에서 2인 이상의 시공자가 공사를 추진할 수 없는 경우로서 현재의 시공자와 계약을 하는 경우, 마감공사에 있어서 직전 또는 현재의 시공자와 계약을 하는 경우에 체결된다.

Keyword 4 **시방서**(示方書 specification)

시방서는 설계도면에 표시하기 어려운 내용을 설명하는 시공지침으로서 도급계약서류의 일부가 된다. 주 내용은 ① 시공에 대한 보충 및 주의사항, ② 시공방법의 정도, 완성 정도, ③ 시공에 필요한 각종 설비, ④ 재료 및 시공에 관한 검사, ⑤ 재료의 종류, 품질 및 사용 등이다. 집행되는 공사의 설계도면과 시방서 내용에 차이가 발생하는 경우 상호 보완적인 효력을 지니는데, 적용 우선순위는 ① 현장설명서 ② 공사시방서 ③ 설계도면 ④ 표준시방서 ⑤ 물량내역서가 되며, 적용이 모호한 경우 발주자(감독자)의 지시에 따르도록 규정하고 있다.

시방서의 형식은 설계도면의 정밀도, 공사의 종류 및 규모에 따라 선택하게 되는데, 정밀도의 관점에서 시방서에 중점을 두는 경우(단순한 공사), 설계도면에 중점을 두는 경우(소규모로 중요한 공사가 아닐 때), 시방서와 설계도면을 동시에 중점을 두어 작성하는 경우(일반적으로 채택되는 방식이며 대규모, 중요한 공사에 적용)로 분류할 수 있다.

시방서는 건설기술관리법 시행규칙에 근거하여 표준시방서, 전문시방서, 공사시방서로 분류된다. 표준시방서는 1962년 토목공사 표준일반시방서가 처음 제정된 이후 1975년에 조경공사 표준시방서, 1999년 산업설비공사 일반표준시방서까지 총 14종이 제정되었다. 조경공사 표준시방서, 토목공사 표준일반시방서, 건축공사 표준시방서 등 12종은 건설교통부장관이, 항만공사 표준시방서는 해양수산부장관, 상수도공사 표준시방서는 환경부장관 제정으로 운용되고 있다.

1) 표준시방서

시설물의 안전 및 공사시행의 적정성과 품질확보 등을 위하여 시설물별로 정한 표준적인 시공기준으로서 발주청 또는 설계 등 용역업자가 공사시방서를 작성하는 경우에 활용하기 위한 시공기준을 말한다.

건설교통부 제정 조경공사 표준시방서(2003년)에는 표준적이고 일반적인 시공기준을 제시하여 공종을 대분류, 중분류, 소분류로 분류하고 있다. 대분류 공종은 총칙, 정지, 관수 및 배수, 조경구조물, 조경포장, 식재, 잔디, 비탈면녹화, 생태복원, 실내조경, 조경석, 유희시설, 수경시설, 옥외시설물, 운동 및 체력, 단련시설, 유지관리공사로 구분하여 조경공사 업역의 영역적 특성을 반영하고 있다.

2) 전문시방서

표준시방서에 근거하여 시설물별 공종을 대상으로 특정한 공사의 시공 또는 공사시방서의 작성에 활용하기 위한 종합적인 시공기준을 말한다.

서울시 전문시방서(2002년) 조경편에는 총 17장으로 대분류하여 기술하고 있는

데, 총칙, 조경정지, 관수 및 배수, 조경구조물, 조경포장, 생태복원, 자연석, 유희시설, 수경시설, 옥외장치물, 체력단련 및 운동장, 인공지반조성, 기타공사, 유지관리로 구성하고 있다.

3) 공사시방서

표준시방서 및 전문시방서를 기본으로 개별 공사의 특수성, 지역여건, 공사방법 등을 고려하여 기본설계 및 실시설계도면에 구체적으로 표시할 수 없는 내용과 공사수행을 위한 시공방법, 자재의 성능·규격 및 공법, 품질시험 및 검사 등 품질관리, 안전관리계획 등에 관한 사항을 기술한 시공기준을 말한다.

특히, 공사시방서는 당해 건설공사의 도급계약서류에 포함되는 계약문서로 강제기준으로의 역할을 한다. 표준시방서는 공사시방서를 작성하기 위한 기초자료로서의 역할을 하기 때문에 강제성은 부여되지 않으나 법적 절차와 규정에 따라 중앙건설기술심의위원회 심의를 거쳐 제 · 개정되는 기준으로서 적용범위가 전체 공종을 포괄하는 대상으로 중요성이 크다.

Keyword 5 **시공관리**(施工管理 construction management)

공사관리의 핵심은 설계도서에 충실하게 시공할 수 있도록 조건과 방법을 계획하는 측면(시공계획), 시공을 위한 전문기술(시공기술), 그리고 계획대로 시공하기 위하여 공정(工程), 원가(原價), 품질(品質), 안전(安全)관리 등이 요구되는 시공관리 내용이 포함된다. 시공관리는 전문기술과 경영관리의 판단이 필요한데, 품질을 만족시키면서 원가절감을 통하여 생산성을 제고하는 기술개발과 경영노력이 선행되어야 한다. 공사관리의 기본원칙은 싸게, 좋게, 빨리, 안전하게 주어진 공사기간 내에 양질의 목적물을 완성하는 것이며, 적정 이윤을 추구하면서 시공계획과 기술 및 시공관리를 결합하여 합리적인 공사관리가 되도록 해야 한다.

시공계획이란 설계도면 및 시방서에 의해 양질의 공사목적물을 생산하기 위하여 기간 내에 최소의 비용으로 안전하게 시공할 수 있도록 조건과 방법을 결정하는 계획을 의미한다. 즉 공사의 안전, 품질, 공기 및 경제성 확보를 목표(5R : right product, right quality, right quantity, right time, right price)로 하면서 노동력, 재료, 시공방법, 기계, 자금 등의 생산수단(5m : man, materials, methods, mechanical, money)을 적정하게 활용하기 위한 최적계획이 필요하다. 건설공사의 시공계획은 사전조사, 시공기술계획, 일정계획, 가설계획과 조달계획, 관리계획 등이 포함되는데, 발주자가 의도하는 품질, 기능 및 구조, 형태를 보장한다는 의미에서 시공계획과정에는 발주자(또는 감독자)와 긴밀한 사전협의가 요구된다.

시공계획 중에서 핵심적인 사항은 일정계획인데, 공정별로 공사의 내용과 품질이 판명되고 비용이 산출되기 때문에 일정계획의 적부가 공사의 진도나 성과를 좌우한다. 따라서 공기 내에 효율적인 공사 진행을 유도하기 위한 수단으로서 기계의 선정과 수량, 1일 작업량의 결정, 공종별 작업순서, 가설비의 규모와 배치, 공종별 상세한 공정의 작성, 노동력, 자재, 공사비 적산 등의 작업을 진행시킨다.

일정계획은 공정 혹은 작업에 대해서 다음의 조건을 만족할 수 있도록 입안한다.

$$\text{가능일수} \geq \text{소요일수} = \frac{\text{공사량}}{\text{1일 평균작업량}} \quad \cdots\cdots (1)$$

그리고 일정계획은 공사량과 1일 평균작업량을 기준으로 작성되므로, 1일 평균작업량을 산출하는 바탕이 될 작업가능일수의 산정은 일정계획을 포함한 시공계획의 기본이 되는 중요한 사항의 하나이다.

$$\text{1일 평균작업량} \geq \frac{\text{공사량}}{\text{공사가능일수}} \quad \cdots\cdots (2)$$

이때 공사가능일수는 공사기간에서 휴일 및 불가능일수를 뺀 기간이며 불가능일수는 기상과 수문자료, 지형, 지질 등의 자연조건은 물론 대상공사의 기술적 특성을 고려해서 추정한다. 일반적으로 공사기간은 작업일수와 준비일수 그리고 휴일일수와 강우일수를 포함시켜 산정한다.

$$\text{공사기간} = \text{작업일수} + \text{준비일수} + \text{휴일일수} + \text{강우(강설)일수} \cdots\cdots (3)$$

일정계획에는 작업량 관리가 요구되며 공정 추진에 노무자 1명당, 또는 기계의 단위시간당 표준작업량을 유지하기 위한 것인데, 표준작업량은 공사의 진도에 영향을 줄 뿐만 아니라 공사단가를 좌우하여 경제성에 영향을 미친다. 작업량 관리는 작업량과 표준작업량을 비교하여 저하된 경우에는 원인분석과 작업량의 회복에 주력하고, 증대하는 경우에는 능률향상과 상태유지에 더욱 노력해야 한다.

노무자와 기계의 1일 실 작업량은 표준작업량(표준작업량×작업시간)과 가동률(가동 노무자수/전 노동자수), 작업시간 효율(실 작업시간/노동시간) 및 작업능률(실 작업량/표준작업량)을 고려하여야 하며, 능률을 어떻게 향상시키느냐가 작업량 관리의 과제가 된다.

$$\text{1일 실 작업량} = \text{표준작업량} \times \text{가동률} \times \text{작업시간효율} \times \text{작업능률} \cdots\cdots (4)$$

특히 계획 작업량을 기준으로 공정계획을 세우고 착공하게 되면 이 계획 작업량을 유지하기 위하여 가동률, 작업시간 효율, 작업능력 계수의 값이 저하되지 않게 관리하여야 한다.

Keyword 6 공정관리(工程管理 progress arrangement)

건설공사의 착안점은 공사의 품질 및 공사기간에 대하여 계약조건을 만족하면서 능률적이고 경제적인 시공계획 및 관리가 요구되는데, 착공에서 준공까지 시간적 관리는 물론 공정과 공종을 종합적으로 검토하고 노동력, 기계설비, 자재 등의 자원을 효과적으로 활용하는 방법과 수단이 강구되어야 한다. 따라서 발주자에게는 공기와 품질을 지키기 위하여 수급인에게는 최소의 비용으로 양질의 시공 목적물을 완성하기 위한 공정관리가 요구된다.

시공관리의 3대 목표는 공정관리, 품질관리, 원가관리가 되는데, 공정, 품질, 원가 상호간에는 밀접한 연관성을 갖는다. 일반적으로 공정과 원가와의 관계에서 공정을 빨리 진척시킨다면 단위 수량당 원가는 낮아지나 돌관작업의 경우 상대적으로 원가가 높아진다. 품질과 원가와의 관계에서 품질을 좋게 하면 원가도 비례하여 높아지는 경향이 있다. 공정과 품질과의 관계는 공정을 빨리 진척시키면 품질이 저하되는 경향을 보인다.

[표 16-2-1] 시공관리의 3대 목적

공사의 요소	목 표	공 사 관 리
품 질	좋 게	품 질 관 리
공 사 기 한	빨 리	공 정 관 리
경 제 성	싸 게	원 가 관 리

공정관리계획의 절차는 ① 부분작업의 시공순서를 결정하고, ② 공정에 적정한 시공기간을 산정하여, ③ 총 공사기간 범위에서 시공속도를 균등화 하고, ④ 각 공정을 타당한 시간범위에서 진행시켜, ⑤ 공사기간 내에 공사가 종료되도록 하는 과정이 요구된다. 한편, 경제적으로 공정관리계획을 수립하기 위해서는 가설공사비, 현장관리비 등이 합리적으로 산정되어야 하고 기계설비와 소모재료, 공구 등을 적정하게 반복 사용하도록 하며, 기계와 인력의 손실시간이 발생하지 않도록 계획함으로써 최소한의 일정 및 기술인력을 가동시켜 공사기간 동안 효율적으로 운용되어야 한다.

또한 직접비와 간접비를 합한 총 건설비용이 최소가 되는 가장 경제적인 공기를 말하는 최적공기(最適工期)의 결정, 직접공사비를 최소화 할 수 있는 최장공기를 말하는 표준공기, 시공성과를 낙관할 수 있는 공정속도를 말하는 채산속도, 손익분기점 이상의 채산속도를 유지할 수 있도록 공정을 계획하고 관리할 수 있는 경제속도 등이 고려되어야 한다.

공정표는 공사의 진척상황을 알기 쉽게 도표로 표기하여 제반 문제점의 파악뿐 아니라 공사기간 단축과 양호한 품질시공 등을 도모하기 위하여 사용한다. 공정표에는 총 공사기간을 다룬 전체공정표와 세분된 공사기간을 다룬 부분공정표로 구분되는데, 표기법으로는 횡선식공정표(bar chart), 기성고공정곡선, 네트워크공정표(network chart) 등이 있다.

막대그래프공정표를 말하는 횡선식공정표는 1차세계대전중 미국 육군 병기국에서 병기 생산을 위해 Henry L. Gantt가 개발한 칸트 차트(gantt chart)를 개량한 것이다. 단순공사나 시급한 공사에 많이 적용되는데, 비교적 작성이 쉽고 공사내용의 개략을 용이하게 파악할 수 있다는 장점이 있으나, 작업 선후관계와 세부사항을 표기하기 어려운 단점도 있어 대형공사에는 적용하기 어렵다.

공정의 움직임을 정확하게 파악하기 곤란한 횡선식공정표의 결점을 보완하여 예정공정과 실시공정을 대비시킨 진도관리를 위해 기성고공정곡선을 사용한다. 그래프식공정표를 의미하는 기성고공정곡선은 1일 공사 기성량을 누계곡선으로 표현하고 예정과 실행을 비교하는 방법이다.

기성고공정곡선에 의한 공정관리는 누계곡선의 예정과 실행을 비교하여 진척상황을 조정하는데, 공사 초기 1일 기성고는 착공 준비 등으로 증가하지 않을 때가 많고 중간 시점의 전성기에 공사량이 많아지며 준공시점에는 기성고가 점차 감소하는 것이 보통이다. 따라서 누계곡선은 착공 초기에 진척상황이 완만하고 중간에 급해지며 준공단계에서 다시 완만해지는 양상인데 전체적으로 S자형 곡선이 된다. 공정 추진에는 계획곡선과 실행곡선이 일치하지 않는 경우가 많은데, 차이가 클 경우 공정 회복이 어려운 상황을 초래하게 되므로 계획선의 상하에 허용한계선(바나나곡선 : banana curve)을 두어 안전구역 내에 실시 공정곡선이 유지되도록 공정을 관리해야 한다.

1958년 미국의 해군 Polaris 잠수함 미사일 건조기간 단축을 위하여 개발된 PERT(program evaluation and review technique)와 1957년 Dupont社에서 기업규모의 확대 및 경쟁력 강화를 위하여 시간 이외의 비용문제를 중심으로 개발된 CPM(critical path method)은 네트워크기법을 이용한 대표적인 공정관리기법이다. 오늘날 PERT는 확립된 표준이 없는 조건에서 수행되는 신규 사업에 많이 이용되며, CPM은 경험이 많은 반복적인 사업 또는 작업표준이 확립된 사업에 적용되는데, PERT와 CPM기법을 통칭한 PERT/CPM이 대표적인 네트워크공정기법으로 활용되고 있다. 횡선식공정표가 작업기간을 막대 길이로 표시하여 총괄적인 작업을 표시하는데 비하여 PERT/CPM은 일정계획을 네트워크로 표시하고 있다.

공정관리에 사용되는 네트워크는 시간의 경과와 그 시간에 시행되는 작업내용을 네트(網)로 표현하고 전체작업의 시간계획을 수립하여 작업의 진행을 관리하기 위한 것으로, 다음의 두 종류가 있다.

1) 애로우 네트워크(arrow network)

화살표와 동그라미로 조합된 공정표를 말하며 화살표에 작업의 명칭, 작업수량, 소요일수, 투입자원 등 공정계획상 필요로 하는 정보를 기입하게 되는데, 동그라미는 작업과 작업의 선후 관계와 연결을 나타낸다.

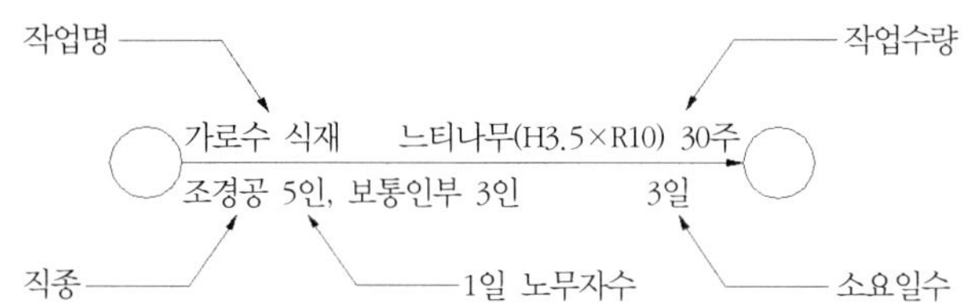

[그림 16-2-2] 애로우 네트워크의 표시

2) 프리시던스 네트워크(precedence network, precedence diagramming method)

작업 중심 연결 다이어그램으로 나타낸 공정표를 말하는데, 작업을 노드(node)로 표시하고 노드 안에 번호, 요소작업명, 소요시간, 비용 등을 기입하여 노드와 노드를 화살표로 연결한다.

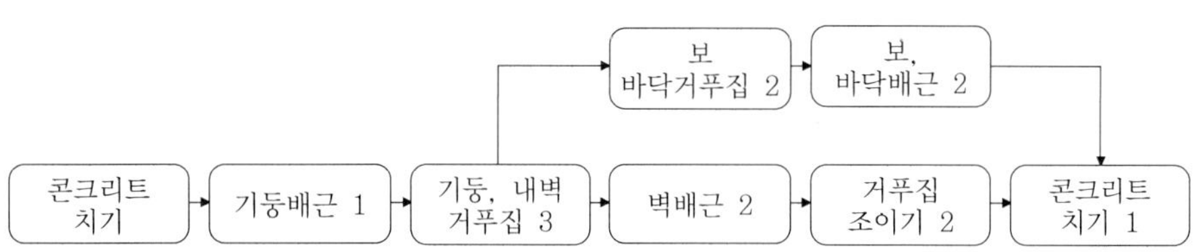

[그림 16-2-3] 프리시던스 네트워크의 표시

2. 조경공사의 유형

Keyword 7 토공 및 기반공사(earth and foundation work)

건설공사에서 흙의 굴착, 싣기, 운반, 성토와 다짐 등에 관한 작업을 의미하는 토공(土工)은 절토공사와 성토공사로 대별된다. 토공의 마무리 면을 시공기준면이라 할 때, 시공기준면보다 원지반이 낮을 때는 성토를, 높을 때는 절토를 하게 된다. 대지와 단지의 조성, 도로와 하천, 골프장, 비탈면 조성 등 건설공사에서 토공이 차지하는 비중이 매우 크고 중요한데, 골프장공사와 같이 전체 공정의 60~80%를 차지하는 경우도 있다.

토공은 현장여건에 따라 공정 추진 및 공사비 등에 많은 제한을 받을 수 있으므로 토질, 지형, 지질, 기후, 홍수위, 지하수위 등을 고려하여 적정한 공사방법을 선택하여야 한다. 시설물 위주의 건설공사는 철저한 다짐에 의한 누수 및 침하 등을 방지하는 것이 목적이나, 조경공사는 이러한 목적 이외에도 식물 성장에 적합한 토양입자의 물리적 조성과 다짐이 고려되어야 한다. 토공은 내용면에서 깎기, 싣기, 운반, 쌓기, 다짐, 끝맺음 등으로 구분되고, 작업방식에 따라 인력토공과 기계토공으로, 장소에 따라 육상토공과 수중토공으로 분류할 수 있다. 토공과 관련한 용어정의는 다음과 같다.

- **깎기(절토, 절취, cutting)** : 굴착이라고도 하며 흙을 파헤치는 것으로서 주로 육상에서의 작업을 의미하며, 수중의 경우에는 수중굴착, 준설(dredging)이라 한다.
- **싣기(적재)** : 절토한 흙을 운반차에 싣는 것을 말한다.
- **쌓기(성토, banking)** : 절토한 흙을 일정한 장소에 쌓거나 버리는 것이며, 쌓아올려 제방과 같이 쌓는 것을 축제(築堤)라 하고, 수중의 경우에는 매립(reclamation)이라 한다.
- **다짐(전압, rolling)** : 성토한 흙을 다지는 것을 말한다.
- **끝맺음(finishing)** : 절토나 성토한 표면을 일정 모양으로 만들고 다듬는 것을 말한다.
- **토취장(borrow-pit)** : 성토할 흙을 채취할 장소를 말한다.
- **토사장(spoil-bank)** : 절토한 흙을 버리거나 처리하는 장소를 말한다.
- **토공정규(土工定規)** : 절토와 성토를 할 때 설계의 기본 단면형을 말하는데, 지반의 지지력, 지하수위, 사면의 안정 등을 고려하여 결정해야 한다.
- **토공의 표줄** : 절토나 성토의 설계단면에 대해 현장에서 시공위치에 나무대 또는 노끈 등으로 설계단면과 같은 형태를 만들어 놓은 것을 말한다.

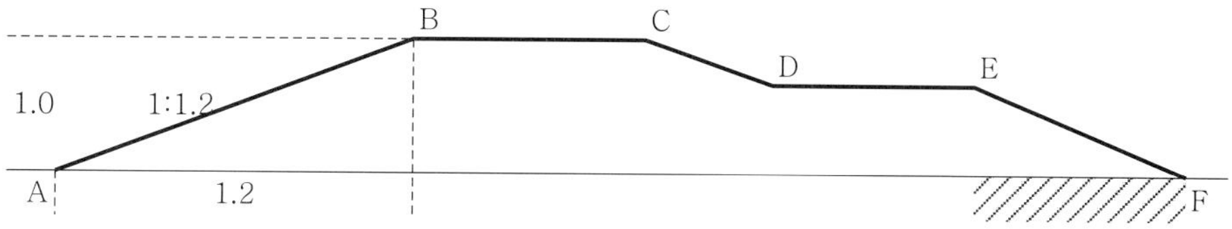

[그림 16-2-4] 축제(출처: 조경시공학 p.85)

토공단면에 대한 용어는 다음과 같다.

- 비탈(사면, side slope) : AB, CD, EF 같은 사면을 말하는데, 절토와 성토를 구분해서 사용한다.
- 비탈머리(사면정부, top of slope) : 비탈어깨라고도 하며 상단 B, C점을 말한다.
- 비탈기슭(사면저부, bottom of slope) : 비탈끝이라고 하며 하단 A, F점을 말한다.
- 뚝마루(천단, levee crown) : 제방의 정부 BC부분을 말한다.
- 턱(소단, berm) : DE부분과 같이 사면의 안정성을 높이기 위하여 중간에 만든 턱을 말한다.
- 비탈경사(사면경사, slope) : 비탈구배라고도 하며 경사의 정도를 표시한 것이다. 일반적으로 10%, 15% 등과 같이 말하며, 표시방법은 1.0 : 1.0, 1.0 : 1.5 와 같이 수직을 1.0으로 할 때 수직 : 수평으로 나타낸다. 외국의 경우 수직을 1.0으로 정하지 않고 2.0 : 1.0, 1.0 : 1.5 와 같이 수평 : 수직의 비로 표시하기도 한다.

Keyword 8 콘크리트공사(concrete in construction)

콘크리트는 시멘트와 물, 잔골재와 굵은 골재를 주원료로 하고, 경우에 따라 제 성질을 개선할 목적으로 혼화재료를 넣어 비빈 것으로, 시간경과에 따라 시멘트와 물의 수화반응에 의해 굳이지는 성질을 가진다. 시멘트와 물만을 혼합한 것을 시멘트풀(cement paste)이라 하고, 시멘트 풀에 잔골재를 혼합한 것을 모르타르(mortar)라고 하는데, 모르타르도 넓은 의미로 콘크리트의 일종이다. 콘크리트의 수화는 구성물질 중 시멘트와 물의 발열화학반응에 의해 진행되는데, 시멘트는 물과 결합하여 바로 경화하는 것이 아니고 어느 기간 동안 플라스틱(plastic)한 상태를 지속한 후에 응결, 경화하여 굳어지게 된다. 콘크리트는 다음과 같은 장단점을 갖는다.

1) 장점

- 구조물 모양을 용이하게 만들 수 있다.

- 압축강도가 높고 내화성, 내구성 및 내수성이 높다.
- 구조부재 중 값이 저렴하다.
- 철근과 잘 부착되고 철근의 부식을 방지하는 역할을 한다.
- 구조물의 시공이 용이하고 유지 · 관리비가 적게 든다.

2) 단점

- 인장강도와 휨강도가 작으나 철근으로 보충된다.
- 자중이 커서 응용범위에 제한을 받는다.
- 균열이 일어나므로 신축이음이 요구되고 미관이 좋지 않다.
- 설계변경 등에 의한 재시공이 어렵다.

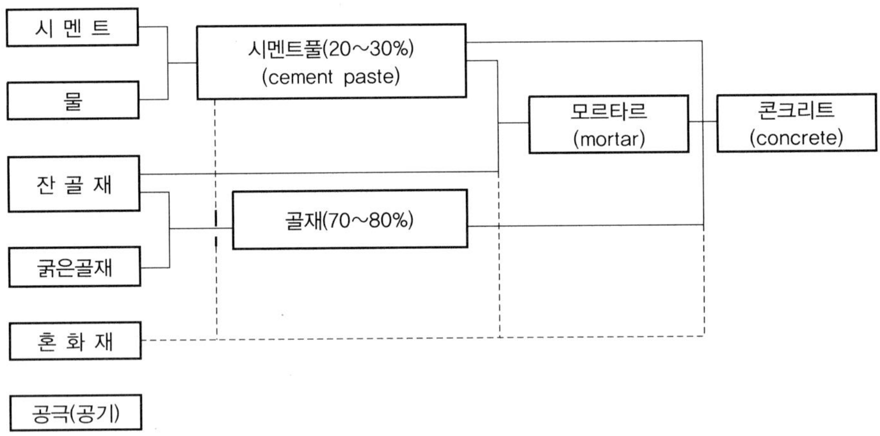

[그림 16-2-5] 콘크리트의 구성

Keyword 9 **석재공사**(stone work)

건설재료적 측면에서 석재는 다양한 색조와 광택 및 외관이 장중하고 치밀하며 불연성(不燃性)이며, 압축강도가 크고 내구성 · 내화학성이 풍부하며 마모성이 적고 압축강도가 매우 높아 예로부터 골재, 구조재, 마감재 등으로 널리 사용되고 있다. 그러나 다른 건설재료에 비해 무겁고, 운반 · 가공이 어렵고 고가이며 인장강도가 작고, 화열을 받으면 균열을 일으키거나 파괴된다. 특히, 석재 자체의 천연성과 영원성, 즉 자연스러운 느낌과 변질되지 않는 내구성 등의 이점 때문에 고품질을 요하는 조경시설에서 다양하게 활용되고 있다.

석공사에서 석축은 사용 석재의 중량과 뒤채움으로 안정성을 유지하는 마감공사이며, 용도로는 비탈면보호, 흙막이, 토사붕괴 방지 등 일반적으로 높이가 낮고 기초지반이 양호한 지역에 사용한다.

자연석은 무단채취가 금지되어 있고 개발지역이나 수몰지구 등에서 제한적으로 채집되기 때문에 대량의 소재조달이 어려워 근래에는 깬돌을 가공한 가공 조경석, 천연석과 흡사한 시멘트제품의 일종인 인조석(모조석) 등이 많이 유통된다. 석재가 중량물임을 고려하면 적합한 용도일 경우 가급적 그 지방에서 생산되는 재료를 활용하는 것이 바람직할 것이다. 조경석은 산지조건과 배치방식에 따라 다음과 같이 분류된다.

1) 산지에 따른 분류

- **산석(山石)** : 산과 들에서 채집되는 자연석으로 산화 · 풍화하여 표면이 마모되어 고색(古色)이 나며 단단하고 푸른 이끼가 낀 화강암, 안산암, 현무암 등이 있다.
- **수석(水石, 河川石)** : 하천에서 채집되는 자연석으로 물에 의해 돌의 표면이 마모되어 모서리가 예리하지 않고 둥근 것이 특징이며, 수경공간에 이용하면 효과적이다.
- **해석(海石)** : 바닷가에서 채집되는 자연석으로 파도, 해일 및 염분의 작용에 의하여 표면이 마모되어 조개류의 껍질이 부착된 경우도 있다.
- **가공조경석** : 깬돌을 자연석 형태로 가공한 돌로서 형태와 질감이 자연석과 유사하고 가격이 자연석보다 저렴하여 비탈면, 연못 등 조경공사에 많이 이용되고 있다.

2) 배치에 의한 분류

- **입석(立石)** : 세워서 쓰는 돌을 말하며, 전후 · 좌우의 사방에서 관상할 수 있다.
- **횡석(橫石)** : 가로로 눕혀서 쓰는 돌을 말하며, 입석 등에 의한 불안감을 주는 돌을 받쳐서 안정감을 갖게 한다.
- **평석(平石)** : 윗부분이 편평한 돌을 말하며, 안정감이 필요한 전면부에 주로 배치한다.
- **환석(丸石)** : 둥근 돌을 말하며, 무리로 배석할 때 많이 이용된다.
- **각석(角石)** : 각진 돌을 말하며, 삼각, 사각 등으로 이용된다.
- **사석(斜石)** : 비스듬히 세워서 이용되는 돌을 말하며, 해안절벽과 같은 풍경을 묘사할 때 주로 사용된다.
- **와석(臥石)** : 소가 누워 있는 것과 같은 형태의 돌을 말한다.

• 괴석(怪石) : 흔히 볼 수 없는 괴상한 모양의 돌을 말하며, 단독 또는 몇 개를 조합하여 관상용으로 이용한다.

[그림 16-2-6] 용인동백지구 화계 석재공사 준공모습

[그림 16-2-7] 용인동백지구 화계 석재공사 시공(1)

[그림 16-2-8] 용인동백지구 화계 석재공사 시공(2)

Keyword 10 옥외시설물공사(outdoor structure in construction)

옥외시설물은 옥외에 설치되는 모든 조경시설물을 의미할 수 있으나, 조경공간에 보편적으로 설치되는 안내시설, 휴게시설, 편익시설, 경관조명시설, 환경조형시설, 경관조명시설 등으로 한정할 수 있으며, 그 외의 시설물들은 용도와 특성에 따라 조경구조물, 수경시설, 운동 및 체력단련시설, 놀이시설 등으로 구분하기도 한다.

- 안내시설 : 안내를 목적으로 하는 게시판, 표지판, 교통 및 상업광고 안내판 등
- 휴게시설 : 휴게 및 휴식을 위한 시설로 의자, 퍼걸러, 원두막, 정자 등
- 편익시설 : 편의를 제공하기 위한 시설로 공중전화부스, 화분대, 시계탑, 우체통, 자전거보관대, 버스승차장, 화장실 등
- 관리시설 : 유지 · 관리에 필요한 시설로 담장, 시설 및 녹지보호책, 휴지통, 쓰레기처리장, 관리사무소 등
- 경관조명시설 : 조명과 야경연출에 사용되는 정원등, 공원등, 수목 및 시설조명등, 광섬유 조명등 등
- 환경조형시설 : 기념물, 환경조각, 석탑, 상징탑, 부조 등의 예술적인 작품성이 있는 환경조형시설
- 조경구조물 : 석축, 옹벽, 울타리, 담장, 계단, 데크, 보행교 등
- 수경 및 살수관개시설 : 수경시설, 수질오염 방지시설, 살수관개시설, 분수시설 등
- 운동 및 체력단련시설 : 운동장, 테니스장 등 운동시설, 철봉과 평행봉, 배근력대 등 체력단련시설

• 놀이시설 : 실내놀이시설, 공공놀이시설, 전통놀이시설, 모험놀이시설, 복합놀이 시설 등

1990년대 초반까지는 대부분의 조경시설물이 설계도면에 따라 현장에서 제작하거나 부분품을 공장에서 제작하여 현장에 조립하는 수준이었으나, 현재는 옥외시설물을 제작 · 판매하는 조경업체가 많아지고 단위시설물의 품질도 향상되어 기성제품을 현장에서 간단히 조립, 설치하는 사례가 많다.

조경공사는 공사착수에서부터 준공에 이르기까지 건축공학, 토목공학, 수목학, 미학 등 광범위한 지식과 기술이 필요하며, 조경공간에 적합한 기능 및 작품성을 갖는 조경시설물을 만들기 위해 적절한 재료의 선택과 재료 특성에 맞는 설계 및 시공이 필수적 요건이 된다.

다양한 종류의 옥외시설물을 시공하기 위해서는 다음과 같은 재료가 필요하다.

• 수목류 : 교목류, 관목류, 지피류 등
• 목재 : 원목, 로구로목, 각재, 판재, 합판, 죽재류 등
• 철재 : 강관류, 각관류, 강판류, 리벳, 볼트, 너트, 못 등
• 석재 : 화강석, 대리석, 견치석, 자연석 등
• 포장재 : 소형고압블록, 테라조타일, 점토블록, 콘크리트포장 등
• 배관재 : 흄관, PE관, PVC관, 스테인리스 급수관 등
• 도장재 : 철부페인트, 목부페인트, 목재방부도장 등
• 기타 : 콘크리트, 벽돌, 인조석, 인조목 등

일반적으로 다양한 성격의 조경공간에 여러 가지 옥외시설물을 설치하여야 하므로 표준화된 형태와 규격을 적용하기 곤란한 경우가 많으며 이용자의 특성, 공간기능, 이용패턴, 주변경관 등에 따라 다양한 형태와 규격의 시설물이 필요하게 된다.

[그림 16-2-9] 퍼걸러, 벤치, 평상 등 휴게시설

[그림 16-2-10] 목재 안내판시설

[그림 16-2-11] 연못, 벽천, 분수, 데크 등 수경시설

[그림 16-2-12] 어린이 놀이시설

Keyword 11 조경포장공사(landscape paving)

조경포장은 보행자, 자전거통행 및 차량통행의 원활한 소통 및 기능유지를 위해 지표면과 도로의 선형을 유지할 목적으로 설치한 포장을 의미하며, 포장면의 지지력 증대, 토양유실 방지, 평탄성 확보, 통행성, 지표성, 미적 분위기 조성, 원활한 통행 등의 기능성과 실용성을 높이기 위해 조성한다.

조경포장공사는 아스팔트, 콘크리트, 석재 및 타일, 목재, 흙포장(흙시멘트포장), 점토벽돌, 고무바닥재, 합성수지, 잔디블록, 컬러세라믹, 기타 포장 등으로 분류할 수 있다. 한편 차량용 포장과 도로용 포장으로 나눌 수 있으며 소재, 시공방법, 기능 등에 따라 구분된다.

[그림 16-2-13] 투수규사블록포장

[그림 16-2-14] 화강석판석, 그린블록파크포장

[표 16-2-2] 조경포장공법의 분류

<table>
<tr><td rowspan="8">현장 시공형</td><td rowspan="2">아스팔트포장</td><td>아스팔트포장</td></tr>
<tr><td>투수아스팔트포장</td></tr>
<tr><td rowspan="2">콘크리트포장</td><td>포장용 콘크리트포장</td></tr>
<tr><td>콘크리트블록포장
(인터로킹블록)</td></tr>
<tr><td rowspan="4">흙다짐포장</td><td>모래포장</td></tr>
<tr><td>마사토포장</td></tr>
<tr><td>황토포장</td></tr>
<tr><td>흙시멘트포장</td></tr>
<tr><td rowspan="11">2차 제품형</td><td rowspan="4">석재 및 타일포장</td><td>판석포장</td></tr>
<tr><td>호박돌포장</td></tr>
<tr><td>자연석판석포장</td></tr>
<tr><td>석재타일포장</td></tr>
<tr><td>목재포장</td><td>나무벽돌포장</td></tr>
<tr><td colspan="2">점토벽돌포장</td></tr>
<tr><td colspan="2">고무바닥재포장</td></tr>
<tr><td colspan="2">합성수지포장</td></tr>
<tr><td colspan="2">컬러세라믹포장</td></tr>
<tr><td rowspan="2">기 타</td><td>콩자갈포장</td></tr>
<tr><td>인조석포장</td></tr>
<tr><td rowspan="2">식생 및 시트공법</td><td rowspan="2">잔디블럭</td><td>잔디식재블록</td></tr>
<tr><td>인조잔디포장</td></tr>
</table>

Keyword 12 **수목식재공사**(landscape planting)

조경공사에 있어서 식물은 가장 중요한 소재가 되는데, 그 중에서도 수목식재와 잔디가 대부분을 차지한다. 수목식재공사와 관련해 수목의 이식 전 준비사항, 굴취, 운반, 가식, 식재, 식재후의 작업, 이식 등과 관련된 주요용어를 정리해보면 다음과 같다.

- **조경수목** : 정원, 공원, 도로 등의 녹화 및 경관 감상 및 조성을 위해 식재되는 소재로 공간의 미적 기능, 건축적 기능, 공학적 기능, 기상학적 기능 등 다양하게 이용되는 수목을 말한다.
- **이식** : 수목을 캐내어 다른 장소로 운반 · 식재하는 것으로서 전 과정에 걸쳐 활착

및 생육에 필요한 조치를 취하는 행위를 말한다.

- 식재 : 어떤 장소에 반입 · 운반된 수목을 설계 및 시방서 기준에 맞추어 심는 행위를 말하며, 그 과정에서 필요한 식재구덩이 파기, 수목 앉히기, 되메우기, 지주목 설치, 비료주기, 물주기, 가지치기, 약제 살포, 활착 및 생육에 필요한 모든 조치를 포함한다.
- 가식(임시식재) : 식재하기 전에 일정기간 동안 지정된 장소에 임시로 식재하는 행위로서 식재의 여러 조치 중 일부만 포함된다.

한편, 식재시공에서 고려해야 할 주요사항을 살펴보면 다음과 같다.

- 공간별 수목의 기능적, 생태적, 심미적 측면은 물론, 수목의 생태적 특성 및 수목 간의 생태적 연관성에 대한 이해를 바탕으로 시공해야 한다.
- 시공대상지역의 토양 및 기후 등의 자연적 조건과 기존 식생, 각종 지하매설물과 구조물, 토양의 오염상황 등을 포함한 식재여건에 대하여 면밀히 조사하고, 부적기 식재에 대한 대비책을 수립한다.
- 사업계획구역 내의 자생수목은 정밀조사 후 활용계획을 수립하고 지형조성공사 시행 전에 이식 · 보존하여 활용해야 한다.
- 주변 자연환경과 조화될 수 있어야 하며, 잠재자연식생의 활용 및 보존을 고려하여 조성된 녹지공간이 친환경적이어야 한다.
- 필요한 경우 조경공간은 독립된 생태계로서의 기능과 역할을 갖출 수 있도록 하며, 주변 환경과 연계된 생태적 네트워크의 요소가 될 수 있도록 한다.

[그림 16-2-15] 식재공사 과정 (1)

[그림 16-2-16] 식재공사 과정 (2)

[그림 16-2-17] 식재공사 과정 (3)

Keyword 13 잔디 및 지피식재공사(lawn and ground cover plants in construction)

지피식물은 지표면을 치밀하게 피복할 수 있는 식물을 의미하는데, 60cm 이하의 수고로 성장하면서 잎, 꽃, 열매, 생육수형의 관상적인 가치가 우수할 뿐만 아니라, 수고의 생육이 느리고 군식할 수 있으며 지하경 등 지하부의 번식력이 뛰어난 특징을 갖는다. 정원, 공원 등을 비롯하여 평탄지는 물론 절개지의 비탈면, 또는 건물이나 담장과 같은 구조물의 표면을 식물로 녹화할 수 있다. 이와 같이 아름다운 경관을 조성하기 위하여 또는 토양침식 방지, 척박지나 음지 등의 녹화와 같은 기능적인 면을 목적으로 도입되는 식물을 지피식물(ground cover plants)이라고 한다.

지피식물의 조건은 병충해에 대한 내성과 환경적응력이 강하고 유지관리와 재배가 용이한 1년 및 다년생의 목·초본을 대상으로 하며, 계절적인 변화감이 뚜렷한 식물로서 관상 가치를 지녀야 하고 생산과정에서 품종의 균일성, 통일성을 지녀야 한다. 지피식물은 광대한 면적의 지면을 단일종의 식물로 치밀하게 녹화할 수 있고 교목 등의 하부식재로도 효과적으로 사용 가능하므로 조경에서 차지하는 비중은 매우 높다. 지피식물은 지표면 피복에 가장 널리 사용하고 있는 잔디류를 비롯하여 다년생 초본류, 이끼류, 고사리류, 왜성 관목류, 포복성의 덩굴성 식물인 만경류 등으로 구분할 수 있다.

[그림 16-2-18] 세주 스카이힐골프장 조싱공사(1)

[그림 16-2-19] 제주 스기이힐골프장 조성공사(2)

지피식물이 조경시공 영역에서 본격적으로 사용되기 시작한 것은 1980년대 초부터인데, 조경설계 및 시공과정에서 적절한 하부식재용 식물의 필요성이 인식되기 시작하면서부터이다. 1980년대 중반 이후 신규 조경공사 발주물량의 확대로 지피식물 소재가 많이 재배되었고, 88서울올림픽을 거치면서 다양한 경관의 창출효과와 이용객들의 요구에 부응하는 수준으로 지피식물 소재가 활용되었다. 1990년대 초부터 급속한 신장세를 보여 오던 지피식물 소재산업은 대전 엑스포 박람회장, 월드컵경기장, 수많은 골프장 조성 등 대형 프로젝트들의 발주로 1990년대 중반 이후에는 성숙기를 맞이하고 있으며 2000년대 이후에는 생태적이며 친환경적인 식재기법이라는 시대적 요청에 부응하는 친환경적, 향토적 지피식물 소재가 각광을 받고 있다.

Keyword 14 비탈면 녹화공사(slope revegetation)

비탈면 녹화공법은 식물의 도입방법, 파종 및 시공방식, 적용지역 녹화속도 등에 따라 분류가 가능하다. 일반적으로는 잔디류나 묘목을 식재하는 식재공법과 식물종자로 녹화하는 파종공법으로 분류된다.

식재공법은 식물묘(植物苗)나 재배잔디를 심는 공법으로서 전면식재공법과 부분식재공법으로 구분된다. 전면식재공법은 인력에 의한 잔디떼심기(草植工)가 해당되며 부분식재공법은 인력에 의한 묘식재공(苗植栽工), 차폐수벽공(遮蔽樹壁工), 소단상객토식수공(小段上客土植樹工) 등이 있다.

파종공법은 식물종자를 기계 또는 인력으로 비탈면에 살포하여 녹화하는 방법인데, 비탈면 전체를 파종하는 전면파종공법과 특정부분에 파종하여 녹화하는 부분파종공법이 있다.

파종공법은 시공대상지 환경에 적응할 수 있는 초종 또는 목본종자를 비료, 발근촉진제, 접착제 등을 혼합 취부하는 공법이다. 파종공법은 묘목을 식재할 때보다 식물의 뿌리 뻗음이 좋아 비탈면을 안정시키는 데 효과적인 공법이다.

전면파종공법은 시공방식에 따라 기계시공법과 인력시공법으로 구분된다. 기계시공법은 종자분사파종공(種子噴射播種工), 지하경(地下莖) 뿜어붙이기공(sprig-spray), 네트(net)+종자파종공, 식생기반재(植生基盤材) 뿜어붙이기공 등이 해당된다. 특히, 식생기반재 뿜어붙이기공은 다양한 공법이 개발되어 사용되고 있으나 시공방법, 사용재료, 적용조건, 투입종자 등에 있어 특성이 다르다. 인력에 의한 시공법은 볏짚거적덮기공, 종자부착볏짚덮기, 식생매트공 등이 있다.

부분파종공법도 기계시공법과 인력시공법으로 구분되는데 기계시공법은 식생혈

[그림 16-2-20] 그린스톤을 이용한 비탈면 녹화

[그림 16-2-21] 자생식물 녹화공법(경기도 성남)

공(植生穴工), 인력시공법은 식생반공(植生盤工), 종자자루심기공(種子袋工) 등이 있다.

[표 16-2-3] 비탈면 녹화공법의 분류(조경시공학 529쪽 인용)

구분	세부	시공	공법
파종공	전면파종공	기계시공	종자분사파종공법
			식생기반재 뿜어붙이기
			스프리그스프레이공
			네트+종자파종공
		인력시공	볏짚거적덮기
			종자부착볏짚덮기
			식생매트공
	부분파종공	기계시공	식생혈공
		인력시공	식생반공
			식생자루공법
식재공	전면식재공	인력시공	초식공법(잔디떼)
			일반묘식재공법
	부분식재공	인력시공	포트묘식재공법
			차폐수벽공법
			소단상객토식수공법

Keyword 15 **생태계 복원 및 생물서식처 조성공사**(ecological restoration and habitate in construction)

1) 생태계 복원공사

생태계 복원(ecological restoration)이란 훼손되거나 파괴된 중요한 서식처나 생물종을 훼손이전 상태 또는 유사한 상태로 되돌리는 것으로, 기본적으로는 외부의 영향에 의한 변화 이전의 단계로 돌아가는 것을 의미한다. 그러나 환경변화의 정도와 현재의 조건 등에 따라 복원목표가 달라질 수 있으며, 복원목표에 따라 여러 유형과 단계로 구분될 수 있다.

본래 의미의 복원(restoration)은 교란 이전의 원생태계 구조와 기능을 회복하는 목표를 갖는다. 복구(rehabilitation)는 완벽한 복원이 아니라 원래의 자연생태계와 유사한 수준으로 회복하는 것을 목표로 한다. 대체(replacement)는 원래의 생태계와는 다른 구조를 갖는 동등 이상의 생태계 조성을 말한다.

건설사업에서 복원이나 복구수준으로 회복하는 것은 기술적으로 어려운 경우가 많으며, 일반적으로 대체 생태계의 조성을 목표로 하는 경우가 많다. 따라서 생태계 복원은 대체 생태계 조성과 생태계 이전을 의미하며. 이때 생태계 복원에는 기반조성과 아울러 식생 도입까지를 포함한다.

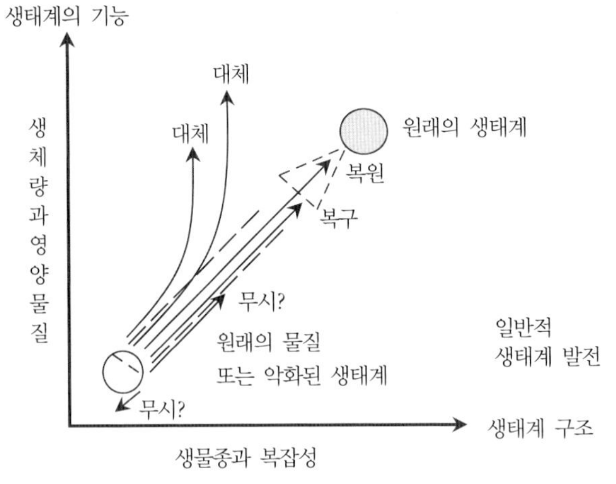

[그림 16-2-22] 생태복원의 단계와 유형(출처: 조경시공학 p.538)

생태계 복원유형은 접근방법에 따라 몇 가지로 구분할 수 있다.

첫째, 복원을 위한 기술적 단계로서 구조적 안정성 확보, 복원기반 조성, 식생 도입 및 생태계 복원, 생물서식처 조성 등으로 구분할 수 있다.

둘째, 복원기술 적용범위 및 대상에 따라 도시차원의 생태도시, 생태주거단지, 생태마을 및 퍼머컬처(permaculture), 생태산업단지, 생태공원, 생태주택, 하천 및 호소, 인공습지 및 서식처 등으로 구분 가능하다.

셋째 복원기술에 따라 자연형 하천(생태하천), 인공지반, 비탈면, 생태통로, 야생동물 서식처, 생태연못, 우수침투저류 시스템 등으로 구분할 수 있다.

넷째, 자연재료 및 생태복원을 전제로 개발된 다양한 인공재료들을 들 수 있다.

인공적인 복원이 필요한 하천, 인공호, 습지 및 생태연못, 도로변, 산림, 숲, 등산로, 채석장, 폐광지, 토양오염지, 철새도래지 및 야생동물 서식처, 우수재활용 시스템 등의 기반안정화 및 생태계 복원과 생물서식공간 조성공사 그리고 생태계 이전공사에 적용될 수 있는 구체적인 생태계 복원기술과 재료 및 시공장비를 주요대상으로 한다.

2) 생물서식처 조성공사

생물서식처는 가능한 한 자연형상에 가깝도록 조성하여야 하고 기존의 향토식물이나 토석류 등을 적극 활용하는 등 현장여건에 맞는 적합한 복원방안을 채택하여야 한다. 생물이 서식하기 좋은 조건을 갖추어 자연환경과 같은 분위기가 되도록 하며, 자연지역과 선적으로 생물서식처 조성공간과의 연결체계를 구축하여야 한다. 특히 야생동물들이 인조환경에 거부감을 갖지 않도록 시각적 차폐, 공간규모와 시설의 폭 및 구조 등을 고려하여 친환경적인 서식처가 조성되도록 해야 한다.

조류의 서식처는 관목덤불숲, 유실수 군락, 인공새집 등으로 조성할 수 있다. 이러한 공간은 새들이 필요로 하는 서식처이지만, 우선적으로 고려되어야 할 것은 새들로 하여금 녹지나 습지를 인식할 수 있도록 해주어야 한다. 즉, 비행중인 조류가 먹이나 물이 풍부한 소생태계로 인식하여 초기에 유인효과를 거두어야 이후에 조류들이 이곳을 휴식처나 서식처로서 이용할 수 있다.

호수나 하천의 수면, 수제의 수생식물, 갈대밭, 하천부지의 모래밭, 갯벌, 초지나 잡목림 등은 조류들의 먹이장소, 둥지, 휴식처로서 필수적인 공간이 된다.

갯벌은 조류에게 가장 중요한 수변환경의 하나인데, 도요새나 물떼새 등 물새류에게 바다에 서식하는 갯지렁이나 갑각류(게 등) 등 먹이를 제공하는 중요한 먹이환경이기 때문이다. 갯벌의 바닥은 사니질(砂泥質)~이질(泥質)로 되어 있으므로 인공갯벌을 조성하여 조류의 서식환경을 창출하고자 한다면, 상기한 토양으로 바닥을 조성해야 한다. 갯벌과 같이 습지나 갈대밭도 보전 필요성이 매우 큰 물새류의 서식환경이다. 갯벌이 주로 먹이환경으로서 중요한 데 비하여 습지나 갈대밭은 먹이환경 이외에 둥지환경으로서 중요하며, 더욱이 갈대밭은 집단수면장소로서도 중요하다.

조류는 비상력이 있어 행동권을 형성하므로 수변 서식환경뿐만 아니라 주변 환경도 고려해야 한다. 물오리의 경우 낮에는 하천, 호수, 늪 등의 물가에서 휴식하나, 밤에 주변의 논 등에 나가 먹이를 구한다. 이 경우 호수나 늪을 보전하더라도 주변에 논과 같은 먹이환경이 없으면 조류의 서식환경은 유지되기 어렵다. 대부분의 조류는 경계심이 강하기 때문에 사람의 생활구역이 아닌 구역에서는 안심하고 서식할 수 있는 구역을 확보하는 것이 중요하다.

곤충 서식처 조성의 기본은 다공성 공간의 제공이다. 식물을 기반으로 살아가는 곤충들도 많지만, 일반적으로 곤충이 서식하는 곳은 썩은 나무 등으로 다공성이 풍부한 곳이다. 이를 위해서 나뭇가지 다발을 쌓거나 고목 놓기, 다공성 돌쌓기 등을 설치해주는 것도 좋은 기법이 될 수 있다. 많은 종류의 곤충은 돌이나 나무의 틈새에 집을 짓고 산다. 집을 지은 곳에서 산란을 하게 되고, 알에서 깨어나 성충이 되면 어디론가 사라졌다가도 산란할 때가 되면 자신이 태어난 곳으로 되돌아오는 습성을 가진 종류가 많다. 따라서 일단 집을 짓게 되면 매년 그 수가 늘어나게 된다.

양서류 서식처 조성에는 첫째, 저습지의 수심이 최고 1m에서 수변부위는 35㎝ 내외로 만들어주어야 하며, 중앙부분에는 턱을 만들어 양서류가 휴식(일광욕 : 포식 후 먹이의 소화를 돕기 위함)할 수 있는 장소를 만들어주어야 한다. 겨울에도 연못과 같은 습지환경이 중요하고, 서식처 주변에는 성체의 생활장소로서 초지나 수림지가 필요하며, 완만한 수제부도 있어야 한다. 둘째, 개구리의 산란장소는 수변부에 다양한 수생식물이 있어야 가능해지며, 제한요인으로 수질상태가 산성화되면 산란에 장애가 된다. 셋째, 수생식물은 물속 용존산소량의 증가를 가져오게 하고, 수서곤충의 종 다양성을 회복시키는 역할을 하게 되어 먹이원이 풍부하게 되므로 양서류 등의 생존율과 개체수의 증가를 가져온다.

그 외에도 뱀류의 서식환경조건은 토양이나 식생조건이 양호하고 먹이가 되는 곤충류 등이 서식하는 장소가 필요하다. 먹이인 지렁이류, 곤충류, 양서류, 파충류 등이 풍부하고 쉴 수 있는 장소나 산란장소, 동면할 수 있는 장소가 필요하다.

3. 설계 및 시공과정

Keyword 16 **조경설계와 기본계획**(landscape design and master plan)

계획가는 기획적 능력, 과학적 지식, 체계적이고 합리적인 사고, 창의성 및 풍부한 경험과 아이디어에 의한 전략적 판단을 할 수 있어야 한다. 조경설계의 기본계획 단계에서 다루어지는 내용은 다음과 같다.

1) 목적과 목표의 정립

의뢰자의 요구와 의지를 파악하고 사업과 관련된 목적, 사회적 배경, 경제적 여건 등 종합적인 맥락을 이해한다.

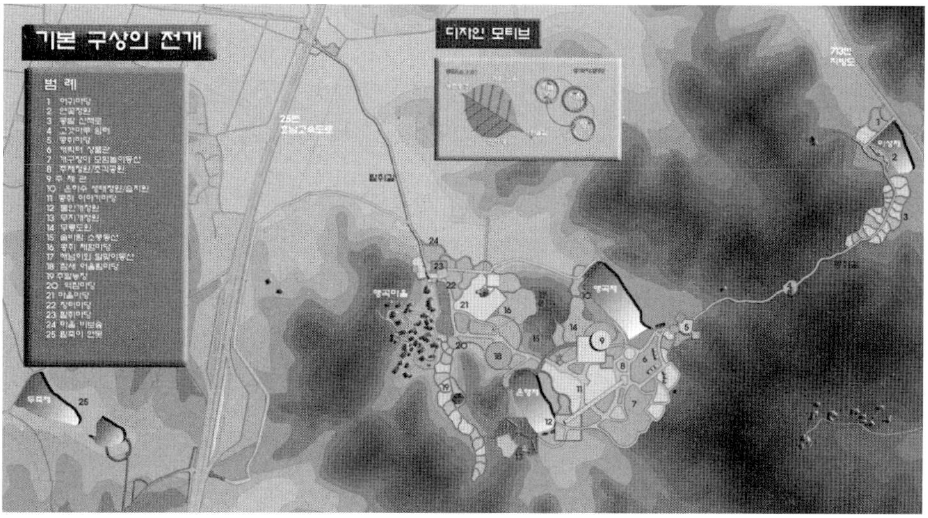

[그림 16-2-23] 콩쥐팥쥐동화마을 구상안(우석대학교, 2005)

최종안

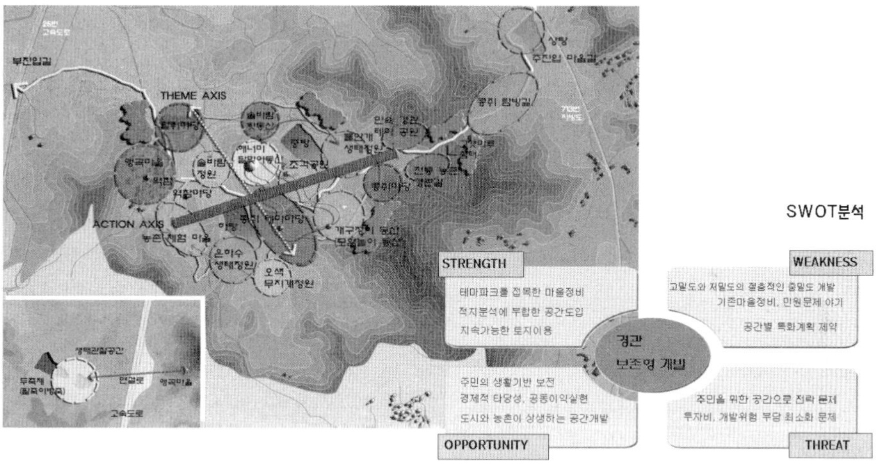

[그림 16-2-24] 콩쥐팥쥐동화마을 최종대안(우석대학교, 2005)

2) 현황조사 및 분석

대상지 및 대상지 주변에 대한 인문사회적 환경과 물리적, 자연환경을 면밀히 파악한다. 조사내용은 광범위하고 치밀할수록 좋으나, 능률면에서 개략적인 개발구상을 염두에 두고 필요한 항목을 선정하여 목적에 맞는 조사내용에 중점을 두는 것이 효율적이다. SWOT 분석 등 분석의 종합을 거쳐 부지의 잠재력과 문제점을 파악하고 이를 효과적으로 활용 및 개선하는 방안을 강구하며, 적지분석과정을 거쳐 보존해야 할 요소와 가용 부지를 판단한다.

3) 이용자 분석

누가, 어떤 목적으로, 얼마나, 어떻게 이용할 것인가? 즉 이용자의 계층과 수요를 추정하고 요구 및 행태를 분석하는 것은 계획과정에 있어 매우 중요하다. 배후지역의 인구조사, 접근수단과 소요시간 분석, 유사시설 공간의 사례분석, 지역 내 관련시설과의 경합 및 보완관계 등을 고려한 종합적인 판단이 필요하며, 이것은 개발전략의 수립 및 프로그램을 작성하는 근거자료가 된다.

4) 기본구상

대상 부지의 분석과 이용자 분석으로 개발여건이 파악되면 계획목적에 합당하게 공간과 시설을 조성하기 위하여 좀더 구체적인 목표를 세우고 개발의 기본방향과 개발전략을 수립한다. 개발의 성격 및 주제부여, 시설의 종류와 공간규모를 산정하는 개발프로그램 등이 작성되면, 부지 내에 시설을 체계적으로 담기 위한 계획개념을 도입하여 기본구조구상 및 배치구상을 한다. 여기에서 기본 골격에 대한 몇 가지의 대안이 도출될 수 있으며, 합리적인 평가와 조정을 거쳐 최선의 안으로 발전시킨다.

5) 기본계획

선정된 최종 구상안은 기술적 검토 및 법규적 검토 등 좀더 구체적인 설계단계를 거치며 발전시켜 기본계획(master plan)으로 확정된다. 기본계획의 내용은 토지이용계획, 교통 및 동선계획, 시설배치계획, 오픈 스페이스계획, 공급처리시설계획 등의 체계로서 배치계획도와 조감도, 투시도, 모형 등을 통해 계획의도가 전달된다.

6) 사업계획

사업집행에 소요되는 개략 예산, 운영계획 및 유지관리계획, 단계별 시행계획 등을 제시하며, 수익사업일 경우 투자손익분석이 포함된다.

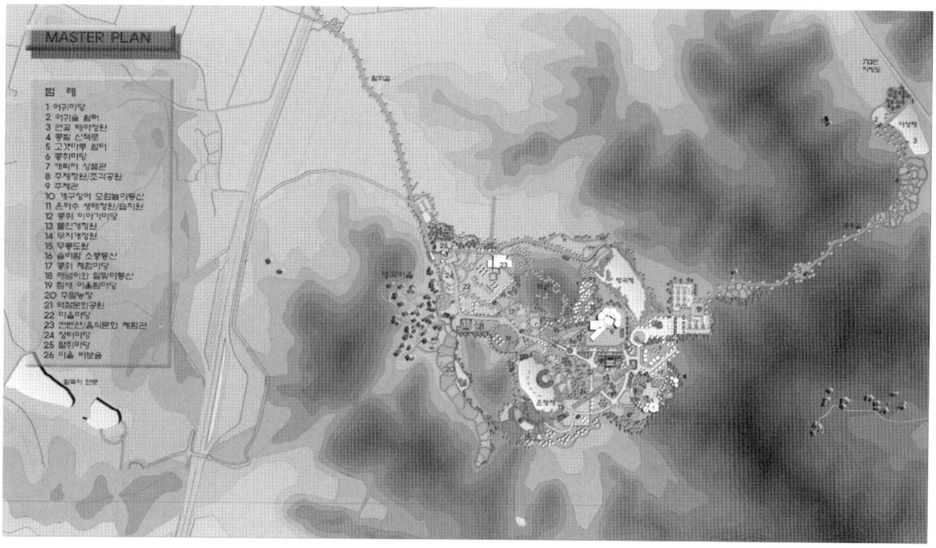

[그림 16-2-25] 콩쥐팥쥐동화마을 기본계획(우석대학교, 2005)

[그림 16-2-26] 콩쥐팥쥐동화마을 놀이동산
(우석대학교, 2005)

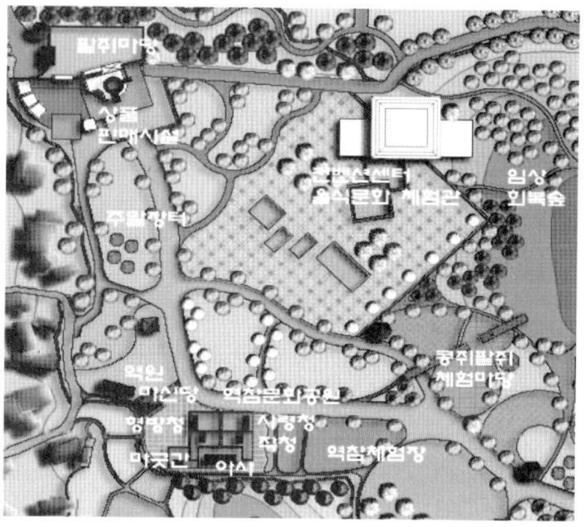

[그림 16-2-27] 콩쥐팥쥐동화마을 문화체험센터
(우석대학교, 2005)

[그림 16-2-28] 콩쥐팥쥐동화마을 역참문화공원 단면도(우석대학교, 2005)

[그림 16-2-29] 콩쥐팥쥐동화마을 물안개정원 조감도(우석대학교, 2005)

[그림 16-2-30] 콩쥐팥쥐동화마을 놀이동산 조감도(우석대학교, 2005)

Keyword 17 기본설계(schematic design)

조경설계에서 기본계획이 종합계획으로서 부지의 개발방향을 제시한 것이라면 기본설계는 그 기본계획을 토대로 분야별 기술적인 검토를 거쳐 구체적으로 설계안을 발전시키는 과정이다. 즉 기본계획은 개발프로그램을 수립하고 대상지를 체계적으로 구성하며 공간적으로는 규모의 설정 및 배분을, 시설에 있어서는 종류와 수량, 배치를 결정하는 것이다. 반면 기본설계는 주어진 공간구성체계 속에서 공간구성과 조합에, 시설에 있어서는 구조와 형태 및 재료를 선정해가는 과정이다.

한편, 기본설계와 실시설계와의 차이점은 기본설계가 시설공간의 개략적 크기와 가능한 구조방식, 외관의 모양과 주재료를 선택하는 것이라면 실시설계는 세부상세와 마감 등 시공을 위해 정밀한 도서를 작성하는 것을 의미한다. 기본설계의 주요 성과품은 다음과 같다.

① **배치도** : 설계개요, 시설배치, 법적사항 등을 파악할 수 있도록 표기한다.

② **평면계획도** : 도로, 건물, 녹지, 옥외구조물 및 시설물의 위치와 크기를 정확하게 그리고, 치수는 주요 부분을 간략하게 표기한다.

③ **입단면도** : 지형의 변화와 주요 구조물과의 관계를 파악할 수 있도록 표현한다.

④ **조경 관련도면** : 녹지구적도, 식재개념도, 주요 공간별 식재패턴 예시도, 옥외시설물계획도(종류 및 형태, 개략치수, 주요재료), 주요 구조물계획도(개략치수 및 구조, 재료), 포장계획도 등을 포함한다.

⑤ **토목 관련도면** : 현황 측량도, 부지정지계획도(개략적 표현), 도로 선형 및 단면 구성, 배수 · 상수계통도 등을 포함한다.

⑥ **건축 관련도면** : 건축시설의 각 층 평면도, 주단면도, 입면도 등 주요 구조 및 외관을 계획 설계 수준으로 표현한다.

⑦ **설비 관련도면** : 조명 및 동력이용시설, 통신시설과 관련한 전기인입 및 배선도,

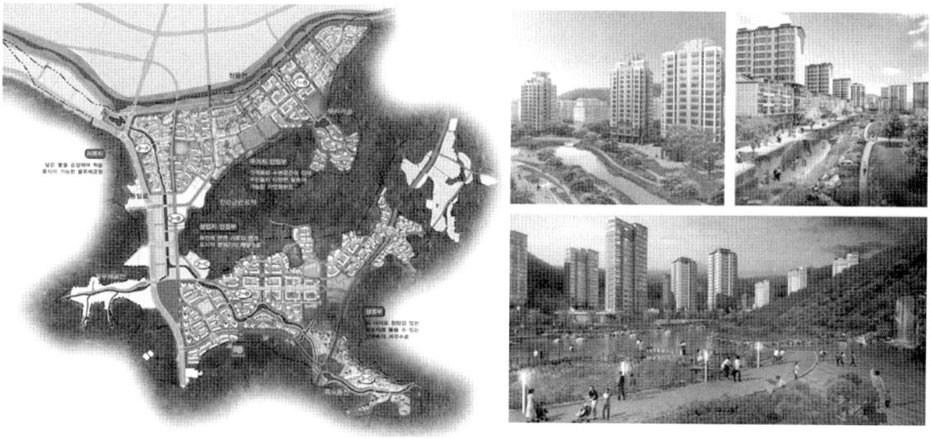

[그림 16-2-31] 은평 뉴타운 실개천 조성계획
(출처: http://dongsimwon.com)

관수시설 계통도 등을 포함한다.

⑧ 기타 : 입체적인 공간감을 파악할 수 있도록 투시도, 조감도, 모형 등을 포함한다.

Keyword 18 **실시설계**(construction design)

실시설계와 관련한 도서는 설계도면, 수량 산출서, 내역서(일위대가표 및 단가산출서 포함), 공사시방서 등으로 구성된다. 실시설계 도면은 축척에 맞게 그려서 시공자가 부지 내에서 일정거리를 이해하고 기존 지점이나 시설들과 관련시켜 정확한 지점에 시설이나 구조물을 위치시킬 수 있도록 한다. 공사시방서와 실시설계 도면은 시공자가 입찰가격을 정하는데 중요하게 활용된다. 공사시방서는 상세하게 사용되는 재료의 종류, 제작과정, 기존제품의 활용, 또는 작업범위 등을 설명해주고 실시설계도면은 구조물이나 식물소재 등 설계요소들의 길이, 면적, 수량, 위치 등 관련된 상세한 정보를 시공자에게 제공한다. 따라서 도면을 쉽고 분명하게 이해할 수 있도록 축약해서 구성하고 적절한 설계용어나 관례에 따라 구성되어야 한다.

도면은 하나의 공정이 시작되기 전에 다양한 관련정보를 얻을 수 있어야 하는데, 도면의 정보를 통해 시공자는 인력이나 장비를 고려한 공사의 운영이 정해진다. 조경공사는 다양한 공종으로 구성되어 있어 공종별로 도면이 구분될 수 있다. 단, 프로젝트의 공사기간 동안에도 몇몇의 다른 공정들이 동시에 실행될 수 있음을 고려해야 한다. 공공 추진이 일종의 그물구조인 것처럼 실시설계와 관련한 도면작업도 이와 같으므로, 설계정보가 잘 전달될 수 있도록 하기 위해서는 다음과 같은 순서로 계통화 되어 있어야 한다.

1) 표지 및 제목

프로젝트명, 도면명, 도면번호, 축척, 일자, 설계자명과 주소, 발주자명, 설계담당자, 협력업체명을 기입한다. 기입하는 방식은 하단부에 좁은 띠 형태로 넣는 방식과 도면 우측 하단부에 작은 표로 작성하는 경우가 일반적이다.

2) 기존 현황도

현황조사에 따른 기존현황, 부지경계, 면적, 지형(등고선과 표고), 기존 구조물, 식생, 설비 등이 나타나 있는 측량도로서 1/600, 1/1200의 축척이 일반적으로 사용된다.

3) 도급 지침도

개발예정서, 공사구역한계, 현장사무실, 주차장, 집토장, 공사차량 접근도로, 세륜장, 울타리, 보호수목, 제거수목 및 이식수목, 가식장, 배수구 위치, 침전조 등을 나타낸다.

4) 배치 평면도

공사내용을 종합적으로 파악할 수 있도록 다양한 정보를 수록하며, 특히 위치와 관련하여 목표 지점과 거리, 좌표점 등의 치수를 정확하게 표기한다. 건축물, 옥외구조물, 옥외시설물, 포장, 지형변화 등을 표기하되 내용이 복잡해질 경우 파악이 용이하도록 옥외구조물 배치도, 옥외시설물 배치도, 포장구분도 등을 추가한다.

5) 부지정지 계획도

평탄하거나 부지조성이 완료되어 있는 부지에서는 배치평면도로 대신하여 생략할 수 있다. 정지계획도는 어떤 형태로 지표면을 절토 및 성토로 재조형할 것인가를 알려주는 것으로 기존지형, 식생, 부지경계선 등의 기존 정보는 직선이나 가늘고 옅은 선으로 그리고 그 위에 계획선과 변경등고선을 중첩하여 그린다. 이때 기존 지반고, 계획 지반고, 경사도, 마운딩 등고선, 종횡단선과 측점 등을 표기하며, 부지 종단면도와 횡단면도가 추가된다.

6) 부분 상세도

배치평면도에서 설명이 어려운 복잡하고 중요한 부분을 확대하여 상세설계 배치도를 보여준다. 상세한 치수, 미세한 지형의 변화(경사와 단 처리), 구조물, 시설물의 정확한 위치 등을 표기하는데 도면의 축척은 1/100, 1/200, 1/300 등이 많이 활용된다.

7) 단면 · 입면도

단면도에는 중심선에 따른 단면, 마감표고, 기존경사 등이 표기된다. 수평 · 수직의 축척은 동일하게 하는 것이 원칙이나 미세한 지형변화를 나타내기 위한 도면에서는 수직방향 축척을 10배 정도까지 확대하기도 한다. 단면도에서는 수평 · 수직방향의 치수와 표고, 상세단면 및 표준 구조물 단면 등이 인출 표시된다.

8) 식재 계획도

일반적으로 녹지구적도, 배식평면도, 식재상세도 등으로 구성된다. 배식평면도는 기존 수목의 위치, 계획수목의 종류, 위치, 규격, 수량을 표기하고 수량표로 집계한다. 수목은 성상별, 수종별로 심벌을 만들어 구분할 수 있도록 하며 복잡한 식재에 있어서는 축척을 1/100까지 확대하거나 관목과 교목을 구분하여 작성한다. 식재 상세도는 토심과 관련된 식재단면, 지주목 결속, 관목 및 지피류의 군식방법 등을 표기한다.

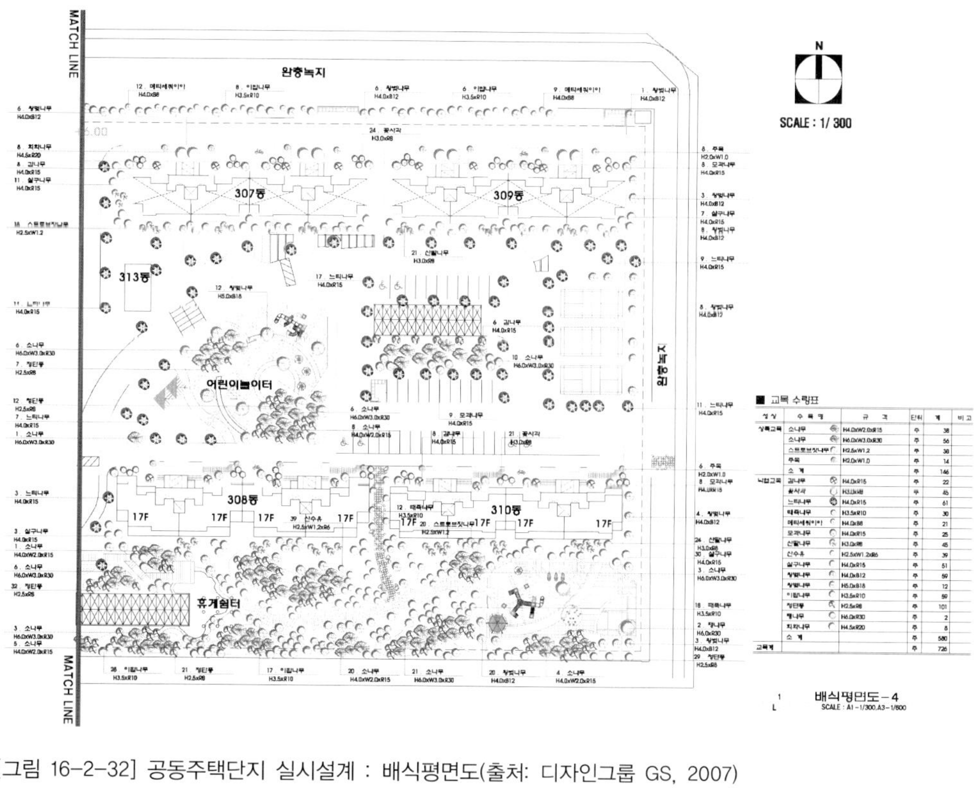

[그림 16-2-32] 공동주택단지 실시설계 : 배식평면도(출처: 디자인그룹 GS, 2007)

9) 옥외시설물 · 구조물 상세도

옥외시설물은 제품화 또는 부품화되었거나 별도의 장소에서 제작하여 현장에 설치 및 이용이 가능한 것들이 대부분이며, 구조물은 지형의 변화와 관련되거나 현장에서 시공되는 부대 건축물 및 토목관련 시설을 일컫는다. 각 상세물의 치수와 표기는 규모와 복잡성 등에 따라 다양하다. 일반적으로 상세설계도면은 1/10, 1/20, 1/30 등의 축척으로 단면과 입면 등이 그려지고 재료들의 접합부, 표고차, 마감, 형태나 구조, 시공기술 등을 표기한다.

10) 기반시설 및 설비계획도

우배수, 오수, 상수, 전기, 관수시설 등의 계통도, 관련 구조물 및 접합 상세도, 매설단면도, 제어방식 등이 표현된다. 이 도면에는 부지 외부와 접합된 지점에 위치한 인입 및 배출에 관한 사항도 포함되는데, 타 분야 전문가들과의 긴밀한 협력을 통해 작성되어야 한다.

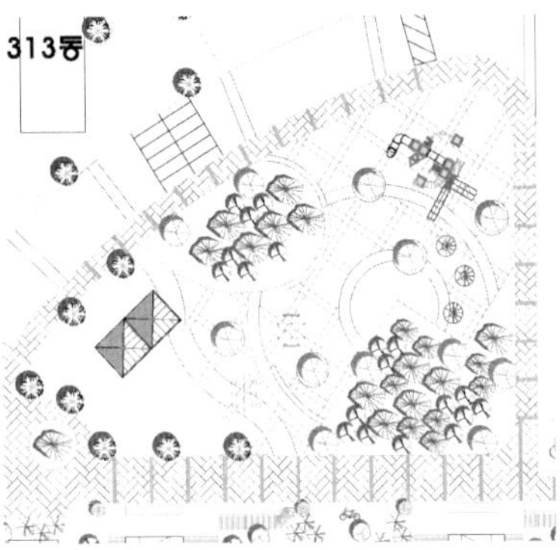

어린이 놀이터(1) 평면도

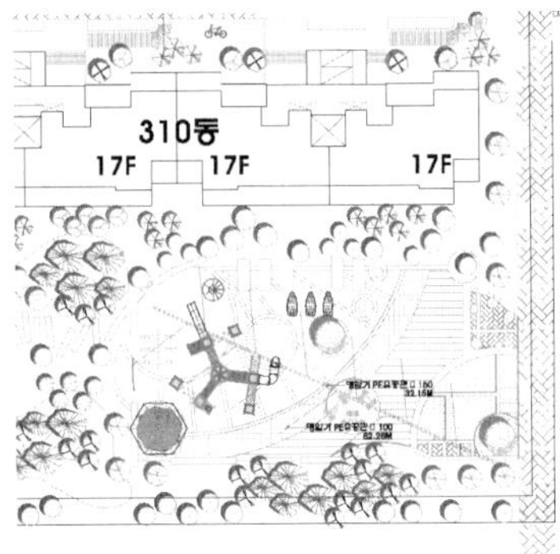

어린이 놀이터(2) 평면도

어린이놀이터 구적도

■ 시설물 수량표

구분	품 명	규 격	단위	어린이놀이터	비 고
	조합놀이대-1	8330x7851xH3700	개소	1	
	조합놀이대-2	12370x9640xH4180	개소	1	
	회전무대	-	개소	4	
	정글짐	-	개소	1	
	시소	-	개소	2	
	정자	4800x4220	개소	1	
	모래포장	-	M2	61.33	
	고무칩포장	-	M2	851.31	
	ILP포장		M2	32.73	
	맹암거	PE유공관 Ø100	M	62.26	
	맹암거	PE유공관 Ø150	M	32.15	
	집수정	-	개소	1	
	3인허리돌리기	1700x1740xH1620	개소	1	
	허리돌리기	1219x670xH1617	개소	1	
	윗몸일으키기	3730x730xH1360	개소	1	
	흔들놀이대		개소	3	
	앉음벽		M	17.83	

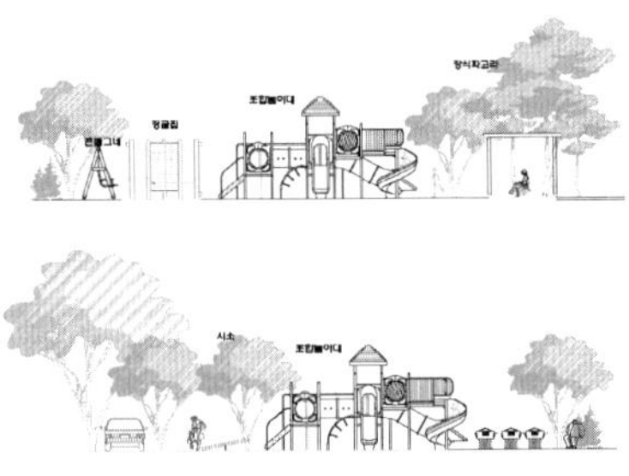

어린이 놀이터 입면도

■ 어린이놀이터 구적표

어린이놀이터 면적 :
법적-300+(726-100)x1.0 = 956 M2
계획-1+2 = 1,186.77M2

번 호	산출근거	산출면적
1	AUTO CAD	679.26 M2
2	AUTO CAD	507.51 M2
합 계		1,186.77M2

[그림 16-2-33] 공동주택단지 실시설계 : 놀이터평면도(출처: 디자인그룹 GS, 2007)

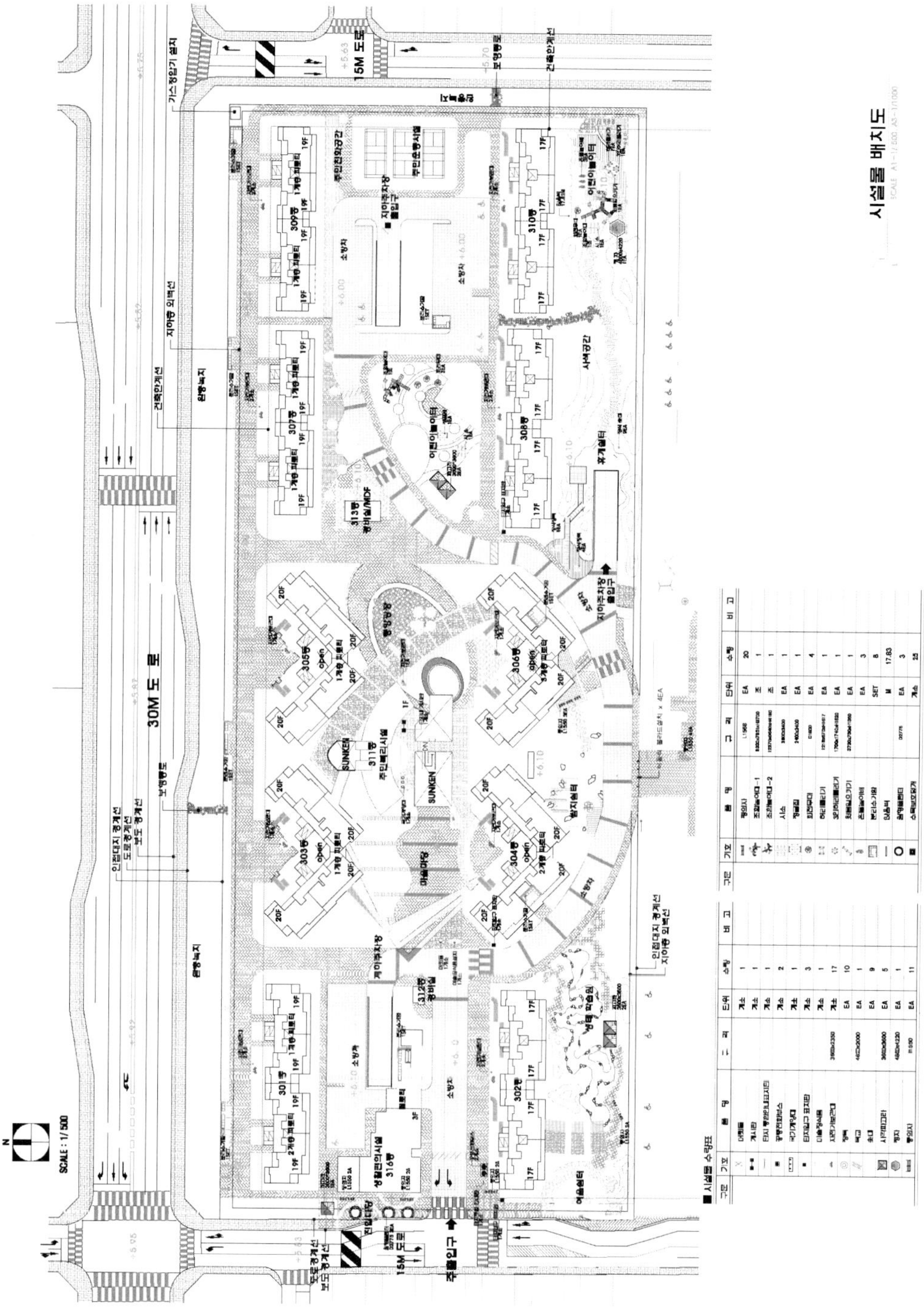

[그림 16-2-34] 공동주택단지 실시설계 : 시설물평면도(출처: 디자인그룹 GS, 2007)

Keyword 19 조경계획 – 설 계– 시공과정(landscape planning–design–construction process)

계획–설계–시공과정은 다음 그림과 같이 ① 계획–설계의 의뢰 및 수행을 위한 전문가를 선정하는 용역발주, ② 지형측량 및 자료수집, ③ 기초조사 자료의 분석 및 가능성 분석, ④ 기본구상안 도출 및 평가의 종합, ⑤ 공사 발주 및 시공, 준공 ⑥ 이용후 평가에 따른 관리 및 운영의 내용을 포함한다.

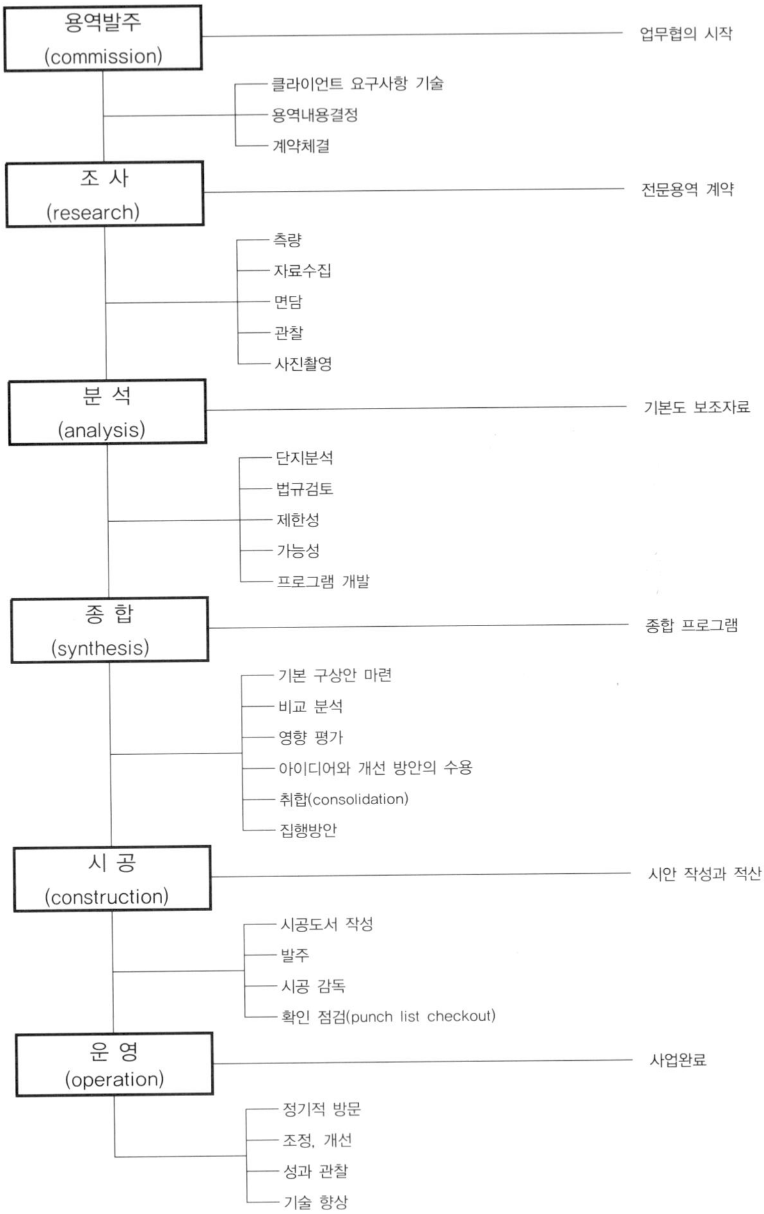

[그림 16–2–4] 계획–설계과정(출처: 안동만 역, 조경학)

제3절 더 알아야 할 개념

4. 시공재료와 요구 성능

Keyword 20 **조경시공재료와 요구 성능**(landscaping materials and performance requirements)

1) 조경시공 재료

조경시공재료란 기계적인 가공을 하지 않은 흙, 돌, 물, 식물 등의 자연재료와 시멘트·콘크리트, 금속, 합성수지 등 인공재료를 일컬으나, 광의로는 자연재료와 인공재료, 그리고 조경시설물과 시설구조물 등을 통칭한다. 조경공간에서 시공재료의 선택 여부는 상세설계와 정교한 시공기술 수준과 직결된다. 공간의 특성 및 성격에 대한 이해 없이 설계되고 시공되며, 도입 재료의 상호 관련성이나 합리성 결여, 창의성 없는 소재들의 나열 등은 그 가치를 인정받을 수 없을 것이다.

현대과학과 산업의 발달은 인공재료의 대량생산을 촉진시켰다. 합판, 집성목재(集成木材) 등의 제조법이 급속히 보급, 진보되어 목재의 활용이 증대되었으며, 제품의 내구성 및 환경 친화성 또한 촉진되었다. 시멘트·콘크리트를 활용하여 판류(板類), 관류(管類), 벽돌 등이 대량생산되고 철강재뿐만 아니라 비철금속 마감재와 장식재의 이용이 확장되었다. 유리는 채광창은 물론 가공 유리판, 유리블록, 유리섬유 등 특수 소재로 개발되었다. 석재는 자연석의 자원한계를 뛰어넘어 인조석(人造石)의 이용이 확대되었고, 정밀도가 우수한 탄소섬유를 비롯한 신 세라믹, 고분자화합물인 플라스틱 등은 성능의 획기적인 개선과 응용이 광범위하게 확충되었다.

포장재는 물론 각종 시설구조물, 조명시설, 수경 및 생태복원 소재 등에 이르기까지 환경 건전성 측면에서 다종다양화 되었을 뿐만 아니라 기술 또한 상당히 진보되었음을 알 수 있다. 오늘날에도 여전히 재료의 구조적 강도와 마모 등에 대한 내구성과 기능성이 중요시되고 있지만, 통념적인 한계를 극복하기 위해 재료를 조합하거나 재구성하는 방법에서부터 넓혀진 선택성에 의해 조형적으로 임의성을 확대해가고 있다.

조경시공재료는 1970년대 콘크리트와 합성수지를 이용한 인조목과 인조암 등의 제작기술을 시작으로 오늘날 비탈면 조경에 대한 녹화공법의 개선, 포장재료 및 시공기술의 혁신, 목재 활용의 다양화, 수경시설 도입의 확산, 각종 조경시설의 사용소재 부품화, 생태복원과 관련한 친환경소재의 개발, 전통시설과 향토소재의 도입, 시공의 능률성과 편익성, 재활용성 등을 도모한 새로운 공구개발 등은 조경의 시공영역을 넓히는데 크게 기여하고 있다.

2) 시공재료의 규격화와 요구성능

건설분야의 시공재료는 형상, 치수, 품질 등이 다종다양하여 주문생산이 아닌 시장생산을 위해서 국가적으로 또는 국제적으로 통일된 제품의 표준화가 요구된다. 제품의 표준화는 산업 합리화를 촉진하기 위하여 효과적인 수단이 되며 불가결의 조건이 된다. 산업표준화를 통하여 대량생산이 가능해지고 가격도 저렴해질 뿐만 아니라, 생산, 판매, 사용 등에서 재료, 노력, 시간의 손실을 적게 하고 사용의 합리화, 거래의 공정화는 물론 기술향상을 도모할 수 있어 경제적 손실을 최소화할 수 있는 장점을 가져다준다.

산업표준화는 광공업품의 종류, 형상, 치수, 품질, 성분 등과 이들을 확인하는 시험, 분석, 검사, 측정방법 등을 통일하고 단순화하는 것을 말하는데, 기준이 되는 것이 산업규격이다. 산업규격은 나라마다 규정을 만들어 시행하고 있는데, 국제적으로 규격을 통일하고자 1947년 국제표준화기구(ISO)가 설립되었으며, 우리나라는 공업표준화법(1961년 제정)에 근거한 한국산업규격(KS)을 16개 부문으로 대분류하여 활용하고 있다. 즉, ① 기본(A), ② 기계(B), ③ 전기(C), ④ 금속(D), ⑤ 광산(E), ⑥ 토건(F), ⑦ 일용품(G), ⑧ 식료품(H), ⑨ 섬유(K), ⑩ 요업(L), ⑪ 화학(M), ⑫ 의료품(P), ⑬ 수송기계(R), ⑭ 조선(V), ⑮ 항공(W), ⑯ 정보산업(X) 로 분류되는데, 건설분야의 시공재료 사항은 기본(A)·기계(B)·전기(C)·금속(D)·토건(F)·요업(L)·화학(M) 등에 주로 규정되어 있다.

시공재료에 요구되는 성능은 재료의 종류, 목적, 장소, 시대적 상황과 시공방법에 따라서 변할 수 있는가 하면 친환경 소재와 자원 재활용소재의 우선적 고려 등 가변성이 상존한다.

- 사용목적에 알맞은 품질일 것(역학적, 화학적, 감각적, 환경 친화적 성질 등)
- 내구성 및 보존성을 가질 것.
- 대량생산 및 공급이 가능할 것.
- 운반취급 및 가공이 용이할 것.
- 가격이 저렴할 것.
- 심미성(審美性)을 가질 것.

참고문헌

제 1 강 조경과 조경학

고정희 외(2007) 텍스트로 만나는 조경. 나무도시

배정한(2004) 현대조경설계의 이론과 쟁점. 도서출판조경

안동만 역(1999) 조경학. 보문당

윤국병(1986) 조경사전. 일조각

이명우(2007) 조경계획의 특성, 조경계획의 법적토대. 이명우외. 조경계획. 기문당 pp.11-58

이명우(2004) 지속가능한 개발 및 생태조경분야의 연구경향과 과제. 한국조경학회 32(1): 139-156

이명우(1982) 환경조경계획에 있어서 전산기를 활용한 적지분석기법에 관한연구. 서울대학교환경대학원 석사논문

임승빈, 주신하(2006) 조경계획 및 설계. 보성각

조동범역(2006) 랜드스케이프디자인의 시좌. 도서출판조경

조정송외(2006) 조경·미학·디자인. 도서출판조경

한국조경학회(1986) 조경계획론. 문운당

東京農業大學造園科學科(1985) 造園用語辭典. 彰國社

Forman, R.T.T.(2002) The Missing Catalyst. Bart R. Johnson and Kristina Hill(2002) Ecology and Design. Island press pp.85-110

〈http://www.asla.org/nonmembers/publicrelations/factshtpr.htm〉

제 2 강 조경공간과 경관

김승환 외(1999) 조경설계론. 기문당

대한주택공사 등(2006) 경관법제정을 위한 연구

이도원(2001) 경관생태학. 서울대학교 출판부

이명우(2007) 토지이용 및 동선계획. 녹지 및 식재계획. 시설공간계획. 이명우외. 조경계획. 기문당 pp.231-288

한국조경학회(2004) 도시경관계획 및 관리. 문운당

한국조경학회(2004) 자연경관계획 및 관리. 문운당

문국현(2006) 도시의 생명력 그린웨이. 중앙M&B

Hechsher, August(1977) Open Space- The Life of American Cities. Harper Colophon Books

Smardon, R.C., James P. Karp(1993) The Legal Landscape. Van Nostrand Reinhold

제 3 강 공원녹지

박문호(2007) 공원녹지계획. 이명우외. 조경계획. 기문당 pp.340-387

이명우·권오준·임봉구(2003) 환경·건설법규론. 아카데미서적

이상석(2007) 정원계획. 이명우 외. 조경계획. 기문당 pp.460-486

조태동(2007) 자연공원계획. 이명우 외. 조경계획. 기문당 pp.388-459

정지성(2006) ECO-LANDSCAPE. ca press

제 4 강 주거단지

이명우 외(2007) 조경계획. 기문당

대한주택공사(2006) 성남판교지구 조경디자인 가이드라인
대한주택공사(2006) 조경계획·설계지침
대한주택공사(2006) 단지계획기준
공동주택연구회(2007) 주거단지계획. 동녘
김영하(2005) 주거단지계획과 도시경관. 기문당
대한국토·도시계획학회(1999) 단지계획. 보성각

제 5 강 레크리에이션과 관광

김성영·이진용(2002) 소비자 행동론. 서울: 한국방송통신대학교 출판부
신원섭(1989) 야외 휴양 관리. 도서출판 뜨님
장호찬·라선아(2008) 관광행동론. 서울: 한국방송통신대학교
한국문화관광정책연구원(2006) 2006 여가백서. 한국문화관광정책연구원
홍성권(1995) 중요도-성취도 분석을 이용한 도시공원의 관리방안에 관한 연구: 어린이대공원을 사례로. 한국조경학회지 23(3): 94-105
홍성권(2000) Conjoint choice model을 이용한 주제공원 이용자들의 선택행동 연구. 한국조경학회지 28(1): 19-28
Alegre, Joaquin and Catalina Juaneda(2006) Destination loyalty: Consumers' economic behavior. Annals of Tourism Research 33(3): 684-706
Beard, J. G. and M. G. Ragheb(1980) Measuring leisure satisfaction. Journal of Leisure Research 12(1): 20-33
Ben-Akiva, M. and B. Bruno(1995) Discrete choice models with latent sets. International Journal of Marketing 12: 9-24
Buist, L. J. and T. A. Hoots(1982) The recreational opportunity spectrum approach to resource planning. Journal of Forestry 80: 84-86
Burdge, R. J. and D. R. Field(1972) Methodological perspectives for the study of outdoor recreation. Journal of Leisure Research 4: 63-72
Cheek, N. H., Jr., D. R. Field, and R. J. Burdge(1976) Leisure and Recreation Places. Ann Arbor: Ann Arbor Science
Churchill, Gilbert A. and Carol Surprenent(1982) An investigation into the determinant of customer satisfaction. Journal of Marketing Research 19: 491-504
Clawson, M., R. Held and C. Stoddard(1960) Land for the Future. Washington D.C.: George Washington Univ.
Corfman, Kim P. and Donald R. Lehmann(1987) Models of cooperative group decision-making and relative influence: An experimental investigation of family purchase decision. Journal of Consumer Research 14: 1-13
Crawford, D. W. and G. Godbey(1987) Reconceptualizating barriers to family leisure. Leisure Sciences 9: 119-127
Crawford, D. W., E. L. Jackson, and G. Godbey(1991) A hierarchical model of leisure constraints. Leisure Sciences 13: 309-320
Crompton, J. L. and P. K. Ankomah(1993) Choice set propositions in destination decisions. Annals of Tourism Research 20: 461-476
Dellaert, Benedict, Dick F. Ettema, and Christer Lindh(1998) Multi-faceted tourist travel decisions: A constraint-based conceptual framework to describe tourists' sequential choices of travel components. Tourism Management 19(4): 313-320
Driver, B. L. and Perry J. Brown(1978) The opportunity spectrum concept and behavior

information in outdoor recreation resource supply inventories: A rationale. In Integrated inventories of renewable natural resources: Proceedings of the workshop. G. Lund, V. LaBau, P. Ffolliott, and D. Robinson. USDA For. Serv. Gen. Tech. Rep. RM-55, p. 24-31. Rocky Mt. For. and Range Exp. Stn., Fort Collins

Ellis, G. and P. Witt, P.(1991) Conceptualization and measurement of leisure. In T. L. Goodale, and P. A. Witt, eds., Recreation and Leisure: Issues in an Era of Change (3rd ed.). State College: Venture Publishing. Inc. pp. 377-395

Ferriss, A. L.(1970) The social and personality correlates of outdoor recreation. The Annals 389: 46-55

Godbey, G.(1994) Leisure in Your Life (4th ed). State College: Venture Publishing, Inc.

Green, Paul E. and V. Srinivasan(1990) Conjoint analysis in marketing: New developments with implications for research and practices. Journal of Marketing 54: 3-19

Gunn, Clare A.(1997) Vacationscape. Washington D.C.: Taylor and Francis

Hochan Jang, Seokho Lee, Sang-woo Lee, and Sung-kwon Hong(2007) Expanding the individual choice-sets model to couples' honeymoon destination selection process. Tourism Management 28(5): 1299-1314

Howard, R. Dennis and L. John Crompton(1980) Financing, Managing and Marketing Recreation and Park Resources. Dubuque: Wm C. Brown Company Publishers

Jackson, E. L. and M. S. Searle(1985) Recreation non-participation and barriers to participation: Concepts and models. Loisir et Societė 8: 693-707

Kay, T. and G. Jackson(1991) Leisure despite constraint: The impact of leisure constraints on leisure participation. Journal of Leisure Research 23: 301-313

Klenosky, D.(2002) The "pull" of tourism destinations: A means-end investigation. Journal of Travel Research 40, 385-395

Kotler, P.(1980) Principles of Marketing. Englewood Cliffs: Prentice-Hall

Lee, Christina K. C. and Sharon E. Beatty(2002) Family structure and influence in family decision making. Journal of Consumer Marketing 19(1): 24-41

Martilla, John A., and John C. James(1977) Importance-performance analysis. Journal of Marketing 41: 77-79

Mill, R. C., and A. M. Morrison(1998) The Tourism System (3rd ed.). Dubuque: Kendall/Hunt Publishing Company

Mueller, E. and G. Gurin(1962) Participation in Outdoor Recreation: Factors Affecting Demand Among American Adults. Outdoor Recreation Resources Review commission Study Report 20. Washington, D.C.:U.S. Government Printing Office

Oppermann, Martin(1998) Destination threshold potential and the law of repeat visitation. Journal of Travel Research 37: 131-137

Oppermann, Martin(2000) Tourism destination loyalty. Journal of Travel Research 39(1): 78-84

Park, Jonghee, Patriya Tansuhaj, Eric R. Spangenberg, and Jim McCullough(1995) An emotion-based perspective of family purchase decisions. Advances in Consumer Research, 22: 723-728

Pritchard, M. P.(2003) The attitudinal and behavioural consequences of destination performance. Tourism Analysis 8: 61-73

Shaw, S. M., A. Bonen, and J. F. McCabe(1991) Do more constraints mean less leisure? Examining the relationship between constraints and participation. Journal of Leisure

Research 23: 286-300
Sirakaya, E. and A. Woodside(2005) Building and testing theories of decision making by travelers. Tourism Management 26, 815-832
Su, Chenting, Edward F. Fern, and Keying Ye(2003) A temporal dynamic model of spousal family purchase-decision behavior. Journal of Marketing Research 40(3): 268-281
Um, S. and J. L. Crompton(1992) The roles of perceived inhibitors and facilitators in pleasure travel destination decisions. Journal of Travel Research 30: 18-25
Van Raaij, W. F. and D. A. Francken(1984) Vacation destinations, activities and satisfactions. Annals of Tourism Research 11: 101-112
Woodruff, Robert B., Ernest R. Cadotte, and Roger L. Jenkins(1983) Modeling consumer satisfaction processes using experience based norms. Journal of Marketing Research 20: 296-304
Woodside, A. and S. Lysonski(1989) A general model of traveler destination choice. Journal of Travel Research 27: 8-14

제 6 강 비오톱공간

김귀곤, 조동길(1999) 인공습지 조성후 생물다양성 증진 효과에 관한 연구 - 서울공고 생태연못을 중심으로. 한국조경학회지 27(3): 1-17
김수봉, 정응호, 심근정, 김용범(2003) 환경과 조경. 학문사 p.274
나정화(1997) 도시 소생물권 도면화 작업과 그 정보시스템 구축방법에 관한 연구(I) -도시소생물권(Biotop)개념분석을 중심으로-. 한국정원학회지 15(2): 133-145
나정화, 도후조(2003) 도시 중심부지역의 비오톱 구조분석 및 평가 -대구광역시 중구 사례지를 중심으로-. 한국환경복원녹화기술학회지 6(5): 9-19
나정화, 이석철(2000) 대도시의 비오톱구조 분석 -자연체험 및 휴양의 관점에서. 한국조경학회지 28(3): 72-87
나정화, 이석철, 사공정희, 류연수(2001) 생물종 및 서식지 보전의 관점에서 본 대도시의 비오톱 구조 분석. 한국조경학회지 28(6): 30-50
서울시(2000) 서울시 비오톱 현황조사 및 생태도시 조성지침수립-1차년도 보고서
신문식(2002) 옥상·벽면녹화 기술가이드. 건축시대 p.6
이명우(2004) 지속가능한 개발 및 생태조경분야의 연구경향과 과제. 한국조경학회지 32(1): 140-155
중앙기술연구소(2000) 인공지반녹화기술에 관한 가이드 북(I): 3-25
한국경관생태연구회(2001)경관생태학. 도서출판 동화기술 p.307
한국조경학회(2004) 자연경관 계획 및 관리. 문운당 p.222
한국토지공사(2007) 대구신서생태환경계획 수립
Arbeitsgruppe "Methodik der Biotopkartierung im besiedelten Bereich"(1993) Fl chendeckende Biotopkartierung im besiedelten Bereich als Grundlage einer am Naturschutz orientierten Planung, Naturund Landschaft 68: 497-526
Sukopp, H.(1980) "Biotopkartierung im besiedelten Bereich vol Belin", Garten und Landschaft. 80(7): 560-568

제 7 강 국토보전 및 생태복원공간

김귀곤외(2004) 자연환경·생태복원학 원론
서울국토관리청(2007) 생태도로 건설을 위한 환경친화적인 도로건설 지침 등의 현장적용 평가 방법
문석기 외 (2005) 환경계획학

정회성·변병설(2003) 환경정책의 이해
환경부(2005) 국가환경종합계획(안)
홍선기 외(2005) 생태복원공학
한국토지공사(2004) 생태복원 설계편람

제 8 강 농촌공간

경북대학교 농업과학기술 연구소(2007) 모례가정 녹색농촌체험마을 조성 계획 pp.3-10
권정아, 이동근, 최재용(2000) 친환경적인 농촌개발을 위한 평가지표의 개발과 그 적용에 관한 연구. 한국환경복원녹화기술학회 3(3): 29-36
김근호, 조동범(2007) 주민참여를 통한 쉐필드 그린벨트의 경관생태학적 설계 및 계획을 위한 기초 연구. 한국농촌계획학회 13(1): 36-72
김묘정, 김혜민, 조순재(2007) 농촌 장수마을 공간계획을 위한 기초연구. 한국농촌계획학회 13(2): 107-120
김상범, 이상영(2006) 농촌경관계획을 위한 공간별 주요경관요소에 관한 연구- 농촌전통테마마을을 중심으로. 한국농촌계획학회 12(3): 13-18
김영표(2006) SWOT분석: 지피지기(知彼知己) 전략은 SWOT 분석을 통해서. 국토연구원 301(0): 139-145.
서주환, 최현상(1999) 토지이용변화를 이용한 농촌경관 선호성 분석에 관한 연구. 한국조경학회 27(2): 69-79
엄붕훈(2006) 그린투어리즘을 위한 농산어촌 체험마을 현황 분석 -농촌관광 인터넷 포털사이트 분석을 중심으로-. 한국농촌계획학회 12(4): 125-133
영천시(2004) 보현마을 그린투어리즘 추진계획 pp.3-22
오병태, 최기호(1996) 도시녹지계획과 설계. 대우출판사 pp.128-129
이민수, 박덕병, 채종현(2007) 농촌지역사회 활성화를 위한 체제형 가족농원 육성방안. 한국농촌계획학회 13(2): 93-105
이종훈, 홍장원, 김성귀(2004) 연안습지 생태관광 프로그램과 효율적 관리방안 연구. 한국해양수산개발원 2004(8): 1-140
예천군(2007) 명승지회룡포 보전 및 개발 기본계획 pp.130-169
예천시(2005) 애플밸리 조성사업 기본계획 수립.
이혜현, 박덕병, 이민수(2006) 농촌관광 방문객의 선호 체험프로그램 분석. 농촌진흥청 농촌자원개발연구소. 한국문화관광학회 8(1): 305-326
장은숙, 전영미, 박윤호(2002) 농촌마을 정비 특성별 어메니티 평가. 한국조경학회 30(3): 35-45
이명우 외(2007) 조경계획. 기문당 pp.929-934
황한철, 고영배(2007) 도시화에 따른 농촌토지이용구조변화 분석. 한국농촌계획학회 13(2): 85-92

제 9 강 서양조경사

나상기 역(1975) 경관변천사. Jellicoe, G. The Landscape of Man. 서울: 기문당
대한성서공회(1999) 공동번역 성서
민석홍·나종일(1998) 서양문화사. 서울: 서울대학교출판부
변지현 역(1997) 세계의 정원. Zuylen, G. V. Tous les jardins du monde, 서울: 시공사
이희재 역(2001) 서양문화의 역사. Ramm, R. The Humanties in Western Culture. 서울: 사군자
정영선(1979) 서양조경사. 서울: 집현각
한국조경학회편(2005) 서양조경사. 서울: 문운당
Dooley, S.(2000) The World of Garden Design. San Francisco: Chronicle Books
Jellicoe, G. S.(1987) The landscape of man. London: Thames and Hudson Ltd

Moore, C. W. et. al.(1988) The Poetics of Gardens. London: The MIT Press
Norman, T. N.(1971) Design on the Land. Harvard Univ. Press
Ogrin, D.(1993) The World Heritage of Gardens. London: Thames and Hudson Ltd
Rogers, E. B.(2001) Landscape Design. A Cultural and Architectural History. New York: Harry N. Abrams Inc
Schinz, M.(1989) Visions of Paradise, Themes and Variations on the Garden. London: Thames and Hudson Ltd

제 10 강 동양조경사

김수봉 외3(2003) 환경과 조경. 학문사
대구 MBC(2004) 안압지. 이른아침
민경현(1991) 한국정원문화. 예경문화사
신상섭(1991) 전통주거의 외부경관 구성 체계에 관하여. 고려대 박사학위논문
신상섭(2007) 한국의 전통마을과 문화경관 찾기. 도서출판 대가
유병림 외 2(1989) 조선조 정원의 원형. 서울대학교 환경계획연구소
윤국병(1977) 조경사. 일조각
이도원 외(2004) 한국의 전통생태학. 사이언스 북스
이병훈 역(1974) 양화소록. 강희안 저. 을유문화사
이선(2006) 한국 전통조경 식재. 수류산방중심
이익성 역(1971) 택리지. 이중환 저. 을유문화사
정동오(1986) 한국의 정원. 민음사
정동오(1990) 동양조경문화사. 전남대출판부
정재훈(1990) 한국의 옛 조경. 대원사
주남철(1980) 한국주택건축. 일지사
한국조경학회(1992) 동양조경사. 문운당
허균(2002) 한국의 정원. 다른 세상
홍만선. 산림경제
IFLA 한국조직위원회(1992) 한국전통조경. 도서출판 조경
http://kr.dic.yahoo.com/search/enc/result.html
http://enc.daum.net/dic100/contents.do?query1
高橋理喜男 外(1986) 造園學, 朝倉書店
岡崎文彬(1966) 圖說造園大要, 養賢堂
邵忠(2000) 蘇州古典園林藝術, 中國林業出版社
Isao Yoshikawa(1990) Chinese garden. Graphic Sha

제 11 강 조경계획

이명우외(2007) 조경계획. 기문당
임승빈, 주신하(2004) 조경계획·설계. 보성각

제 12 강 지형경관 및 부지조성계획

한국조경학회(2004) 자연경관계획 및 관리, 문운당
Hannebaum L.(1990) Landscape Design, Prentice Hall, New Jersey
박찬용, 현중영 공역(1994) 조경설계론, 대우출판사

최기수(2002) 조경시공구조학, 일조각
김철수(2003) 단지설계, 기문당

제 13 강 도시녹지 및 식재계획

강해작(2002) 조경설계기준. 기문당
김준석 외(1994) 신제 조경 식물학. 향문사
김혜주(2004) 자연형 하천계획 · 설계. 태림문화사
도시 공원 및 녹지 등에 관한 법률, [법률 제11060호, 2011. 9.16, 일부개정]
박용진, 이기의 역(1992) 최신환경녹화, 강원대학교 출판부
배호영(2003) 선형녹화와 가로수. 도서출판국제
신용석, 오구균, 최승 역(1995)도시경관생태론(M. Hough. City form and natural process), 기문당
심정근(1996) 건축공간의 녹화, 대우출판사
안영희(2001) 녹지환경학. 태림문화사
조용현(2003) 서울시 가로 녹시율 증진방안
한국조경학회(1990) 조경식재설계론. 문운당
한국환경복원녹화기술학회(2004) 경관생태학. 보문당
환경정의시민연대(2001) 생태도시의 이해, 다락방

제 14 강 조경도면과 표현기법

김승환 등(2001) 조경제도·설계. 서울: 기문당
이광로 등(1995) 건축학개론. 서울: 문운당
조동범 역(1993) 조경설계의 기본요소. Booth M. K. Basic Elements of Landscape Architecture. 서울: 대우출판사
신화컨설팅(2002) 서울시청 광장 현상공모 출품안
신화컨설팅(1994) 무교 소공원 조성계획
신화컨설팅(1994) 대전 EXPO 아파트 조경설계
신화컨설팅(1992) 무주리조트 조경설계
지·오 조경기술사사무소, 현대산업개발(2003) 파주시 야당리 I'Park 아파트 조경설계
Architectural Resource Consultants(1990) Architectural Design Collaborators. Cambridge: Perlman Sterns Inc
Reid W. R(2002) Landscape Graphics, New York: St Martins Press
VanDyke S.(1982) From Line to Design. West Lafayette: PDA Publishers Corporation
Wang T. C.(1996) Plan and Section Drawing (2nd ed.). New York: Van Nostrand Reinhold

제 15 강 조경설계

김영대(1999) 조경설계의 이해. 한국조경학회편. 조경설계론. 기문당 p.11-41
꾸밈편집실 역(1985) 브로슈어(Brochures-A Handbook). 주식회사 토탈디자인
꾸밈편집실 역(1984) 디자인노트(Notes on Design). 주식회사 토탈디자인
대한민국 환경조경대전 운영위원회(2006) 제3회 대한민국 환경조경대전 주제
신화컨설팅(2004), 성남판교지구 공동주택 설계경기. 환경과 조경, 2004년 11월호 p.78-81
이현택(2000) 조경미학. 태림문화사
임승빈(1996) 경관분석론. 서울대학교출판부
진양교(2001) 조경: 사람과 땅이 어울린 이야기(2). 월간 환경과 조경 2001년 3:98-101.
진양교(1999) 공간구성의 몇 가지 설계 언어들. 한국조경학회편. 조경설계론. 기문당 p.113-131

통상산업부(1997) 한국적 디자인의 응용사례 연구 보고서(CD-ROM title)
한국조경학회(2003) 제4회 늘푸른 환경조경설계 공모전 작품집
홍형순(1999) 포장설계. 한국조경학회편. 조경설계론. 기문당 p.255-283
조동범 역(1993) 조경설계의 기본요소. Booth M. K. Basic Elements of Landscape Architecture. 서울: 대우출판사
황연숙 역(1998) 건축의 형태공간
Ching, F. D. K.(황연숙 역. 1998) Architecture, Form, Space, Order, 건축의 형태공간. 도서출판 국제

제 16 강 조경시공

강태호(1996) 조경적산학. 도서출판 국제
권오준, 이명우, 임봉구(1998) 조경설계시공실무해설. 기문당
김방식 외4(1998) 최신 토목시공학. 구미서관
김선호 외2(1996) 건축시공학. 동명사
대한주택공사(2002) 주택건설전문시방서
신상섭·김세천(2003) 조경시설재료학. 문운당
안동만 역(2001) 조경학. 보문당
안봉원·김세천 역(1989) 조경공학·시공관리. 명보문화사
안봉원·서성철(1989) 조경공학. 보성문화사
조경실무연구회(1998) 조경설계시공실무해설. 기문당
토목기술연구회(1993) 건설시공 및 관리. 일진사
토목시공기술연구회(1996) 토목시공관리기술. 탐구문화사
한국조경사회(1997) 조경설계상세자료집
한국조경학회(2002) 조경공사표준시방서
한국조경학회(2003) 조경시공학. 문운당
http://211.47.65.49~csr/prices/99.htm
http://www.pps.go.kr/intro/intro14.html
http://search.assembly.go.kr:8080/law/lawxml/19910k.xml

찾아보기

ㄱ

ㄴ

ㄷ

키워드를 중심으로 한

조경학의 이해

2008년 2월 29일 1판 1쇄 발행
2012년 3월 15일 2판 1쇄 발행
2021년 2월 25일 3판 2쇄 발행

저 자 집필책임 이 명 우
발 행 인 강 해 작
발 행 처 기 문 당
주 소 서울시 성동구 무학봉 28길 4-1
전 화 02)2295-6171(代)~5
팩 스 02)2296-8188
출판등록 1976. 10. 7(1-44)
홈페이지 www.kimoondang.com
I S B N 978-89-6225-845-5 93540